# 计算机视觉

## 从入门到进阶实战

基于PyTorch

Python+PyTorch 2.x

孙玉林 编著



化学工业出版社

·北京·

## 内容简介

本书基于PyTorch深度学习框架，结合计算机视觉中的主流任务，介绍了深度学习相关算法的计算机视觉上的应用。

本书主要内容分为两部分。第一部分为PyTorch框架使用的相关知识，以及计算机视觉和深度学习的入门知识。第二部分重点介绍深度学习在计算机视觉上的应用，包括：经典的深度卷积网络、深度注意力网络，以及基于自注意力的Transformer系列网络在图像分类中的应用；R-CNN系列、YOLO系列、SSD系列目标检测网络的算法思想及在目标检测中的应用；FCN、U-Net等全卷积网络在图像语义分割领域的应用；针对风格迁移任务，介绍了快速风格迁移、CycleGan等算法的实战应用；针对自编码器和扩散模型，介绍了相关算法在图像重构、去噪以及生成相关计算机视觉任务中的实战应用；最后介绍了迁移学习和域自适应的经典算法在跨域计算机视觉图像分类任务中的应用。

本书适合对计算机视觉、深度学习、人工智能、PyTorch使用感兴趣的初学者及研究人员自学使用，也可作为高等院校相关专业的教材及参考书。

图书在版编目（CIP）数据

计算机视觉从入门到进阶实战：基于PyTorch/孙玉林编著.—北京：化学工业出版社，2024.6
ISBN 978-7-122-45202-3

Ⅰ.①计… Ⅱ.①孙… Ⅲ.①计算机视觉 Ⅳ.①TP302.7

中国国家版本馆CIP数据核字（2024）第051299号

责任编辑：耍利娜　　文字编辑：侯俊杰　李亚楠　陈小滔
责任校对：刘　一　　装帧设计：王晓宇

出版发行：化学工业出版社
（北京市东城区青年湖南街13号　邮政编码100011）
印　　刷：北京云浩印刷有限责任公司
装　　订：三河市振勇印装有限公司
710mm×1000mm　1/16　印张22½　字数469千字
2024年8月北京第1版第1次印刷

购书咨询：010-64518888　　售后服务：010-64518899
网　　址：http://www.cip.com.cn
凡购买本书，如有缺损质量问题，本社销售中心负责调换。

定　　价：99.00元

PyTorch

# 前言

PREFACE

本书是基于深度学习框架PyTorch的计算机视觉入门到进阶实战教程，主要展示了计算机视觉和深度学习相结合的相关应用。计算机视觉的内容多且深奥，而本书则是尽可能以简洁的语言和示例，介绍深度计算机视觉相关的理论知识，然后辅助以PyTorch深度学习编程实战，介绍如何从0到1完成自己的深度计算机视觉任务。因此，本书的章节设置主要包含以下内容。

第1章：计算机视觉与深度学习。针对计算机视觉主要介绍数字图像处理基础以及计算机视觉的主流任务等内容。针对深度学习则是主要介绍深度学习的基础内容、如何安装Python和PyTorch，以及PyTorch主要包含的相关模块的功能。

第2章：PyTorch快速入门。主要介绍PyTorch张量的使用和PyTorch中nn模块的常用层，在深度学习中针对图像数据的预处理操作，PyTorch中优化器、损失函数、预训练网络以及如何使用GPU等内容。其中针对张量的计算会介绍数据的类型、张量的生成、操作、计算等内容。

第3章：图像分类。该章介绍了深度学习中的经典卷积神经网络，用于计算机视觉的经典基础任务图像分类。并且使用PyTorch实现了和图像分类的相关任务，例如：搭建ResNet等经典卷积网络，用于图像分类；微调预训练的深度卷积网络；可视化卷积网络的特征表示以及类激活热力图等内容。

第4章：目标检测与识别。介绍深度学习在图像目标检测与识别领域的相关应用，例如R-CNN、YOLO、SSD等经典的目标检测算法。并且最后通过PyTorch实战案例，完成自己YOLOv3网络的搭建、训练与预测等。

第5章：语义分割。本章介绍深度学习在图像语义分割任务的应用。在介绍

FCN、U-Net等经典语义分割网络算法时，继续利用PyTorch完成FCN、U-Net等语义分割网络的搭建、训练与预测等内容。

第6章：注意力机制与Transformer。介绍了经典的注意力机制在计算机视觉任务上的应用，以及Transformer的自注意力机制。然后则是以图像分类的实战案例，介绍了基于预训练ViT的图像分类，以及如何从头搭建与训练自己的ViT图像分类网络。

第7章：图像风格迁移。介绍了一些经典的图像风格迁移任务的深度学习算法，并且使用PyTorch从头完成自己的图像风格迁移任务，例如固定内容、固定风格的图像风格迁移和快速图像风格迁移，以及CycleGan网络算法的应用等。

第8章：自编码器与扩散模型。介绍了自编码器与扩散模型在计算机视觉中图像去噪、图像生成等领域的经典算法，例如VQ-VAE、Stable Diffusion等。针对自编码网络图像重构、基于卷积的自编码网络的图像去噪、基于Stable Diffusion的图像生成等任务，均介绍如何基于PyTorch进行实战操作。

第9章：迁移学习与域自适应。主要介绍了迁移学习和域自适应的经典算法在计算机视觉任务中的应用。并且针对跨域的图像分类任务，使用PyTorch完成了多种迁移学习模型的网络搭建、训练与预测等。

本书提供的所有代码都是Jupyter Lab的形式，方便读者查阅、分析与运行相关的代码段，并复现、分析与解读对应的输出结果。使用的Python版本为Python 3.9，PyTorch版本为PyTorch 2.0，基于的计算机平台为Windows系统，GPU平台为Nvidia 3060Ti 8G显卡。同时我们的程序对Python3、PyTorch 1.x以及Linux等计算平台仍然适用。

由于PyTorch和相关库的迅速发展，以及编著水平有限，书中难免存在疏漏，敬请读者不吝赐教。欢迎加入QQ群一起交流，获取使用的程序和数据，QQ群号：434693903。

编著者

PyTorch

# 目录

CONTENTS

# 第1章

# 计算机视觉与深度学习

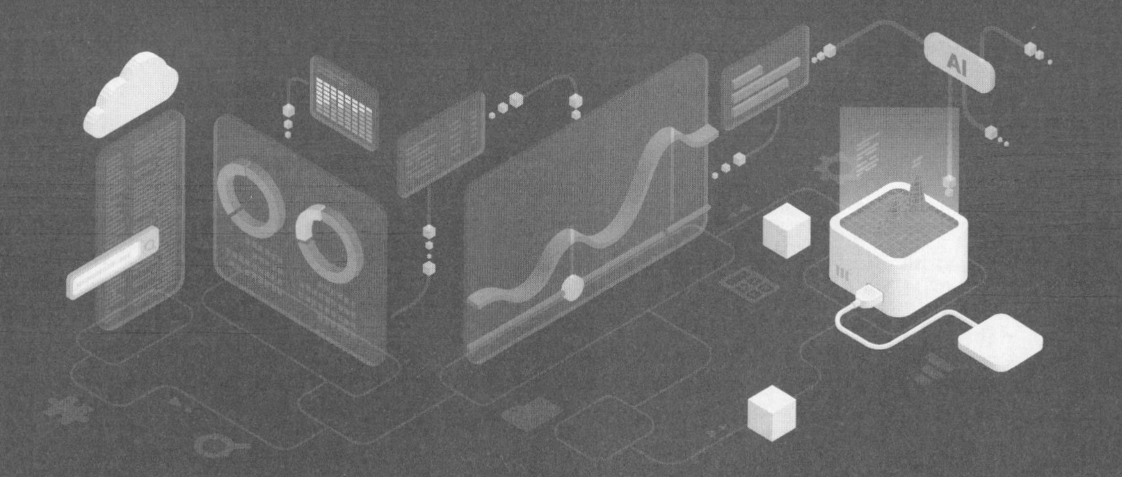

随着深度学习方法在众多领域的快速研究和应用，人工智能的发展也迎来了又一个高峰。在人工智能提出后，我们期望通过人工智能系统来模仿人类自动处理不同的事物，如理解一段文章的内容和情感，正确地识别出图片上出现的内容，甚至将一段语音翻译成另外一种语言。当然，在实现人工智能的道路上，我们面临着一些挑战和机遇，其中对其发展有巨大影响的就是深度学习。

随着深度学习技术的快速发展、图形处理器(GPU)等硬件计算设备的普及，以及计算机视觉图像的爆炸性增长，深度学习技术已经应用到计算机视觉的各个领域，如图像分类、目标检测与识别、图像分割、图像去噪、图像超分辨率重建以及人脸识别等，并在图像搜索、自动驾驶、文字识别等产品中具有不可估量的商业价值。此外，每年都有无数新的深度学习方法和深度神经网络模型出现，算法性能被不断刷新。

深度学习算法在计算机视觉领域有着举足轻重的地位，而且各大互联网巨头都推出了用于深度学习的研究框架，PyTorch就是众多深度学习框架中较为突出的一员。PyTorch于2017年1月发布，凭借着其易用性和生态完整性等特点，迅速引起学术界和工业界的关注，并且于2023年发布了全新的2.0版本，在计算速度与推理能力上进一步提升与优化。这也是本书将PyTorch作为研究计算机视觉深度学习实战工具的原因。本书的程序基于PyTorch2.0版本进行调试。

本章首先对计算机视觉的基础内容进行简单介绍，然后介绍深度学习相关的基础知识，最后依托Windows平台介绍如何安装Python以及PyTorch，并对本书用到的其他Python库、PyTorch相关库进行简单的说明。

## 1.1　计算机视觉简介

计算机视觉是一个大量人员研究多年的学科，却很难给出一个严格的定义。简单地说，计算机视觉是一门研究如何使机器“看”的科学。更进一步地说，就是指用摄影机和电脑代替人眼对目标进行识别、跟踪和测量等机器视觉，并进一步作图形处理，使电脑处理成为更适合人眼观察或传送给仪器检测的图像。计算机视觉也可以看作是研究如何使人工系统从图像或多维数据中“感知”的科学。它的最终研究目标就是使计算机能像人那样通过视觉观察和理解世界，具有自主适应环境的能力。与计算机视觉相关的有视觉感知、图像和视频理解等。

从学科分类上，计算机视觉被认为是人工智能的下属科目，其更偏向于通过算法对图像进行识别分析的软件与算法研究方向，是研究“让机器怎么看”的科学。研究计算机视觉算法应用需要大量数据，而且计算机视觉发展了几十年，从之前的主要依赖于机器学习算法，到目前更依赖于深度学习算法，本书主要关注计算机视觉与深度学习算法的结合。而在深度学习中，卷积神经网络占据了计算机视觉算法中的主要内容。需要注意的是，深度学习算法也是机器学习算法的一个分支，只不过目前阶段深度学习算法与机器学习中的其他算法分支相比，在计算机视觉方面具有更好的性能。

计算机视觉、图像处理、图像分析、机器人视觉和机器视觉等都是彼此紧密相关的学科，它们在技术和应用领域上有着相当大部分的重叠。计算机视觉的研究很大程度上针对图像的内容。图像处理与图像分析的研究对象主要是二维图像，实现图像的转化，尤其针对像素级的操作，例如提高图像对比度、边缘提取、去噪声和几何变换、图像旋转等。这一特征表明无论是图像处理还是图像分析，其研究内容都和图像的具体内容无关。机器视觉主要是指工业领域的视觉研究，例如自主机器人的视觉、用于检测和测量的视觉。这表明在这一领域通过软件和硬件，图像感知与控制理论往往与图像处理技术紧密结合来实现高效的机器人控制或各种实时操作。还有一个领域被称为成像技术，其最初的研究内容主要是制作图像，但有时也涉及图像分析和处理，例如医学成像就包含大量医学领域的图像分析。

下面将会继续介绍数字图像处理的基础内容，帮助我们快速理解计算机视觉处理的图像对象，以及目前在深度学习任务中的一些主流计算机视觉任务。

### 1.1.1 数字图像处理基础

图像起源于1826年前后法国科学家尼埃普斯（Joseph Nicéphore Nièpce）发明的第一张可永久保存的照片，它属于模拟图像，如图1-1（a）所示。模拟图像又称连续图像，它通过某种物理量（如光、电等）的强弱变化来记录图像亮度信息，所以是连续变换的。1921年，美国科学家发明了Bartlane系统，并从伦敦到纽约传输了第一幅数字图像，如图1-1（b）所示，其亮度用离散数值表示。照片可以通过Bartlane系统在三个小时内传输到大西洋对岸。传输的图像最初为5级灰度，在1929年增加到了15级。为了传输更高质量的摄影图像，Bartlane系统于同年开始在接收机上将图像转换到化学媒介上。模拟信号的特点是容易受干扰，如今已经基本被数字图像替代。1950年左右，计算机被发明，数字图像处理学科正式诞生。

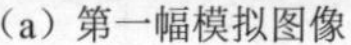

（a）第一幅模拟图像

（b）Bartlane 系统传输的数字图像

图1-1 第一幅模拟图像和Bartlane系统传输的数字图像

### （1）数字图像表示

数字图像是二维图像用有限数字数值像素的表示。每个图像的像素通常对应于二维空间中一个特定的“位置”，并且由一个或者多个与那个点相关的采样值组成数值。根据这些采样数目及特性的不同，常见的数字图像有二值图像、灰度图像和彩色图像，如图1-2所示。

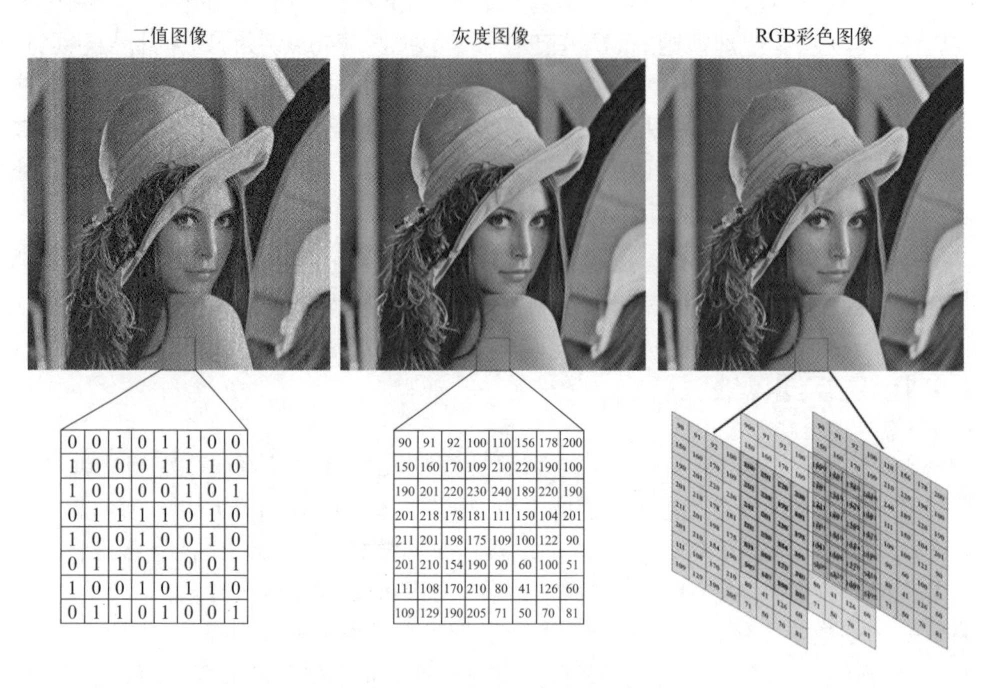


图1-2　不同形式的图像示例

二值图像：图像中每个像素的亮度值仅可以取0或1的图像，因此也称为1-bit图像，在计算机中以一个二维矩阵的形式存储。

灰度图像：也称为灰阶图像，图像中每个像素可以由0(黑)到255(白)的亮度值表示。0~255之间表示不同的灰度级，像素值也可从0~255对应到0~1之间，在计算机中以一个二维矩阵的形式存储。

彩色图像：彩色图像主要分为两种类型，RGB及CMYK。其中RGB的彩色图像是由三种不同颜色成分组合而成，一个为红色，一个为绿色，另一个为蓝色。而CMYK类型的图像则由四个颜色成分组成——青C、品M、黄Y、黑K。CMYK类型的图像主要用于印刷行业。而计算机视觉分析中的彩色图像通常以RGB图像为主，每个像素的取值也可以是0~255或0~1之间，本书涉及的彩色图像也主要是指RGB图像，其在计算机中以一个三维矩阵的形式存储。

图像具有一定的宽度（width）和高度（height），并且针对RGB图像同时有3个通道（channel），灰度图像则是有1个通道。此外在计算机中图像则是以一个2维矩阵（灰度图像）或者3维的矩阵（RGB图像）存储。图1-3展示了图像在计算中的形式和图像尺寸的对应关系。

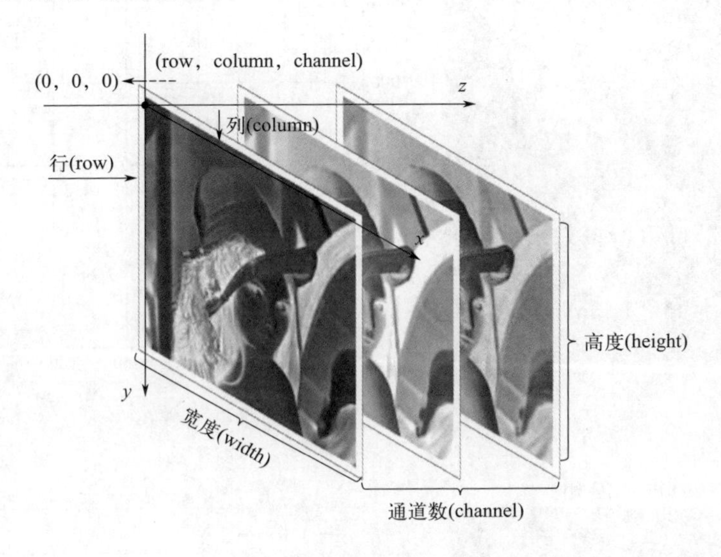


图1-3　图像与计算机数组的对应情况

图1-3中以RGB图像为例，图像的左上角为图像的原点位置，使用（0，0，0）表示所对应的（行，列，通道数），（行，列，通道数）也通常表示为（row,column,channel）。其中行对应着图像的高度向下延伸（$y$轴），列对应着图像的宽度横向延伸（$x$轴），通道则对应的图像的通道数深度方向延伸（$z$轴）。因此可以在计算机中通过位置索引获取图像中的每一个像素值。

## （2）图像直方图

图像直方图（image histogram）是用以表示数字图像中亮度分布的直方图，描述了图像中每个亮度值的像素数。可以借助观察该直方图了解需要如何调整亮度分布。在灰度图像直方图中，横坐标的左侧为纯黑、较暗的区域，而右侧为较亮、纯白的区域。而RGB彩色图像直方图通过可以对每一个通道进行图像直方图分析。图1-4展示了RGB图像每个通道对应的直方图分布情况。

图像的直方图均衡化是一种常用的增强图像对比度的方法，其主要思想是将一幅图像的直方图分布变成近似均匀分布，从而增强图像的对比度。图1-5展示了直方图均衡化后的图像以及对应的图像直方图。

## （3）边缘检测

图像边缘检测是图像处理与计算机视觉中的基本问题，其目的是标识数字图像中亮度变化明显的点。图像属性中的显著变化通常反映了属性的重要事件和变化，例如

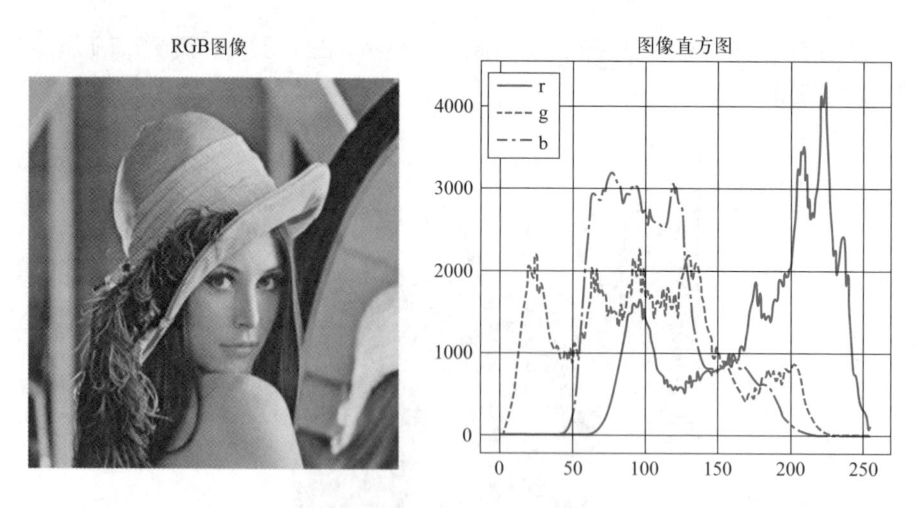


图1-4　RGB图像与图像直方图

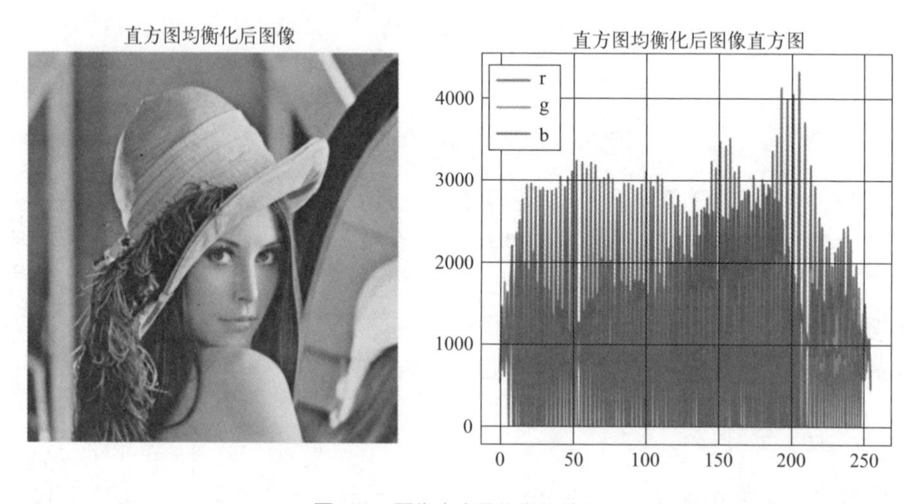


图1-5　图像直方图均衡化处理

深度上的不连续、表面方向不连续、物质属性变化和场景照明变化等。图像边缘检测可以大幅度地减少数据量，并且可以剔除被认为不相关的信息，保留了图像重要的结构属性。许多边缘检测方法本质上就是一种滤波算法，区别在于滤波器的选择，滤波的规则是完全一致的。

常用的边缘检测算法有：

① Sobel算子是典型的基于一阶导数的边缘检测算子，由于该算子中引入了类似局部平均的运算，因此对噪声具有平滑作用，能很好地消除噪声的影响。

② Roberts算子是一种最简单的算子，利用局部差分算子寻找边缘的算子，采用对角线方向相邻两像素之差近似梯度幅值检测边缘。检测垂直边缘的效果好于斜向边缘，定位精度高，但是噪声敏感，无法抑制噪声的影响。

③ Prewitt算子是一种一阶微分算子的边缘检测，利用像素点上下和左右邻点的灰度差，在边缘处达到极值检测边缘，去掉部分伪边缘，对噪声具有平滑作用。

④ Laplace算子是一种各向同性的二阶微分算子，在只关心边缘的位置而不考虑其周围的像素灰度差值时比较合适。Laplace算子对孤立像素的响应要比对边缘或线的响应更强烈，因此只适用于无噪声图像。

⑤ Canny算子功能比前面几种都要好，但是它实现起来较为麻烦，Canny算子是一个具有滤波、增强、检测的多阶段优化算子，在进行处理前，Canny算子先利用高斯平滑滤波器来平滑图像以除去噪声，Canny分割算法采用一阶偏导的有限差分来计算梯度幅值和方向，在处理过程中，Canny算子还将经过一个非极大值抑制的过程，最后Canny算子还采用两个阈值来连接边缘。

图1-6展示了图像在几种不同边缘检测方法下的检测效果。

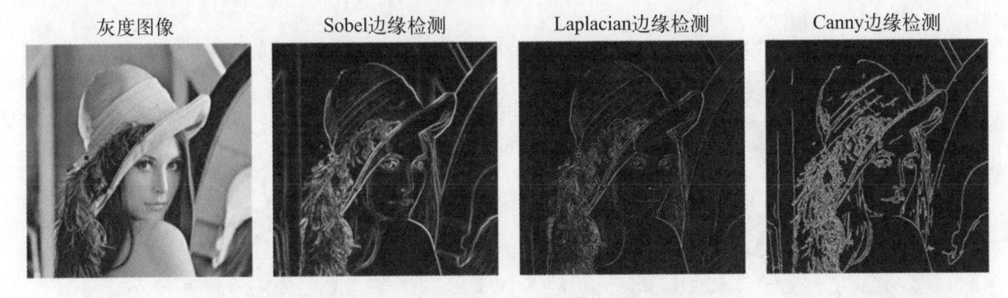


图1-6　几种不同边缘检测方法的检测结果

## （4）图像变换

图像变换在数字图像处理与分析中起着很重要的作用，是一种常用的、有效的分析手段，有助于提取图像的特征，增强对图像信息的理解。图像变换主要有：

① 图像的几何变换：图像畸变校正、图像缩放、双线性插值、旋转、拼接等。

② 图像频谱变换：傅里叶、余弦、沃尔什-哈达玛、K-L变换、小波变换等。

图1-7展示了图像变换到频谱空间再进行逆变换的结果。

图1-7　图像傅里叶变换与逆变换

### （5）图像关键点检测

图像关键点又称兴趣点，是图像上可以通过定义检测标准来获取的具有稳定性、区别性的点集，往往会更进一步地应用于特征描述、识别等。关键点的数量比原始图像的数量小很多，它与局部特征描述子结合在一起，组成关键点描述子，常用来形容原始数据的紧凑表示，可以加快后续识别对数据的处理速度。关键点提取算法有很多，常用的关键点提取算法有：

① 尺度不变特征转换（SIFT）：用来侦测与描述影像中的局部性特征，它在空间尺度中寻找极值点，并提取出其位置、尺度、旋转不变量。

② Harris角点检测：利用Harris算子进行特征检测，既可以提取角点，也可以提取边缘点。

图1-8展示了使用SIFT算法检测到的关键点。

图1-8 SIFT关键点检测

## 1.1.2 主流计算机视觉任务

计算机视觉任务众多（图1-9），应用于很多方面，深度学习最开始在图像分类实现突破，当前深度学习几乎深入到了计算机视觉的各个领域。本小节将针对图像分类、目标检测、语义分割、图像生成等计算机视觉任务进行简单介绍，在后面的章节中会通过具体的深度学习算法应用为例，介绍具体任务的实现。

图像分类：根据图像中所反映的不同特征，把不同类别的目标区分开来的图像处理方法，从而识别图像所表示内容的任务。

目标检测：找出图像中所有感兴趣的目标（物体），确定它们的类别和位置，是计算机视觉领域的核心问题之一。由于各类物体有不同的外观、形状和姿态，加上成像时光照、遮挡等因素的干扰，目标检测一直是计算机视觉领域最具有挑战性的问题。

语义分割：将标签或类别与图片的每个像素关联的一种方法，用来识别构成可区分类别的像素集合。注意语义分割不同于实例分割，例如一张照片中有多个人，对于语义分割来说，只要将所有人的像素都归为一类，但是实例分割还要将不同人的像素归为不同的类。

图像生成：一门通过学习原有图像分布而生成逼真图像的技术。图像生成的范围非常广泛，例如用于图像去噪、图像超分辨、图像风格迁移等。其中图像风格迁移是提供一张风格图像，将任意一张图像转化为这个风格，并尽可能保留原图像的内容。

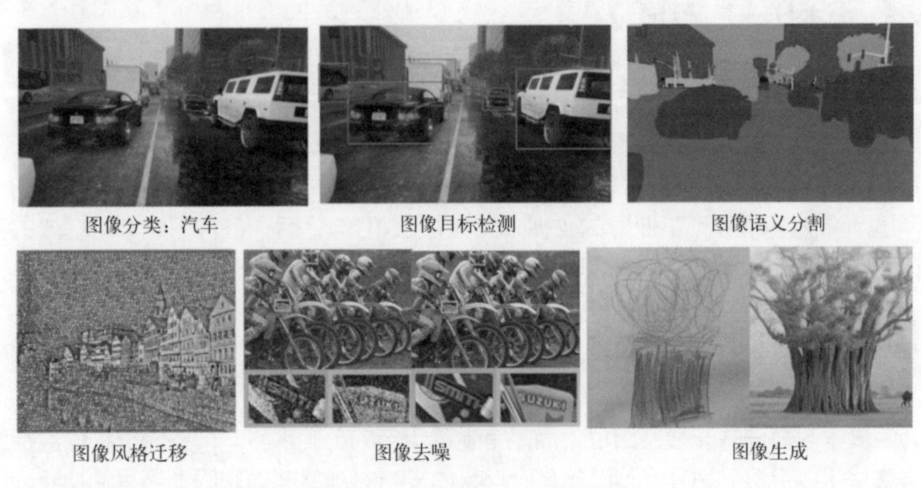


图1-9 计算机视觉中的主流任务

在深度学习之前，计算机视觉已经发展了很久，图1-10是针对图像识别任务，对机器学习阶段和深度学习阶段，按计算机视觉任务的工作流程进行简单的对比分析总结。

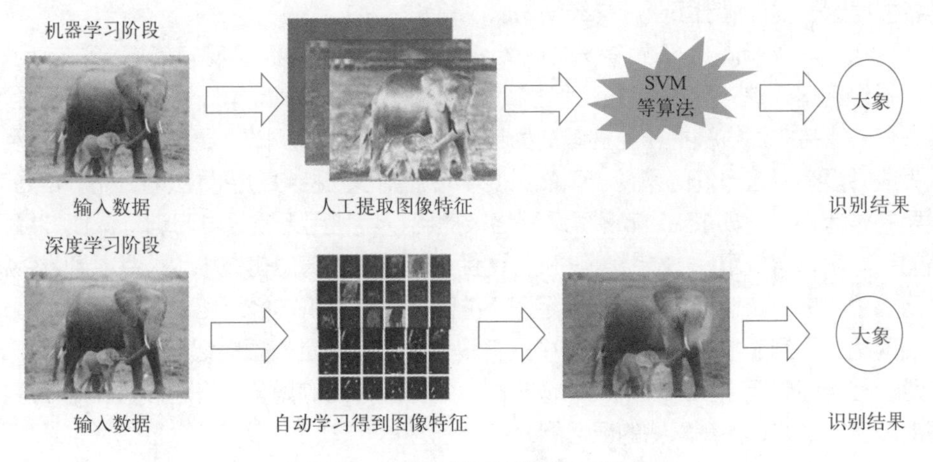


图1-10 不同阶段计算机视觉工作流程

可以发现：在传统的机器学习过程中需要更多的人工干预，尤其是在特征提取阶段，需要使用者具备丰富的相关知识才能找到有效的数据特征，这无疑增加了建模难度和预测效果的不确定性；而深度学习方法凭借其端到端的特性，利用深度学习网络可以直接从原始数据中找到有用的信息，在预测时只使用对预测目标有用的内容，从而增强了其预测能力而且不需要过多的人为干预，增强了预测结果的稳定性。

## 1.2 深度学习简介

深度学习是一种机器学习方法，和传统的机器学习方法一样，都可以根据输入的数据进行分类或者回归。但随着数据量的增加，传统的机器学习方法表现得不尽如人意，而此时利用更深的网络挖掘数据信息的方法——深度学习表现出了其优异的性能，迅速受到学术界和工业界的重视，尤其在2010年之后，各种深度学习框架的开源和发布，更进一步促进了深度学习算法的发展。

### 1.2.1 深度学习发展简史

深度学习算法并非横空出世，而是有着几十年的历史积累。现在流行的深度神经网络最早可以追溯到20世纪40年代，但是由于当时计算能力有限，最早的神经网络结构非常简单，并没有得到成功的实际应用。

20世纪60 ~ 70年代，神经生理科学家们发现，在猫的视觉皮层中有两种细胞：一种是简单细胞，它对图像中的细节信息更加敏感，如图像的边缘、角点等；另一种是复杂细胞，对图像的空间具有不变性，可以处理旋转、放缩、远近等情况的图像。学者根据这一发现提出了卷积神经网络。

1989年，Yann LeCun等人，开始将1974年提出的标准反向传播算法应用于深度神经网络，这一网络被用于手写邮政编码识别。而1995年最受欢迎的机器学习算法——支持向量机被提出，逐渐成为当时的主流算法，所以基于深度卷积神经网络的算法并没有引起人们的重视。虽然深度学习受到了支持向量机算法的压制，但是其发展并没有停止。如1992年多层级网络被提出，其利用无监督学习训练深度神经网络的每一层，再使用反向传播算法进行调优。而且最大值池化技术也被引入到卷积神经网络中，进一步地提升了卷积神经网络的性能。在卷积神经网络发展的同时，循环神经网络也得到了很大的发展，其中具有里程碑意义的是长短期记忆网络（LSTM）。其通过在神经单元中引入输入门、遗忘门、输出门等门的概念，来选择对长期信息和短期信息的提取，提升网络的记忆能力。

进入21世纪之后，随着数据量的积累和计算机性能的提升，神经网络算法和深度学习网络也得到了迅速的发展。在2006年后，实现了基于GPU的卷积神经网络，其计算速度比在CPU上的卷积神经网络速度快4倍左右。在2009年的ICDAR手写字体识别大赛中，基于长短期记忆的递归神经网络获得了大赛的冠军。尤其是在2012年ImageNet举办的图像分类竞赛（ILSVRC）中，冠军由使用深度学习系统AlexNet的Alex Krizhevsky教授团队获得。其中AlexNet首次采用ReLU激活函数，极大地增大了收敛速度且从根本上解决了梯度消失问题，并且首次使用GPU加速模型计算。2015年何凯明提出了Deep Residual Net网络，在对网络分层训练时，利用ReLU和BatchNormalization解决了深度网络在训练时的梯度消失和梯度爆炸问题。2016年，谷歌公司推出基于深度学习的AlphaGo，以4∶1的比分战胜了国际顶尖围棋高手李世石。2017年，Transformer和注意力机制被提出，不使用循环网络或卷积。Transformer由多头注意力、残差连接、层归一化、全连接层和位置编码组成，用于保留数据中的序列顺序。Transformer在NLP中表现出优异的性能后不久，科研人员再次提出Vision Transformer (ViT)，在图像分类数据集上产生实质性的结果，将Transformer应用于计算机视觉。同时基于强化学习算法的AlphaGo升级版AlphaGo Zero横空出世。其采用“从零开始”“无师自通”的学习模式，以100∶0的比分轻而易举打败了之前的AlphaGo。除了围棋，它还精通国际象棋等其他棋类游戏。2018年，ACM（国际计算机学会）决定将计算机领域的最高奖项图灵奖颁给Yoshua Bengio、Yann LeCun 和 Geoffrey Hinton，以表彰他们在计算机深度学习领域的贡献。2022年OpenAI推出人工智能聊天机器人程序ChatGPT，又一次引起各界研究人员的广泛关注，并且各种大模型开始登上新的舞台。

深度学习发展时间线如图1-11所示。

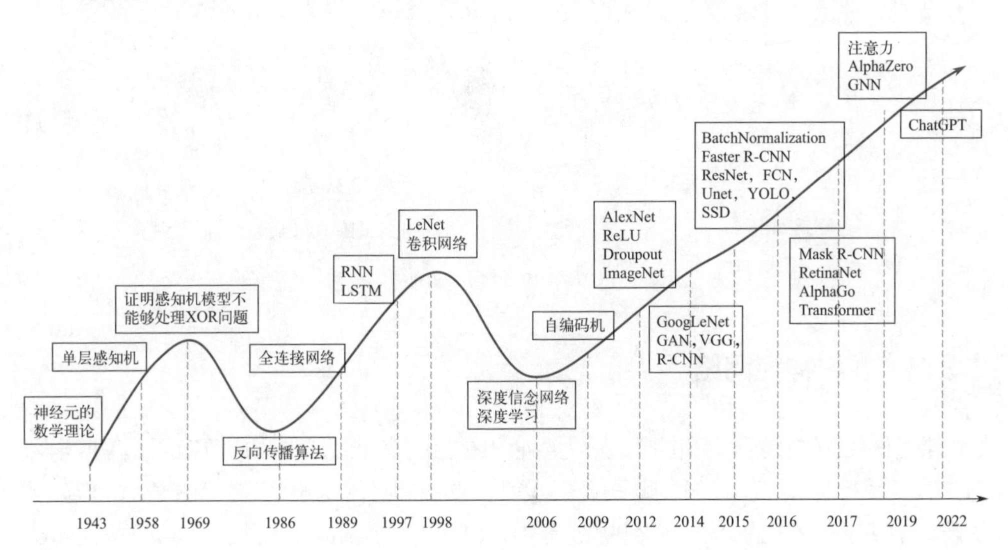


图1-11 深度学习发展时间线

## 1.2.2 感知机与人工神经网络

感知机是弗兰克·罗森布拉特在1957年提出的一种人工神经网络，它可以被视为一种最简单形式的前馈神经网络，是一种二元线性分类器。具有$n$个输入一个输出的单一神经元的感知机结构，如图1-12中的左图所示。在这个模型中，神经元接收到来自$n$个其他神经元传递过来的输入信号，这些输入信号通过带权重的连接进行传递，神经元收到总输入值将经过激活函数$f$处理后产生神经元的输出。

人工神经网络（artificial neural network，ANN）简称神经网络，能够对一组输入信号和一组输出信号之间的关系进行建模，用于对函数进行估计或近似，其灵感来源于动物的中枢神经系统，特别是大脑。全连接神经网络（multi-layer perception，MLP，或者叫多层感知机）是一种连接方式较为简单的人工神经网络结构，属于前馈神经网络的一种，主要由输入层、隐藏层和输出层构成，并且在每个隐藏层中可以有多个神经元。输入层仅接收外界的输入，不进行任何函数处理，所以输入层的神经元个数往往和输入的特征数量相同，隐藏层和输出层神经元对信号进行加工处理，最终结果由输出层神经元输出。多隐藏层MLP的网络拓扑结构如图1-12中的右图所示。

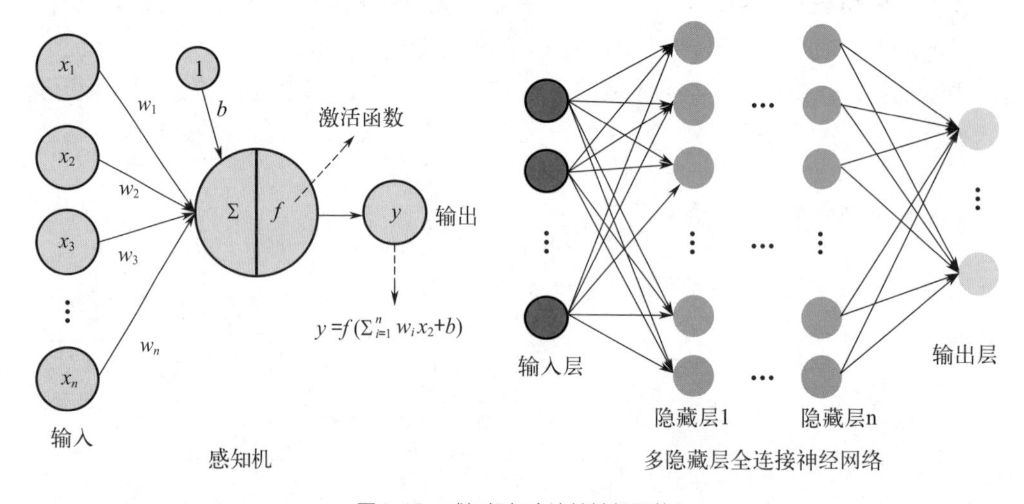


图1-12 感知机与全连接神经网络

## 1.2.3 卷积神经网络

卷积神经网络是一种以图像识别为中心，并且在多个领域得到广泛应用的深度学习方法，如目标检测、图像分割、图像去噪等。卷积神经网络于1998年由Yann Lecun提出，并在2012年的ImageNet挑战赛中，Alex Krizhevsky凭借深度卷积神经网络AlexNet网络获得远远领先于第二名的成绩，震惊世界。如今卷积神经网络不仅是计算机视觉领域最具有影响力的一类算法，同时在自然语言分类领域也有一定程度的应用。

图1-13中展示了卷积神经网络的基础结构，包括输入、卷积层、池化层、全连接层等。卷积层可以产生一组平行的特征映射（特征图），它通过在输入图像上滑动不同的卷积核并执行一定的运算而组成。此外，在每一个滑动的位置上，卷积核与输入图像之间会执行一个元素对应乘积并求和的运算，以将感受野内的信息投影到特征图中的一个元素。池化层实际是一种非线性形式的降采样，有多种不同形式的非线性池化函数，例如最大值池化、平均值池化等。最大值池化是将输入的图像划分为若干个矩形区域，对每个子区域输出最大值。平均值池化是将输入的图像划分为若干个矩形区域，对每个子区域输出均值。全连接层通常会放在卷积神经网络的最后几层，在整个卷积神经网络中起到“分类器”的作用。

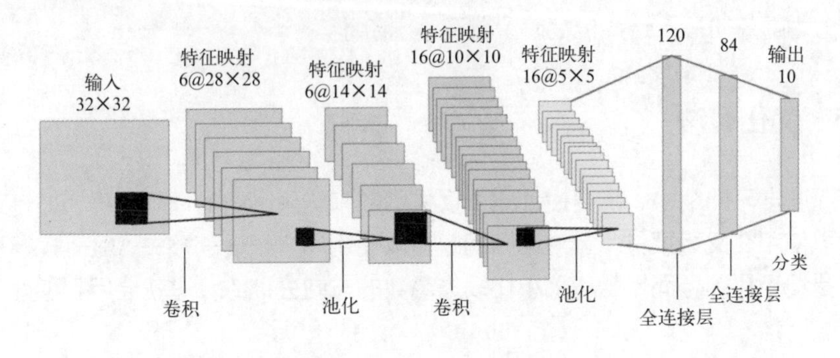


图1-13　卷积神经网络的基础结构

## 1.2.4　循环神经网络

循环神经网络（recurrent neural networks，RNN）与卷积神经网络一样，都是深度学习中的重要部分。循环神经网络可以看作是一类具有短期记忆能力的神经网络，在循环神经网络中，神经元不但可以接收其他神经元的信息，也可以接收自身的信息，形成具有环路的网络结构，正因为拥有接收自身神经元信息的特点，才让循环神经网络具有更强的记忆能力。循环神经网络已经被广泛应用在语音识别、语言模型以及自然语言生成、文本情感分类等任务中。其中LSTM网络又叫作长短期记忆（long short-term memory，LSTM），是一种特殊的RNN，主要用于解决长序列训练过程中的梯度消失和梯度爆炸问题，相比普通的RNN网络，LSTM能够在更长的序列中获得更好的分析效果。LSTM简单的网络结构如图1-14所示。

其中$h_t$是$t$时刻的隐藏状态（hidden state），$c_t$是$t$时刻的元组状态（cell state），$x_t$是$t$时刻的输入，$h_{t-1}$是$t$-1层的隐藏状态，初始时刻的隐藏状态为0，$i_t$, $f_t$, $g_t$, $o_t$分别是输入门、遗忘门、选择门和输出门。$\sigma$ 表示sigmoid激活函数。在每个单元的传递过程中，通常$c_t$是上一个状态传过来的$c_{t-1}$加上一些数值，其改变的速度较

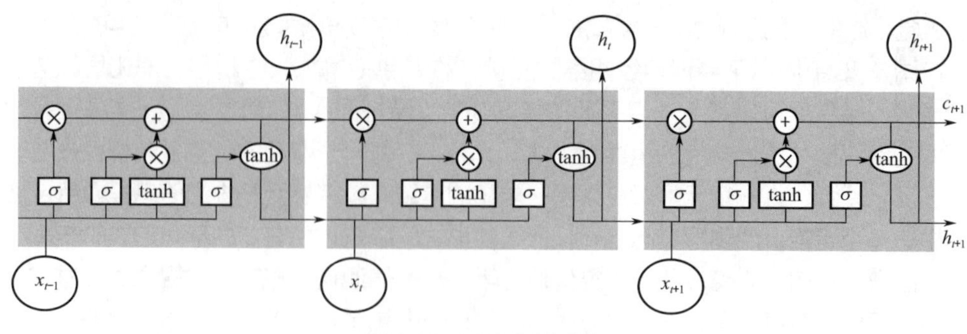


图1-14　LSTM网络结构

慢，而$h_t$的取值变化则较大，不同的节点往往会有很大的区别。LSTM在信息处理方面主要分为遗忘阶段、选择记忆阶段以及输出阶段。

## 1.2.5　优化算法

在深度学习网络中，需要设计一个损失函数来约束网络的训练过程，如针对分类问题可以使用交叉熵损失，针对回归问题可以使用均方根误差损失，等等。模型的训练并不是漫无目的，而是朝着最小化损失函数的方向去训练，这就会用到梯度下降类的算法。

梯度下降（gradient descent）算法是一个一阶最优化算法，通常也称为最速下降算法。它是通过函数当前点对应梯度（或者是近似梯度）的反方向，使用规定步长距离进行迭代搜索，从而找到一个函数局部极小值的算法，最好的情况是找到全局极小值，其工作模式如图1-15所示。但是在使用梯度下降算法时，每次更新参数都需要使用所有的样本。如果对所有的样本均计算一次，当样本总量特别大时，需要消耗很大的显存，对算法的速度影响非常大，所以就有了随机梯度下降算法。它是对梯度下降法算法的一种改进，且每次只随机取一部分样本进行优化，样本的数量通常是32～256之间，以保证计算精度的同时提升计算速度，是优化深度学习网络中最常用的一类算法。

随机梯度下降（stochastic gradient descent，SGD）算法及其的一些变种，是深度学习中应用最多的一类算法。在深度学习中，SGD通常指小批随机梯度下降（mini-batch gradient descent）算法，其在训练过程中，通常会使用一个固定的学习率进行训练：

$$g_t = \nabla_{\theta_{t-1}} f(\theta_{t-1})$$

$$\nabla_{\theta_t} = -\eta g_t$$

式中，$g_t$是第$t$步的梯度；$\eta$则是学习率。随机梯度下降算法在优化时，完全依赖于当前batch数据计算得到的梯度，而学习率$\eta$则是调整梯度影响大小的参数，通

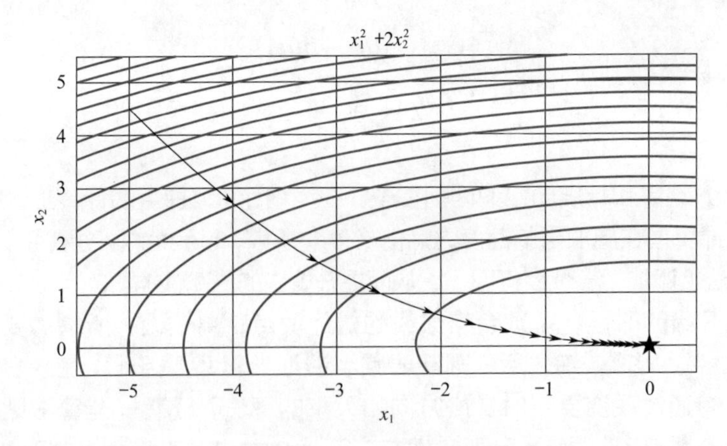


图1-15　梯度下降算法示意图

过控制学习率 $\eta$ 的大小，一定程度上可以控制网络的训练速度。

随机梯度下降虽然在大多数情况下都很有效，但其还存在一些缺点，如很难确定一个合适的学习率 $\eta$，而且所有的参数使用同样的学习率可能并不是最有效的方法。针对这种情况，可以采用变化学习率 $\eta$ 的训练方式，如控制网络在初期以大的学习率进行参数更新，后期以小的学习率进行参数更新。随机梯度下降的另一个缺点就是容易收敛到局部最优解，而且当落入局部最优解后，很难跳出局部最优解的区域。

针对随机梯度下降算法的缺点，动量的思想被引入优化算法中。动量通过模拟物体运动时的惯性来更新网络中的参数，即更新时在一定程度上会考虑之前参数更新的方向，同时利用当前batch计算得到的梯度，将两者结合起来计算出最终参数需要更新的大小和方向。在优化时引入动量思想旨在加速学习，特别是在面对小而连续且含有很多噪声的梯度。利用动量在一定程度上不仅增加了学习参数的稳定性，而且会更快地学习到收敛的参数。

在引入动量后，网络的参数则按照下面的方式更新：

$$g_t=\nabla_{\theta_{t-1}}f(\theta_{t-1})$$

$$m_t=\mu m_{t-1}+g_t$$

$$\nabla_{\theta_t}=-\eta m_t$$

式中，$m_t$为当前动量的累加；$\mu$ 属于动量因子，用于调整上一步动量对参数更新时的重要程度。引入动量后，在网络更新初期，可利用上一次参数更新，此时下降方向一致，乘上较大的 $\mu$ 能够进行很好的加速；在网络更新后期，随着梯度$g_t$逐渐趋近于0，在局部最小值来回震荡的时候，利用动量使得更新幅度增大，跳出局部最优解的陷阱。

Nesterov项（Nesterov动量）是在梯度更新时做出的校正，避免参数更新太快，同时提高灵敏度。在动量中，之前累积的动量$m_{t-1}$并不会直接影响当前的梯度$g_t$，所以Nesterov的改进就是让之前的动量直接影响当前的动量：

$$g_t = \nabla_{\theta_{t-1}} f(\theta_{t-1} - \eta\mu m_{t-1})$$

$$m_t = \mu m_{t-1} + g_t$$

$$\nabla_{\theta_t} = -\eta m_t$$

Nesterov动量和标准动量的区别在于：在当前batch梯度的计算上，Nesterov动量的梯度计算是在施加当前速度之后的梯度。所以，Nesterov动量可以看作是在标准动量方法上添加了一个校正因子，从而提升算法的更新性能。

在训练开始的时候，参数会与最终的最优值点距离较远，所以需要使用较大的学习率，经过几轮训练之后，则需要减小训练学习率。因此，在众多的优化算法中，不仅有通过改变更新时梯度方向和大小的算法，还有一些算法则是优化了学习率等参数的变化，如一系列自适应学习率的算法Adadelta、RMSProp及Adam等算法。

### 1.2.6　欠拟合与过拟合

针对训练的模型对数据的拟合情况，通常可以分为三种类型，即：欠拟合、过拟合，以及介于欠拟合与过拟合之间的正常拟合。

欠拟合：指不能很好地从训练数据中学习到有用的数据模式，从而针对训练数据和待预测的数据均不能获得很好的预测效果。如果使用的训练样本过少，就容易获得欠拟合的训练模型。

正常拟合：指训练得到的模型，可以从训练数据集上学习得到泛化能力强、预测误差小的模型，同时该模型还可以针对待测试的数据进行良好的预测，获得令人满意的预测效果。

过拟合：指过于精确地匹配了特定数据集，导致获得的模型不能良好地拟合其他数据或预测未来的观察结果的现象。模型如果过拟合，会导致模型的偏差很小，但是方差会很大。

判断深度学习网络是否正常拟合，可以通过观察训练过程中损失函数的变化情况进行判断。图1-16展示了不同拟合情况下损失函数的变化趋势。

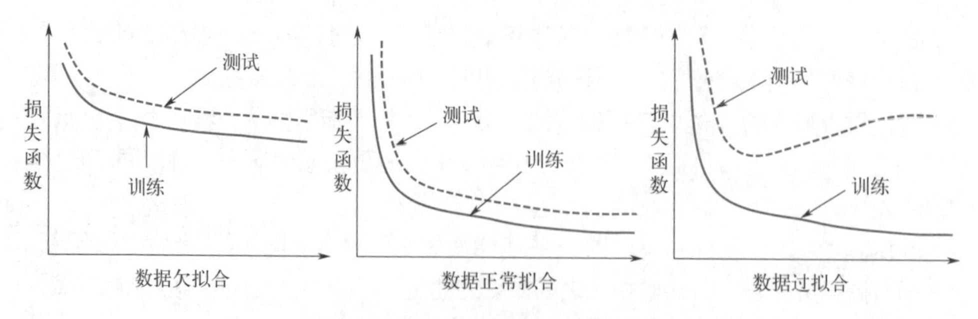


图1-16　数据拟合是损失函数变化趋势

在实践过程中，如果发现训练的模型对数据进行了欠拟合或者过拟合，通常要对模型进行调整，解决这些问题是一个复杂综合的过程，而且很多时候要进行多项调整，下面介绍一些可以采用的相关解决方法。

增加数据量：如果训练数据较少，通常可能会导致数据的欠拟合。因此更多的训练样本通常会使模型更加稳定，所以训练样本的增加不仅可以得到更有效的训练结果，也能在一定程度上调整模型的拟合效果，增强其泛化能力。但是如果训练样本有限，也可以利用数据增强技术对现有的数据集进行扩充。

正则化方法：正则化方式是解决模型过拟合问题的一种手段，其通常会在损失函数上添加对训练参数的惩罚范数，通过添加的惩罚范数对需要训练的参数进行约束，防止模型过拟合。

使用Dropout技术：在深度学习网络中通过引入Dropout层，随机丢掉一些神经元，减轻网络的过拟合现象。简单来针对网络在前向传播的时候，让某个神经元的激活值以一定的概率停止工作，这样可以使模型泛化性更强，因为这样训练得到的网络的鲁棒性会更强，不会过度依赖某些局部的特征。

提前结束训练：防止网络过拟合最直观的方式就是提前终止网络的训练，其通常将数据切分为训练集、验证集和测试集相结合，例如当网络在验证集上的损失不再减小，或者精度不再增加时，即认为网络已经训练充分，应终止网络的继续训练。但是该操作可能会获得训练不充分的最终参数。

## 1.3 Python与PyTorch安装

Python是一种简单易学、功能强大的编程语言。其在各个编程语言排行榜上一直遥遥领先，尤其是在深度学习与人工智能等领域常年位居榜首。

此外Python是免费的开源软件，任何人都可以使用它，以及编写自己的第三方库来拓展Python的功能，PyTorch也是基于Python的深度学习算法库。因此在学习PyTorch前，首先简单介绍Python的安装与Python常用库。

### 1.3.1 安装Python

安装Python最方便的方式是使用Anaconda提供的封装，可以让环境的配置更加方便。Anaconda是一个用于科学计算的Python发行版，用于计算科学（数据科学、机器学习、深度学习等），支持Linux、Mac、Windows系统，提供了包管理与环境管理的功能，可以很方便地解决多版本Python并存、切换以及各种第三方包安装问题。其利用conda进行库（package）和环境（environment）的管理，并且已经包含了Python和相关的配套工具。本小节会介绍Python的安装与使用（以

Windows平台的Anaconda为例，其他平台安装方法相似），通常安装Anaconda后无须再额外安装Python。

Anaconda的下载可以到官方网站下载，如图1-17所示的界面，下载与自己机器匹配的版本，然后根据界面提示安装即可（本书下载Windows系统下的版本，其对应的Python为3.9版本）。

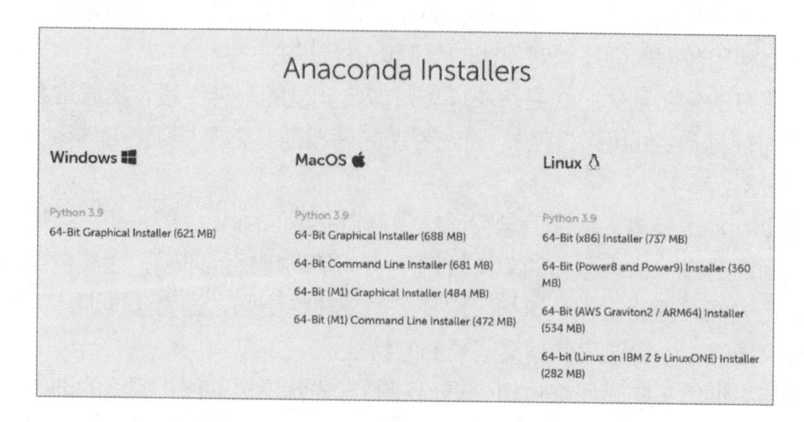


图1-17 Anaconda下载界面

针对下载好的Anaconda应用，跟随安装向导安装即可，安装后会在计算机的系统应用中添加已经安装的Anaconda3文件夹，如图1-18所示。其中主要包含Anaconda Navigator应用，便于Python版本和环境的管理与使用。Anaconda Prompt应用为命令提示窗，方便我们通过一系列的conda指令来操作Anaconda与Python。Jupyter Notebook和Spyder是两个常用的编写Python程序的IDE可交互界面。

针对安装好的Anaconda，打开Anaconda Navigator（其是包含在Anaconda中的图形用户界面，用户可以通过Anaconda Navigator启动应用，在不使用命令行的情况下管理软件包、创建虚拟环境和管理路径等），Anaconda Navigator应用界面如图1-19所示。

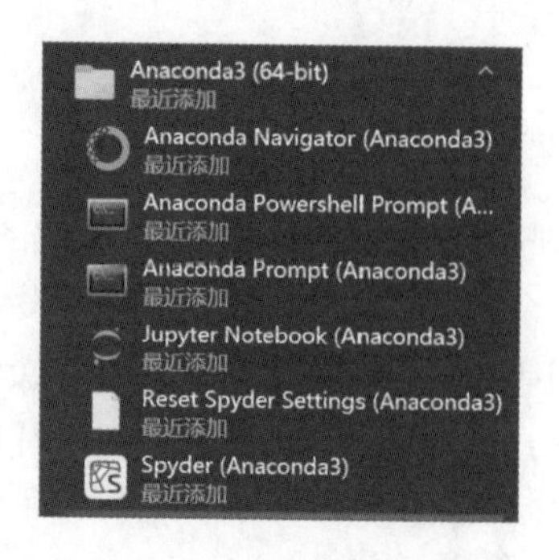


图1-18 安装好的Anaconda应用

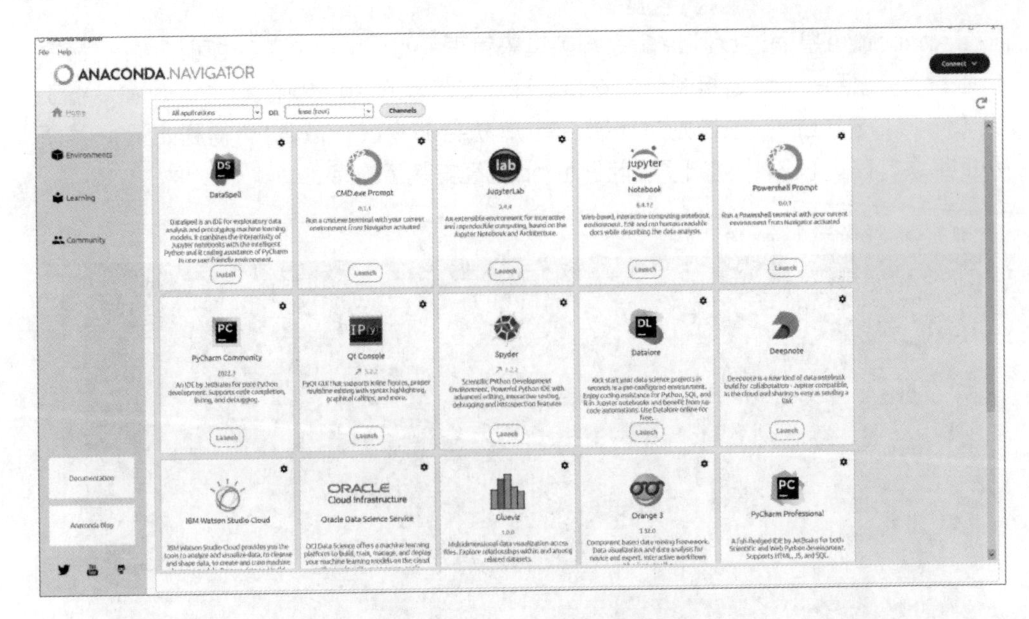


图1-19　Anaconda安装后开始界面

该界面的内容会根据计算机所安装Anaconda应用的版本有一些小的差异，但是主要应用是相同的，其中经常被用来编写Python程序的IDE应用有Spyder、Jupyter Notebook和JupyterLab等。因为本书的程序主要是基于JupyterLab编写的，下面将会介绍JupyterLab应用的基本情况。

JupyterLab可看作是Jupyter Notebook的升级版，在文件管理、程序查看、程序对比等方面，都比Jupyter Notebook的功能更加强大。而且JupyterLab和Jupyter Notebook的程序文件是通用的，可以不进行任何修改运行。打开JupyterLab后，其界面如图1-20所示。

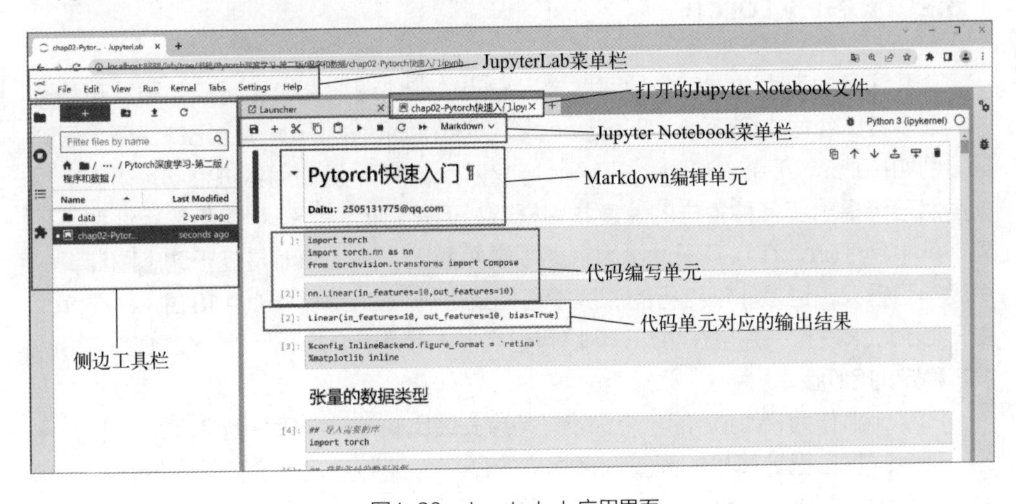


图1-20　JupyterLab应用界面

Anaconda是通过conda命令行工具来管理Python中的包（也可通过pip命令行工具），包括PyTorch相关包的安装。打开安装好的Anaconda Prompt命令行工具（Mac OS与Linux系统则是终端工具），执行命令conda list可得到如图1-21所示的结果。在图1-21中列出了当前Python已经安装了的库。

```
Anaconda Prompt (Anaconda3)

(base) C:\Users\A>conda list
# packages in environment at C:\ProgramData\Anaconda3:
#
# Name                    Version                   Build  Channel
_ipyw_jlab_nb_ext_conf    0.1.0            py39haa95532_0
alabaster                 0.7.12             pyhd3eb1b0_0
anaconda                  2022.10                  py39_0
anaconda-client           1.11.0           py39haa95532_0
anaconda-navigator        2.3.1            py39haa95532_0
anaconda-project          0.11.1           py39haa95532_0
anyio                     3.5.0            py39haa95532_0
appdirs                   1.4.4              pyhd3eb1b0_0
argon2-cffi               21.3.0             pyhd3eb1b0_0
argon2-cffi-bindings      21.2.0           py39h2bbff1b_0
arrow                     1.2.2              pyhd3eb1b0_0
astroid                   2.11.7           py39haa95532_0
astropy                   5.1              py39h080aedc_0
atomicwrites              1.4.0                      py_0
attrs                     21.4.0             pyhd3eb1b0_0
automat                   20.2.0                     py_0
autopep8                  1.6.0              pyhd3eb1b0_1
babel                     2.9.1              pyhd3eb1b0_0
backcall                  0.2.0              pyhd3eb1b0_0
backports                 1.1                pyhd3eb1b0_0
backports.functools_lru_cache 1.6.4            pyhd3eb1b0_0
backports.tempfile        1.0                pyhd3eb1b0_1
backports.weakref         1.0.post1                  py_1
bcrypt                    3.2.0            py39h2bbff1b_1
beautifulsoup4            4.11.1           py39haa95532_0
```

图1-21 conda命令使用示例

### 1.3.2 安装PyTorch

随着深度学习大发展，各种深度学习框架也在快速被高校和研究公司发布和开源。很多科技公司如Google、Facebook、Microsoft等都开源了自己的深度学习框架，例如Keras、TensorFlow、MXnet、PyTorch等，供使用者进行学习研究。目前虽然已经提出了各种各样的深度学习框架，但是它们的流行程度和易用性都不相同，其中PyTorch在众多深度学习框架中脱颖而出。PyTorch是基于动态图计算的深度学习框架，也是非常流行的深度学习框架之一，在2017年1月18日，PyTorch由Facebook发布，并且在2018年12月已经发布了稳定的1.0版本，在2023年3月发布稳定的2.0版本。

PyTorch作为Python的一个深度学习库安装比较简单，只需到PyTorch官方网站，然后根据自己计算机的配置选择相应的PyTorch版本后，会自动获取PyTorch的安装命令，安装PyTorch2.0的示例如图1-22所示。

PyTorch Build
Stable (2.0.0)
Preview (Nightly)
Your OS
Linux
Mac
Windows
Package
Conda
Pip
LibTorch
Source
Language
Python
C++ / Java
Compute Platform
CUDA 11.7
CUDA 11.8
ROCm 5.4.2
CPU
Run this Command:
pip3 install torch torchvision torchaudio --index-url https://download.pytorch.org/whl/cu117

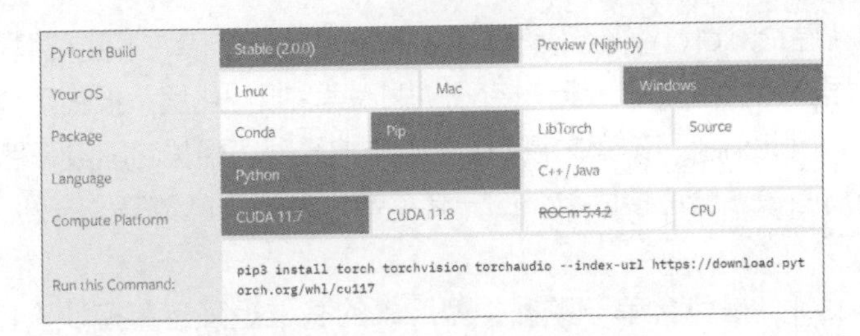

图1-22 PyTorch安装命令

图1-22选择安装的PyTorch版本为稳定的2.0版，计算机为Windows系统，安装方法选择pip命令，安装是基于Python语言，并且选择安装GPU版本，使用的CUDA版本为11.7。最终得到安装命令为pip3 install torch torchvision torchaudio --index-url https://download.pytorch.org/whl/cu117。

复制命令代码到Anaconda Prompt终端命令行工具下运行，即可自动安装PyTorch、torchvision以及torchaudio等库。

安装成功后，即可直接使用Jupyter notebook或Spyder等Python编辑工具进行库的导入和程序的编写，如图1-23所示的导入torch(PyTorch)和torchvision两个库。程序的输出结果表明库已经成功安装，并且安装的PyTorch版本为2.0的GPU版本。

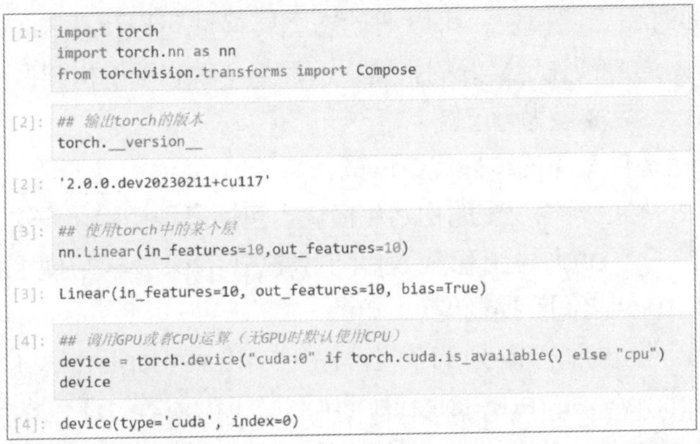

[1]: import torch
import torch.nn as nn
from torchvision.transforms import Compose
[2]: ## 输出torch的版本
torch.__version__
[2]: '2.0.0.dev20230211+cu117'
[3]: ## 使用torch中的某个层
nn.Linear(in_features=10,out_features=10)
[3]: Linear(in_features=10, out_features=10, bias=True)
[4]: ## 调用GPU或者CPU运算（无GPU时默认使用CPU）
device = torch.device("cuda:0" if torch.cuda.is_available() else "cpu")
device
[4]: device(type='cuda', index=0)

图1-23 导入torch(PyTorch)和torchvision

## 1.3.3 PyTorch核心模块

torch：包含了多维张量的数据结构以及基于其上的多种数学运算。另外，它也提供了多种高效地对张量和任意类型进行序列化的工具，包括PyTorch张量的生成，以及运算、切片、连接等操作，还包括神经网络中经常使用的激活函数，提供了与Numpy的交互操作。

torch.nn：是PyTorch神经网络模块化的核心，这个模块下面有很多子模块，包括卷积、池化层、激活函数层、全连接层、循环层、归一化层、损失函数层等。

torch.nn.functional：该模块定义了一些与神经网络相关的函数，包括卷积函数、池化函数、激活函数、全连接函数、归一化函数以及损失函数等，方便深度学习网络的构建。

torch.Tensor：是包含单一数据类型元素的多维矩阵运算模块，其功能类似于Python中的Numpy库。

torch.autograd：提供实现任意标量值函数自动微分的类和函数，例如torch.autograd.backward函数，用于在求得损失函数后进行反向梯度传播。

torch.cuda：该模块提供了对CUDA张量类型的支持，利用GPU计算时实现与CPU张量相同的功能。

torch.distributed：分布式计算模块，主要提供PyTorch的并行运行环境，其主要支持的MPI、Gloo和NCCL三种后端。

torch.distributions：该模块包含可参数化的概率分布和抽样函数。这允许构建随机计算图和随机梯度估计器以进行优化。

torch.fft：提供和离散傅里叶变换相关的函数。

torch.hub：一个预训练模型库，旨在促进研究的可重复性，提供了一系列预训练的模型供用户使用。

torch.jit：即时编译器模块，可以把动态图转换成可以优化和序列化的静态图。其主要工作原理是通过预先定义好的张量，追踪整个动态图的构建过程，得到最终构建出来的动态图，然后转换为静态图。

torch.linalg：提供常见的线性代数运算。

torch.nn.init：神经网络权重的初始化模块，包括多种初始化方法。

torch.onnx：PyTorch导出和载入ONNX格式的深度学习模型描述文件模块。方便不同深度学习框架之间交换模型。

torch.optim：提供了一系列的优化器，比如torch.optim.SGD、torch.optim.Adam、torch.optim.AdaGrad、torch.optim.RMSProp等。还包含学习率衰减的算法的模块torch.optim.lr_scheduler，提供多种学习率更新方式。

torch.random：提供一系列的方法来保存和设置随机数生成器的状态，可以使用manual_seed()函数来设置随机种子，也可以使用initial_seed()函数来得到程序初始的随机种子。设置一个统一的随机种子可以有效地帮助我们测试不同神经网络的表现，有助于调试神经网络的结构。

torch.sparse：模块提供了稀疏张量的定义，可以更有效地存储和处理大多数元素为零的张量，稀疏张量之间可以做加减乘除和矩阵乘法。

torch.utils：提供了一系列的工具来帮助神经网络的训练、测试和结构优化。该模块主要包含以下模块。

① torch.utils.bottleneck：可以检查深度学习模型中模块的运行时间，帮助找到性能瓶颈的模块，通过优化对应模块的运行时间，从而优化整个深度学习的模型性能。

② torch.utils.checkpoint：可以节约深度学习使用的内存。该模块设计的核心思想是以计算时间换内存空间，记录中间数据的计算过程，然后丢弃这些中间数据，等需要用到的时候再重新计算这些数据。

③ torch.utils.cpp_extension：PyTorch的C++扩展。其主要包含两个类，CppExtension定义了使用C++来编写的扩展模块的源代码相关信息，CUDAExtension则定义了C++/CUDA编写的扩展模块的源代码相关信息。

④ torch.utils.data：该模块引入数据集（dataset）和数据载入器（dataLoader）的概念，便于得到一系列打乱数据的批次，方便深度学习网络的训练。

⑤ torch.util.dlpacl：提供PyTorch张量和DLPackz张量存储格式之间的转换，用于不同框架之间张量数据的交换。

⑥ torch.utils.tensorboard：PyTorch对TensorBoard数据可视化工具的支持模块。TensorBoard原来是TensorFlow自带的数据可视化工具，能够显示深度学习模型在训练过程中损失函数、张量权重的直方图，以及模型训练过程中输出的文本、图像和视频等。PyTorch支持TensorBoard可视化后，在训练过程中，可以很方便地观察中间输出的张量，也可以方便地调试深度学习模型。

### 1.3.4 PyTorch辅组库

Torchaudio是将PyTorch应用到音频和信号处理的库。它提供音频文件的加载与保持、信号和数据处理、模型实现和应用等功能。

Torchtext是将PyTorch应用到自然语言处理的库。它提供文本数据的加载与保持、处理等功能，并且提供了经典自然语言数据库的导入方法。

torchvision包含了便于Python使用的数据集、模型架构、预训练模型以及计算机视觉的常见图像转换操作。

torchdata是一个通用模块化数据加载原语库，用于轻松构建灵活且高性能的数据管道。现有的DataLoader将太多的功能捆绑在一起，难以扩展，此外，不同的用例通常必须一遍又一遍地重写相同的数据加载实用程序。torchdata的目标是更灵活地进行数据操作，可用于DataLoader功能的拓展与补充。

### 1.3.5 其他Python库

本书在使用PyTorch框架进行深度学习实战时，还会涉及其他Python库的使用，下面对一些用到的库及模块的功能进行简单的描述。

### （1）文件管理的相关库

os：该模块为操作系统接口模块提供了一些方便使用操作系统的相关功能函数，在读写文件时比较方便。

copy：提供复制对象的相关功能，可以用于复制模型的参数。

### （2）时间和日期

time：该模块为时间的访问和转换模块，提供了各种时间相关的函数，方便时间的获取和操作。

### （3）文本处理

re：该库为正则表达式操作库，方便对字符串的操作。

string：该库为常用的字符串操作库，提供了对字符串操作的方便用法。

requests：是一个Python HTTP库，方便对网页链接进行一系列操作，包含很多字符串处理的操作。

### （4）科学计算和数据分析类

Numpy：Numpy是使用Python进行科学计算的基础库，包括丰富的数组计算功能，并且PyTorch中的张量和Numpy中的数组相互转化时非常方便。

Pandas：该库提供了很多高性能、易用的数据结构和数据分析及可视化工具。

### （5）机器学习类

sklearn：该库是常用的机器学习库，包含多种主流机器学习算法。

### （6）数据可视化类

matplotlib：Python中最常用的数据可视化库，可以绘制多种简单和复杂的数据可视化图像，如散点图、折线图、直方图等多种图像。

seaborn：是一个基于Python中matplotlib的可视化库。它提供了一个更高层次绘图方法，可以使用更少的程序绘制有吸引力的统计图形。

tensorboardX：可以通过该库将PyTorch的训练过程等事件写入TensorBoard，这样就可以方便地利用TensorBoard来可视化深度学习的训练过程、相关的中间结果等。

### （7）图像操作

pillow：pillow是一个对PIL友好的分支，是Python中常用的图像处理库，PyTorch的相关图像操作也是基于pillow库。

cv2：OpenCV是一个C++库，用于实时处理计算机视觉方面的问题，涵盖了很多计算机视觉领域的模块，cv2是其中的一个Python接口。

skimage：用于图像处理的算法集合，提供了很多方便对图像进行处理的方法。

## 1.4　本章小结

本章主要介绍了计算机视觉和深度学习的基础内容，以及Python与PyTorch的安装。针对计算机视觉简单地介绍了数字图像处理基础与现在深度学习背景下的主流计算机视觉任务，帮助读者快速地对计算机视觉有一个直观的认识。随后介绍了深度学习的发展历程、常用的网络结构以及优化算法等内容。接着介绍了如何安装Python和PyTorch，部署自己的计算机视觉的深度学习环境，最后介绍了PyTorch中每个模块的功能，以及在进行深度学习时需要用到的其他Python库的情况。

PyTorch

# 第2章

# PyTorch快速入门

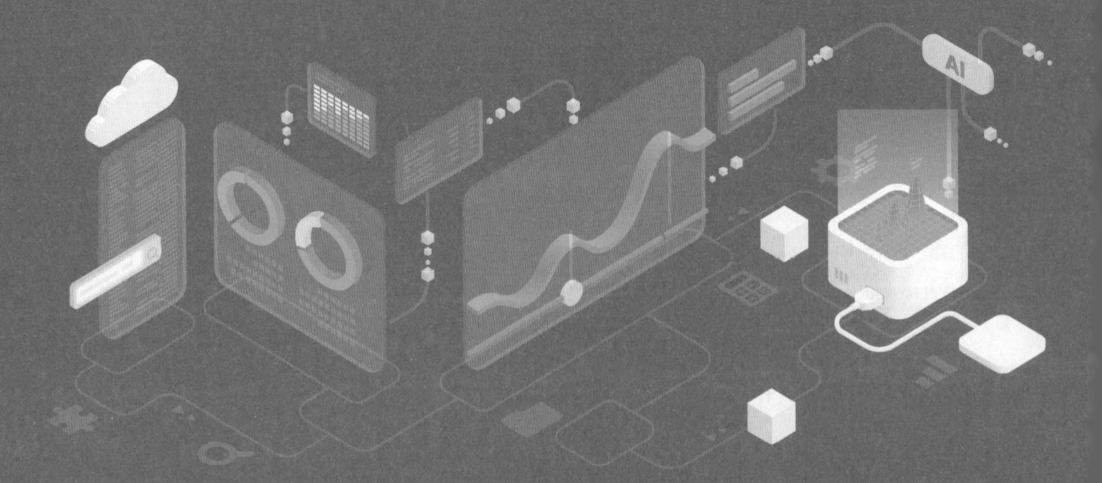

PyTorch于2017年1月由Facebook开源发布，是使用GPU和CPU优化的深度学习张量库。经过多年的快速发展，于2018年12月发布稳定的1.0版本，2023年3月发布稳定的2.0版本，现已经成为最流行的深度学习框架之一。本章作为PyTorch入门内容，主要介绍PyTorch的张量计算、torch中的nn模块神经网络层、PyTorch中的图像准备与预处理操作，以及如何使用GPU进行加速计算等内容。

为了节省篇幅，一些演示程序不一一列出，读者可以通过随书提供的程序资源，获取更多的PyTorch程序应用实例。

# 2.1　张量Tensor

在数学中，一个单独的数可以称为标量，一列或者一行数组可以称为向量，一个二维数组称为矩阵，矩阵中的每一个元素都可以被行和列的索引唯一确定，如果数组的维度超过2，那么我们可以称该数组为张量。但是在PyTorch中，张量（Tensor）属于一种数据结构，它可以是一个标量、一个向量、一个矩阵，甚至是更高维度的数组，所以PyTorch中Tensor和Numpy库中的数组（ndarray）非常相似，在使用时也会经常将PyTorch中的张量和Numpy中的数组相互转化。在深度网络中，基于PyTorch的相关计算和优化都是在Tensor的基础上完成的。

## 2.1.1　张量的数据类型

在torch中CPU和GPU张量分别各有9种常用的数据类型，如表2-1所示。

表2-1　张量（Tensor）数据类型

| 数据类型 | dtype | CPU tensor | GPU tensor |
|---|---|---|---|
| 32位浮点型 | torch.float32 或 torch.float | torch.FloatTensor | torch.cuda.FloatTensor |
| 64位浮点型 | torch.float64 或 torch.double | torch.DoubleTensor | torch.cuda.DoubleTensor |
| 16位浮点型 | torch.float16 或 torch.half | torch.HalfTensor | torch.cuda.HalfTensor |
| 8位无符号整型 | torch.uint8 | torch.ByteTensor | torch.cuda.ByteTensor |
| 8位有符号整型 | torch.int8 | torch.CharTensor | torch.cuda.CharTensor |
| 16位有符号整型 | torch.int16 或 torch.short | torch.ShortTensor | torch.cuda.ShortTensor |
| 32位有符号整型 | torch.int32 或 torch.int | torch.IntTensor | torch.cuda.IntTensor |
| 64位有符号整型 | torch.int64 或 torch.long | torch.LongTensor | torch.cuda.LongTensor |
| 布尔型 | torch.bool | torch.BoolTensor | torch.cuda.BoolTensor |

PyTorch中默认的数据类型是32位浮点型，可以通过torch.set_default_tensor_type()函数设置默认的数据类型，但是该函数只支持设置浮点型数据类型。PyTorch还支持其他类型的数据，不同类型的张量都有相应的转化函数，相关数据转

化的应用示例如下。

```
In[1]:## 将张量数据类型转化为其他类型
      a = torch.tensor([1.2, 3.4])
      print("a.dtype:",a.dtype, a)        # 输出a的数据类型
      print("a.long()方法:",a.long().dtype, a.long())
                                          # 转化为64位有符号整型
      print("a.int()方法:",a.int().dtype, a.int())
                                          # 转化为32位有符号整型
      print("a.short()方法:",a.short().dtype, a.short())
                                          # 转化为16位有符号整型
      print("a.half()方法:",a.half().dtype, a.half())
                                          # 转化为16位浮点型
      print("a.float()方法:",a.float().dtype, a.float())
                                          # 转化为32位浮点型
      print("a.bool()方法:",a.bool().dtype, a.bool())
                                          # 转化为布尔型
Out[1]:a.dtype: torch.float64 tensor([1.2000, 3.4000])
       a.long()方法: torch.int64 tensor([1, 3])
       a.int()方法: torch.int32 tensor([1, 3], dtype=torch.int32)
       a.short()方法: torch.int16 tensor([1, 3], dtype=torch.int16)
          a.half()方法:  torch.float16  tensor([1.2002,  3.4004],
dtype=torch.float16)
          a.float()方法:  torch.float32  tensor([1.2000,  3.4000],
dtype=torch.float32)
       a.bool()方法: torch.bool tensor([True, True])
```

由于已经提前将张量默认的数据类型设置为64位浮点型，所以生成的张量***a***的数据类型为torch.float64。针对张量***a***，可以使用a.long()方法将其转化为64位有符号整型，a.int()方法将其转化为32位有符号整型，a.short()方法将其转化为16位有符号整型，a.float()方法将其转化为32位浮点型，a.half()方法将其转化为16位浮点型，a.bool()方法将其转化为布尔型。

如果想要恢复默认的32位浮点型数据类型，需要再次使用torch.set_default_tensor_type()函数。此外，使用torch.get_default_dtype()函数，可以获取张量默认的数据类型。

## 2.1.2 张量的生成

PyTorch有多种方式可以生成一个张量，下面使用具体的代码介绍如何生成在深度学习过程需要的张量。

### (1)使用torch.tensor()函数生成张量

通过torch.tensor()函数可以将Python的列表或序列构造成张量。下面的程序使用torch.tensor()函数将Python的列表转化为了张量。张量的维度(形状大小)可以通过.shape的属性查看,也可使用.size()方法计算。使用.numel()方法则可以计算张量中包含元素的数量。

```
In[1]:import torch
      ## torch.tensor()将列表生成张量数组
      A = torch.tensor([[1.0,1.0],[2,2]])
      A
Out[1]:tensor([[1., 1.],
              [2., 2.]])
In[2]:## 获取张量的形状
      A.shape
Out[2]:torch.Size([2, 2])
In[3]:## 获取张量的形状
      A.size()
Out[3]:torch.Size([2, 2])
In[4]:## 计算张量中所含元素的个数
      A.numel()
Out[4]:4
```

使用torch.tensor()函数生成张量时,可以使用参数dtype来指定张量的数据类型,使用参数requires_grad来指定张量是否需要计算梯度。只有计算了梯度的张量,才能在深度网络中优化时根据梯度大小进行更新。例如下面生成一个需要计算梯度的张量***B***。

```
## 指定张量的数据类型和是否要计算梯度
In[5]:B = torch.tensor((1,2,3),dtype=torch.float32,requires_grad=True)
      B
Out[5]:tensor([1., 2., 3.], requires_grad=True)
```

在程序片段In[5]中使用参数dtype=torch.float32指定张量***B***中的元素为32位浮点型,使用参数requires_grad=True表明张量***B***可以计算每个元素的梯度。下面针对张量***B***计算sum($B^2$)在每个元素上的梯度大小。从输出结果可以看出每个位置上的梯度为2***B***。

```
In[6]:## 因为张量B是可计算梯度的,所以可以计算sum(B^2)的梯度
      y  = B.pow(2).sum()
      y.backward()
```

```
     B.grad
Out[6]:tensor([2., 4., 6.])
```

需要注意的是，只有浮点型和复数类型的数据才能计算梯度，其他类型的数据是不能计算张量的梯度。

### （2）torch.Tensor()函数

torch.Tensor()函数也可用来生成张量，而且还可以根据指定的形状生成张量，例如下面的程序中，根据Python列表生成张量***C***，根据形状参数生成特定尺寸的张量***D***（尺寸为2×3）。

```
In[7]:## 利用torch.Tensor()获得张量，使用预先存在的数据创建张量
     C = torch.Tensor([1,2,3,4])
     C
Out[7]:tensor([1., 2., 3., 4.])
In[8]:## 创建具有特定大小的张量
     D = torch.Tensor(2,3)
     D
Out[8]:tensor([[7.5670e-44, 8.1275e-44, 7.2868e-44],
               [7.4269e-44, 8.1275e-44, 7.4269e-44]])
```

针对已经生成的张量可以使用torch.**_like()系列函数生成与指定张量维度相同、性质相似的张量，如下面程序中：使用torch.ones_like()函数生成与***D***维度相同的全1张量；使用torch.zeros_like()函数生成与***D***维度相同的全0张量。

```
In[9]:## 创建与另一个张量相同大小和类型相同的全1张量
     torch.ones_like(D)
Out[9]:tensor([[1., 1., 1.],
               [1., 1., 1.]])
In[10]:## 创建与另一个张量相同大小和类型相同的全0张量
     torch.zeros_like(D)
Out[10]:tensor([[0., 0., 0.],
               [0., 0., 0.]])
```

针对一个创建好的张量***D***，可以使用D.new_**()系列函数创建出新的张量。如使用D.new_tensor()将列表转化为张量，并且与张量***D***具有相同的数据类型，D.new_zeros()生成全0张量，D.new_ones()生成全1张量等。下面的程序使用D.new_tensor(E)将列表E转化为了32位浮点型的张量。

```
In[11]:## 创建一个类型相似的张量
       E = [[1,2],[3,4]]
```

```
        E = D.new_tensor(E)
        print("D.dtype : ",D.dtype)
        print("E.dtype : ",E.dtype)
        print("E:",E)
Out[11]:D.dtype :  torch.float32
         E.dtype :  torch.float32
         E: tensor([[1., 2.],
                    [3., 4.]])
```

## （3）张量和Numpy数据相互转换

PyTorch提供了Numpy数组和PyTorch张量相互转换的函数，方便对张量进行相关操作，如将张量转化为Numpy数组，通过Numpy数组进行相关计算后，可以再次转化为张量，以便进行张量相关的计算。将Numpy数组转化为PyTorch张量，可以使用torch.as_tensor()函数和torch.from_numpy()函数，例如：

```
In[12]:## 利用numpy数组生成张量
        import numpy as np
        F = np.ones((3,3))
        ## 使用torch.as_tensor()函数
        Ftensor = torch.as_tensor(F)
        Ftensor
Out[12]:tensor([[1., 1., 1.],
               [1., 1., 1.],
               [1., 1., 1.]], dtype=torch.float64)
In[13]:## 使用torch.from_numpy()函数
        Ftensor = torch.from_numpy(F)
        Ftensor
Out[13]:tensor([[1., 1., 1.],
               [1., 1., 1.],
               [1., 1., 1.]], dtype=torch.float64)
```

从程序Out[12]和Out[13]中得到的张量是64位浮点型数据，这是因为使用Numpy生成的数组默认就是64位浮点型数组。而针对PyTorch中的张量，使用torch.numpy()函数即可转化为Numpy数组，使用示例如下：

```
In[14]:## 使用张量的.numpy()将张量转化为numpy数组
       Ftensor.numpy()
Out[14]:array([[1., 1., 1.],
              [1., 1., 1.],
              [1., 1., 1.]])
```

### （4）生成随机数张量

PyTorch中还可以通过相关函数生成随机数张量，并且可以指定生成随机数的分布等。生成随机数之前，可以使用torch.manual_seed()函数，指定生成随机数的种子，用于保证生成的随机数是可重复出现的。如使用torch.normal()生成服从正态（0，1）分布的随机数：

```
In[15]:## 设置随机数种子
       torch.manual_seed(123)
       ## 通过指定均值和标准差生成随机数
       torch.manual_seed(123)
       A = torch.normal(mean = 0.0,std = torch.tensor(1.0))
       A
Out[15]: tensor(-0.1115)
```

在torch.normal()函数中，通过mean参数指定随机数的均值，std参数指定随机数的标准差。如果mean参数和std参数都只用一个元素则只会生成一个随机数，如果mean参数和std参数有多个值，则可生成多个随机数，例如：

```
In[16]:## 通过为每个元素指定均值和标准差生成随机数
       torch.manual_seed(123)
       A = torch.normal(mean = torch.arange(1,5.0),std=torch.
arange(1,5.0))
       A
Out[16]:tensor([0.8885, 2.2407, 1.8911, 3.0383])
```

上面的例子中，In[16]生成的每个随机数服从的分布均值分别为1、2、3、4，分布的标准差也分别为1、2、3、4。

使用torch.rand()函数，可在区间[0,1]上生成服从均匀分布的张量：

```
In[17]:## 在区间[0,1]上生成服从均匀分布的张量
       torch.manual_seed(123)
       B = torch.rand(3,4)
       B
Out[17]:tensor([[0.2961, 0.5166, 0.2517, 0.6886],
               [0.0740, 0.8665, 0.1366, 0.1025],
               [0.1841, 0.7264, 0.3153, 0.6871]])
```

而torch.rand_like函数则可根据其他张量维度，生成与其维度相同的随机数张量。下面的程序中，In[18]使用torch.rand_like()函数生成与张量*C*相同维度的张量*D*，In[19]使用torch.randn()和torch.rand_like()函数，可生成服从标准正态分布的随机数张量。

```
In[18]:## 生成和其他张量尺寸相同的随机数张量
       torch.manual_seed(123)
       C = torch.ones(2,3)
       D = torch.rand_like(C)
       D
Out[18]:tensor([[0.2961, 0.5166, 0.2517],
               [0.6886, 0.0740, 0.8665]])
In[19]:## 生成服从标准正态分布的随机数
       print(torch.randn(3,3))
       print(torch.randn_like(C))
Out[19]:tensor([[ 0.9447,  0.6217, -1.3501],
               [-0.1881, -2.3891, -0.4759],
               [ 1.7603,  0.6547,  0.5490]])
        tensor([[ 0.3671,  0.1219,  0.6466],
               [-1.4168,  0.8429, -0.6307]])
```

使用torch.randperm(n)函数，则可将0 ~ $n$（包含0不包含$n$）之间的整数，进行随机排序后输出，例如将0 ~ 9这10个数字重新随机排序后输出，可使用如下程序。

```
In[20]:## 将0~10（不包括10）之间的整数随机排序
       torch.manual_seed(123)
       torch.randperm(10)
Out[20]:tensor([2, 0, 8, 1, 3, 7, 4, 9, 5, 6])
```

### （5）其他生成张量的函数

PyTorch中包含和np.arange()用法相似的函数torch.arange()，可用来生成张量。在torch.arange()中，参数start指定开始，参数end指定结束，参数step则指定步长。例如下面的程序中生成0开始、10结束、步长为2的张量。

```
In[21]:## 使用torch.arange()生成张量
       torch.arange(start=0, end = 10, step=2)
Out[21]:tensor([0, 2, 4, 6, 8])
```

可使用torch.linspace()函数生成固定数量的等间隔张量，使用torch.logspace()函数则可生成以对数为间隔的张量，例如：

```
In[22]:## 在范围内生成固定数量的等间隔张量
       torch.linspace(start = 1, end = 10, steps=5)
Out[22]:tensor([ 1.0000,  3.2500,  5.5000,  7.7500, 10.0000])
In[23]:## 生成以对数间隔的张量
       torch.logspace(start=0.1, end=1.0, steps=5)
Out[23]:tensor([ 1.2589,  2.1135,  3.5481,  5.9566, 10.0000])
```

同时PyTorch中还包含很多预定义的函数，用于生成特定的张量，常用的函数如表2-2所示。

表2-2　生成张量系列函数

| 函数 | 描述 |
| --- | --- |
| torch.zeros(3,3) | 3×3的全0张量 |
| torch.ones(3,3) | 3×3的全1张量 |
| torch.eye(3) | 3×3的单位张量 |
| torch.full((3,3),fill_value = 0.25) | 3×3使用0.25填充的张量 |
| torch.empty(3,3) | 3×3的空张量 |

### 2.1.3　张量操作

前面介绍了生成张量的一些方法，在生成张量后通常需要对其进行一系列的操作，如改变张量的形状、获取或改变张量中的元素、将张量进行拼接和拆分等。下面对这些方法进行介绍。

#### （1）改变张量的形状

改变张量的形状在深度学习使用过程中经常会遇到，而且针对不同的情况对张量形状尺寸的改变有多种函数和方法可以使用，如tensor.reshape()方法可以设置张量的形状大小。

```
In[24]:## 使用tensor.reshape()函数设置张量的尺寸
       A = torch.arange(12.0).reshape(3,4)
       A
Out[24]:tensor([[ 0.,  1.,  2.,  3.],
                [ 4.,  5.,  6.,  7.],
                [ 8.,  9., 10., 11.]])
In[25]:## 使用torch.reshape()函数
       torch.reshape(input = A,shape = (2,-1))
Out[25]:tensor([[ 0.,  1.,  2.,  3.,  4.,  5.],
                [ 6.,  7.,  8.,  9., 10., 11.]])
```

改变张量的形状还可使用tensor.resize_()方法，针对输入的形状大小对张量形状进行修改，例如：

```
In[26]:## 使用resize_方法
       A.resize_(2,6)
       A
Out[26]:tensor([[ 0.,  1.,  2.,  3.,  4.,  5.],
                [ 6.,  7.,  8.,  9., 10., 11.]])
```

PyTorch中提供了A.resize_as_(B)的方法，可以将张量*A*的形状尺寸，设置跟张量*B*相同的形状大小。在下面的程序示例中，可以发现张量*A*的形状大小，已经设置为和张量*B*相同的大小。

```
In[27]:## 使用reshape方法
       B = torch.arange(10.0,20.0).reshape(-1,5)
       print("B:", B)
       print("A:", A.resize_as_(B))
Out[27]:B: tensor([[10., 11., 12., 13., 14.],
                  [15., 16., 17., 18., 19.]])
        A: tensor([[0., 1., 2., 3., 4.],
                   [5., 6., 7., 8., 9.]])
```

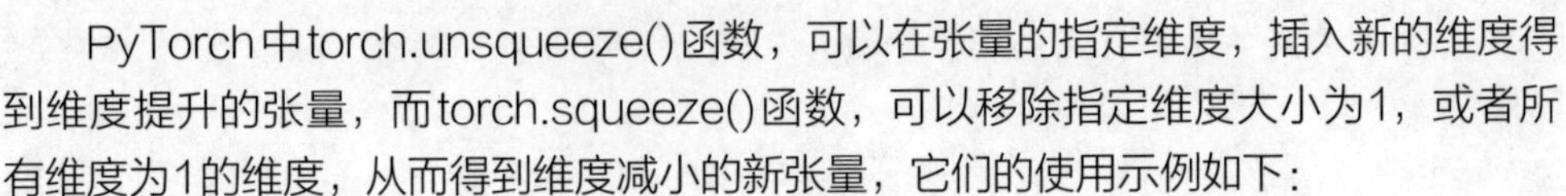

PyTorch中torch.unsqueeze()函数，可以在张量的指定维度，插入新的维度得到维度提升的张量，而torch.squeeze()函数，可以移除指定维度大小为1，或者所有维度为1的维度，从而得到维度减小的新张量，它们的使用示例如下：

```
In[28]:## torch.unsqueeze()返回在指定维度插入尺寸为1的新张量
       A = torch.arange(12.0).reshape(2,6)
       B = torch.unsqueeze(A,dim = 0)
       print("B:", B)
       print("B.shape:", B.shape)
Out[28]:B: tensor([[[ 0.,  1.,  2.,  3.,  4.,  5.],
                   [ 6.,  7.,  8.,  9., 10., 11.]]])
        B.shape: torch.Size([1, 2, 6])
In[29]:## torch.squeeze()函数移除所有维度为1的维度
       C = B.unsqueeze(dim = 0)
       print("C: ",C)
       print("C.shape : ",C.shape)
       D = torch.squeeze(C)
       print("D: ",D)
       print("D.shape : ",D.shape)
       ## 移除指定维度为1的维度
       E = torch.squeeze(C,dim = 1)
       print("E: ",E)
       print("E.shape : ",E.shape)
Out[29]:C:  tensor([[[[ 0.,  1.,  2.,  3.,  4.,  5.],
                   [ 6.,  7.,  8.,  9., 10., 11.]]]])
       C.shape :  torch.Size([1, 1, 2, 6])
       D:  tensor([[ 0.,  1.,  2.,  3.,  4.,  5.],
               [ 6.,  7.,  8.,  9., 10., 11.]])
       D.shape :  torch.Size([2, 6])
```

```
      E:  tensor([[[ 0.,  1.,  2.,  3.,  4.,  5.],
                  [ 6.,  7.,  8.,  9., 10., 11.]]])
      E.shape :  torch.Size([1, 2, 6])
```

PyTorch中也可以使用.expand()方法对张量的维度进行拓展，从而对张量的形状大小进行修改，而A.expand_as(C)方法，则会将张量*A*根据张量*C*的形状大小进行拓展，得到新的张量，它们的使用方法如下：

```
In[30]:## 使用.expand()方法拓展张量
       A = torch.arange(3)
       B = A.expand(3,-1)
       print("A:",A)
       print("B:",B)
Out[30]:A: tensor([0, 1, 2])
        B: tensor([[0, 1, 2],
                   [0, 1, 2],
                   [0, 1, 2]])
In[31]:## 使用.expand_as()方法拓展张量
       C = torch.arange(6).reshape(2,3)
       B = A.expand_as(C)
       print("C:",C)
       print("B:",B)
Out[31]:C: tensor([[0, 1, 2],
                   [3, 4, 5]])
        B: tensor([[0, 1, 2],
                   [0, 1, 2]])
```

使用张量的.repeat()方法，可以将张量看作一个整体，然后根据指定的形状进行重复填充，得到新的张量，例如：

```
In[32]:## 使用.repeat()方法拓展张量
       D = B.repeat(1,2,2)
       print("D:",D)
       print("D.shape:",D.shape)
Out[32]:D: tensor([[[0, 1, 2, 0, 1, 2],
                    [0, 1, 2, 0, 1, 2],
                    [0, 1, 2, 0, 1, 2],
                    [0, 1, 2, 0, 1, 2]]])
        D.shape: torch.Size([1, 4, 6])
```

### （2）获取张量中的元素

从张量中利用切片和索引提取元素的方法和Numpy中的使用方法是一致的，所以在使用时会非常方便，相关使用示例如下：

```
In[33]:## 利用切片和索引获取张量中的元素
       A = torch.arange(12).reshape(1,3,4)
       A
Out[33]:tensor([[[ 0,  1,  2,  3],
                 [ 4,  5,  6,  7],
                 [ 8,  9, 10, 11]]])
In[34]:A[0] # 获取第0维度下的元素
Out[34]:tensor([[ 0,  1,  2,  3],
                [ 4,  5,  6,  7],
                [ 8,  9, 10, 11]])
In[35]:## 获取第0维度下的矩阵前两行元素
       A[0,0:2,:]
Out[35]:tensor([[0, 1, 2, 3],
                [4, 5, 6, 7]])
In[36]:## 获取第0维度下的矩阵，最后一行，-4～-1列
       A[0,-1,-4:-1]
Out[36]:tensor([ 8,  9, 10])
In[37]:## 指定多个维度的索引获取其中的某个元素
       A[0,2,3]
Out[37]:tensor(11)
```

## (3) 拼接和拆分

PyTorch中提供了将多个张量拼接为一个张量，将一个大的张量拆分为几个小的张量的函数。其中torch.cat()函数，可以将多个张量在指定的维度进行拼接，得到新的张量，该函数的用法如下。

```
In[38]:## 在给定维度中连接给定的张量序列
       A = torch.arange(6.0).reshape(2,3)
       B = torch.linspace(0,10,6).reshape(2,3)
       ## 在0维度连接张量
       C = torch.cat((A,B),dim=0)
       print("A:",A)
       print("B:",B)
       print("C:",C)
Out[38]:A: tensor([[0., 1., 2.],
                   [3., 4., 5.]])
        B: tensor([[ 0.,  2.,  4.],
                   [ 6.,  8., 10.]])
        C: tensor([[ 0.,  1.,  2.],
```

```
                  [ 3.,  4.,  5.],
                  [ 0.,  2.,  4.],
                  [ 6.,  8., 10.]])
In[39]:## 在1维度连接张量
       D = torch.cat((A,B),dim=1)
       print("D:",D)
Out[39]:D: tensor([[ 0.,  1.,  2.,  0.,  2.,  4.],
                  [ 3.,  4.,  5.,  6.,  8., 10.]])
```

PyTorch中的torch.stack()函数，也可以将多个张量按照指定的维度进行拼接，其用法如下所示。

```
In[40]:## 沿指定维度连接张量
       F = torch.stack((A,B),dim=0)
       print("F:",F)
       print("F.shape:",F.shape)
Out[40]:F: tensor([[[ 0.,  1.,  2.],
                   [ 3.,  4.,  5.]],
                  [[ 0.,  2.,  4.],
                   [ 6.,  8., 10.]]])
        F.shape: torch.Size([2, 2, 3])
In[41]:G = torch.stack((A,B),dim=2)
       print("G:",G)
       print("G.shape:",G.shape)
Out[41]:G: tensor([[[ 0.,  0.],
                   [ 1.,  2.],
                   [ 2.,  4.]],
                  [[ 3.,  6.],
                   [ 4.,  8.],
                  [ 5., 10.]]])
        G.shape: torch.Size([2, 3, 2])
```

PyTorch中torch.chunk()函数，可以将张量分割为特定数量的块；torch.split()函数，可以将张量分割为特定数量的块，并且可以指定每个块的大小。

```
In[42]:## 在行上将张量E分为两块
       print("E",E)
       torch.chunk(E,2,dim=0)
Out[42]:E tensor([[ 1.,  0.,  1.,  2.,  0.,  2.,  4.],
                 [ 4.,  3.,  4.,  5.,  6.,  8., 10.]])
        (tensor([[1., 0., 1., 2., 0., 2., 4.]]),
         tensor([[ 4.,  3.,  4.,  5.,  6.,  8., 10.]]))
```

```
In[43]:## 在列上将张量E分为两块
       D1,D2 = torch.chunk(D,2,dim=1)
       print("D:", D)
       print("D1:", D1)
       print("D2:", D2)
Out[43]:D: tensor([[ 0.,  1.,  2.,  0.,  2.,  4.],
                  [ 3.,  4.,  5.,  6.,  8., 10.]])
        D1: tensor([[0., 1., 2.],
                  [3., 4., 5.]])
        D2: tensor([[ 0.,  2.,  4.],
                  [ 6.,  8., 10.]])
In[44]:## 将张量切分为块,指定每个块的大小
       D1,D2,D3 = torch.split(D,[1,2,3],dim=1)
       print("D1:", D1)
       print("D2:", D2)
       print("D3:", D3)
Out[44]:D1: tensor([[0.],
                 [3.]])
        D2: tensor([[1., 2.],
                [4., 5.]])
        D3: tensor([[ 0.,  2.,  4.],
                 [ 6.,  8., 10.]])
```

## （4）张量维度转换

PyTorch中转置用的函数有两个，分别为torch.transpose()和torch.permute()函数，其中torch.transpose()一次只能操作两个维度，torch.permute()可以一次操作多维数据，且必须传入所有维度数。使用时torch.transpose()支持torch.transpose(x)和x.transpose()两种方式的使用（x表示需要转换维度的张量）。其使用示例如下所示。

```
In[45]:## torch.transpose()函数进行多维张量的维度转换
       A = torch.arange(24).reshape(2,3,4)
       print("A.shape:",A.shape)
       print("A:",A)
       ## 转置0维和1维
       B = A.transpose(0,1)
       print("B.shape:",B.shape)
       print("B:",B)
       ## 转置1维和2维
       C = A.transpose(1,2)
```

```
        print("C.shape:",C.shape)
        print("C:",C)
Out[45]:A.shape: torch.Size([2, 3, 4])
        A: tensor([[[ 0,  1,  2,  3],
                 [ 4,  5,  6,  7],
                 [ 8,  9, 10, 11]],
                [[12, 13, 14, 15],
                 [16, 17, 18, 19],
                 [20, 21, 22, 23]]])
        B.shape: torch.Size([3, 2, 4])
        B: tensor([[[ 0,  1,  2,  3],
                 [12, 13, 14, 15]],
                [[ 4,  5,  6,  7],
                 [16, 17, 18, 19]],
                [[ 8,  9, 10, 11],
                 [20, 21, 22, 23]]])
        C.shape: torch.Size([2, 4, 3])
        C: tensor([[[ 0,  4,  8],
                 [ 1,  5,  9],
                 [ 2,  6, 10],
                 [ 3,  7, 11]],
                [[12, 16, 20],
                 [13, 17, 21],
                 [14, 18, 22],
                 [15, 19, 23]]])
```

torch.permute()在使用时，只支持x.permute()的方式（x表示需要转换维度的张量），其使用示例如下所示。

```
In[46]:## torch.permute()函数进行多维张量的维度转换
       A = torch.arange(24).reshape(2,3,4)
       print("A.shape:",A.shape)
       print("A:",A)
       ## 转置0维和1维
       B = A.permute(1,0,2)
       print("B.shape:",B.shape)
       print("B:",B)
       ## 转置1维、2维和0维
       C = A.permute(0,2,1)
       print("C.shape:",C.shape)
       print("C:",C)
Out[46]:A.shape: torch.Size([2, 3, 4])
```

```
A: tensor([[[ 0,  1,  2,  3],
         [ 4,  5,  6,  7],
         [ 8,  9, 10, 11]],
        [[12, 13, 14, 15],
         [16, 17, 18, 19],
         [20, 21, 22, 23]]])
B.shape: torch.Size([3, 2, 4])
B: tensor([[[ 0,  1,  2,  3],
         [12, 13, 14, 15]],
        [[ 4,  5,  6,  7],
         [16, 17, 18, 19]],
        [[ 8,  9, 10, 11],
         [20, 21, 22, 23]]])
C.shape: torch.Size([2, 4, 3])
C: tensor([[[ 0,  4,  8],
         [ 1,  5,  9],
         [ 2,  6, 10],
         [ 3,  7, 11]],
        [[12, 16, 20],
         [13, 17, 21],
         [14, 18, 22],
         [15, 19, 23]]])
```

## 2.1.4 张量计算

针对张量计算的内容，主要包括：张量之间的大小比较；张量的基本运算，如元素之间的运算和矩阵之间的运算等；张量与统计相关的运算，如排序、最大值、最小值、最大值的位置等内容。下面针对这些内容一一进行介绍。

### （1）比较大小

针对张量之间的元素比较大小，主要有如表2-3所示的一些函数可以使用。

表2-3 比较元素大小的相关函数

| 函数 | 功能 |
| --- | --- |
| torch.allclose() | 比较两个元素是否接近 |
| torch.eq() | 逐元素比较是否相等 |
| torch.equal() | 判断两个张量是否具有相同的形状和元素 |
| torch.ge() | 逐元素比较大于等于 |
| torch.gt() | 逐元素比较大于 |

续表

| 函数 | 功能 |
| --- | --- |
| torch.le() | 逐元素比较小于等于 |
| torch.lt() | 逐元素比较小于 |
| torch.ne() | 逐元素比较不等于 |
| torch.isnan() | 判断是否为缺失值 |

torch.eq()函数是判断两个元素是否相等，torch.equal()函数是判断两个张量是否具有相同的形状和元素，示例如下。

```
In[47]:## 计算元素是否相等
       A = torch.tensor([1,2,3,4,5,6])
       B = torch.arange(1,7)
       C = torch.unsqueeze(B,dim = 0)
       print(torch.eq(A,B))
       print(torch.eq(A,C))
Out[47]:tensor([True, True, True, True, True, True])
       tensor([[True, True, True, True, True, True]])
In[48]:## 判断两个张量是否具有相同的尺寸和元素
       print(torch.equal(A,B))
       print(torch.equal(A,C))
Out[48]:True
        False
```

torch.ge()函数是逐元素比较是否大于等于（≥），torch.gt()函数是逐元素比较大于，示例如下。

```
In[49]:## 逐元素比较大于等于
       print(torch.ge(A,B))
       print(torch.ge(A,C))
Out[49]:tensor([True, True, True, True, True, True])
        tensor([[True, True, True, True, True, True]])
In[50]:## 大于
       print(torch.gt(A,B))
       print(torch.gt(A,C))
Out[50]:tensor([False, False, False, False, False, False])
        tensor([[False, False, False, False, False, False]])
```

torch.isnan()函数为判断是否为缺失值，程序示例如下。

```
In[51]:## 判断是否为缺失值
       torch.isnan(torch.tensor([0,1,float("nan"),2]))
Out[51]:tensor([False, False,  True, False])
```

### （2）基本运算

张量的基本运算方式中，一种为逐元素之间的运算，如加减乘除四则运算和次方、平方根、对数、数据裁剪等运算；另一种为矩阵之间的运算，如矩阵相乘、矩阵的转置、矩阵的迹等。

计算张量的幂可以使用torch.pow()函数，或者**运算符号。计算张量的指数可以使用torch.exp()函数，计算张量的对数可以使用torch.log()函数，计算张量的平方根可以使用torch.sqrt()函数，计算张量的平方根倒数可以使用torch.rsqrt()函数，例如：

```
In[52]:## 张量的幂
       A = torch.arange(6.0).reshape(2,3)
       print(torch.pow(A,3))
       print(A ** 3)
Out[52]:tensor([[  0.,   1.,   8.],
                [ 27.,  64., 125.]])
        tensor([[  0.,   1.,   8.],
                [ 27.,  64., 125.]])
In[53]:## 张量的指数
       torch.exp(A)
Out[53]:tensor([[  1.0000,   2.7183,   7.3891],
               [ 20.0855,  54.5981, 148.4132]])
In[54]:## 张量的对数
       torch.log(A)
Out[54]:tensor([[  -inf, 0.0000, 0.6931],
               [1.0986, 1.3863, 1.6094]])
In[55]:## 张量的平方根
       print(torch.sqrt(A))
       print(A**0.5)
Out[55]:tensor([[0.0000, 1.0000, 1.4142],
                [1.7321, 2.0000, 2.2361]])
        tensor([[0.0000, 1.0000, 1.4142],
                [1.7321, 2.0000, 2.2361]])
In[56]:## 张量的平方根倒数
       print(torch.rsqrt(A))
       print( 1 / (A**0.5))
Out[56]:tensor([[   inf, 1.0000, 0.7071],
                [0.5774, 0.5000, 0.4472]])
        tensor([[   inf, 1.0000, 0.7071],
                [0.5774, 0.5000, 0.4472]])
```

针对张量数据的裁剪，有根据最大值裁剪torch.clamp_max()，有根据最小值裁剪torch.clamp_min()，还有根据范围裁剪torch.clamp()，它们的用法如下。

```
In[57]:## 张量数据裁剪
       torch.clamp_max(A,4)
Out[57]:tensor([[0., 1., 2.],
                [3., 4., 4.]])
In[58]:## 张量数据裁剪
       torch.clamp_min(A,3)
Out[58]:tensor([[3., 3., 3.],
                [3., 4., 5.]])
In[59]:## 张量数据裁剪
       torch.clamp(A,2.5,4)
Out[59]:tensor([[2.5000, 2.5000, 2.5000],
                [3.0000, 4.0000, 4.0000]])
```

前面介绍的都是张量中逐元素进行计算的方式，对于张量矩阵的一些运算函数，如torch.t()计算矩阵的转置、torch.matmul()输出两个矩阵的乘积。它们的使用方法如下代码所示。

```
In[60]:## 矩阵的转置
       C = torch.t(A)
       C
Out[60]: tensor([[0., 3.],
         [1., 4.],
         [2., 5.]])
In[61]: ## 矩阵运算，矩阵相乘,A的行数要等于C的列数
        A.matmul(C)
Out[61]: tensor([[ 5., 14.],
         [14., 50.]])
In[62]:A = torch.arange(12.0).reshape(2,2,3)
       B = torch.arange(12.0).reshape(2,3,2)
       AB = torch.matmul(A,B)
       AB
Out[62]: tensor([[[ 10.,  13.],
          [ 28.,  40.]],
         [[172., 193.],
          [244., 274.]]])
In[63]:## 矩阵相乘只计算最后面的两个维度的乘法
       print(AB[0].eq(torch.matmul(A[0],B[0])))
       print(AB[1].eq(torch.matmul(A[1],B[1])))
Out[63]: tensor([[True, True],
                [True, True]])
         tensor([[True, True],
                [True, True]])
```

如果$A \times B = I$，$I$为单位矩阵，则可称$A$和$B$互为逆矩阵，计算矩阵的逆矩阵使用torch.inverse()函数；一个方阵中，对角线元素的和称为矩阵的迹，可以使用torch.trace()计算得到，例如：

```
In[64]:## 计算矩阵的逆矩阵
       C = torch.rand(3,3)
       D = torch.inverse(C)
       torch.mm(C,D)
Out[64]:tensor([[1.0000e+00, 1.7881e-07, 0.0000e+00],
                [5.9605e-08, 1.0000e+00, 0.0000e+00],
                [1.1921e-07, 1.7881e-07, 1.0000e+00]])
In[65]:## 计算张量矩阵的迹，对角线元素的和
       torch.trace(torch.arange(9.0).reshape(3,3))
Out[65]:tensor(12.)
```

## （3）统计相关的计算

在PyTorch中包含了一些基础的统计计算功能，可以很方便地获取张量中的均值、标准差、最大值、最小值及位置等。torch.max()可以计算张量中的最大值，torch.argmax()输出最大值所在的位置，torch.min()计算张量中的最小值，torch.argmin()输出最小值所在的位置。它们的使用示例如下所示。

```
   In[66]: ## 1维张量的最大值和最小值
      A = torch.tensor([12.,34,25,11,67,32,29,30,99,55,23,44])
      ## 最大值及位置
      print("最大值:",A.max())
      print("最大值位置:",A.argmax())
      ## 最小值及位置
      print("最小值:",A.min())
      print("最小值位置:",A.argmin())
Out[66]:最大值: tensor(99.)
        最大值位置: tensor(8)
        最小值: tensor(11.)
          最小值位置: tensor(3)
```

torch.sort()可以对一维张量进行排序，或者对高维张量在指定的维度进行排序，在输出排序结果的同时，还会输出对应的值在原始位置的索引，其使用方法如下所示。

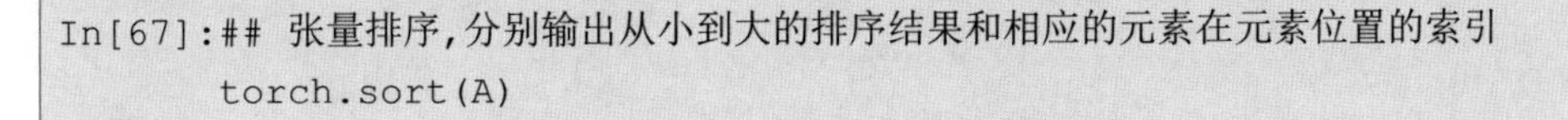

```
In[67]:## 张量排序,分别输出从小到大的排序结果和相应的元素在元素位置的索引
       torch.sort(A)
```

```
Out[67]:torch.return_types.sort(
          values=tensor([11., 12., 23., 25., 29., 30., 32., 34., 44.,
55., 67., 99.]),
          indices=tensor([ 3,  0, 10,  2,  6,  7,  5,  1, 11,  9,  4,
8]))
In[68]:## 按照降序排列
         torch.sort(A,descending=True)
Out[68]:torch.return_types.sort(
          values=tensor([99., 67., 55., 44., 34., 32., 30., 29., 25.,
23., 12., 11.]),
          indices=tensor([ 8,  4,  9, 11,  1,  5,  7,  6,  2, 10,  0,
3]))
```

torch.topk()根据指定的$k$值，计算出张量中取值大小为前$k$大的数值，与数值所在的位置。torch.kthvalue()根据指定的$k$值，计算出张量中取值大小为第$k$小的数值，与数值所在的位置。

```
In[69]: ## 获取张量前几个大的数值
          torch.topk(A,4)
Out[69]:torch.return_types.topk(
          values=tensor([99., 67., 55., 44.]),
          indices=tensor([ 8,  4,  9, 11]))
In[70]: ## 获取张量第k小的数值和位置
          torch.kthvalue(A,3)
Out[70]: torch.return_types.kthvalue(values=tensor(23.),
indices=tensor(10))
```

torch.mean()根据指定的维度计算均值，torch.sum()根据指定的维度求和，torch.cumsum()根据指定的维度计算累加和，torch.median()根据指定的维度计算中位数，torch.cumprod()根据指定的维度计算累乘积，torch.std()计算张量的标准差。这些函数的用法示例如下所述。

```
In[71]:## 平均值,计算每列的均值
         print(torch.mean(B,dim = 0,keepdim = True))
Out[71]:tensor([[59.3333, 40.3333, 25.6667, 28.3333]])
In[72]:## 计算每列的和
         print(torch.sum(B,dim = 0,keepdim = True))
Out[72]:tensor([[178., 121.,  77.,  85.]])
In[73]:## 按照行计算累加和
         print(torch.cumsum(B,dim = 1))
Out[73]: tensor([[ 12.,  46.,  71.,  82.],
               [ 67.,  99., 128., 158.],
```

```
         [ 99., 154., 177., 221.]])
In[74]:## 计算每列的中位数
     print(torch.median(B,dim = 0,keepdim = True))
Out[74]: (tensor([[67., 34., 25., 30.]]), tensor([[1, 0, 0, 1]]))
In[75]:## 按照列计算乘积
     print(torch.prod(B,dim = 0,keepdim = True))
Out[75]: tensor([[79596., 59840., 16675., 14520.]])
In[76]:## 按照行计算累乘积
     print(torch.cumprod(B,dim = 1))
Out[76]:tensor([[1.2000e+01, 4.0800e+02, 1.0200e+04, 1.1220e+05],
        [6.7000e+01, 2.1440e+03, 6.2176e+04, 1.8653e+06],
        [9.9000e+01, 5.4450e+03, 1.2524e+05, 5.5103e+06]])
In[77]:## 标准差
     torch.std(A)
Out[77]: tensor(25.0108)
```

## 2.2 torch.nn模块

torch.nn模块包含着torch已经准备好的层，方便使用者调用构建网络，以下内容介绍卷积层、池化层、填充层、激活函数层、归一化函数层、循环层、全连接层以及Transformer层的相关使用方法。

### 2.2.1 卷积层

卷积可以看作是输入和卷积核之间的内积运算，是两个实值函数之间的一种数学运算。在卷积运算中，通常使用卷积核将输入数据进行卷积运算得到输出作为特征映射，每个卷积核可获得一个特征映射，针对二维图像使用2×2的卷积核，步长为1的运算过程如图2-1所示。

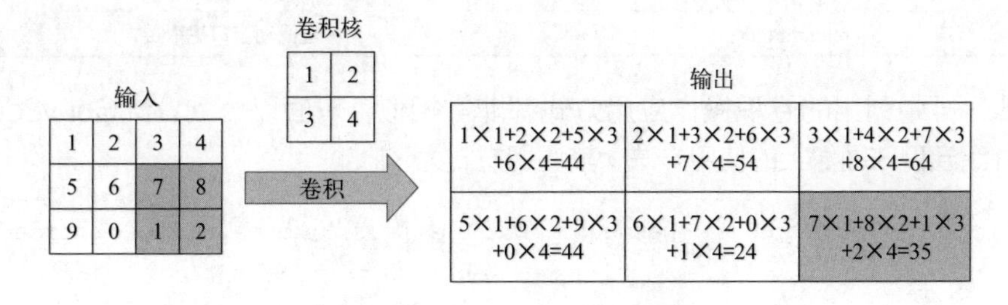


图2-1 2维卷积运算过程示意图

图2-1是一个2维卷积运算的示例，可以发现，卷积操作将周围几个像素的取值经过计算得到一个像素值。使用卷积运算在图像识别、图像分割、图像重建等应用中有三个好处，即卷积稀疏连接、参数共享、等变表示，正是这些好处让卷积神经网络在图像处理算法中脱颖而出。在卷积神经网络中，通过输入卷积核来进行卷积操作，使输入单元（图像或特征映射）和输出单元（特征映射）之间的连接是稀疏的，这样能够减少需要训练参数的数量，从而加快网络的计算速度。

在卷积神经网络中，针对不同的输入会利用同样的卷积核来获得相应的输出。这种参数共享的特点是只需要训练一个参数集，而不需对每个位置学习一个参数集合，由于卷积核尺寸的大小可以远远小于输入尺寸的大小，即减少需要学习的参数的数量，并且针对每个卷积层可以使用多个卷积核获取输入的特征映射，对图像具有很强的特征提取和表示能力，并且在卷积运算之后，使得卷积神经网络结构对输入的图像具有平移不变的性质。

在PyTorch中针对卷积操作的对象和使用的场景不同，如有1维卷积、2维卷积、3维卷积与转置卷积（可以简单理解为卷积操作的逆操作），但它们的使用方法比较相似，都可以从torch.nn模块中调用，需要调用的类如表2-4所示。

表2-4　常用的卷积操作所对应的类

| 层对应的类 | 功能作用 |
| --- | --- |
| torch.nn.Conv1d() | 在输入信号上应用1D卷积 |
| torch.nn.Conv2d() | 在输入信号上应用2D卷积 |
| torch.nn.Conv3d() | 在输入信号上应用3D卷积 |
| torch.nn.ConvTranspose1d() | 在输入信号上应用1D转置卷积 |
| torch.nn.ConvTranspose2d() | 在输入信号上应用2D转置卷积 |
| torch.nn.ConvTranspose3d() | 在输入信号上应用3D转置卷积 |
| torch.nn.LazyConv1d() | 延迟初始化的Conv1d()卷积 |
| torch.nn.LazyConv2d() | 延迟初始化的Conv2d()卷积 |
| torch.nn.LazyConv3d() | 延迟初始化的Conv3d()卷积 |
| torch.nn.LazyConvTranspose1d() | 延迟初始化ConvTranspose1d()卷积 |
| torch.nn.LazyConvTranspose2d() | 延迟初始化ConvTranspose2d()卷积 |
| torch.nn.LazyConvTranspose3d() | 延迟初始化ConvTranspose3d()卷积 |
| torch.nn.Unfold() | 滑动窗口提取层 |
| torch.nn.Fold() | 逆滑动窗口提取层 |

表2-4中列出的卷积操作应用方式都非常相似，下面以torch.nn.Conv2d()为例，介绍卷积在图像上的使用方法，其调用方式为：

```
    torch.nn.Conv2d(in_channels,  out_channels,  kernel_size,  stride=1,
padding=0,
                        dilation=1,  groups=1,  bias=True)
```

每个参数的使用方式以及作用如下所述。

in_channels：整数，输入图像的通道数。
out_channels：整数，经过卷积运算后，输出特征映射的数量。
kernel_size：整数或者数组，卷积核的大小。
stride：整数或者数组，正数，卷积的步长，默认为1。
padding：整数或者数组，正数，在输入4边进行0填充的数量，默认为0，即不填充。
dilation：整数或者数组，正数，卷积核元素之间的步幅，该参数可调整空洞卷积的空洞大小，默认为1，即没有空洞。
groups：整数，正数，从输入通道到输出通道的阻塞连接数，默认为1。
bias：布尔值，正数，如果bias=True，则添加可学习的偏置，默认为True。

torch.nn.Conv2d()输入的张量为（$N$，$C_{in}$，$H_{in}$，$W_{in}$），输出的张量为（$N$，$C_{out}$，$H_{out}$，$W_{out}$）。其中，$N$表示每个batch所包含的样本数量，$C_{in}$表示输入的通道数，$C_{out}$表示输出的通道数，$H_{in}$，$W_{in}$表示输入特征映射的高和宽，$H_{out}$，$W_{out}$表示输出特征映射的高和宽，它们的计算方式如下：

$$H_{out} = \left\lfloor \frac{H_{in} + 2\times \text{padding}[0] - \text{dilation}[0]\times(\text{kernel\_size}[0]-1)-1}{\text{stride}[0]} + 1 \right\rfloor$$

$$W_{out} = \left\lfloor \frac{W_{in} + 2\times \text{padding}[1] - \text{dilation}[1]\times(\text{kernel\_size}[1]-1)-1}{\text{stride}[1]} + 1 \right\rfloor$$

## 2.2.2 池化层

池化操作的一个重要的目的就是对卷积后得到的特征进行进一步处理（主要是降维），池化层可以起到对数据进一步浓缩效果，从而缓解计算时内存的压力。池化会选取一定大小区域，将该区域内的像素值使用一个代表元素表示。如果使用平均值代替，称为平均值池化，如果使用最大值代替则称为最大值池化。这两种池化方式的示意图如图2-2所示。

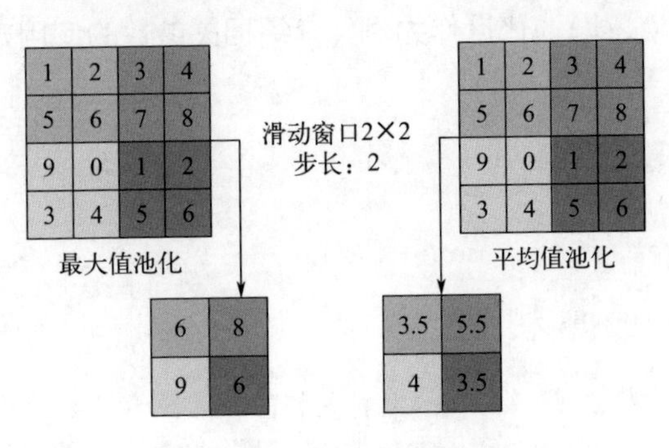


图2-2 最大值池化和平均值池化

在PyTorch中，提供了多种池化的类，分别是最大值池化(MaxPool)、最大值池化的逆过程(MaxUnPool)、平均值池化(AvgPool)与自适应池化(AdaptiveMaxPool、AdaptiveAvgPool)等。并且均提供了1维、2维和3维的池化操作。具体的池化类和功能如表2-5所示。

表2-5　PyTorch中常用的池化操作

| 层对应的类 | 功能 |
| --- | --- |
| torch.nn.MaxPool1d() | 针对输入信号上应用1D最大值池化 |
| torch.nn.MaxPool2d() | 针对输入信号上应用2D最大值池化 |
| torch.nn.MaxPool3d() | 针对输入信号上应用3D最大值池化 |
| torch.nn.MaxUnPool1d() | 1D最大值池化的部分逆运算 |
| torch.nn.MaxUnPool2d() | 2D最大值池化的部分逆运算 |
| torch.nn.MaxUnPool3d() | 3D最大值池化的部分逆运算 |
| torch.nn.AvgPool1d() | 针对输入信号上应用1D平均值池化 |
| torch.nn.AvgPool2d() | 针对输入信号上应用2D平均值池化 |
| torch.nn.AvgPool3d() | 针对输入信号上应用3D平均值池化 |
| torch.nn.AdaptiveMaxPool1d() | 针对输入信号上应用1D自适应最大值池化 |
| torch.nn.AdaptiveMaxPool2d() | 针对输入信号上应用2D自适应最大值池化 |
| torch.nn.AdaptiveMaxPool3d() | 针对输入信号上应用3D自适应最大值池化 |
| torch.nn.AdaptiveAvgPool1d() | 针对输入信号上应用1D自适应平均值池化 |
| torch.nn.AdaptiveAvgPool2d() | 针对输入信号上应用2D自适应平均值池化 |
| torch.nn.AdaptiveAvgPool3d() | 针对输入信号上应用3D自适应平均值池化 |
| torch.nn.FractionalMaxPool2d() | 针对输入信号上应用2D分数最大池化 |
| torch.nn.FractionalMaxPool3d() | 针对输入信号上应用3D分数最大池化 |
| torch.nn.LPPool1d() | 针对输入信号上应用1D功率平均池化 |
| torch.nn.LPPool2d() | 针对输入信号上应用2D功率平均池化 |

针对表2-5展示的多种池化操作，它们在使用时需要的参数都是相似的，下面以torch.nn.MaxPool2d()池化操作为例，介绍相关参数的使用方法。其需要的参数如下：

```
    torch.nn.MaxPool2d(kernel_size,  stride=None,  padding=0,
dilation=1,
            return_indices=False,  ceil_mode=False)
```

参数的使用说明如下所述。

```
kernel_size：整数或数组，最大值池化的窗口大小。
stride：整数或数组，正数，最大值池化窗口移动的步长，默认值是kernel_size。
```

padding：整数或数组，正数，输入的每一条边补充0的层数。
dilation：整数或数组，正数，一个控制窗口中元素步幅的参数。
return_indices：如果为True，则会返回输出最大值的索引，这样会更加方便之后的torch.nn.MaxUnpool2d操作。
ceil_mode：如果等于True，计算输出信号大小的时候，会使用向上取整，默认是向下取整。

torch.nn.MaxPool2d()输入同样时为（$N$，$C_{in}$，$H_{in}$，$W_{in}$）的张量，输出为（$N$，$C_{out}$，$H_{out}$，$W_{out}$）的张量。其中$H_{out}$，$W_{out}$的计算方式如下：

$$H_{out}=\left\lfloor\frac{H_{in}+2\times\text{padding}[0]-\text{dilation}[0]\times(\text{kernel\_size}[0]-1)-1}{\text{stride}[0]}+1\right\rfloor$$

$$W_{out}=\left\lfloor\frac{W_{in}+2\times\text{padding}[1]-\text{dilation}[1]\times(\text{kernel\_size}[1]-1)-1}{\text{stride}[1]}+1\right\rfloor$$

## 2.2.3 填充层

在前面介绍的卷积操作中，可以发现经过卷积后，输出特征映射的尺寸会变小，卷积后的结果中损失了部分值，输入图像的边缘被“修剪”掉了，这是因为边缘上的像素永远不会位于卷积核中心，而卷积核也不能扩展到边缘区域以外。如果还希望输入和输出的大小应保持一致，需要在进行卷积操作前，对原矩阵进行边界填充（padding），也就是在矩阵的边界上填充一些值，以增加矩阵的大小。虽然卷积操作可以使用填充参数0进行边缘填充，但是在PyTorch中还提供了其他的填充函数，可以完成更复杂的填充任务，例如反射填充、复制填充等。针对不同的填充方式，下面使用2维矩阵的2D填充为例，展示了不同方法的填充效果，如图2-3所示。

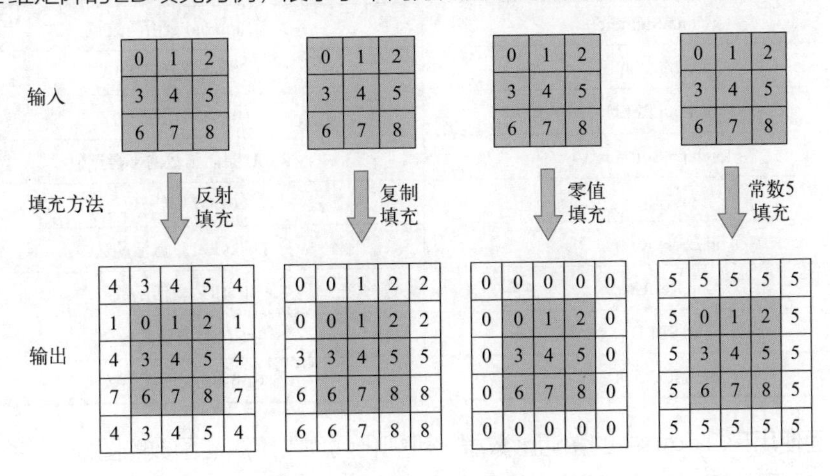


图2-3 不同填充方法的填充效果

表2-6中展示了PyTorch中提供的常用填充层操作。

表2-6 PyTorch中常用的填充层操作

| 层对应的类 | 功能 |
| --- | --- |
| torch.nn.ReflectionPad1d() | 1D反射填充 |
| torch.nn.ReflectionPad2d() | 2D反射填充 |
| torch.nn.ReflectionPad3d() | 3D反射填充 |
| torch.nn.ReplicationPad1d() | 1D复制填充 |
| torch.nn.ReplicationPad2d() | 2D复制填充 |
| torch.nn.ReplicationPad3d() | 3D复制填充 |
| torch.nn.ZeroPad2d() | 2D零值填充 |
| torch.nn.ConstantPad1d() | 1D常数值填充 |
| torch.nn.ConstantPad2d() | 2D常数值填充 |
| torch.nn.ConstantPad3d() | 3D常数值填充 |

### 2.2.4 激活函数层

激活函数主要目的是为网络模型加入非线性因素，从而增强网络的表达能力。PyTorch提供了十几种激活函数层所对应的类，但常用的激活函数通常为S型（Sigmoid）激活函数、双曲正切（Tanh）激活函数、线性修正单元（ReLU）激活函数等。常激活函数类和功能如表2-7所示。

表2-7 PyTorch中常用的激活函数操作

| 层对应的类 | 功能 |
| --- | --- |
| torch.nn.Sigmoid | Sigmoid激活函数 |
| torch.nn.Tanh | Tanh激活函数 |
| torch.nn.ReLU | ReLU激活函数 |
| torch.nn.Softplus | ReLU激活函数的平滑近似 |
| nn.ELU | ELU激活函数 |
| nn.LeakyReLU | LeakyReLU激活函数 |
| nn.ReLU6 | ReLU6激活函数 |
| nn.SELU | SELU激活函数 |
| nn.Softshrink | Softshrink激活函数 |

下面使用PyTorch中的激活函数层，可视化几种常用激活函数的图像。将会展示在-10~10区间下，激活函数响应值的情况如图2-4所示。

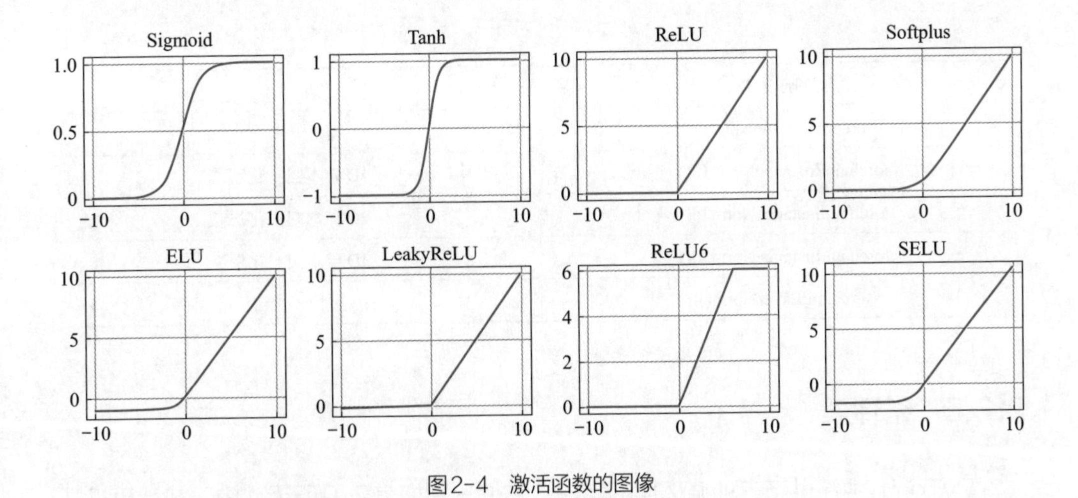


图2-4 激活函数的图像

## 2.2.5 归一化函数层

归一化（又叫规范化）函数层主要有两个作用，分别是防止梯度爆炸和梯度消失。常用的归一化函数层分别为批量归一化、组归一化、层归一化以及样本归一化。在图2-5中展示了各种归一化函数层的作用维度示意图，其中N表示数据中的batch(批量)维度，C表示channel（通道）维度，阴影部分表示要归一化为相同均值和方差的内容。

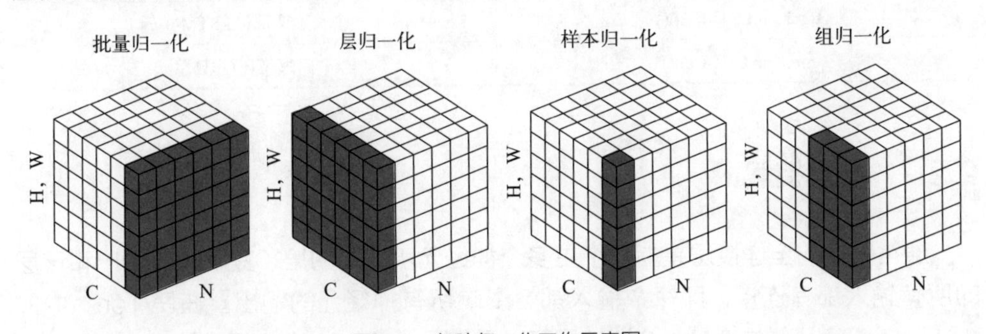


图2-5 各种归一化工作示意图

PyTorch中提供了多种归一化函数层所对应的类，它们所对应的类和功能如表2-8所示。

表2-8 常用归一化层对应的类

| 层对应的类 | 功能 |
| --- | --- |
| torch.nn.BatchNorm1d() | 1D批量归一化层 |
| torch.nn.BatchNorm2d() | 2D批量归一化层 |
| torch.nn.BatchNorm3d() | 3D批量归一化层 |

续表

| 层对应的类 | 功能 |
| --- | --- |
| torch.nn.GroupNorm() | 组归一化层 |
| torch.nn.InstanceNorm1d() | 1D样本归一化层 |
| torch.nn.InstanceNorm2d() | 2D样本归一化层 |
| torch.nn.InstanceNorm3d() | 3D样本归一化层 |
| torch.nn.LayerNorm() | 层归一化层 |

## 2.2.6　循环层

PyTorch中提供了三种循环层的实现，它们分别如表2-9所示。由于在计算机视觉任务中，循环层并不常用，因此就不再对它们进行详细的介绍了。

表2-9　循环层对应的类

| 层对应的类 | 功能 |
| --- | --- |
| torch.nn.RNN() | 多层RNN单元 |
| torch.nn.LSTM() | 多层长短期记忆LSTM单元 |
| torch.nn.GRU() | 多层门限循环GRU单元 |
| torch.nn.RNNCell() | 一个RNN循环层单元 |
| torch.nn.LSTMCell() | 一个长短期记忆LSTM单元 |
| torch.nn.GRUCell() | 一个门限循环GRU单元 |

## 2.2.7　全连接层

通常所说的全连接层是指一个由多个神经元所组成的层，其所有的输出和该层的所有输入都有连接，即每个输入都会影响所有神经元的输出。在PyTorch中的nn.Linear()表示线性变换，全连接层可以看作是nn.Linear()表示线性变层再加上一个激活函数层所构成的结构。nn.Linear()全连接操作及使用时的参数为：

```
torch.nn.Linear(in_features, out_features, bias=True)
```

其对应的参数说明如下所述。

```
in_features：每个输入样本的特征数量。
out_features：每个输出样本的特征数量。
bias：若设置为False，则该层不会学习偏置，默认值为True。
torch.nn.Linear()的输入为(N, in_features)的张量，输出为(N, out_features)的张量。
```

全连接层的应用范围非常广泛，只有全连接层组成的网络是全连接神经网络，可用于数据的分类或回归预测，卷积神经网络和循环神经网络的末端通常会由多个全连接层组成。在后面的章节中，将会结合实际应用对其进行介绍。

### 2.2.8 Transformer层

Transformer是一个利用注意力机制来提高模型训练速度的模型，解决了循环网络难以并行、难以捕捉长期依赖的缺陷。它是目前自然语言以及计算机视觉任务主流模型的主要构成部分。Transformer网络结构由TransformerEncoder编码器和TransformerDecoder解码器组成。编码器和解码器的核心是MultiheadAttention多头注意力层。在PyTorch中已经提供了和Transformer网络相关的可调用类，可以将它们总结为表2-10。

表2-10 Transformer层对应的类

| 层对应的类 | 功能 |
|---|---|
| nn.Transformer() | Transformer 网络结构 |
| nn.TransformerEncoder() | Transformer 编码器结构 |
| nn.TransformerDecoder() | Transformer 解码器结构 |
| nn.TransformerEncoderLayer() | Transformer 的编码器层 |
| nn.TransformerDecoderLayer() | Transformer 的解码器层 |
| nn.MultiheadAttention() | 多头注意力层 |

关于Transformer网络的详细内容和应用，将会在后面注意力机制与Transformer模型章节，以具体的实例详细展开介绍。

## 2.3 图像数据操作和预处理

torchvision中的datasets模块包含多种常用的分类数据集下载及导入函数，可以很方便地导入数据以及验证所建立的模型效果。datasets模块所提供的部分常用图像数据集如表2-11所示。

表2-11 torchvision中已经准备好的数据集

| 数据集对应的类 | 描述 |
|---|---|
| datasets.Caltech256() | Caltech256数据集 |
| datasets.MNIST() | 手写字体数据集 |
| datasets.FashionMNIST() | 衣服、鞋子包等10类数据集 |
| datasets.KMNIST() | 一些文字的灰度数据 |
| datasets.CocoCaptions() | 用于图像标注的MS COCO数据 |
| datasets.CocoDetection() | 用于检测的MS COCO数据 |

续表

| 数据集对应的类 | 描述 |
| --- | --- |
| datasets.Flowers102() | Oxford 102 Flower数据集 |
| datasets.ImageNet() | ImageNet 2012分类数据集 |
| datasets.LSUN() | 10个场景和20个目标的分类数据集 |
| datasets.CIFAR10() | CIFAR10类数据集 |
| datasets.CIFAR100() | CIFAR100类数据集 |
| datasets.STL10() | 包含10类的分类数据集和大量的未标记数据 |
| datasets.ImageFolder() | 定义一个数据加载器从文件夹中读取数据 |

torchvision中的transforms模块可以针对每张图像进行预处理操作，在该模块中提供了如表2-12所示的常用图像操作。

表2-12　torchvision中图像的变换操作

| 数据集对应的类 | 描述 |
| --- | --- |
| transforms.Compose() | 将多个transform组合起来使用 |
| transforms.Scale() | 按照指定的图像尺寸对图像进行调整 |
| transforms.CenterCrop() | 将图像进行中心切割，得到给定的大小 |
| transforms.RandomCrop() | 切割中心点的位置随机选取 |
| transforms.RandomHorizontalFlip() | 图像随机水平翻转 |
| transforms.RandomSizedCrop() | 将给定的图像随机切割，然后再变换为给定大小 |
| transforms.Pad() | 将图像所有边用给定的pad value填充 |
| transforms.ToTensor() | 把一个取值范围是[0,255]的PIL图像或形状为[H,W,C]的数组，转换成形状为[C,H,W]，取值范围是[0,1]的张量（torch.FloatTensor） |
| transforms.Normalize() | 将给定的图像进行规范化操作 |
| transforms.Lambda(lambd) | 使用lambd作为转化器，可自定义图像操作方式 |

下面代码以实际的数据集为例，结合torchvision中的相关模块的使用，展示图像数据的预处理操作。一种是从torchvision中的datasets模块中导入数据并预处理，另一种是从文件夹中导入数据并进行预处理。首先导入会使用到的库和模块。

```
In[1]:## 导入相关库与模块
      import torch
      import torch.utils.data as Data
      from torchvision.datasets import FashionMNIST
      import torchvision.transforms as transforms
      from torchvision.datasets import ImageFolder
      import matplotlib.pyplot as plt
```

```
import numpy as np
## 设置图像在Jupyter中的显示情况
%config InlineBackend.figure_format = "retina"
%matplotlib inline
```

## 2.3.1 从datasets模块中导入数据并预处理

以导入FashionMNIST数据集为例，该数据集包含一个60000张28×28的灰度图片作为训练集，以及10000张28×28的灰度图片作测试集。数据共10类，分别是鞋子、T恤、连衣裙等服饰类的图像。

```
In[2]:## 使用FashionMNIST数据，准备训练数据集
      train_data  = FashionMNIST(
          root = "./data/FashionMNIST", # 数据的路径
          train = True,                 # 只获取训练数据集
          ## 数据处理：先由HWC转置为CHW格式；再转为float32类型
          ## 最后每个像素除以255。
          transform  = transforms.ToTensor(),
          download= False               # True:下载数据；False:从文件
                                          夹中读取
      )
      ## 定义一个数据加载器
      train_loader = Data.DataLoader(dataset = train_data,
          shuffle = True,               # 每次迭代前打乱数据
          batch_size=64, num_workers = 2 )
      ## 计算train_loader有多少个batch
      print("train_loader的batch数量为:",len(train_loader))
Out[2]:train_loader的batch数量为: 938
```

上面的程序针对数据的导入主要做了如下操作。

① 通过FashionMNIST()函数来导入数据。在该函数中root参数用于指定需要导入数据的所在路径（如果指定路径下已经有该数据集，需要指定对应的参数download = False，如果指定路径下没有该数据集，需要指定对应的参数download = True，将会自动下载数据）。参数train的取值为Ture或者False，表示导入的数据是训练集（60000张图片）或测试集（10000张图片），transform参数用于指定数据集的变换，transform = transforms.ToTensor()表示将数据中的像素值转换到0 ~ 1之间，并且将图像数据从形状为[H,W,C]转换成形状为[C,H,W]。

② 在数据导入后需要利用数据加载器DataLoader()将整个数据集切分为多个batch，用于深度网络优化时利用梯度下降算法进行求解。在函数中：dataset参数

用于指定使用的数据集；batch_size参数指定每个batch使用的样本数量；shuffle = True表示经过一个epoch迭代后，从数据集中获取每个批量图片时会打乱数据；num_workers参数用于指定导入数据使用的进程数量（和并行处理相似）。经过处理后该训练数据集包含938个batch。

对训练数据集进行处理后，同样可以使用相同的方法对测试集进行处理，也可以使用如下方式对测试集进行处理。

```
In[3]:## 对测试集进行处理
      test_data  = FashionMNIST(root = "./data/FashionMNIST",
          train = False, download= False )
      ## 为数据添加一个通道维度,并且取值范围缩放到0～1之间
      test_data_x = test_data.data.type(torch.FloatTensor) / 255.0
      test_data_x = torch.unsqueeze(test_data_x,dim = 1)
      test_data_y = test_data.targets   ## 测试集的标签
      print("test_data_x.shape:",test_data_x.shape)
      print("test_data_y.shape:",test_data_y.shape)
Out[3]:test_data_x.shape: torch.Size([10000, 1, 28, 28])
      test_data_y.shape: torch.Size([10000])
```

上面的程序使用FashionMNIST()函数导入数据，使用train = False参数指定导入测试集，并将数据集中的像素值除以255.0，使像素值转化到0 ~ 1之间，再使用函数torch.unsqueeze()为数据添加一个通道，即可得到测试数据集。在test_data中使用test_data.data获取图像数据，使用test_data.targets获取每个图像所对应的标签。由于该数据集数据尺寸较小，因此可以将整个测试集看作一个批量进行预测，如果网络较大，图像尺寸较大时，为了防止内存溢出，建议使用和训练数据集相似的方式，进行小批量数据的预测。

## 2.3.2　从文件夹中导入数据并进行预处理

在torchvision的datasets模块中包含有ImageFolder()函数，该函数可以读取如下格式的数据集：

```
root/dog/xxx.png
root/dog/xxy.png
…
root/cat/123.png
```

即在相同的文件路径下，每类数据都单独存放在不同的文件夹下。现imagedata文件夹下有三个子文件夹，每个文件夹中保存一类图像，如图2-6所示。

为了读取文件夹中的图像后进行网络训练，须先对训练数据集的变换操作进行设

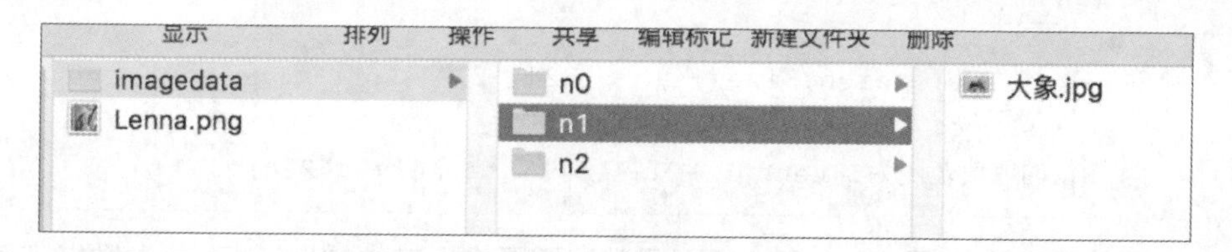


图2-6　文件保存示意图

置，即设计数据的预处理操作过程。

```
In[4]:## 对训练集的预处理操作
      train_data_transforms = transforms.Compose([
          transforms.Resize((256,256)),        # 缩放为256*256
          transforms.RandomResizedCrop(224), # 随机裁剪为224*224
          transforms.RandomHorizontalFlip(), # 依概率p=0.5水平翻转
          transforms.ToTensor(),               # 转化为张量并归一化至0～1
          ## 图像标准化处理
          transforms.Normalize([0.485, 0.456, 0.406],
                               [0.229, 0.224, 0.225])
      ])
```

在上面的程序中，使用transforms.Compose()函数可以将多个变换操作组合在一起，其中train_data_transforms包含了将图像缩放为256×256、将图像随机剪切为224×224、依概率p=0.5水平翻转、转化为张量并归一化至0 ~ 1、图像的标准化处理等操作。接下来从文件夹中读取数据，程序如下所示。

```
In[5]:## 读取图像
      train_data_dir = "data/chap2/imagedata/"
      train_data = ImageFolder(train_data_dir, transform=train_
                               data_transforms)
      train_data_loader = Data.DataLoader(train_data,batch_size=4,
                                          shuffle=True,num_workers=1)
      print("数据集的标签:",train_data.targets)
      ##  获得一个batch的数据
      for step, (b_x, b_y) in enumerate(train_data_loader):
          if step > 0:
              break
      ## 输出一个batch训练图像的尺寸和标签的尺寸
      print("b_x.shape:", b_x.shape)
      print("b_y.shape:", b_y.shape)
      print("图像的取值范围为:",b_x.min(),"~",b_x.max())
Out[5]:数据集的标签: [0, 0, 1, 2]
```

```
b_x.shape: torch.Size([4, 3, 224, 224])
b_y.shape: torch.Size([4])
图像的取值范围为: tensor(-2.1179) ~ tensor(2.6226)
```

上面的代码先使用ImageFolder()函数读取图像，其中的transform参数指定读取图像时对每张图像所作的变换。读取图像后，同样使用DataLoader()函数创建了一个数据加载器。从输出结果可以发现，共读取了4张图像，每张图像是224×224的RGB图像，经过变换后，图像的像素值在−2.1179 ~ 2.6226之间。

下面的程序是将读取的图像进行可视化展示，由于图像读入后是标准化后的图像，因此可视化前将像素值使用最大-最小（0~1）标准化，将像素值转化到0~1之间，运行程序后可获得可视化图像（图2-7）。

```
In[6]:## 可视化处理后的图像数据
      ## (注意，由于图像数据有随机操作，所以每次运行的可视化结果会有差异)
      plt.figure(figsize=(12,4))
      for ii in range(4):
          plt.subplot(1,4,ii+1)
          ## 获取图像数据
          im = b_x.numpy()[ii,...].transpose((1,2,0))
          ## 像素值标准化到0~1之间
          im = (im - im.min()) / (im.max() - im.min())
          plt.imshow(im), plt.axis("off")
      plt.tight_layout(), plt.show()
```

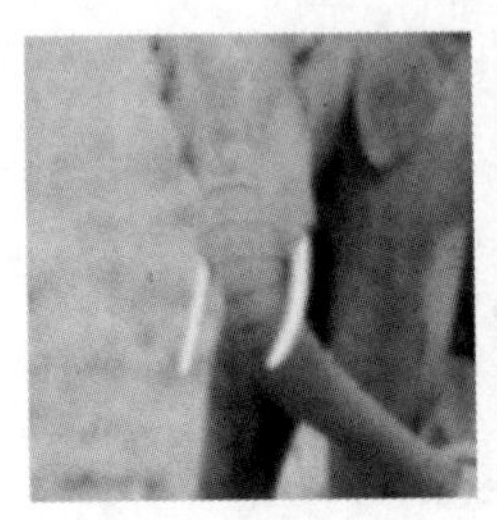

图2-7　可视化处理后的图像数据

# 2.4 优化器与损失函数

深度神经网络离不开优化器与损失函数，PyTorch已经准备好了多种相关的可直接调用的方法。

### 2.4.1 优化器

PyTorch的optim模块提供了多种可直接使用的深度学习优化算法，内置算法包括Adam、SGD、RMSprop等，无需人工实现随机梯度下降算法，直接调用即可。可直接调用的优化算法类优化器如表2-13所示。

表2-13 PyTorch中的优化器

| 类 | 算法名称 |
|---|---|
| torch.optim.Adadelta() | Adadelta算法 |
| torch.optim.Adagrad() | Adagrad算法 |
| torch.optim.Adam() | Adam算法 |
| torch.optim.Adamax() | Adamax算法 |
| torch.optim.ASGD() | 平均随机梯度下降算法 |
| torch.optim.LBFGS() | L-BFGS算法 |
| torch.optim.RMSprop() | RMSprop算法 |
| torch.optim.Rprop() | 弹性反向传播算法 |
| torch.optim.SGD() | 随机梯度下降算法 |

表2-13列出了PyTorch中可直接调用的优化算法。这些优化方法的使用方式很相似，下面以Adam算法为例，介绍优化器中参数的使用情况，以及如何优化所建立的网络。Adam类的使用方式如下所述。

```
    torch.optim.Adam(params, lr=0.001, betas=(0.9, 0.999), eps=1e-08, weight_decay=0)
```

其中的参数说明如下所述。

① params：待优化参数的iterable或定义了参数组的dict，通常为model.parameters()。

② lr：算法学习率，默认为0.001。

③ betas：用于计算梯度以及梯度平方的运行平均值的系数，默认为（0.9, 0.999）。

④ eps：为了增加数值计算的稳定性而加到分母里的项，默认为1e-8。

⑤ weight_decay：权重衰减（L2惩罚），默认为0。

针对一个已经建立好的深度学习网络（testnet），定义优化器时通常使用下面的方式：

```
In[1]:## 使用方式1
    optimizer = Adam(testnet.parameters(),lr=0.001)
```

这种方式中Adam()的第一个参数为testnet.parameters()，表示对testnet网络中的所有需要优化的参数进行更新优化，而且使用统一的学习率lr=0.001。如果对不同层次的权重参数使用不同的学习率，则可对第一个参数使用字典来表示，使用方法如下所示：

```
In[2]:## 使用方式2：为不同的层定义不同的学习率
      optimizer = Adam(
            [{"params":testnet.hidden.parameters(),"lr":0.0001},
            {"params":testnet.regression.parameters(),"lr": 0.01}],
            lr=1e-2)
```

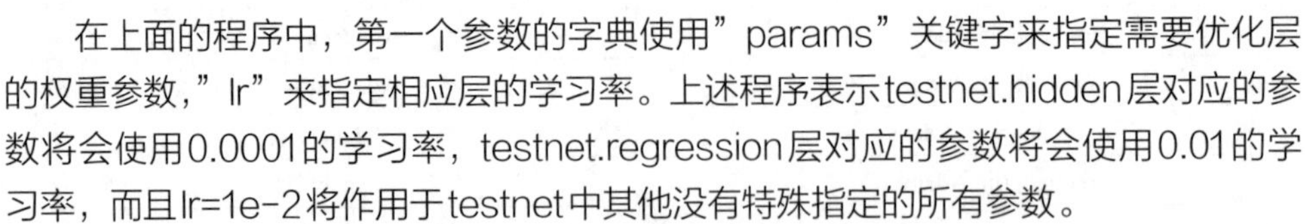

在上面的程序中，第一个参数的字典使用"params"关键字来指定需要优化层的权重参数，"lr"来指定相应层的学习率。上述程序表示testnet.hidden层对应的参数将会使用0.0001的学习率，testnet.regression层对应的参数将会使用0.01的学习率，而且lr=1e-2将作用于testnet中其他没有特殊指定的所有参数。

定义好优化器后，需要将optimizer.zero_grad()方法和optimizer.step()方法一起使用，对网络中的参数进行更新。其中optimizer.zero_grad()方法表示在进行反向传播之前，对参数的梯度进行清空，optimizer.step()方法表示在损失的反向传播loss.backward()方法计算出梯度之后，调用step()方法进行参数更新。如对数据集加载器dataset、深度网络testnet、优化器optimizer、损失函数loss_fn等，可使用下面的程序进行网络参数更新。

```
In[3]:## 对目标函数进行优化时通常的格式
      for input, target in dataset:
            optimizer.zero_grad()## 梯度清零
            output = testnetst(input)## 计算预测值
            loss = loss_fn(output, target)## 计算损失
            loss.backward()## 损失后向传播
            optimizer.step()# 更新网络参数
```

针对网络学习率，在网络训练可以改变学习率的大小，不同的epoch可以设置不同大小学习率。在PyTorch中，torch.optim.lr_scheduler模块下提供了优化器学习率调整方式，常用的几种列出如下。

① lr_scheduler.LambdaLR(optimizer, lr_lambda, last_epoch=-1)：不同的参数组设置不同的学习调整策略，last_epoch参数用于设置何时开始调整学习率，last_epoch=-1表示学习率设置为初始值，并开始训练后准备调整学习率（last_epoch参数的设置，下面的方法在使用中也是这样的）。

② lr_scheduler.StepLR(optimizer, step_size, gamma=0.1, last_epoch=-1)：等间隔调整学习率，学习率会每经过step_size指定的间隔调整为原来的gamma倍。这里的step_size所指的间隔通常是epoch的间隔。

③ lr_scheduler.MultiStepLR(optimizer, milestones, gamma=0.1, last_epoch=-1)：按照设定的间隔调整学习率。milestones参数通常使用一个列表来指定

需要调整学习率的epoch数值，学习率会调整为原来的gamma倍。

④ lr_scheduler.ExponentialLR(optimizer, gamma, last_epoch=-1)：按照指数衰减调整学习率，学习率调整公式为$lr=lr gamama^{epoch}$

⑤ lr_scheduler.CosineAnnealingLR(optimizer, T_max, eta_min=0, last_epoch=-1)：以余弦函数为周期，并在每个周期最大值时调整学习率，T_max表示在T_max个epoch后重新设置学习率，eta_min表示最小学习率，即每个周期的最小学习率不会小于eta_min。学习率的调整公式为$\eta_t=\eta_{\min}+\frac{1}{2}(\eta_{\max}-\eta_{\min})\left[1+\cos\left(\frac{T_{cur}}{T_{\max}}\right)\right]$，其中$\eta_t$表示在$t$时刻的学习率，$\eta_{\min}$为参数eta_min，$T_{\max}$为参数T_max。

针对已经定义的学习率调整类，还会包含一个获得网络学习率的方法get_lr()，用于获得当前的学习率。

上述的学习率调整方法一般以如下方式进行。

```
In[4]:scheduler = ...## 设置学习率调整方式
      for epoch in range(100):
          train(...)
          validate(...)
          scheduler.step()## 更新学习率
```

设置学习率调整方法的类，一般是在网络的训练之前，而学习率的调整则是在网络的训练过程中，并通过scheduler.step()来更新。

## 2.4.2 损失函数

深度学习的优化方法直接作用的对象是损失函数。损失函数就是用来表示预测与实际数据之间的差距程度。一个最佳化问题的目标是将损失函数最小化，针对分类问题，直观的表现就是分类正确的样本越多越好，在回归问题中，直观的表现就是预测值与实际值误差越小越好。

PyTorch中的nn模块提供了多种可直接使用的深度学习损失函数，如交叉熵、均方误差等，针对不同的问题，可以直接调用现有的损失函数类。常用损失函数如表2-14所示。

表2-14 PyTorch中的常用损失函数

| 类 | 算法名称 | 适用问题类型 |
|---|---|---|
| torch.nn.L1Loss() | 平均绝对值误差损失 | 回归 |
| torch.nn.MSELoss() | 均方误差损失 | 回归 |
| torch.nn.CrossEntropyLoss() | 交叉熵损失 | 多分类 |

续表

| 类 | 算法名称 | 适用问题类型 |
| --- | --- | --- |
| torch.nn.NLLLoss() | 负对数似然函数损失 | 多分类 |
| torch.nn.NLLLoss2d() | 图片负对数似然函数损失 | 图像分割 |
| torch.nn.KLDivLoss() | KL 散度损失 | 回归 |
| torch.nn.BCELoss() | 二分类交叉熵损失 | 二分类 |
| torch.nn.MarginRankingLoss() | 评价相似度的损失 | 无特定问题类型指向 |
| torch.nn.MultiLabelMarginLoss() | 多标签分类的损失 | 多标签分类 |
| torch.nn.SmoothL1Loss() | 平滑的L1损失 | 回归 |
| torch.nn.SoftMarginLoss() | 多标签二分类问题的损失 | 多标签二分类 |

这些损失函数的调用较为简单，下面以均方误差损失和交叉熵损失为例，介绍它们的参数使用情况。

### （1）均方误差损失

```
torch.nn.MSELoss(size_average=None, reduce=None, reduction='mean')
```

其中参数的使用情况如下所述。

size_average：默认为True，计算的损失为每个batch的均值，否则为每个batch的和。以后将会弃用该参数，可以通过设置reduction来代替该参数的效果。

reduce：默认为True，此时计算的损失会根据size_average参数设定，是计算每个batch的均值或和，以后将会弃用该参数。

reduction：通过指定参数取值为'none'、'mean'、'sum'来判断损失的计算方式。默认为'mean'，即计算的损失为每个batch的均值，如果设置为'sum'，则计算的损失为每个batch的和，如果设置为'none'，则表示不使用该参数。

对模型的预测输入$x$和目标$y$计算均方误差损失方式为

$$loss(x,y)=1/N(x_i-y_i)^2$$

如果reduction的取值为'sum'，则不除以$N$。

### （2）交叉熵损失

```
torch.nn.CrossEntropyLoss(weight=None, size_average=None, ignore_
index=-100,
                 reduce = None, reduction='mean'):
```

交叉熵损失是将LogSoftMax和NLLLoss集成到一个类中，通常用于多分类问

题，其参数的使用情况如下：

ignore_index：指定被忽略且对输入梯度没有贡献的目标值。

size_average、reduce、reduction三个参数的使用情况同上。

weight：是1维的张量，包含$n$个元素，分别代表$n$类的权重，在训练样本不均衡时，非常有用，默认值为None。

当weight=None，损失函数的计算方式为

$$\text{loss}(x,\text{class}) = -\log\frac{\exp(x[\text{class}])}{\sum_j x[j]} = -x[\text{class}] + \log\left[\sum_j \exp(x[j])\right]$$

当weight被指定时，损失函数的计算方式为

$$\text{loss}(x,\text{class}) = \text{weight}[\text{class}]\left\{-x[\text{class}] + \log\left[\sum_j \exp(x[j])\right]\right\}$$

损失函数类的使用方法都很相似，这里就不再一一赘述。

## 2.5 预训练网络

随着深度学习的发展，很多经典的深度学习网络在图像分类、目标检测、语义分割等领域广泛应用，为了方便深度学习网络的调用，PyTorch的辅组库torchvision中，提供了很多经典网络的调用方法，并且还为这些网络在相应的应用领域进行了预训练，下面将一些经典的预训练网络对应的类进行列举，如表2-15所示。

表2-15 torchvision中经典的图像分类预训练网络

| 预训练网络对应的类 | 功能描述 |
| --- | --- |
| models.resnet18(),resnet34(),resnet50(),<br>resnet101(),resnet152() | Resnet网络 |
| models.alexnet() | AlexNet网络 |
| models.vgg11(),vgg13(),vgg16(),vgg19() | VGG网络 |
| models.densenet121(),densenet161(),<br>densenet169(),densenet201() | DenseNet网络 |
| models.googlenet() | GoogLeNet网络 |
| models.efficientnet_v2_s(),efficientnet_v2_m(),<br>efficientnet_v2_l() | EfficientNetV2网络 |
| models.swin_t(),swin_s(),swin_b(),<br>swin_v2_t(),swin_v2_s(),swin_v2_b(), | Swin Transformer和Swin Transformer V2网络 |
| models.vit_b_16(),vit_b_32(),vit_l_16(),<br>vit_l_32(),vit_h_14() | VisionTransformer网络 |
| models.regnet_y_16gf() | RegNet网络 |
| models.efficientnet_b0() | EfficientNet网络 |
| models.resnext50_32x4d(),resnext101_32x8d(),<br>resnext101_64x4d() | ResNeXt网络 |

语义分割是对图像在像素级别上的分类方法，在一张图像中，属于同一类的像素点都要被预测为相同的类，因此语义分割是从像素级别来理解图像。torchvision中经典的语义分割预训练网络如表2-16所示。

表2-16　torchvision中经典的语义分割预训练网络

| 预训练网络对应的类 | 功能描述 |
| --- | --- |
| models.segmentation.fcn_resnet50() | ResNet50为骨干网络的FCN模型 |
| models.segmentation.fcn_resnet101() | ResNet101为骨干网络的FCN模型 |
| models.segmentation.deeplabv3_resnet50() | ResNet50为骨干网络的DeepLabV3模型 |
| models.segmentation.deeplabv3_resnet101() | ResNet101为骨干网络的DeepLabV3模型 |
| models.segmentation.lraspp_mobilenet_v3_large | MobileNetV3-Large为骨干网络的Lite R-ASPP网络 |

目标检测是很多计算机视觉应用的基础，例如实例分割、人体关键点提取、人脸识别等。目标检测任务可以认为是目标分类和定位两个任务的结合。目标检测主要关注特定的物体目标，要求同时获得这一目标的类别信息和位置信息。torchvision中经典的目标检测预训练网络如表2-17所示。

表2-17　torchvision中经典的目标检测预训练网络

| 预训练网络对应的类 | 功能描述 |
| --- | --- |
| models.detection.fasterrcnn_resnet50_fpn() | 具有ResNet-50-FPN骨干的Fast R-CNN网络 |
| models.detection.fasterrcnn_mobilenet_v3_large_fpn() | 具有MobileNetV3-Large FPN骨干的Fast R-CNN网络 |
| models.detection.fcos_resnet50_fpn() | 具有ResNet-50-FPN骨干的FCOS网络 |
| models.detection.retinanet_resnet50_fpn() | 具有ResNet-50-FPN骨干的RetinaNet网络 |
| models.detection.retinanet_resnet50_fpn_v2() | 具有ResNet-50-FPN骨干的改进RetinaNet网络 |
| models.detection.ssd300_vgg16() | SSD300网络 |
| models.detection.maskrcnn_resnet50_fpn() | 具有ResNet-50-FPN骨干的Mask R-CNN网络 |
| models.detection.maskrcnn_resnet50_fpn_v2() | 具有ResNet-50-FPN骨干的改进Mask R-CNN网络 |
| detection.keypointrcnn_resnet50_fpn() | 具有ResNet-50-FPN骨干的Keypoint R-CNN网络 |

前面列举了一些torchvision中经典的预训练网络，下面以ResNet50为例，介绍如何使用已经预训练好的网络进行图像分类。在新版本的PyTorch中使用预训练网络，可以通过weights参数使用不同版本的预训练权重，下面的程序则是先导入会使用到的网络和权重，然后经过3步使用预训练的网络对文件夹中的图像进行判断类别：

```
In[1]:## 导入预训练的网络，以ResNet50为例
      import torch
      from torchvision.models import resnet50, ResNet50_Weights
      from torchvision.io import read_image
      ## 1 指定使用的深度网络并指定使用的权重
      weights = ResNet50_Weights.IMAGENET1K_V1
      ResNet2 = resnet50(weights=weights)
      ResNet2.eval()                                # 模型转化到验证模式
```

```
    ## 2 使用训练权重中的数据预处理过程，并对图像进行预处理
    process = weights.transforms()
    ## 导入一张图像
    img = read_image("data/chap2/imagedata/n2/老虎.jpg")
    ## 对图像进行预处理
    batch = process(img).unsqueeze(0)
    ## 3 使用深度网络预测图像所属的类别
    prediction = ResNet2(batch).squeeze(0).softmax(0)
    class_id = prediction.argmax().item()     # 预测的类别
    score = prediction[class_id].item()       # 预测的精度得分
    category_name = weights.meta["categories"][class_id]
                                              # 所属类别名称
    print(f"{category_name}: {100 * score:.2f}%")
Out[1]:tiger: 91.04%
```

在导入网络和权重后，先使用指定的权重初始化网络，并将其转换到验证模式。然后使用预训练权重中的数据预处理过程，并对图像进行预处理。最后使用深度网络对预处理后的图像进行类别判断，并输出图像的类别。

## 2.6 GPU部署和使用

PyTorch本身就提供了一套很好的支持GPU的运算体系，所以基于GPU的训练非常方便。在使用GPU训练时，需要注意以下几点：

① 将需要训练及使用的模型转为cuda模式；

② 使用的训练、测试等数据集转为cuda模式；

③ 针对网络的输出数据要清楚何时使用cuda模式，以及何时使用CPU数据格式。

在使用GPU之前，首先需要判断使用的计算机或者服务器是否有可使用的GPU，可使用下面的程序进行判断。

```
In[2]:## 如果设备有GPU就获取GPU，否则获取CPU
      device = torch.device("cuda:0" if torch.cuda.is_available()
else "cpu")
    device
Out[2]:device(type='cuda', index=0)
```

上面的程序中，使用torch.cuda.is_available()判断是否有可用的GPU，若有可用的GPU，则使用"cuda:0"定义使用GPU 0（GPU的数量通常从0开始排序），如果未找到GPU则使用CPU进行计算。其中函数torch.device()为设置所使用GPU设备的索引，以便在将网络或数据设置为GPU模式时，使用相应的.to(device)方法即可。

下面的程序则是继续使用ResNet网络，调用GPU对图像进行分类，在程序中使用了两次.to(device)方法，分别将网络和待预测的数据处理为GPU的模式，最后输出网络的预测结果。

```
In[3]:## 1 将需要训练及使用的模型转为cuda模式
      weights = ResNet50_Weights.IMAGENET1K_V1
      model = resnet50(weights=weights).to(device)
      model.eval()
      ## 2 将用于计算的数据转化为cuda模式
      process = weights.transforms()
      ## 导入一张图像，并对图像进行预处理
      img = read_image("data/chap2/imagedata/n1/大象.jpg")
      batch = process(img).unsqueeze(0)
      ## 数据转化为cuda模式
      batch = batch.to(device)
      ## 3 使用深度网络预测图像所属的类别
      prediction = model(batch).squeeze(0).softmax(0)
      _,class_id = prediction.topk(3)          # 预测的类别
      class_id = class_id.cpu().tolist()       # GPU数据转化为CPU数据
      score = prediction[class_id]             # 预测的精度得分
        category_name =[weights.meta["categories"][ii] for ii in
class_id]
      for name, sc in zip(category_name, score):
          print(f"{name}: {100 * sc:.2f}%")
Out[3]:tusker: 47.46%
       African elephant: 33.71%
       Indian elephant: 18.83%
```

此外，如果机器上有多个GPU，可以通过model = nn.DataParallel(model)的方式利用nn.DataParallel()进行多GPU的并行运算。

## 2.7 本章小结

本章主要介绍了如何快速入门与使用PyTorch，重点介绍了PyTorch中基于张量的相关计算方式，PyTorch中的nn模块的基础功能，如卷积层、池化层、激活函数、循环层、归一化层、全连接层、Transformer层等在深度学习中常用的层。接着对PyTorch中相关的图像数据预处理进行了介绍，以具体的数据预处理为例，展示了图像在深度学习任务中的数据准备操作。然后介绍了PyTorch中的优化器与损失函数的使用，最后介绍了如何使用预训练的网络，以及对GPU进行部署和使用。

第3章

# 图像分类

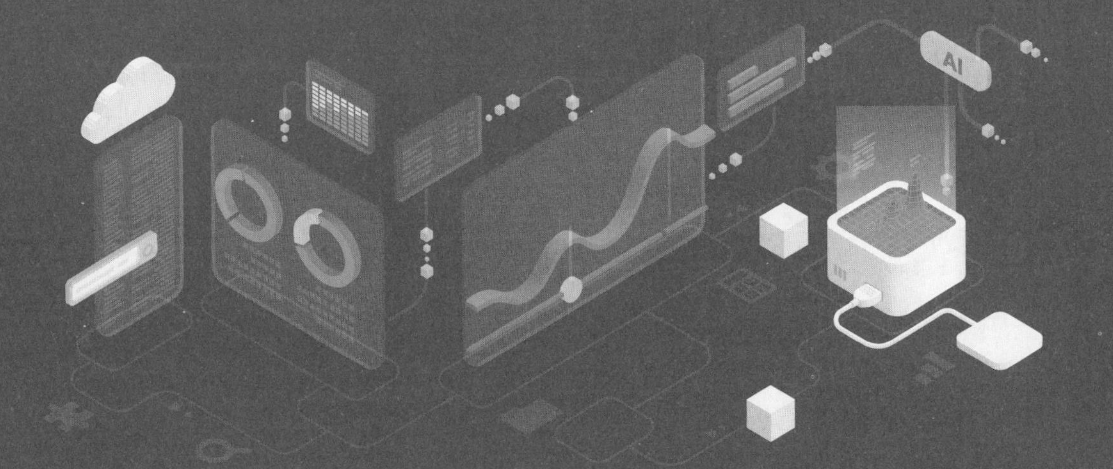

卷积神经网络是一种以图像识别为中心，并且在多个领域得到广泛应用的深度学习方法，如目标检测、图像分割、文本分类等。卷积神经网络于1998年由Yann Lecun提出，并在2012年的ImageNet挑战赛中，Alex Krizhevsky凭借深度卷积神经网络AlexNet网络获得远远领先于第二名的成绩，震惊世界。如今卷积神经网络不仅是计算机视觉领域最具有影响力的一类算法，同时在自然语言分类领域也有一定程度的应用。

本章将会先介绍一些经典的卷积神经网络，然后会以具体的图像分类数据集，介绍如何使用这些网络进行图像分类。

# 3.1　经典的深度图像分类网络

深度学习的思想提出后，卷积神经网络在计算机视觉等领域取得了快速的应用，下面将对LeNet-5、AlexNet、VGG、ResNet、GoogLeNet、DenseNet等经典卷积神经网络的结构进行介绍。

## 3.1.1　LeNet-5网络

LeNet-5卷积网络是提出最早的一类卷积神经网络，其主要用于处理手写字体的识别，并且取得了显著的应用效果，其网络结构如图3-1所示（图3-1是文章*Gradient-based learning applied to document recognition*中提到的LeNet-5网络结构）。

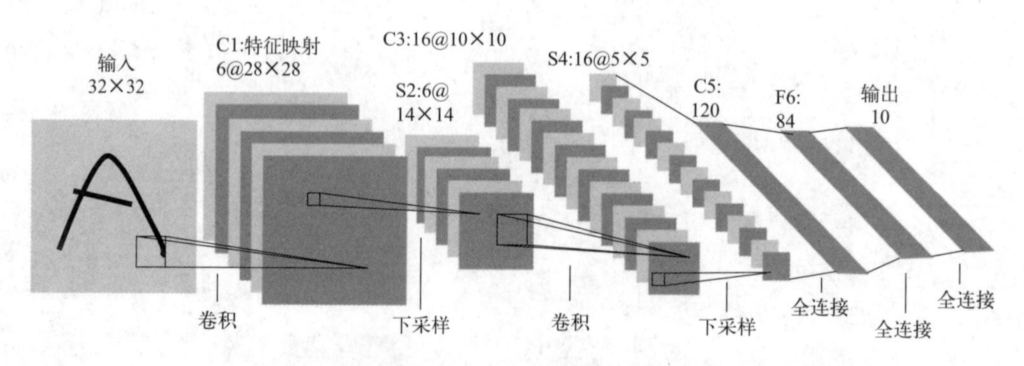


图3-1　LeNet-5网络结构

在LeNet-5中，输入的图像为32×32的灰度图像，经过两个卷积层、两个池化层和两个全连接层，最后连接一个输出层。LeNet-5网络的第一层使用了6个5×5的卷积核对图像进行卷积运算，且在卷积操作时不使用填补操作，这样针对一张32×32的灰度图像会输出6个28×28的特征映射。第二层为池化层，使用2×2的池化核，步长大小为2，从而将6个28×28的特征映射，转化为6个14×14的特征映射，该层主要是对数据进行下采样。第三层为卷积层，有16个大小为5×5的卷积核，同样在卷积操作时不使用填补操作，将6个14×14的特征映射卷积运算后输出16个10×10的特征映射。第四层为池化层，使用大小为2×2的池化核，步长为2，从而将16个10×10的特征映射，转化为16个5×5的特征映射。第五和第六层均为全连接层，且神经元的数量分别为120和84，最后一层为包含10个神经元的输出层。可以使用该神经网络对手写数字进行分类。

由于LeNet-5网络结构比较简单，非常容易实现，所以在PyTorch中并没有预训练好的网络可以调用。在下一小节中将搭建一个和LeNet-5相似的卷积神经网络，对Fashion-MNIST数据进行分类。

## 3.1.2 AlexNet网络

2012年AlexNet卷积神经网络结构被提出，并且以高于第二名10%的准确率在2012届ImageNet图像识别大赛中获得冠军，成功地展示了深度学习算法在计算机视觉领域的威力，使得CNN成为在图像分类上的核心算法模型，引爆了深度神经网络的应用热潮。

AlexNet模型是一个只有8层的卷积神经网络，有5个卷积层、3个全连接层，在每一个卷积层中包含了一个激活函数ReLU（这也是ReLU激活函数的首次应用）以及局部响应归一化（LRN）处理，卷积计算后通过最大值池化层对特征映射进行降维处理。

AlexNet的网络结构在设置之初是通过两个GPU进行训练的，所以其结构中包含两块GPU通信的设计，但是随着计算性能的提升，现在完全可以使用单个GPU进行训练，AlexNet网络结构如图3-2所示。

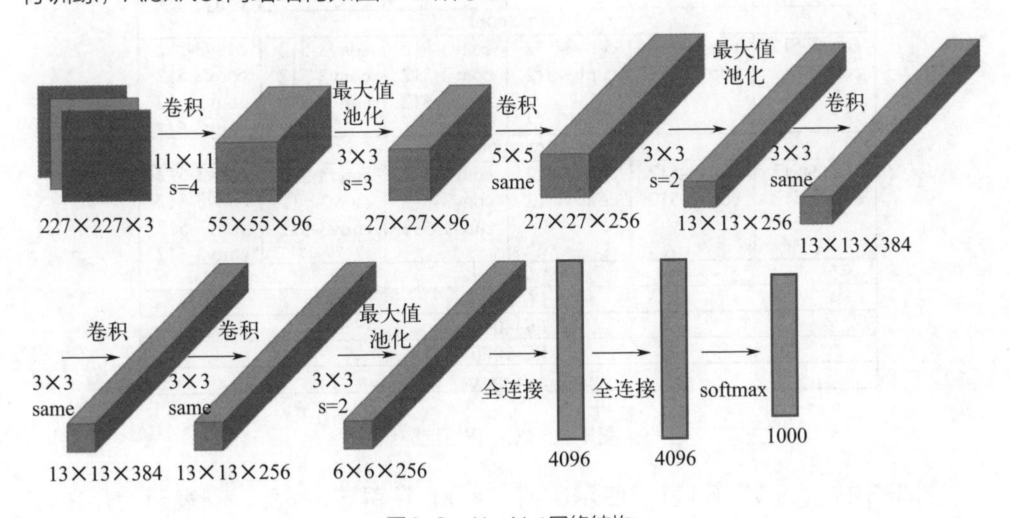


图3-2　AlexNet网络结构

AlexNet网络中输入为RGB图像，在图3-2中s=4表示卷积核或者池化核的移动步长为4，在AlexNet中卷积层使用的卷积核从11逐渐减小到3，最后三个卷积层使用的卷积核为3×3，而池化层则使用了大小为3×3步长为2有重叠的池化，两个全连接层分别包含4096个神经元，最后的输出层使用softmax分类器，包含1000个神经元。

### 3.1.3 VGG网络结构

VGG深度学习网络由牛津大学计算机视觉组（Visual Geometry Group）于2014年提出，并取得了ILSVRC2014比赛分类项目的第二名。在其发表的文章*Very Deep Convolutional Networks for Large-Scale Image Recognition*中，一共提出了4种不同深度层次的卷积神经网络，分别是11、13、16、19层。这些网络的结构如图3-3所示。

| ConvNet Configuration | | | | | |
|---|---|---|---|---|---|
| A<br>11 weight layers | A-LRN<br>11 weight layers | B<br>13 weight layers | C<br>16 weight layers | C<br>16 weight layers | E<br>19 weight layers |
| input (224×224 RGB image) | | | | | |
| conv3-64 | conv3-64<br>**LRN** | conv3-64<br>**conv3-64** | conv3-64<br>conv3-64 | conv3-64<br>conv3-64 | conv3-64<br>conv3-64 |
| maxpool | | | | | |
| conv3-128 | conv3-128 | conv3-128<br>**conv3-128** | conv3-128<br>conv3-128 | conv3-128<br>conv3-128 | conv3-128<br>conv3-128 |
| maxpool | | | | | |
| conv3-256<br>conv3-256 | conv3-256<br>conv3-256 | conv3-256<br>conv3-256 | conv3-256<br>conv3-256<br>**conv1-256** | conv3-256<br>conv3-256<br>**conv3-256** | conv3-256<br>conv3-256<br>conv3-256<br>**conv3-256** |
| maxpool | | | | | |
| conv3-512<br>conv3-512 | conv3-512<br>conv3-512 | conv3-512<br>conv3-512 | conv3-512<br>conv3-512<br>**conv1-512** | conv3-512<br>conv3-512<br>**conv3-512** | conv3-512<br>conv3-512<br>conv3-512<br>**conv3-512** |
| maxpool | | | | | |
| conv3-512<br>conv3-512 | conv3-512<br>conv3-512 | conv3-512<br>conv3-512 | conv3-512<br>conv3-512<br>**conv1-512** | conv3-512<br>conv3-512<br>**conv3-512** | conv3-512<br>conv3-512<br>conv3-512<br>**conv3-512** |
| maxpool | | | | | |
| FC-4096 | | | | | |
| FC-4096 | | | | | |
| FC-1000 | | | | | |
| soft-max | | | | | |

图3-3　VGG网络结构

图3-3中，conv3-64表示使用64个3×3的卷积核，maxpool表示使用2×2的最大值池化核，FC-4096表示具有4096个神经元的全连接层。

提到的多种VGG网络结构中，最常用的VGG网络有两种，分别是VGG16（图中的网络结构D）和VGG19（图中的网络结构E）。多种VGG网络结构中，它们最大的差距就是网络深度的不同。

VGG网络中，通过使用多个较小卷积核（3×3）的卷积层，来代替一个卷积核较大的卷积层。小卷积核是VGG的一个重要特点，VGG的作者认为2个3×3的卷积堆叠获得的感受野大小相当于一个5×5的卷积，而3个3×3卷积的堆叠获取到的感受野相当于一个7×7的卷积。使用小卷积核一方面可以减少参数，另一方面相当于进行了更多的非线性映射，可以进一步增加网络的拟合能力。

相比AlexNet使用3×3的池化核，VGG网络中全部采用2×2的池化核。并且VGG网络中具有更多的特征映射，网络第一层的通道数为64，后面每层都进行了翻倍，最多到512个通道，随着通道数的增加，使得VGG网络能够从数据中提取更多的信息。并且VGG网络具有更深的层数，得到的特征映射更宽。

## 3.1.4 GoogLeNet

GoogLeNet（也可称作Inception-v1网络）是在2014年由Google DeepMind公司的研究员提出的一种全新的深度学习结构，并取得了ILSVRC2014比赛分类项目的第一名。GoogLeNet共有22层，并且没用全连接层，所以使用了更少的参数，在GoogLeNet前的AlexNet、VGG等结构，均通过增大网络的层数来获得更好的训练结果，但更深的层数同时会带来较多的负面效果，如过拟合、梯度消失、梯度爆炸等问题。

GoogLeNet则在保证算力的情况下增大网络的宽度和深度，尤其是其提出的Inception模块，其结构如图3-4所示。

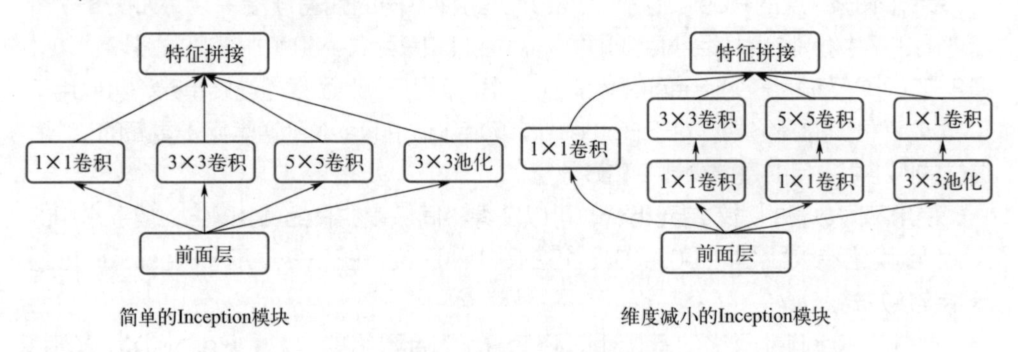


图3-4　Inception模块

在GoogLeNet中前几层是正常的卷积层，后面则全部用Inception堆叠而成。在文章*Going deeper with convolutions*中给出了两种结构的Inception模块，分别是简单的Inception模块和维度减小的Inception模块。与简单的Inception模块相比，维度减小的Inception模块在3×3卷积前面、5×5卷积前面和池化层后面添加1×1卷积进行降维，从而使维度变得可控并减少计算量。在GoogLeNet中不仅提出了Inception模块，还在网络中添加了两个辅助分类器，起到增加低层网络的分类能力、防止梯度消失、增加网络正则化的作用。GoogLeNet的网络结构如图3-5所示。

但是Inception网络的发展并没有停止，在Inception-v2网络中引入了BN层对网络进行了进一步的优化，所以Inception-v2也可以认为是BN-Inception。采用BN层后，可以使用较大的学习速率，加快收敛速度。

而在Inception-v3引入的核心理念是“因子化”（factorization），主要是将一些较大的卷积分解成几个较小的卷积。Inception-v4则是对网络的stem进行了一定的修改。Inception-ResNet在Inception模块中引入了残差连接。

### 3.1.5 ResNet网络

深度残差网络（deep residual network，Deep ResNet）的提出是CNN图像史上的一件里程碑事件，ResNet网络提出了残差连接模块，有效地解决了深度网络的退化问题。残差连接模块的主要思想是假设有一个网络$M$，输出为$X$，如果给网络$M$增加一层成为新的网络$M_{new}$，其输出为$H(X)$。残差连接的设计思路是为了保证网络$M_{new}$的性能比网络$M$强，令网络$M_{new}$的输出为$H(X)=F(X)+X$，$M_{new}$在保证$M$的输出$X$的同时，增加了一项残差输出$F(X)$，这样只要残差学习得到比“恒等于0”更好的函数，则能够保证网络$M_{new}$的效果一定比网络$M$好。残差连接的结构如图3-6所示，图中弯弯的弧线就是快捷连接（shortcut connection），也称为恒等映射（identity mapping）。

针对不同深度的ResNet网络，设计了两种不同的残差连接单元，如图3-7所示。图3-7中分别针对ResNet34[图3-7（a）]和ResNet50/101/152[图3-7（b）]，图3-7（b）又称为Bottleneck Design。对于常规ResNet残差连接单元，可以用于34层或者更少的网络中，对于Bottleneck Design的ResNet通常用于更深的如101这样的网络中，目的是减少计算和参数量。

使用不同数量的残差单元组合，可以获得不同深度的ResNet网络，但是常用的ResNet网络有18、34、50、101、152等几种深度，图3-8展示了ResNet-18的基本连接方式。

此外在ResNet网络的基础上，还有ResNet网络的变种，ResNetXt、Wide ResNet、ResNeSt等网络分别被提出。其中ResNetXt采用可扩展的方式利用拆分转换合并策略，用组卷积增加一个cardinality维度。Wide ResNet提出了一种新的加宽网络，以提高模型性能。ResNeSt则是提出Split Attention模块，将注意力机制和ResNet网络结合。

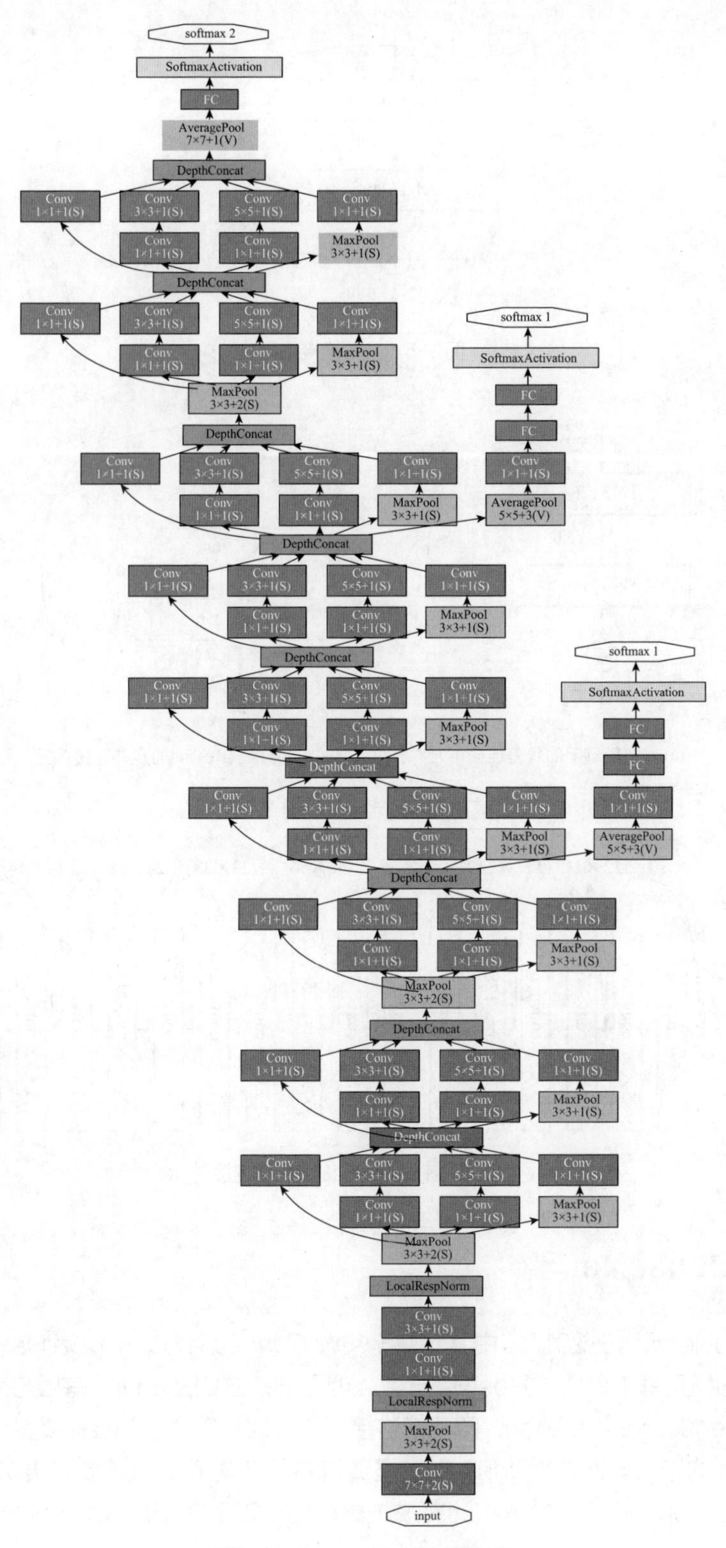


图3-5　GoogLeNet的网络结构

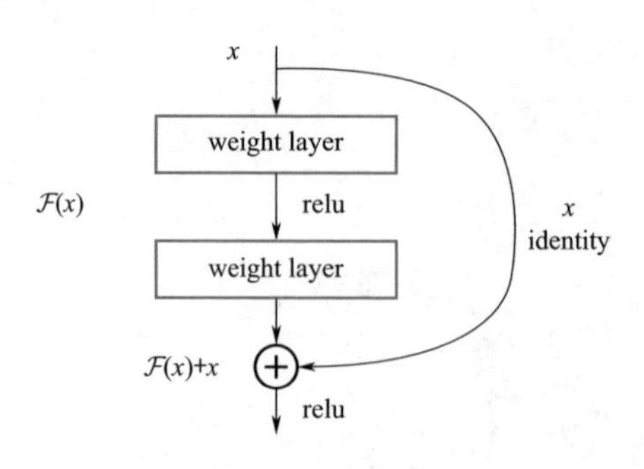


图3-6 残差连接结构

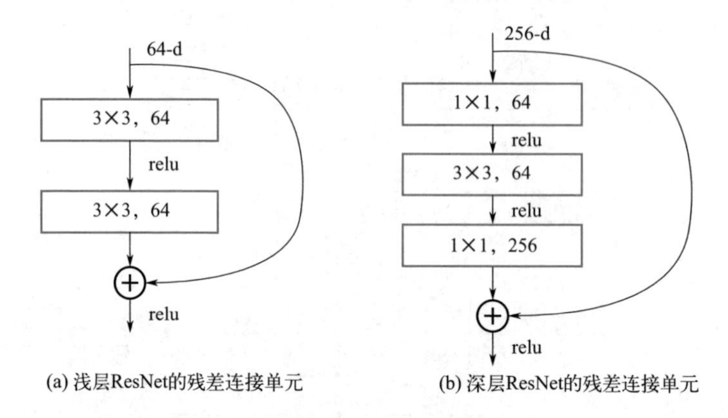


图3-7 两种残差连接单元

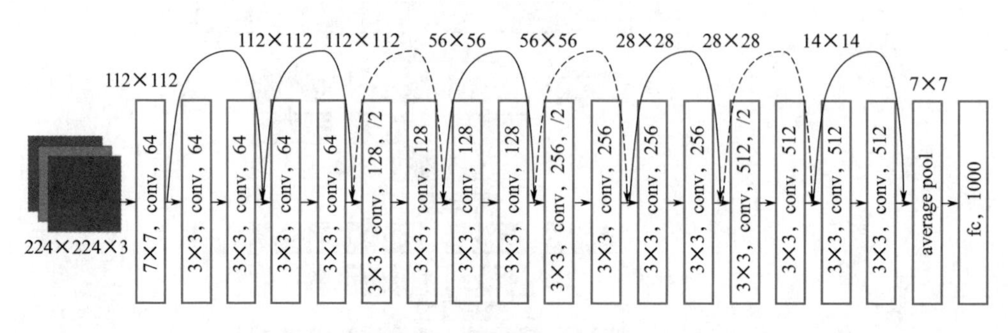


图3-8 ResNet-18的网络连接

## 3.1.6 DenseNet网络

DenseNet网络在2017年由文章*Densely Connected Convolutional Networks*提出，它的模型基本思路与ResNet一致，但是它建立的是前面所有层与后面层的密集连接（dense connection），即互相连接所有的层，每个层都会接受其前面所有层作为其额外的输入。此外，DenseNet还通过特征在通道上的连接来实现特征重用。这些特点让DenseNet在参数和计算成本更少的情形下实现比ResNet更优的性能，

DenseNet网络斩获CVPR 2017的最佳论文奖。

图3-9展示了一个包含5层的dense连接模块的连接方式，每个层都会接受其前面所有层作为其额外的输入。对于ResNet增加了来自上一层输入的identity函数为$x_l = H(x_{l-1}) + x_{l-1}$，在dense连接模块，会连接前面所有层作为输入，即$x_l = H(x_0, x_1, x_2, \cdots, x_{l-1})$，这里的$H(\cdot)$表示非线性转化函数，是一个组合操作，其可能包括一系列的归一化层、激活函数层、池化层以及卷积层等操作。

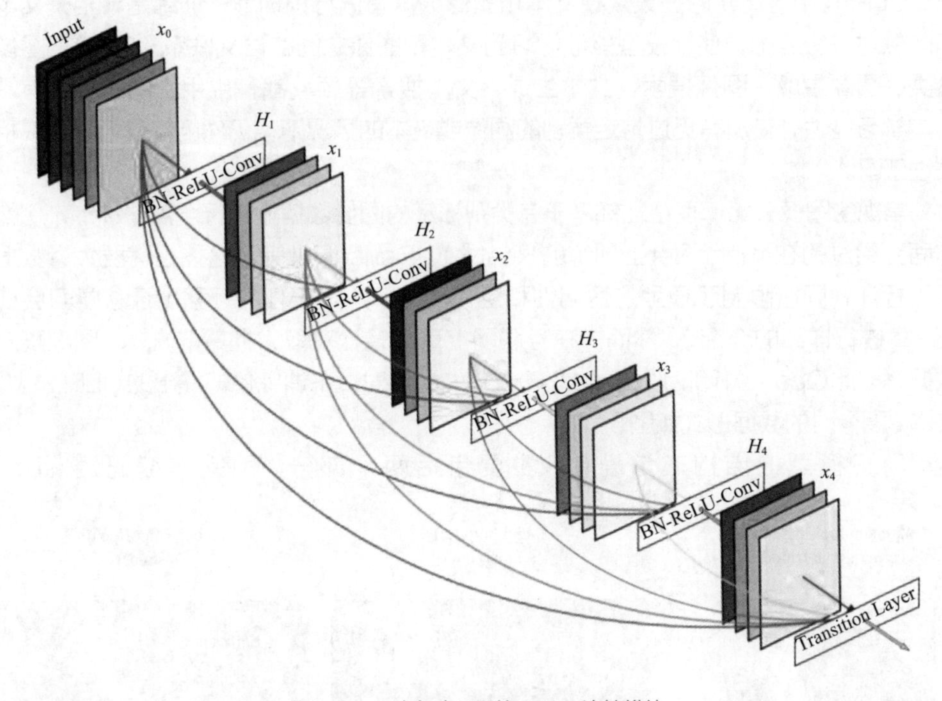


图3-9　一个包含5层的dense连接模块

DenseNet的网络结构主要由DenseBlock和Transition组成，如图3-10所示。对于Transition层，它主要是连接两个相邻的DenseBlock，并且降低特征图大小。Transition层包括一个1×1的卷积和2×2的AvgPooling，Transition层可以起到压缩模型的作用。

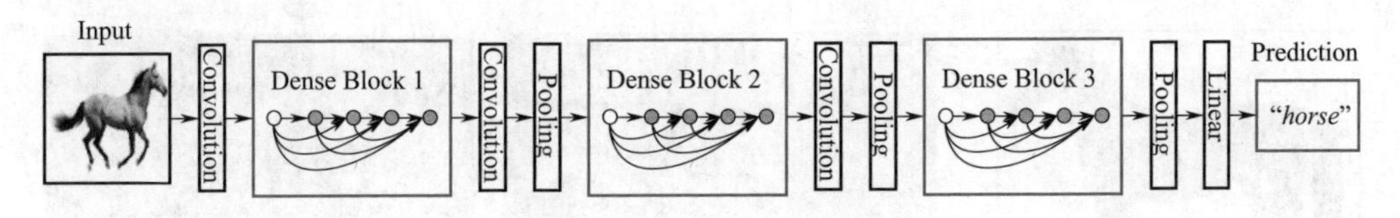


图3-10　DenseNet网络结构

常用的DenseNet网络深度有DenseNet-121、DenseNet-169、DenseNet-201以及DenseNet-264。

### 3.1.7 CLIP模型

CLIP（contrastive language-image pretraining）是由OpenAI开发的深度学习模型，它能够理解和关联文本描述与图像内容。CLIP的主要目标是将自然语言处理（NLP）和计算机视觉（CV）领域结合起来，使计算机能够更好地理解多模态数据，即文本和图像的结合。

CLIP利用对比学习在大规模文本和图像数据上进行预训练，训练是将相关文本和图像对进行匹配，使得模型能够学习到文本和图像之间的语义联系。CLIP在图像分类、图像生成、图像搜索、文本生成、文本搜索等领域都有应用，同时还具有零样本学习能力，在没有见过特定类别的图像或文本的情况下，仍然能够进行分类或相关性匹配。

常规的图像分类模型往往都基于有类别标签的图像数据集进行全监督训练，例如前面介绍过的在ImageNet上训练的ResNet、DenseNet等，这往往需要大量数据人工标注，同时限制了模型的适用性和泛化能力，不适于任务迁移（迁移学习会在第9章进行详细的介绍）。然而，在互联网上可以轻松获取大批量的文本-图像配对数据，因此Open AI团队收集了4亿个文本-图像对，来训练他们提出的CLIP模型。文本-图像对的数据形式如图3-11。

CLIP模型的结构非常简单，主要包括两个部分，即文本编码器（Text

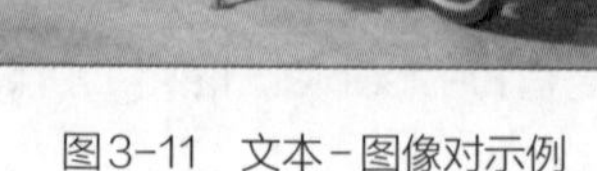

图3-11 文本-图像对示例

Encoder）和图像编码器（Image Encoder）。文本编码器选择的是Text Transformer模型，图像编码器选择了两种模型，一是基于CNN的ResNet（对比了不同层数的ResNet），二是基于Transformer的ViT（针对Transformer模型相关的内容会在第6章进行详细的介绍）。模型的整个过程示意图如图3-12所示。

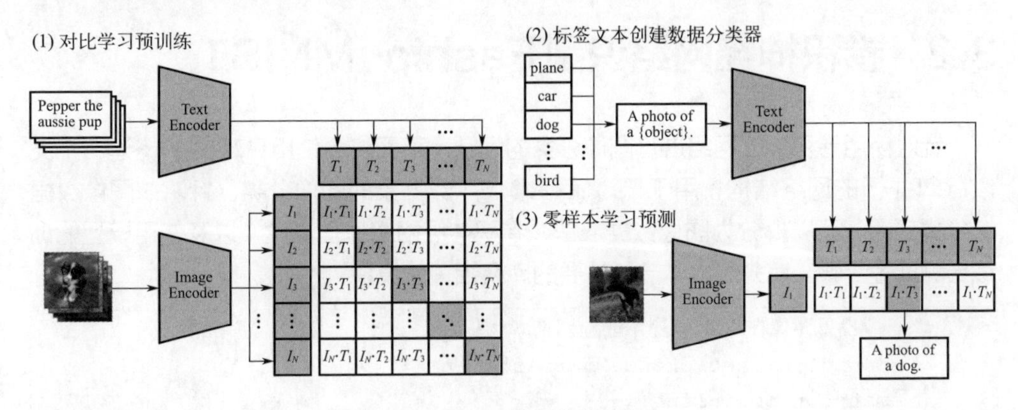


图3-12 CLIP模型的学习过程

CLIP模型的训练过程如下所述。

① 针对输入一个batch的数据包含$N$个文本-图像对。将$N$个文本通过文本编码器（Text Encoder），可将每条文本编码为一个长度$d_t$的一维向量，那么一个batch文本的输出为［$T_1$，$T_2$，$T_3$，…，$T_N$］，其维度为（$N$，$d_t$）。同样将$N$个图像通过图像编码器（Image Encoder），可将每张图像编码为一个长度$d_i$的一维向量，那么一个batch图像的输出为［$I_1$，$I_2$，$I_3$，…，$I_N$］，其维度为（$N$，$d_i$）。

② 获得的文本-图像对的特征［$T_1$，$T_2$，$T_3$，…，$T_N$］与［$I_1$，$I_2$，$I_3$，…，$I_N$］是一一对应的，因此相互对应的文本-图像对可以看作是正样本，而原本并不对应的文本-图像称为负样本。因此一个batch的数据拥有$N$个正样本，$N^2-N$个负样本。这样正负样本就可以作为正负标签，用来训练文本编码器和图像编码器。

③ 计算$I_i$与$T_j$($i,j\in$［1,$N$］)之间的余弦相似度来度量相应的文本与图像之间的对应关系，余弦相似度越大，表明$I_i$与$T_j$的对应关系越强，反之越弱。因此训练目标就变成了训练文本编码器和图像编码器的参数，使得最大化$N$个正样本的余弦相似度，最小化$N^2-N$个负样本的余弦相似度。即针对余弦相似矩阵，最大化对角线位置的元素和，最小化非对角线位置的元素和。

训练好的CLIP模型在对新的图像数据可以直接进行预测，而无需进行额外的微调等工作，即可以直接进行零样本学习（zero-shot）。其整个过程如下所述。

① 先根据所迁移的数据集将所有类别转换为文本，例如针对ImageNet数据集，可以将1000类数据的类别标签，转化为1000种文本：A photo of {label}。然后将这1000个文本全部输入文本编码器中，得到1000个编码后的向量［$T_1$，$T_2$，$T_3$，…，$T_{1000}$］作为文本特征。

② 将需要分类的一张图像输入图像编码器中，得到这张图像编码后的向量$I_1$，并计算$I_1$与1000个文本特征的余弦相似度，找出1000个相似度中最大的那一个即可将获得图像所属的类别。

# 3.2 卷积神经网络识别FashionMNIST

针对使用卷积神经网络进行图像分类的问题，下面将会使用PyTorch搭建一个类似LeNet-5的网络结构，用于FashionMNIST数据集的图像分类。针对该图像数据的分类任务，可以拆分为图像数据准备、卷积神经网络模型搭建，以及使用模型的训练与测试等步骤。首先导入本节所需要的库及相关的模块。

```
In[1]:## 设置图像在Jupyter中的显示情况
      %config InlineBackend.figure_format = "retina"
      %matplotlib inline
      ## 设置图像中的中文显示情况
      import seaborn as sns
        sns.set(font = "Microsoft YaHei",style = "whitegrid",font_
scale=1.4)
      import matplotlib
      matplotlib.rcParams["axes.unicode_minus"] = False
      ## 导入本节所需要的库和模块
      import numpy as np
      import pandas as pd
      from sklearn.metrics import confusion_matrix
      import matplotlib.pyplot as plt
      import copy
      from tqdm import tqdm
      from sklearn.metrics import confusion_matrix
      from mlxtend.plotting import plot_confusion_matrix
      import torch
      import torch.nn as nn
      from torch.optim import Adam
      import torch.utils.data as Data
      from torchvision import transforms
      from torchvision.datasets import FashionMNIST
      ## 定义计算设备，如果设备有GPU就获取GPU，否则获取CPU
        device = torch.device("cuda:0" if torch.cuda.is_available()
else "cpu")
      device
Out[1]:device(type='cuda', index=0)
```

上面的程序中首先为图像在Jupyter中的正常显示进行设置，然后导入在整个图像数据分类任务中会使用到的库和模块，并且使用的数据集会通过torchvision库中的FashionMNIST获取。最后为了能够利用GPU进行加速计算，对可以使用的计算设备进行设置。

### 3.2.1　图像数据准备

模型建立与训练之前，首先准备FashionMNIST数据集，该数据集可以直接使用torchvision库中datasets模块的FashionMNIST()的API函数获取，如果指定的工作文件夹中没有当前数据，可以从网络上自动下载该数据集，数据的准备程序如下所示。

```
In[2]:## 使用FashionMNIST数据,准备训练数据集
     train_data  = FashionMNIST(root = "./data/FashionMNIST",
           train = True, transform  = transforms.ToTensor(),
           download= False)
     ## 定义一个数据加载器
      train_loader = Data.DataLoader(dataset = train_data, batch_
size=128,
           shuffle = True, num_workers = 2 )
     ## 计算train_loader有多少个batch
     print("train_loader的batch数量为:",len(train_loader))
Out[2]:train_loader的batch数量为: 469
```

上面的程序导入了训练数据集，然后使用Data.DataLoader()函数将其定义为数据加载器，每个batch中会包含128个样本，通过len()函数可以计算数据加载器中包含的batch数量，输出显示train_loader中包含469个batch。

为了观察数据集中每个图像的内容，可以将获取的一个batch图像进行可视化查看，获取数据并可视化的程序如下所示。

```
In[3]:##  获得一个batch的数据
     for step, (b_x, b_y) in enumerate(train_loader):
         if step > 0:
            break
     ## 可视化查看数据中的图像内容
     batch_x = b_x.squeeze().numpy()
     batch_y = b_y.numpy()
     class_label = train_data.classes
     class_label[0] = "T-shirt"
     plt.figure(figsize=(12,5))
```

```
    for ii in np.arange(60):
        plt.subplot(5,12,ii+1)
        plt.imshow(batch_x[ii,:,:],cmap=plt.cm.gray)
        plt.title(class_label[batch_y[ii]],size = 9)
        plt.axis("off")
    plt.subplots_adjust(wspace = 0.05,hspace=0.4)
    plt.show()
```

上面的程序中，使用for循环获取一个btach的数据b_x和b_y，并使用XX.numpy()方法将张量数据XX转化为numpy数组的形式，然后将其中的60张图像进行可视化，得到的可视化图像如图3-13所示。

图3-13 FashionMNIST数据中部分图像样本

对训练集进行处理后，下面使用相似的方式对测试数据集进行处理。导入测试数据集后，创建一个测试集加载器，程序如下所示。

```
In[4]:## 准备测试数据集
      test_data = FashionMNIST(root = "./data/FashionMNIST", train
= False,
                              transform  = transforms.ToTensor(),download=
False)
      ## 定义一个数据加载器
       test_loader = Data.DataLoader(dataset = test_data, batch_
size=128,
                                          shuffle = False, num_workers = 2 )
      ## 计算test_loader有多少个batch
      print("test_loader的batch数量为:",len(test_loader))
Out[4]:test_loader的batch数量为: 79
```

## 3.2.2 卷积神经网络的搭建

数据准备完毕后，可以搭建一个卷积神经网络，并且使用训练数据对网络进行训练，使用测试集验证所搭建网络的识别精度。针对搭建的卷积神经网络，可以使用如图3-14所示的网络结构。

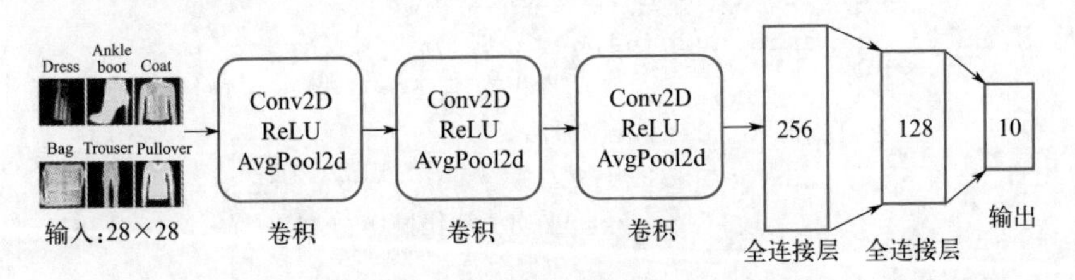


图3-14 卷积神经网络结构

图3-14搭建的卷积神经网络有3个卷积层，分别包含32、64、64个3×3卷积，并且卷积后使用ReLU激活函数进行激活，两个池化层均为2×2的平均值池化，而两个全连接层分别有256和128个神经元，最后的分类器输出则包含了10个神经元。针对该网络结构，可以使用下面的程序对卷积神经网络进行定义。

```
In[5]:## 搭建一个卷积神经网络用于图像分类
      class MyConvNet(nn.Module):
          def __init__(self):
              super(MyConvNet,self).__init__()
              ## 定义第一个卷积层
              self.conv1 = nn.Sequential(
                  nn.Conv2d(
                      in_channels = 1,          ## 输入的feature map
                      out_channels = 32,        ## 输出的feature map
                      kernel_size = 3,          ##卷积核尺寸
                      stride=1,                 ##卷积核步长
                      padding=1,                # 进行填充
                  ), ## 卷积后: (1*28*28) ->(32*28*28)
                  nn.ReLU(),                    # 激活函数
                  nn.AvgPool2d(
                      kernel_size = 2,          ## 平均值池化层,使用 2*2
                      stride=2,                 ## 池化步长为2
                  ),## 池化后:(32*28*28)->(32*14*14)
              )
              ## 定义第二个卷积层
              self.conv2 = nn.Sequential(
                  nn.Conv2d(32,64,3,1,1),
                                 ## 卷积操作(32*14*14)->(64*14*14)
```

```
            nn.ReLU(),                     # 激活函数
            nn.AvgPool2d(2,2)
                        ## 平均值池池化操作(64*14*14)->(64*7*7)
        )
        ## 定义第三个卷积层
        self.conv3 = nn.Sequential(
            nn.Conv2d(64,64,3,1,1),
                        ## 卷积操作(64*7*7)->(64*7*7)
            nn.ReLU(), # 激活函数
            nn.AvgPool2d(2,2)
                        ## 平均值池化操作(64*7*7)- >(64*3*3)
        )
        ## 定义全连接分类器层
        self.classifier = nn.Sequential(
            nn.Linear(64*3*3,256),
            nn.ReLU(),
            nn.Linear(256,128),
            nn.ReLU(),
            nn.Linear(128,10)
        )
    ## 定义网络的向前传播路径
    def forward(self, x):
        x = self.conv1(x)
        x = self.conv2(x)
        x = self.conv3(x)
        x = x.view(x.size(0), -1) # 展平多维的卷积图层
        output = self.classifier(x)
        return output
## 输出我们的网络结构
myconvnet = MyConvNet().to(device)
```

上面程序中的类MyConvNet()通过nn.Sequential()、nn.Conv2d()、nn.ReLU()、nn.AvgPool2d()、nn.Linear()等层，定义了一个拥有3个卷积层和2个全连接层的卷积神经网络分类器，并且在forward()函数中定义了数据在网络中的前向传播过程，然后使用myconvnet = MyConvNet()得到可用于学习的网络myconvnet，并且通过.to(device)指定模型训练时使用的计算设备。

### 3.2.3　卷积神经网络训练与预测

深度学习网络利用随机梯度下降算法，使用数据集中所有的batch训练一轮成为一个epoch，而且网络通常需要训练很多轮才能收敛。因此为训练定义好的网络结构

myconvnet，先定义针对一个epoch的训练函数和验证函数，其中训练函数主要为了模型参数的优化，而验证函数是检验模型每个epoch训练后的训练效果，可以用于观察模型是否过拟合等问题。

定义网络的对数据训练一个epoch过程的函数为train_model，该函数还会输出训练过程中每个epoch的平均损失与在训练数据上的预测精度。

```
In[6]:## 定义网络的对数据训练一个epoch的训练过程
    def train_model(model,traindataloader, criterion, optimizer):
        """ model:网络模型;traindataloader:训练数据集
            criterion:损失函数;optimizer:优化方法 """
        model.train()                              ## 设置模型为训练模式
        train_loss = 0.0, train_corrects = 0, train_num = 0
        for step,(b_x,b_y) in enumerate(traindataloader):
            b_x,b_y = b_x.to(device),b_y.to(device)
                                                   # 设置数据的计算设备
            output = model(b_x)                    # 数据输入模型
            pre_lab = torch.argmax(output,1)       # 计算预测的类别
            loss = criterion(output, b_y)          # 计算损失值
            optimizer.zero_grad()                  # 模型优化
            loss.backward()
            optimizer.step()
            train_loss += loss.item() * b_x.size(0)
                                                   # 计算所有样本的总损失
            train_corrects += torch.sum(pre_lab == b_y.data)
                                                   # 计算预测正确的样本总数
            train_num += b_x.size(0)               # 计算参与训练的样本总数
        ## 计算在一个epoch训练集的平均损失和精度
        train_loss = train_loss / train_num
        train_acc = train_corrects.double().item()/train_num
        print('Train Loss: {:.4f} Train Acc: {:.4f}'.
format(train_loss, train_acc))
        return train_loss,train_acc
```

定义网络的对数据验证一个epoch过程的函数为val_model，会使用model.eval()将模型设置为验证模式从而不更新参数，该函数同样会输出每个epoch的平均损失以及在数据上的预测精度，用于模型训练效果的监督。

```
In[7]:## 定义网络的对数据验证(测试)一个epoch的训练过程
    def val_model(model,testdataloader, criterion):
        """ model:网络模型;testdataloader:验证(测试)数据集; criterion:
损失函数 """
```

```
        model.eval() ## 设置模型为验证模式(该模式不会更新模型的参数)
        val_loss = 0.0, val_corrects = 0, val_num = 0
        for step,(b_x,b_y) in enumerate(testdataloader):
            b_x,b_y = b_x.to(device),b_y.to(device)
                                                 # 设置数据的计算设备
            output = model(b_x)                  # 数据输入模型
            pre_lab = torch.argmax(output,1)     # 计算预测的类别
            loss = criterion(output, b_y)        # 计算损失值
            val_loss += loss.item() * b_x.size(0)
                                                 # 计算所有样本的总损失
            val_corrects += torch.sum(pre_lab == b_y.data)
                                                 # 计算预测正确的样本总数
            val_num += b_x.size(0)               # 计算参与训练的样本总数
        ## 计算在一个epoch验证集的平均损失和精度
        val_loss = val_loss / val_num
        val_acc = val_corrects.double().item()/val_num
        print('Val Loss: {:.4f} Val Acc: {:.4f}'.format(val_loss,
val_acc))
        return val_loss,val_acc
```

定义好待使用的函数后，使用它们利用指定的模型和优化器，利用数据进行训练和测试。使用所有的训练数据集训练30个epoch，优化器使用Adam优化器，损失函数使用交叉熵损失。训练和验证使用的程序及对应输出如下所示。

```
In[8]:## 对模型进行训练与预测
      optimizer = torch.optim.Adam(myconvnet.parameters(), lr=0.001)
      criterion = nn.CrossEntropyLoss() # 交叉熵损失函数
      epoch_num = 30                    # 网络训练的总轮数
      train_loss_all = []               # 用于保存训练过程的相关结果
      train_acc_all = [], test_loss_all = []
      test_acc_all = [], best_acc = 0.0
      ## 训练epoch_num的总轮数
      for epoch in range(epoch_num):
          train_loss,train_acc = train_model(myconvnet, train_loader,
criterion,optimizer)
          test_loss,test_acc = val_model(myconvnet,test_loader,
criterion)
          train_loss_all.append(train_loss), train_acc_all.
append(train_acc)
          test_loss_all.append(test_loss), test_acc_all.append(test_
acc)
```

```
        ## 保存最优的模型参数
        if test_acc > best_acc:
            best_model_wts = copy.deepcopy(myconvnet.state_dict())
        best_acc = max(best_acc, test_acc)
        print("epoch = {}, test_acc = {:.3f}, best_acc = {:.3f}".
format(epoch,test_acc, best_acc))
Out[8]:Train Loss: 0.7333  Train Acc: 0.7235
     Val Loss: 0.5646  Val Acc: 0.7803
     epoch = 0, test_acc = 0.780, best_acc = 0.780
     Train Loss: 0.4741  Train Acc: 0.8214
     Val Loss: 0.4483  Val Acc: 0.8297
     epoch = 1, test_acc = 0.830, best_acc = 0.830
     …
     Train Loss: 0.0911  Train Acc: 0.9650
     Val Loss: 0.2957  Val Acc: 0.9140
     epoch = 29, test_acc = 0.914, best_acc = 0.920
```

针对模型训练过程损失函数大小与预测精度的变化情况，可以使用折线图进行可视化，运行下面的可视化程序可获得模型的训练过程图3-15。

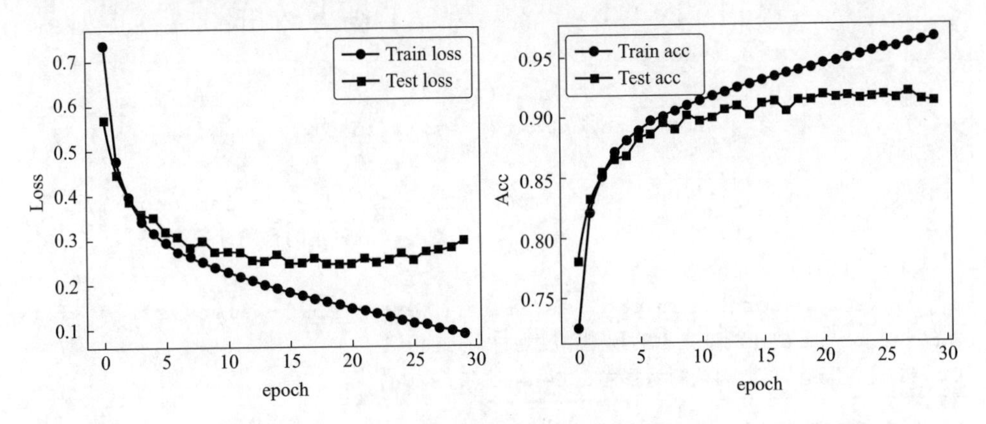


图3-15 卷积神经网络的训练过程

```
In[9]:## 可视化模型在训练过程中损失函数与精度的变化情况
     plt.figure(figsize=(14,5))
     plt.subplot(1,2,1)
     plt.plot(train_loss_all,"ro-",label = "Train loss")
     plt.plot(test_loss_all, "bs-",label = "Test loss")
     plt.legend(); plt.xlabel("epoch"); plt.ylabel("Loss")
     plt.subplot(1,2,2)
     plt.plot(train_acc_all,"ro-",label = "Train acc")
```

```
    plt.plot(test_acc_all, "bs-",label = "Test acc")
    plt.legend(); plt.xlabel("epoch"); plt.ylabel("Acc")
    plt.show()
```

从图3-15中可以发现模型在训练过程中，损失函数在训练集上迅速减小，在测试集上先减小然后逐渐收敛到一个很小的区间，说明模型已经稳定。在训练集上的精度一直在增大，而在验证集上的精度收敛到一个小区间内。

为了得到计算模型的泛化能力，使用输出的模型在测试集上进行预测。程序如下所示，从输出结果可以发现，最终模型在测试集上的预测精度为92.04%。

```
In[10]:## 对测试集进行预测并计算精度
       myconvnet.load_state_dict(best_model_wts)
                                               # 设置最优的模型参数
       myconvnet.eval()                        ## 设置模型为训练模式评估(验证)
                                                  模式
       test_y_all = torch.LongTensor()   # 用于保存真实类别
       pre_lab_all = torch.LongTensor() # 用于保存预测类别
       for step,(b_x,b_y) in tqdm(enumerate(test_loader)):
           b_x,b_y = b_x.to(device),b_y.to(device)
                                               # 设置数据的计算设备
           out = myconvnet(b_x)
           pre_lab = torch.argmax(out,1)
           test_y_all = torch.cat((test_y_all,b_y.cpu()))
                                               ##测试集的标签
           pre_lab_all = torch.cat((pre_lab_all,pre_lab.cpu()))
                                               ##测试集的预测标签
       ## 计算预测精度
       acc = torch.sum(pre_lab_all == test_y_all) / len(test_y_all)
       print("在测试集上的预测精度为:",acc)
Out[10]:在测试集上的预测精度为: tensor(0.9204)
```

针对测试数据样本的预测结果，可以利用可视化混淆矩阵观察网络在每类数据上的预测情况。运行下面的程序可获得如图3-16所示的可视化图像。可以发现，最容易预测发生错误的是T-shirt和Shirt，相互预测出错的样本量超过了100个。

```
In[11]:## 计算混淆矩阵并可视化
       conf_mat = confusion_matrix(test_y_all,pre_lab_all)
       df_cm = pd.DataFrame(conf_mat,  index=class_label, columns=
class_label)
       plt.figure(figsize=(10,6))
       heatmap = sns.heatmap(df_cm, annot=True, fmt="d",
cmap="YlGnBu")
```

```
        heatmap.yaxis.set_ticklabels(heatmap.yaxis.get_ticklabels(),
rotation=0,
                                     ha='right')
        heatmap.xaxis.set_ticklabels(heatmap.xaxis.get_ticklabels(),
rotation=45,
                                     ha='right')
    plt.ylabel('True label'), plt.xlabel('Predicted label')
    plt.title("卷积神经网络测试集预测精度: {:.4f}".format(acc))
    plt.show()
```

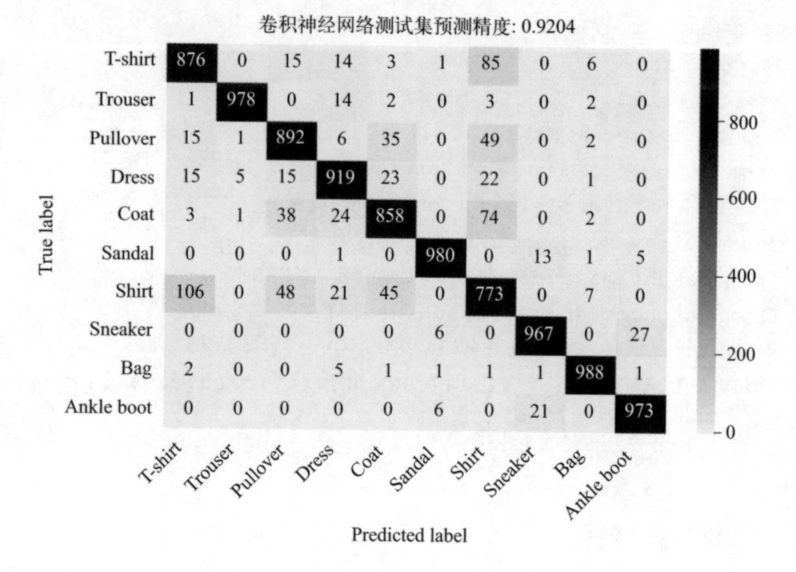


图3-16 在测试集上的混淆矩阵热力图

# 3.3 ResNet网络预测CIFAR10

前面使用一个较浅的卷积神经网络对FashionMNIST数据进行分类，是一个较简单的数据分类任务。本节将会介绍利用ResNet网络对CIFAR10数据进行分类。CIFAR10数据共有60000张彩色图像，这些图像是32×32，分为10个类，每类6000张图。这里面有50000张用于训练，另外10000张用于测试。由于CIFAR10的图像更加复杂，所以需要更深的卷积网络才能获得更好的预测效果。

在利用ResNet网络对CIFAR10数据进行分类过程中，仍然分为图像数据准备、ResNet网络构建、网络训练与测试三个步骤进行介绍。下面首先导入本节会使用到的库和模块，程序如下所示。

```
In[1]:## 导入本节所需要的库和模块
      import numpy as np
      import pandas as pd
      from sklearn.metrics import confusion_matrix
      import matplotlib.pyplot as plt
      import seaborn as sns
      import copy
      from tqdm import tqdm
      from sklearn.metrics import confusion_matrix
      from mlxtend.plotting import plot_confusion_matrix
      from datetime import datetime
      import time
      import torch
      import torch.nn as nn
      from torch.optim import Adam,SGD
      import torch.utils.data as Data
      from torchvision import transforms
      from torchvision.datasets import CIFAR10
      from torch.optim.lr_scheduler import StepLR
      ## 定义计算设备，如果设备有GPU就获取GPU，否则获取CPU
        device = torch.device("cuda:0" if torch.cuda.is_available()
else "cpu")
```

## 3.3.1 图像数据准备

针对更复杂的CIFAR10数据集，在训练时可以使用更多的数据增强方式，例如随机裁剪、随机反转、随机旋转等。下面的程序使用torchvision库中的CIFAR10()读取数据，并使用DataLoader()获得数据加载器，为了更好地查看数据的内容，并获取了数据加载器中的一个batch的数据，用于查看数据的尺寸等信息。

```
In[2]:## 使用 CIFAR10数据
      mean = [0.4914, 0.4822, 0.4465]               # 训练数据的均值
      std = [0.2470, 0.2435, 0.2616]                # 训练数据的标准差
      transform_train = transforms.Compose([
          transforms.RandomCrop(32, padding=4),   # 随机裁剪
          transforms.RandomHorizontalFlip(),      # 随机反转
          transforms.RandomRotation(15),          # 随机旋转
          transforms.ToTensor(),
```

```
        transforms.Normalize(mean, std)      # 归一化操作
    ])
    ## 准备训练数据集
    train_data  = CIFAR10(root = "./data/CIFAR10",
              train = True, transform  = transform_train,download=
False)
    ## 定义一个数据加载器
    train_loader = Data.DataLoader(dataset = train_data, batch_
size=128,
            shuffle = True, num_workers = 2 )
    ## 计算train_loader有多少个batch
    print("train_loader的batch数量为:",len(train_loader))
    ##  获得一个batch的数据
    for step, (b_x, b_y) in enumerate(train_loader):
        if step > 0:
            break
    ## 输出训练图像的尺寸和标签的尺寸
    print(b_x.shape)
    print(b_y.shape)
Out[2]:train_loader的batch数量为: 391
     torch.Size([128, 3, 32, 32])
     torch.Size([128])
```

针对获得的一个batch的数据集，使用下面的程序进行数据可视化，查看其中的部分样本的内容，运行程序后可获得可视化图像如图3-17所示。

```
In[3]:## 可视化查看数据中的图像内容
    batch_x = b_x.numpy()
    batch_y = b_y.numpy()
    class_label = train_data.classes
    plt.figure(figsize=(12,5))
    for ii in np.arange(60):
        plt.subplot(5,12,ii+1)
        ## 图像的像素值使用0-1标准化处理到0~1之间
        im = batch_x[ii,...]
        im = (im -im.min()) / (im.max() - im.min())
        plt.imshow(im.transpose(1,2,0))
        plt.title(class_label[batch_y[ii]],size = 9)
        plt.axis("off")
    plt.subplots_adjust(wspace = 0.05,hspace=0.4)
    plt.show()
```

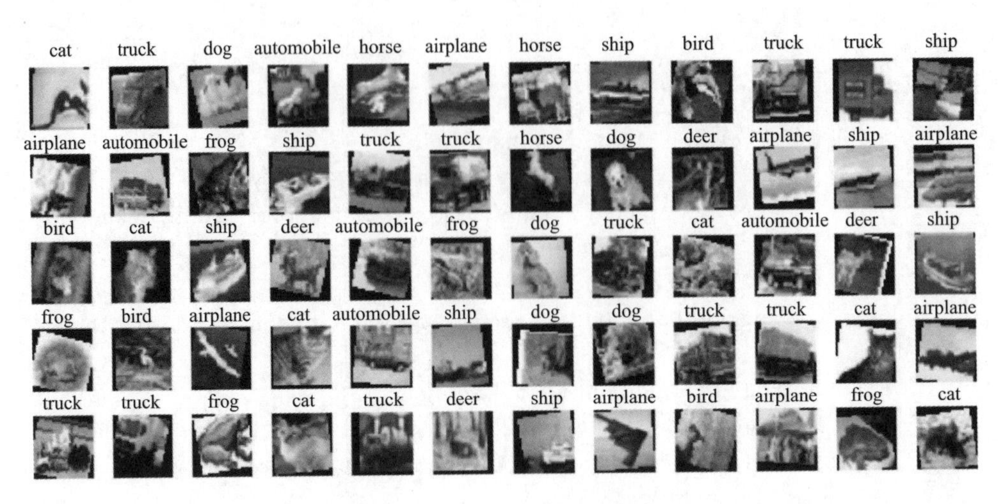


图像3-17 部分样本图像可视化

针对测试数据集只需要进行标准化等预处理操作即可，无须进行数据增强操作，使用同样的方式获取测试数据加载器，程序如下所示。

```
In[4]:## 准备测试数据集
      transform_test = transforms.Compose([
            transforms.ToTensor(),
            transforms.Normalize(mean, std) ])
      test_data = CIFAR10(root = "./data/CIFAR10", train = False,
                     transform = transform_test, download= False)
      ## 定义一个数据加载器
      test_loader = Data.DataLoader(dataset = test_data, batch_
size=64,
                             shuffle = False, num_workers = 2 )
      ## 计算test_loader有多少个batch
      print("test_loader的batch数量为:",len(test_loader))
Out[4]:test_loader的batch数量为: 157
```

## 3.3.2 ResNet网络搭建

下面介绍如何搭建ResNet网络，在前面的介绍中我们知道，针对不同深度的ResNet网络有两种不同的基础残差连接模块。下面首先搭建针对ResNet18和ResNet34的基础残差连接模块，程序如下所示。

```
In[5]:## 创建针对ResNet18和ResNet34的基本块
      class BasicBlock(nn.Module):
          expansion = 1     # 用于区分BasicBlock和BottleNeck
```

```
        def __init__(self, in_channels, out_channels, stride=1):
            super().__init__()
            # residual function
            self.residual_function = nn.Sequential(
                nn.Conv2d(in_channels,out_channels, kernel_size=3,
stride=stride,
                          padding = 1, bias=False),
                nn.BatchNorm2d(out_channels),
                nn.ReLU(inplace=True),
                nn.Conv2d(out_channels, out_channels * BasicBlock.
expansion,
                          kernel_size = 3, padding=1, bias=False),
                nn.BatchNorm2d(out_channels * BasicBlock.
expansion)
            )
            # shortcut
            self.shortcut = nn.Sequential()
            # 利用1*1的卷积操作来匹配维度
            if stride != 1 or in_channels != BasicBlock.expansion
* out_channels:
                self.shortcut = nn.Sequential(
                  nn.Conv2d(in_channels, out_channels*BasicBlock.
expansion,
                          kernel_size = 1, stride=stride,
bias=False),
                  nn.BatchNorm2d(out_channels * BasicBlock.
expansion)
                )
        def forward(self, x):
         return
nn.ReLU(inplace=True)(self.residual_function(x)+self.shortcut(x))
```

针对超过50层的ResNet的残差连接模块使用下面的程序进行定义。

```
In[6]:## 为超过50层的ResNet定义残差块
      class BottleNeck(nn.Module):
          expansion = 4    # 用于区分BasicBlock和BottleNeck
            def __init__(self, in_channels, out_channels, stride=1):
              super().__init__()
              self.residual_function = nn.Sequential(
                nn.Conv2d(in_channels, out_channels, kernel_size=1,
bias=False),
```

```
                nn.BatchNorm2d(out_channels),
                nn.ReLU(inplace=True),
                nn.Conv2d(out_channels, out_channels,
tride=stride, kernel_size=3,
                           padding=1, bias=False),
                nn.BatchNorm2d(out_channels),
                nn.ReLU(inplace=True),
                nn.Conv2d(out_channels, out_channels * BottleNeck.
expansion,
                           kernel_size=1, bias=False),
                nn.BatchNorm2d(out_channels * BottleNeck.
expansion),
            )
            self.shortcut = nn.Sequential()
            if stride != 1 or in_channels != out_channels *
BottleNeck.expansion:
                self.shortcut = nn.Sequential(
                    nn.Conv2d(in_channels, out_channels *
BottleNeck.expansion,
                              stride=stride, kernel_size=1,
bias=False),
                         nn.BatchNorm2d(out_channels * BottleNeck.
expansion)
                )
        def forward(self, x):
            return
nn.ReLU(inplace=True)(self.residual_function(x)+self.shortcut(x))
```

搭建了两种基础残差连接模块后，使用下面的程序定义ResNet网络，ResNet()类可以通过输出block（使用的基础块类型）和num_block（基础块的数量）两个参数，控制生成不同深度的ResNet网络。

```
In[7]:## 定义ResNet网络
    class ResNet(nn.Module):
        def __init__(self, block, num_block, num_classes=10):
            super().__init__()
            self.in_channels = 64
            ## 定义第一个卷积层，用于匹配输入的数据
            self.conv1 = nn.Sequential(
                nn.Conv2d(3, 64, kernel_size=3, padding=1,
bias=False),
                nn.BatchNorm2d(64),
```

```
                nn.ReLU(inplace=True))
            #定义不同的子模块
            self.conv2_x = self._make_layer(block, 64, num_
block[0], 1)
            self.conv3_x = self._make_layer(block, 128, num_
block[1], 2)
            self.conv4_x = self._make_layer(block, 256, num_
block[2], 2)
            self.conv5_x = self._make_layer(block, 512, num_
block[3], 2)
            self.avg_pool = nn.AdaptiveAvgPool2d((1, 1)) # 自适应平
均值池化
            self.fc = nn.Linear(512 * block.expansion, num_
classes)
        def _make_layer(self, block, out_channels, num_blocks,
stride):
            """ 为每个层，ResNet中的子模块，生成内容
                block: 块的类型，BasicBlock块或者BottleNeck块
                out_channels: 本层输出深度通道数；num_blocks: 每层多少块
                stride: 该层第一个块的步幅；  输出：ResNet中的一个子模块
"""
                strides = [stride] + [1] * (num_blocks - 1)
                layers = []
                for stride in strides:
                    layers.append(block(self.in_channels,    out_
channels, stride))
                self.in_channels = out_channels * block.expansion
            return nn.Sequential(*layers)
        def forward(self, x):
            output = self.conv1(x)
            output = self.conv2_x(output)
            output = self.conv3_x(o utput)
            output = self.conv4_x(output)
            output = self.conv5_x(output)
            output = self.avg_pool(output)
            output = output.view(output.size(0), -1)
            output = self.fc(output)
            return output
```

针对不同深度的ResNet网络，可以使用下面的方式进行生成，分别是resnet18()、resnet34()、resnet50()、resnet101()与resnet152()等。最后我们使

用resnet50()获取50层的ResNet50网络。

```
In[8]:## 定义不同深度的ResNet网络
      def resnet18():      ## ResNet-18
          return ResNet(BasicBlock, [2, 2, 2, 2])
      def resnet34():      ## ResNet-34
          return ResNet(BasicBlock, [3, 4, 6, 3])
      def resnet50():      ## ResNet-50
          return ResNet(BottleNeck, [3, 4, 6, 3])
      def resnet101():     ## ResNet-101
          return ResNet(BottleNeck, [3, 4, 23, 3])
      def resnet152():     ## ResNet-152
          return ResNet(BottleNeck, [3, 8, 36, 3])
      ## 获取ResNet50网络
      Resnet50 = resnet50().to(device)
      Resnet50
Out[8]:ResNet(
        (conv1): Sequential(
            (0): Conv2d(3, 64, kernel_size=(3, 3), stride=(1, 1),
padding=(1, 1), bias=False)
            (1): BatchNorm2d(64, eps=1e-05, momentum=0.1,
affine=True, track_running_stats = True)
            (2): ReLU(inplace=True)
        )
        (conv2_x): Sequential(
          (0): BottleNeck(
            (residual_function): Sequential(
              (0): Conv2d(64, 64, kernel_size=(1, 1), stride=(1, 1),
bias=False)
              (1):        BatchNorm2d(64,eps=1e-05,momentum=0.1,
affine=True,track_running_stats = True)
              (2): ReLU(inplace=True)
    …
```

### 3.3.3　ResNet网络训练与预测

为了使用定义好的ResNet50网络，下面同样定义一个训练函数train_model()和验证函数val_model()，程序代码如下。

```
In[9]:## 定义网络的对数据训练一个epoch的训练过程
      def train_model(model,traindataloader, criterion, optimizer):
```

```
        """ model:网络模型；traindataloader:训练数据集
            criterion：损失函数；optimizer：优化方法  """
        model.train()                                ## 设置模型为训练模式
        train_loss = 0.0, train_corrects = 0, train_num = 0
        start = time.time()
        for step,(b_x,b_y) in enumerate(traindataloader):
            b_x,b_y = b_x.to(device),b_y.to(device)
                                                     # 设置数据的计算设备
            output = model(b_x)                      # 数据输入模型
            pre_lab = torch.argmax(output,1) # 计算预测的类别
            loss = criterion(output, b_y)    # 计算损失值
            optimizer.zero_grad()                    # 模型优化
            loss.backward()
            optimizer.step()
            train_loss += loss.item() * b_x.size(0)
                                                     # 计算所有样本的总损失
            train_corrects += torch.sum(pre_lab == b_y.data)
                                                     #计算预测正确的样本总数
            train_num += b_x.size(0)         # 计算参与训练的样本总数
        ## 计算在一个epoch训练集的平均损失和精度
        train_loss = train_loss / train_num
        train_acc = train_corrects.double().item()/train_num
        finish = time.time()
          print('Train times: {:.1f}s, Train Loss: {:.4f}  Train 
Acc: {:.4f}'.format(
              finish-start, train_loss, train_acc))
        return train_loss,train_acc
In[10]:## 定义网络的对数据验证(测试)一个epoch的训练过程
    def val_model(model,testdataloader, criterion):
        """model:网络模型；testdataloader:验证(测试)数据集；
criterion：损失函数"""
        model.eval() ## 设置模型为验证模式（该模式不会更新模型的参数）
        val_loss = 0.0, val_corrects = 0, val_num = 0
        start = time.time()
        for step,(b_x,b_y) in enumerate(testdataloader):
            b_x,b_y = b_x.to(device),b_y.to(device)
                                                     # 设置数据的计算设备
            output = model(b_x)                      # 数据输入模型
            pre_lab = torch.argmax(output,1) # 计算预测的类别
            loss = criterion(output, b_y)    # 计算损失值
            val_loss += loss.item() * b_x.size(0)
                                                     # 计算所有样本的总损失
```

```
            val_corrects += torch.sum(pre_lab == b_y.data)
                                                  # 计算预测正确的样本总数
            val_num += b_x.size(0)       # 计算参与训练的样本总数
        ## 计算在一个epoch验证集的平均损失和精度
        val_loss = val_loss / val_num
        val_acc = val_corrects.double().item()/val_num
        finish = time.time()
        print('Val times: {:.1f}s, Val Loss: {:.4f}  Val Acc:
{:.4f}'.format(
                finish-start, val_loss, val_acc))
        return val_loss,val_acc
```

定义好训练和验证函数后，下面使用SGD优化器对ResNet50进行训练，一共训练100个epoch，并且优化器的学习率会每隔30个epoch缩小为原来的1/5，程序如下所示。

```
In[11]:## 对模型进行训练与预测
      optimizer = SGD(Resnet50.parameters(), lr=0.1, momentum=0.9,
                      weight_decay=1e-4, nesterov = True)
      criterion = nn.CrossEntropyLoss() # 交叉熵损失函数
      epoch_num = 100                    # 网络训练的总轮数
      train_loss_all = []                # 用于保存训练过程的相关结果
      train_acc_all = []; test_loss_all = []; test_acc_all = []
      best_acc = 0.0
      ## 设置等间隔调整学习率,每隔step_size个epoch,学习率为原来的gamma倍
      scheduler = StepLR(optimizer, step_size=30, gamma=0.2)
      ## 训练epoch_num的总轮数
      for epoch in range(epoch_num):
          train_loss,train_acc = train_model(Resnet50,train_loader,
criterion,
                                             optimizer)
          test_loss,test_acc = val_model(Resnet50,test_loader,
criterion)
          train_loss_all.append(train_loss), train_acc_all.
append(train_acc)
          test_loss_all.append(test_loss), test_acc_all.
append(test_acc)
          scheduler.step()                          ## 更新学习率
          STlr = scheduler.get_last_lr()
          ## 保存最优的模型参数
```

```
        if test_acc > best_acc:
            best_model_wts = copy.deepcopy(Resnet50.state_dict())
        best_acc = max(best_acc, test_acc)
        print("epoch = {}, Lr = {:.6f} , test_acc = {:.4f}, best_
acc = {:.4f} ".format( epoch, STlr[0], test_acc,best_acc))
Out[11]:Train times: 76.2s, Train Loss: 2.7557  Train Acc: 0.1533
       Val times: 8.0s, Val Loss: 2.0846  Val Acc: 0.2429
        epoch = 0, Lr = 0.100000 , test_acc = 0.2429, best_acc =
0.2429
       …
       Train times: 77.4s, Train Loss: 0.0232  Train Acc: 0.9923
       Val times: 8.4s, Val Loss: 0.4057  Val Acc: 0.9165
        epoch = 99, Lr = 0.000800 , test_acc = 0.9165, best_acc =
0.9205
```

针对模型的训练过程，同样可以将训练数据与测试数据上损失函数和预测精度的变化趋势进行可视化，程序如下所示。运行程序可得到如图3-18所示的可视化图像。

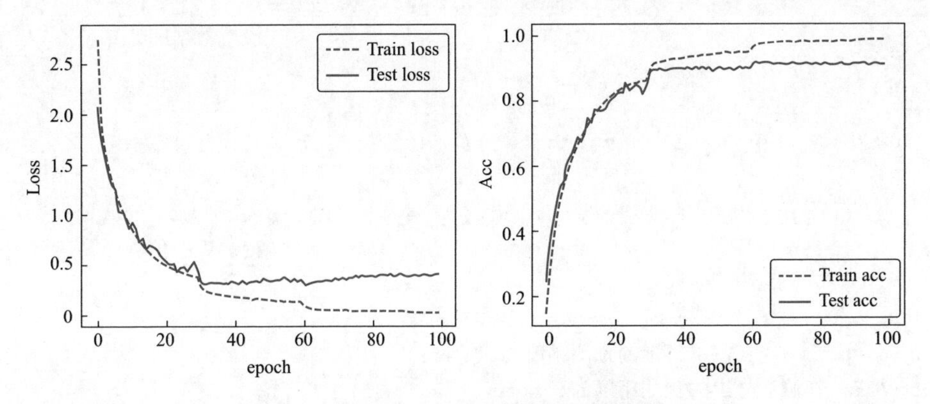


图3-18 ResNet神经网络的训练过程

```
In[12]:## 可视化模型在训练过程中损失函数与精度的变化情况
      plt.figure(figsize=(14,5))
      plt.subplot(1,2,1)
      plt.plot(train_loss_all,"r-",linewidth=2.5,label = "Train
loss")
      plt.plot(test_loss_all, "b-",linewidth=2.5,label = "Test
loss")
      plt.legend(); plt.xlabel("epoch"); plt.ylabel("Loss")
      plt.subplot(1,2,2)
      plt.plot(train_acc_all,"r-",linewidth=2.5,label = "Train
acc")
```

```
    plt.plot(test_acc_all, "b-",linewidth=2.5,label = "Test acc")
    plt.legend(); plt.xlabel("epoch"); plt.ylabel("Acc")
    plt.show()
```

从模型训练过程中可以看出，损失函数在训练集和测试集上迅速减小，然后逐渐收敛到一个很小的区间，说明模型已经稳定。而且随着学习率减小的位置，损失函数和预测精度有一个明显的变化。

下面使用输出中训练好的最终模型对测试集上进行预测，以计算模型的泛化能力，可使用如下所示的程序。

```
In[13]:## 对测试集进行预测并计算精度
    Resnet50.load_state_dict(best_model_wts)# 设置最优的模型参数
    Resnet50.eval()                          ## 设置模型为训练模式评估
                                              (验证)模式
    test_y_all = torch.LongTensor()          # 用于保存真实类别
    pre_lab_all = torch.LongTensor()         # 用于保存预测类别
    for step,(b_x,b_y) in enumerate(tqdm(test_loader)):
        b_x,b_y = b_x.to(device),b_y.to(device)
                                             # 设置数据的计算设备
        out = Resnet50(b_x)
        pre_lab = torch.argmax(out,1)
        test_y_all = torch.cat((test_y_all,b_y.cpu()))
                                             ##测试集的标签
        pre_lab_all = torch.cat((pre_lab_all,pre_lab.cpu()))
                                             ##测试集的预测标签
    ## 计算预测精度
    acc = torch.sum(pre_lab_all == test_y_all) / len(test_y_all)
    print("在测试集上的预测精度为:",acc)
Out[13]:在测试集上的预测精度为: tensor(0.9205)
```

从输出中可以发现模型在测试集上的预测精度为92.05%，针对测试样本的预测结果，同样可以使用混淆矩阵表示，并将其可视化，观察在每类数据上的预测情况，运行下面的程序，可获得如图3-19所示的图像。

```
In[14]:## 计算混淆矩阵并可视化
    conf_mat = confusion_matrix(test_y_all,pre_lab_all)
    df_cm = pd.DataFrame(conf_mat, index=class_label, columns=
class_label)
    plt.figure(figsize=(10,6))
    heatmap = sns.heatmap(df_cm, annot=True, fmt="d",cmap=
"YlGnBu")
    heatmap.yaxis.set_ticklabels(heatmap.yaxis.get_ticklabels(),
rotation=0,
```

```
                                ha='right')
    heatmap.xaxis.set_ticklabels(heatmap.xaxis.get_ticklabels(),
rotation=45,
                                ha='right')
    plt.ylabel('True label'); plt.xlabel('Predicted label')
    plt.title("卷积神经网络测试集混淆矩阵"), plt.show()
```

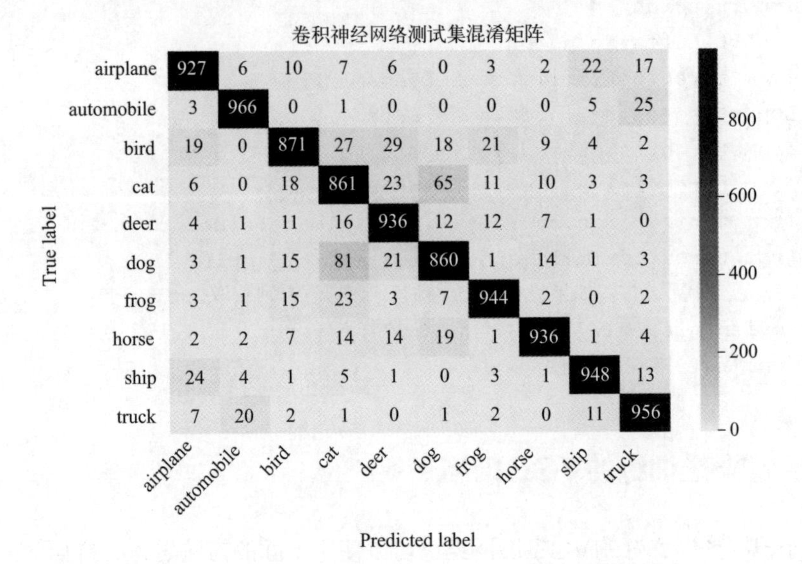


图3-19 ResNet50卷积网络在测试集上的混淆矩阵热力图

## 3.4 微调预训练的卷积网络

深度卷积神经网络模型由于其层数多，需要训练的参数多，这就导致了从零开始训练很深的卷积神经网络非常困难，同时训练很深的网络通常需要大量的数据集，这对于设备算力不够的使用者非常不友好。幸运的是PyTorch已经提供了使用ImageNet数据集预训练好的深度学习网络，我们可以针对自己的需求，对预训练好的网络进行微调，从而快速完成自己的任务。

在本节将会基于预训练好的VGG19网络，对其网络结构进行微调，使用自己的分类数据集，训练一个图像分类器。使用的数据集来自kaggle数据库中的10类猴子数据集(随书提供的程序和数据资源中已经包含)。在该数据集中包含训练数据集和验证数据集，其中训练数据集中每类约140张RGB图像，验证数据集中每类约30张图像。针对该数据集使用VGG19的卷积层和池化层的预训练好的权重，提取数据特征，然后定义新的全连接层，用于图像的分类。

首先导入本节所需要的库和模块。

```
In[1]:## 导入本节所需要的库和模块
      import numpy as np
      import pandas as pd
      import matplotlib.pyplot as plt
      import seaborn as sns
      import torch
      import torch.nn as nn
      from torch.optim import SGD,Adam
      import torch.utils.data as Data
      from torchvision.models import vgg19,VGG19_Weights
      from torchvision import transforms
      from torchvision.datasets import ImageFolder
      from torch.optim.lr_scheduler import StepLR
      ## 定义计算设备，如果设备有GPU就获取GPU，否则获取CPU
      device = torch.device("cuda:0" if torch.cuda.is_available()
else "cpu")
```

## 3.4.1 微调预训练的VGG网络

对于已经预训练好的VGG19网络，可以使用下面的方法导入，并且对网络的特征提取层的参数进行冻结，后边训练数据时不会更新这些参数。

```
In[2]:## 导入预训练好的VGG19网络
      vgg19 = vgg19(weights=VGG19_Weights.IMAGENET1K_V1)
      ## 获取vgg19的特征提取层
      vgg = vgg19.features
      # 将vgg19的特征提取层参数冻结，不对其进行更新
      for param in vgg.parameters():
          param.requires_grad_(False)
```

接着可以在VGG19特征提取层之后添加新的全连接层用于图像分类，程序定义网络结构如下所示。

```
In[3]:## 使用VGG19的特征提取层和新的全连接层组成新的网络
      class MyVggModel(nn.Module):
          def __init__(self):
              super(MyVggModel,self).__init__()
              ## 预训练的vgg19的特征提取层
              self.vgg = vgg
              ## 添加新的全连接层
```

```
            self.classifier = nn.Sequential(
                nn.Linear(25088,512),
                nn.ReLU(),
                nn.Dropout(p=0.5),
                nn.Linear(512,256),
                nn.ReLU(),
                nn.Dropout(p=0.5),
                nn.Linear(256,10),
                nn.Softmax(dim=1)
            )
        ## 定义网络的向前传播路径
        def forward(self, x):
            x = self.vgg(x)
            x = x.view(x.size(0), -1)
            output = self.classifier(x)
            return output
    ## 输出我们的网络结构
    Myvggc = MyVggModel().to(device)
    print(Myvggc)
Out[3]:MyVggModel(
      (vgg): Sequential(
        (0): Conv2d(3, 64, kernel_size=(3, 3), stride=(1, 1), 
padding=(1, 1))
        (1): ReLU(inplace=True)
       …
      (classifier): Sequential(
        (0): Linear(in_features=25088, out_features=512, bias=True)
        (1): ReLU()
        (2): Dropout(p=0.5, inplace=False)
        (3): Linear(in_features=512, out_features=256, bias=True)
        (4): ReLU()
        (5): Dropout(p=0.5, inplace=False)
        (6): Linear(in_features=256, out_features=10, bias=True)
        (7): Softmax(dim=1)
      )
    )
```

上面的程序中，定义了一个卷积神经网络类MyVggModel，在该网络中包含两个大的结构：一个是self.vgg，使用预训练好的VGG19的特征提取，并且其参数的权重已经冻结；另一个是self.classifier，由3个全连接层组成，并且神经元的个数分别为512、256和10。在全连接层中使用ReLU函数作为激活函数，并通过

nn.Dropout()层防止模型过拟合。

### 3.4.2 准备新网络需要的数据

在定义好卷积神经网络Myvggc后，下面需要对数据集进行准备。首先定义训练集和验证集的预处理过程，程序如下所示。

```
In[4]:## 使用10类猴子的数据集，对训练集的预处理
     train_data_transforms = transforms.Compose([
         transforms.Resize(256),              # 缩放为256*256
         transforms.RandomResizedCrop(224),
                                              # 随机长宽比裁剪为224*224
         transforms.RandomHorizontalFlip(),# 依概率p=0.5水平翻转
         transforms.ToTensor(),               # 转化为张量并归一化至0～1
         ## 图像标准化处理
          transforms.Normalize([0.485, 0.456, 0.406], [0.229, 0.224,
0.225]) ])
     ## 对验证集的预处理
     val_data_transforms = transforms.Compose([
         transforms.Resize(256), transforms.CenterCrop(224),
         transforms.ToTensor(),transforms.Normalize([0.485, 0.456,
0.406],
                                                  [0.229, 0.224,
0.225]) ])
```

因为每类图像都分别保存在一个单独的文件夹中，所以可以使用ImageFolder()函数从文件中读取训练集和验证集，数据读取的程序如下所示。

```
In[5]:## 读取图像
     train_data_dir = "data/chap3/10-monkey-species/training"
      train_data = ImageFolder(train_data_dir, transform=train_data_
transforms)
     train_data_loader = Data.DataLoader(train_data,batch_size=64,
                                         shuffle=True,num_workers=2)
     ## 读取验证集
     val_data_dir = "data/chap3/10-monkey-species/validation"
     val_data = ImageFolder(val_data_dir, transform=val_data_
transforms)
     val_data_loader = Data.DataLoader(val_data,batch_size=32,
                                       shuffle=True,num_workers=2)
     print("训练集样本数:",len(train_data.targets))
```

```
    print("验证集样本数:",len(val_data.targets))
    ##  获得一个batch的数据
    for step, (b_x, b_y) in enumerate(train_data_loader):
        if step > 0:
            break
    ## 输出训练图像的尺寸和标签的尺寸
    print(b_x.shape)
    print(b_y.shape)
Out[5]:训练集样本数: 1097
    验证集样本数: 272
    torch.Size([64, 3, 224, 224])
    torch.Size([64])
```

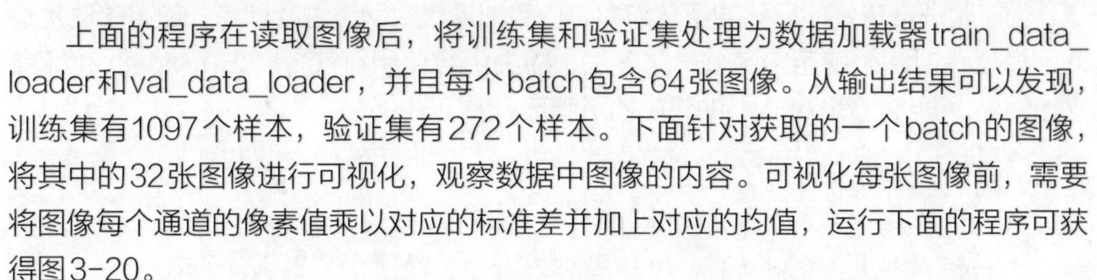

上面的程序在读取图像后，将训练集和验证集处理为数据加载器train_data_loader和val_data_loader，并且每个batch包含64张图像。从输出结果可以发现，训练集有1097个样本，验证集有272个样本。下面针对获取的一个batch的图像，将其中的32张图像进行可视化，观察数据中图像的内容。可视化每张图像前，需要将图像每个通道的像素值乘以对应的标准差并加上对应的均值，运行下面的程序可获得图3-20。

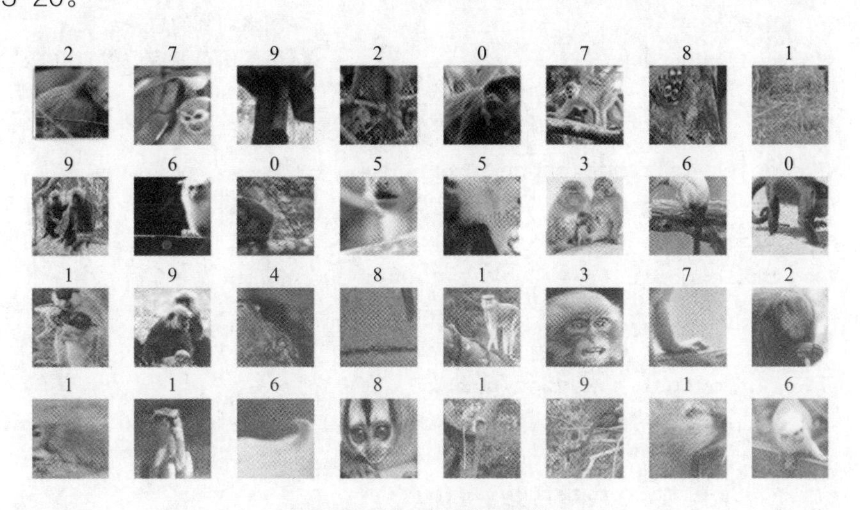


图3-20　使用数据的部分样本

```
In[6]:## 可视化训练集中部分的图像
    mean = np.array([0.485, 0.456, 0.406])
    std = np.array([0.229, 0.224, 0.225])
    plt.figure(figsize=(12,6))
    for ii in np.arange(32):
        plt.subplot(4,8,ii+1)
```

```
        image = b_x[ii,:,:,:].numpy().transpose((1, 2, 0))
        image = std * image + mean      # 逆标准化变换
        image = np.clip(image, 0, 1)
        plt.imshow(image)
        plt.title(b_y[ii].data.numpy())
        plt.axis("off")
    plt.subplots_adjust(hspace = 0.4)
    plt.show()
```

### 3.4.3 微调VGG网络的训练和预测

为了验证准备好的网络的泛化能力，使用训练集对网络进行训练，使用验证集验证。模型在训练时使用Adam优化算法，损失函数使用nn.CrossEntropyLoss()交叉熵损失。训练30个epoch的程序如下所示。

```
In[7]:# 定义优化器
    optimizer = Adam(Myvggc.parameters(), lr=0.0003)
    loss_func = nn.CrossEntropyLoss()     # 损失函数
    epoch_num = 30                        # 网络训练的总轮数
    train_loss_all = []                   # 用于保存训练过程的相关结果
    train_acc_all = []; val_loss_all = []; val_acc_all = []
    ## 对模型进行迭代训练,对所有的数据训练epoch轮
    for epoch in range(epoch_num):
        Myvggc.train()                    # 训练模式
        train_loss_epoch = 0.
        train_corrects = 0
        for step, (b_x, b_y) in enumerate(train_data_loader):
            b_x, b_y = b_x.to(device), b_y.to(device)
            output = Myvggc(b_x)
            loss = loss_func(output, b_y) # 交叉熵损失函数
            pre_lab = torch.argmax(output,1)
            optimizer.zero_grad()
            loss.backward()
            optimizer.step()
            train_loss_epoch += loss.item() * b_x.size(0)
            train_corrects += torch.sum(pre_lab == b_y.data)
        ## 计算一个epoch的损失和精度
        train_loss = train_loss_epoch / len(train_data.targets)
        train_acc = train_corrects.item() / len(train_data.targets)
        train_loss_all.append(train_loss)
```

```
        train_acc_all.append(train_acc)
        Myvggc.eval()                          # 验证模式
        val_loss_epoch = 0.
        val_corrects = 0
        for step, (val_x, val_y) in enumerate(val_data_loader):
            val_x, val_y = val_x.to(device), val_y.to(device)
            output = Myvggc(val_x)
            loss = loss_func(output, val_y)
            pre_lab = torch.argmax(output,1)
            val_loss_epoch += loss.item() * val_x.size(0)
            val_corrects += torch.sum(pre_lab == val_y.data)
        ## 计算一个epoch的损失和精度
        val_loss = val_loss_epoch / len(val_data.targets)
        val_acc = val_corrects.item() / len(val_data.targets)
        val_loss_all.append(val_loss)
        val_acc_all.append(val_acc)
        print("epoch = {}, train_loss = {:.4f}, val_loss = {:.4f},
train_acc = {:.4f}, val_acc = {:.4f}".format( epoch, train_loss,
val_loss, train_acc, val_acc))
Out[7]:epoch=0,train_loss=2.1669,val_loss=1.7774,train_
acc=0.3181,val_acc=0.7537
       epoch=1,train_loss=1.8737,val_loss=1.5754,train_
acc=0.6390,val_acc=0.9118
       …
       epoch=29,train_loss=1.5408,val_loss=1.4756,train_
acc=0.9262,val_acc=0.9853
```

使用上面的程序对模型训练30个epoch，使用下面的程序可视化模型在训练和验证过程中损失函数和识别精度的变化情况，结果如图3-21所示。

```
In[8]:## 可视化模型在训练过程中损失函数与精度的变化情况
      plt.figure(figsize=(14,5))
      plt.subplot(1,2,1)
      plt.plot(train_loss_all,"r-",linewidth=2.5,label = "Train
loss")
      plt.plot(val_loss_all, "b-",linewidth=2.5,label = "Val loss")
      plt.legend(); plt.xlabel("epoch"); plt.ylabel("Loss")
      plt.subplot(1,2,2)
      plt.plot(train_acc_all,"r-",linewidth=2.5,label = "Train
acc")
      plt.plot(val_acc_all, "b-",linewidth=2.5,label = "Val acc")
```

```
    plt.legend(); plt.xlabel("epoch"); plt.ylabel("Acc")
    plt.show()
```

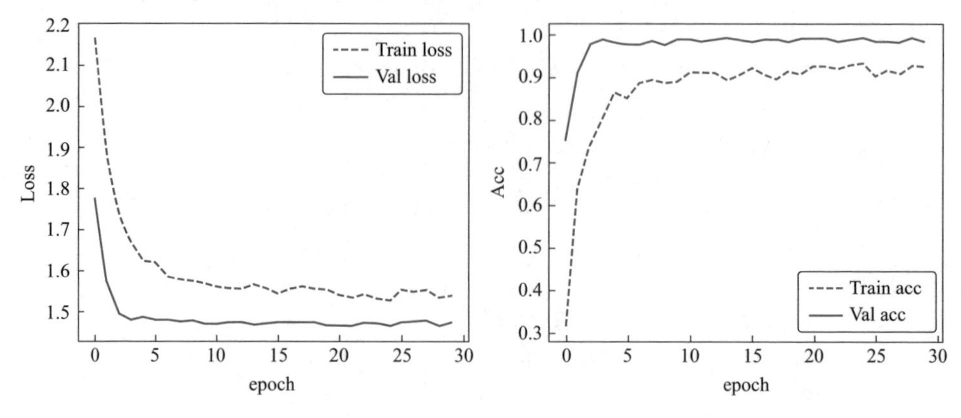


图3-21　VGG19微调模型的训练过程

图3-21中，网络经过训练最终预测结果保持稳定，并且在验证集上的精度高于在训练集上的高度，在验证集上的损失低于训练集上损失，模型的预测精度接近百分之百。

## 3.5　卷积网络可视化

本节将会介绍如何利用已经预训练好的卷积神经网络模型对一张图像进行预测，并且通过可视化的方法查看模型是如何得到其预测结果的。首先导入本节所需要的库和模块。

```
In[1]:## 导入本节所需要的库和模块
    import numpy as np
    import pandas as pd
    import seaborn as sns
    import matplotlib.pyplot as plt
    import requests
    import cv2
    import torch
    from torch import nn
    import torch.nn.functional as F
    from torchvision.models import vgg19,VGG19_Weights
    from torchvision import transforms
    from PIL import Image
```

下面使用已经预训练好的卷积神经网络模型完成2个任务。

① 获取VGG16针对一张图像的中间特征输出，并将其可视化。在很多应用中，已经预训练的深度学习网络可以作为数据的特征提取器，在网络中，不同层的特征映射对图形是在不同尺度上的特征提取。

② 可视化图像的类激活热力图。类激活图（CAM, class activation map）可视化是指对生成的图像生成类激活热力图。类激活热力图是与特定类别相关的二维分数网格（以热力图的形式）可视化的图像，对输入图像的每个位置都要计算该位置对预测的类别重要程度，然后将这种重要程度使用热力图进行可视化。计算方法是给定一张输入图像，对一个卷积层的输出特征，通过计算类别对应于每个通道的梯度，使用梯度将输出特征的每个通道进行加权。

### 3.5.1 网络中间特征可视化

下面利用已经预训练好的VGG19卷积神经网络，对一张图像获取一些特定层的输出，并将这些输出可视化，并观察VGG19对图像的特征提取情况。首先导入预训练好的VGG19。

```
In[2]:## 导入预训练好的VGG19网络
      My_vgg19 = vgg19(weights=VGG19_Weights.IMAGENET1K_V1)
```

模型导入后，从文件中读取一张图像，用于演示如何从图像中获取特定的特征映射，图像的读取和可视化程序如下所示，运行程序可得到的图像如图3-22所示的图像。

```
In[3]:## 读取一张图片,并对其进行可视化
      im = Image.open("data/chap3/大象.jpg")
      imarray = np.asarray(im) / 255.0
      plt.figure(), plt.imshow(imarray), plt.show()
```

图3-22 用于演示的图像可视化结果

图像输入VGG19模型之前，需要对该图像进行预处理，将其处理为网络可接受的输入，可使用下面的程序进行处理。将RGB图像转化为224224的大小，并进行标准化。

```
In[4]:## 将一张图像处理为VGG19网络可以处理的形式
      data_transforms = transforms.Compose([
          transforms.Resize((224,224)), transforms.ToTensor(),
          transforms.Normalize([0.485, 0.456, 0.406], [0.229,
0.224, 0.225]) ])
      input_im = data_transforms(im).unsqueeze(0)
      print("input_im.shape:",input_im.shape)
Out[4]:input_im.shape: torch.Size([1, 3, 224, 224])
```

在获取图像的中间特征之前，先定义一个辅助函数get_activation，该函数可以更方便地获取、保存所需要的中间特征输出。

```
In[5]:## 使用钩子获取中间层的特征，定义一个辅助函数，来获取指定层名称的特征
      activation = {}       ## 保存不同层的输出
      def get_activation(name):
          def hook(model, input, output):
              activation[name] = output.detach()
          return hook
```

针对上述的图像，获取网络中第四层，即经过第一次最大值池化后的特征映射，可使用下面的程序。程序中通过钩子技术，获取My_vgg19.features下的第4层向前输出结果，并将结果保存在字典activation下”maxpool1”所对应的结果。从输出中可知一张图像获取了64个112112的特征映射，

```
In[6]:## 获取中间的卷积后的图像特征
      My_vgg19.eval()
      ##  第四层，经过第一次最大值池化
      My_vgg19.features[4].register_forward_hook(get_activation
("maxpool1"))
      _ = My_vgg19(input_im)
      maxpool1 = activation["maxpool1"]
      print("获取特征的尺寸为:",maxpool1.shape)
Out[6]:获取特征的尺寸为: torch.Size([1, 64, 112, 112])
```

通过下面将获得的特征映射可视化的程序，可得到如图3-23所示的图像。可以发现很多特征映射都能分辨出原始图形所包含的内容。

```
In[7]:## 对中间层进行可视化,可视化64个特征映射
      plt.figure(figsize=(11,6))
      for ii in range(maxpool1.shape[1]):
          plt.subplot(6,11,ii+1)
          plt.imshow(maxpool1.data.numpy()[0,ii,:,:])
          plt.axis("off")
      plt.subplots_adjust(wspace=0.1, hspace=0.1)
      plt.show()
```

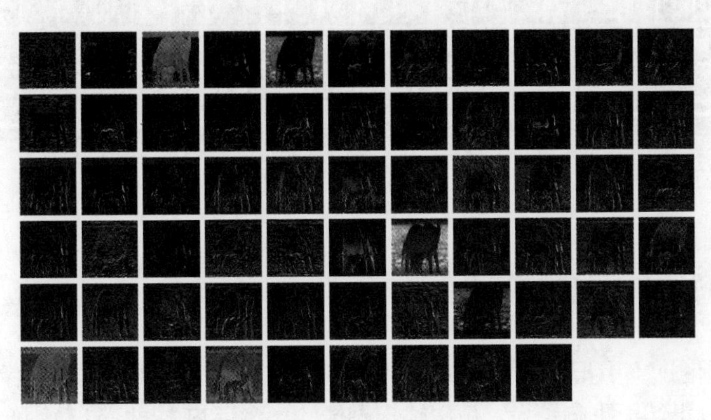

图3-23 第四层的特征映射

接下来将获取更深层次的特征映射，获取My_vgg19.features[32]层的输出程序如下。并且将得到了512张14×14的特征映射进行可视化。运行程序可得到如图3-24所示的图像，可以发现更深层次的映射已经不能分辨出图像的具体内容。

```
In[8]:## 获取更深层次的卷积后的图像特征
      My_vgg19.eval()
      My_vgg19.features[32].register_forward_hook(get_activation
("layer32_conv"))
      _ = My_vgg19(input_im)
      layer32_conv = activation["layer32_conv"]
      print("获取特征的尺寸为:",layer32_conv.shape)
Out[8]:获取特征的尺寸为: torch.Size([1, 512, 14, 14])
In[9]:## 对中间层进行可视化,只可视化前288个特征映射
      plt.figure(figsize=(12,6))
      for ii in range(288):
          plt.subplot(12,24,ii+1)
          plt.imshow(layer32_conv.data.numpy()[0,ii,:,:])
          plt.axis("off")
      plt.subplots_adjust(wspace=0.1, hspace=0.1)
      plt.show()
```

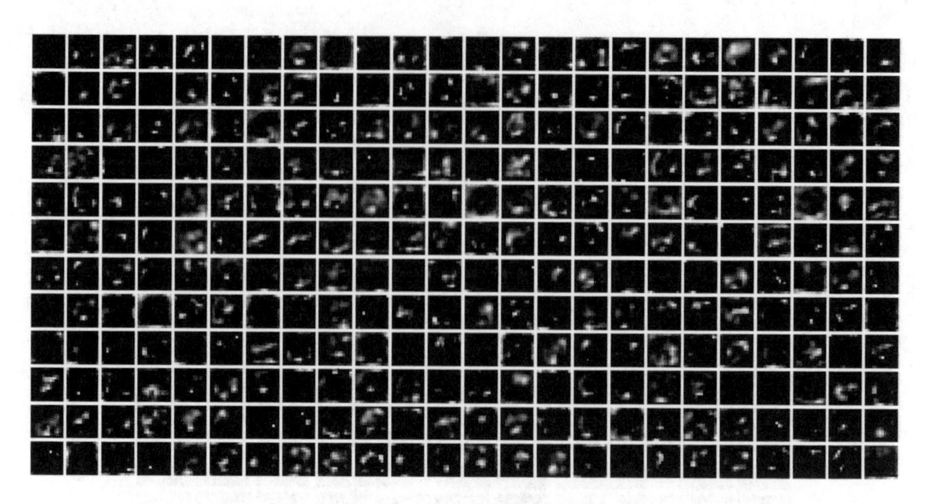

图3-24 更深层的特征映射

### 3.5.2 类激活热力图可视化

针对一幅图像使用已经预训练好的深度学习网络，为了便于观察图像中的哪些位置的内容对分类结果影响较大，可以输出图像的类激活热力图。计算图像激活热力图数据，可以使用卷积神经网络中最后一层网络输出和其对应的梯度，但需要先定义一个新的网络，并且输出网络的卷积核梯度。

```
In[10]:## 定义一个能够输出最后的卷积层输出和梯度的新网络
       class MyVgg19(nn.Module):
           def __init__(self):
               super(MyVgg19, self).__init__()
               # 使用预训练好的VGG19模型
               self.vgg = vgg19(weights=VGG19_Weights.IMAGENET1K_V1)
               # 切分VGG19模型，便于获取卷积层的输出
               self.features_conv = self.vgg.features[:36]
               # 使用原始的最大值池化层
               self.max_pool = self.vgg.features[36]
               self.avgpool = self.vgg.avgpool
               # 使用VGG19的分类层
               self.classifier = self.vgg.classifier
               # 生成梯度占位符
               self.gradients = None
           # 获取地图的钩子函数
           def activations_hook(self, grad):
               self.gradients = grad
```

```
    def forward(self, x):
        x = self.features_conv(x)
        # 注册钩子
        h = x.register_hook(self.activations_hook)
        # 对卷积后的输出使用最大值池化
        x = self.max_pool(x)
        x = self.avgpool(x)
        x = x.view((1, -1))
        x = self.classifier(x)
        return x
    # 获取梯度的方法
    def get_activations_gradient(self):
        return self.gradients
    # 获取卷积层输出的方法
    def get_activations(self, x):
        return self.features_conv(x)
```

上面的程序定义了一个新的函数类MyVgg19，其使用预训练好的VGG19网络为基础，用于获取图像在全连接层前的特征映射核对应的梯度信息。在MyVgg19中定义activations_hook函数来辅助获取图像在对应层的梯度信息，并定义get_activations_gradient()方法来获取梯度。在forward()函数中，使用x.register_hook()注册一个钩子，保存最后一层的特征映射的梯度信息，并使用get_activations()方法获取特征映射的输出。

接下来我们使用定义好的函数类MyVgg19初始化一个新的卷积神经网络vggcam，并对前面预处理好的图像进行预测。

```
In[11]:# 初始化网络
       vggcam = MyVgg19()
       # 设置网络的模式
       vggcam.eval()
       ## 计算网络对图像的预测值
       im_pre = vggcam(input_im)
       ## 计算预测top-5的可能性
       softmax = nn.Softmax(dim=1)
       im_pre_prob = softmax(im_pre)
       prob,prelab = torch.topk(im_pre_prob,5)
       prob = prob.data.numpy().flatten()
       prelab = prelab.numpy().flatten()
      category_name  =[VGG19_Weights.IMAGENET1K_V1.meta["categories"]
[ii] for ii in prelab]
       for name, sc in zip(category_name, prob):
```

```
        print(f"{name}: {100 * sc:.2f}%")
Out[11]:tusker: 45.64%
      Indian elephant: 29.21%
      African elephant: 25.16%
      water buffalo: 0.00%
      Arabian camel: 0.00%
```

针对预测的结果，可以计算需要的特征映射与梯度信息，程序如下所示。在使用vggcam.get_activations_gradient()方法获取梯度信息gradients后，将每个通道的梯度信息计算均值，针对512张特征映射得到了512个值，然后将特征映射的每个通道乘以相应的梯度均值，在经过ReLU函数运算后即可得到类激活热力图的取值heatmap，将heatmap的取值处理到0 ~ 1之间，即可对其进行可视化，可得到如图3-25所示的类激活热力图。

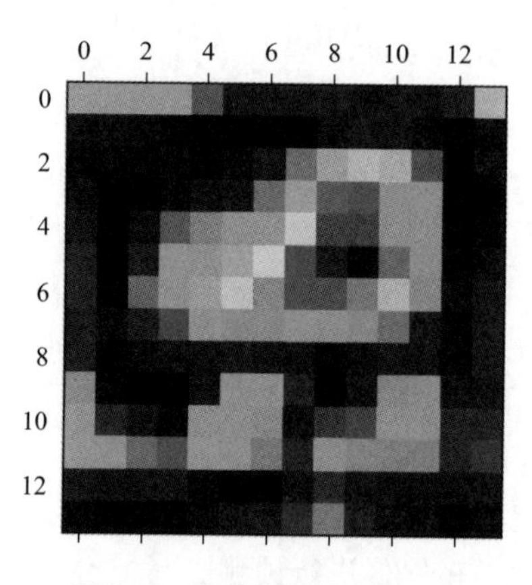


图3-25 图像的类激活热力图

```
In[12]:# 获取相对于模型参数的输出梯度
       im_pre[:, prelab[0]].backward()
       # 获取模型的梯度
       gradients = vggcam.get_activations_gradient()
       # 计算梯度相应通道的均值
       mean_gradients = torch.mean(gradients, dim=[0, 2, 3])
       # 获取图像在相应卷积层输出的卷积特征
       activations = vggcam.get_activations(input_im).detach()
       # 每个通道乘以相应的梯度均值
       for i in range(len(mean_gradients)):
           activations[:, i, :, :] *= mean_gradients[i]
       # 计算所有通道的均值输出得到热力图
       heatmap = torch.mean(activatio
ns, dim=1).squeeze()
```

```
# 使用ReLU函数作用于热力图
heatmap = F.relu(heatmap)
# 对热力图进行标准化
heatmap /= torch.max(heatmap)
heatmap = heatmap.numpy()
# 可视化热力图
plt.matshow(heatmap,cmap = plt.cm.jet)
plt.show()
```

直接观察图像的类激活热力图，并不能很好地反映原始图像中哪些地方的内容对图像的分类结果影响更大。所以针对获得的类激活热力图可以将其和原始图像融合，更方便观察图像中对分类结果影响更大的图像内容。使用下面的程序将类激活热力图和原始图像融合后，可得到如图3-26所示的图像。

图像3-26显示了预测结果响应的主要位置，图像中大象头部处的内容，对预测的结果影响更大。

```
In[13]:## 将类激活热力图融合到原始图像上
       img = cv2.imread("data/chap3/elephant.jpg") # 路径尽量不要有中文
       heatmap = cv2.resize(heatmap, (img.shape[1], img.shape[0]))
       heatmap = np.uint8(255 * heatmap)
       heatmap = cv2.applyColorMap(heatmap, cv2.COLORMAP_JET)
       Grad_cam_img = heatmap * 0.4 + img
       Grad_cam_img = Grad_cam_img / Grad_cam_img.max()
       ## 可视化图像
       b,g,r = cv2.split(Grad_cam_img)
       Grad_cam_img = cv2.merge([r,g,b])
       plt.figure()
       plt.imshow(Grad_cam_img)
       plt.show()
```

图3-26　类激活热力图和原始图像融合

针对其他图像，也可以使用相同的方式来可视化类激活热力图，如图3-27所示的可视化结果是针对一幅老虎图像得到的类激活热力图，图像来自ImageNet数据集。

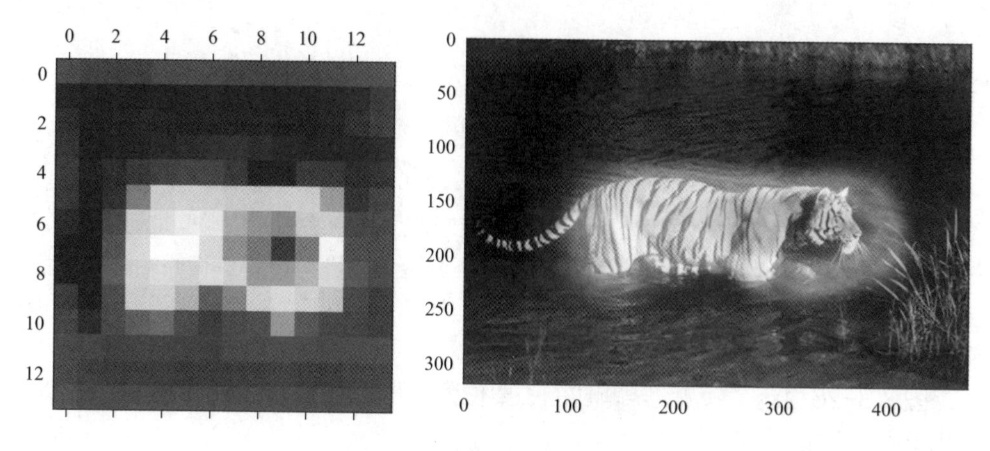


图3-27　老虎图像的类激活热力图

## 3.6　CLIP模型应用

本节将会简单地介绍CLIP模型在图像分类相关的应用，首先导入会使用到的库与模块，程序如下所示。

```
In[1]:## 导入本节所需要的库与模块
      import clip    ## 导入CLIP
      from tqdm import tqdm
      import torch
      from torch import nn
      from torch.utils.data import DataLoader
      from torchvision.datasets import CIFAR10
      from PIL import Image
      import numpy as np
      import matplotlib.pyplot as plt
      from sklearn.linear_model import LogisticRegression
      from mlxtend.plotting import plot_confusion_matrix
      from sklearn.metrics import *
      ## 定义计算设备，如果设备有GPU就获取GPU，否则获取CPU
      device = torch.device("cuda:0" if torch.cuda.is_available()
else "cpu")
```

## 3.6.1 CLIP零样本学习

首先介绍的是如何使用已经预训练好的CLIP模型进行零样本学习，即对图像进行分类。在下面的程序中，首先导入预训练好的CLIP模型，然后利用模型的数据预处理过程对导入的图像数据进行预处理，最后使用模型预测出图片的可能类别后，将图像输出类别的可能性进行可视化，运行程序后可获得可视化图像图3-28。

```
In[2]:## 导入预训练的模型与对应的数据处理过程
      model, preprocess = clip.load("ViT-B/32")
      model.to(device).eval()
      ## 对数据和文本进行处理
      image = preprocess(Image.open("data/chap3/老虎.jpg")).
unsqueeze(0).to(device)
      # 图像可能的类别
      im_labels = ["elephant", "dog", "cat", "tiger","person","bike
","motorcycle"]
      text = clip.tokenize(im_labels).to(device)
      ## 对图像进行预测
      with torch.no_grad():
          logits_per_image, logits_per_text = model(image, text)
          probs = logits_per_image.softmax(dim=-1).cpu().numpy()
      ## 可视化图像预测的结果
      plt.figure(figsize=(12,5))
      plt.subplot(1,2,1)
      plt.imshow(Image.open("data/chap3/老虎.jpg"))
      plt.title("待预测图像"); plt.axis("off")
      plt.subplot(1,2,2)
      plt.barh(y=im_labels,width=probs[0])
      plt.xlabel("可能性"); plt.title("图像所属的类别可能性")
      plt.tight_layout(); plt.show()
```

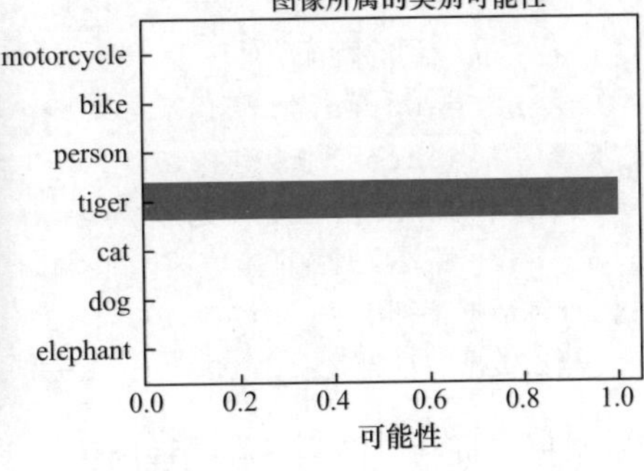


图3-28　CLIP模型图像分类

从输出的结果可知，CLIP模型能够非常准确地对输入的图像进行预测。

### 3.6.2 CIFAR10使用CLIP特征分类

本小节会利用预训练好的CILP模型，获取CIFAR10的图像特征，然后利用逻辑回归模型对齐进行分类。首先获取CIFAR10图像数据的特征，程序如下所示，主要包含以下2个步骤：

① 导入预训练的CLIP模型，并且导入训练数据集和测试数据集；

② 定义get_features()函数获取训练数据与测试数据的图像特征，特征维度为512。

```
In[3]:## 导入模型与数据
      model, preprocess = clip.load('ViT-B/32', device)
      train = CIFAR10(root = "./data/CIFAR10", download=False,
train=True,
                      transform=preprocess)
      test = CIFAR10(root= "./data/CIFAR10", download= False,
train=False,
                     transform=preprocess)
      ## 定义获取图像特征的函数，并获取训练集与测试集的CLIP特征
      def get_features(dataset):
          all_features = []       # 保存所有的特征和对应的标签
          all_labels = []
          with torch.no_grad():   # 获取特征
              for images, labels in tqdm(DataLoader(dataset, batch_
size=128)):
                  features = model.encode_image(images.to(device))
                  all_features.append(features)
                  all_labels.append(labels)
          return torch.cat(all_features).cpu().numpy(),
                  torch.cat(all_labels).cpu().numpy()
      # 计算获取到的特征
      train_features, train_labels = get_features(train)
      test_features, test_labels = get_features(test)
      print("训练数据特征维度：",train_features.shape)
      print("测试数据特征维度：",test_features.shape)
Out[3]:训练数据特征维度： (50000, 512)
       测试数据特征维度： (10000, 512)
```

获取数据特征后，使用下面的程序建立逻辑回归模型，并输出在训练集与测试集上的精度，从输出结果中可知，在训练集上的预测精度为96.85%，在测试集上的预

测精度为94.86%。同样针对在数据上的预测情况可以使用混淆矩阵可视化，可获得图3-29。

```
In[4]:## 建立逻辑回归分类模型
      LRC = LogisticRegression(C=0.9, max_iter=1000,n_jobs=4,random_
state=0)
      LRC.fit(train_features, train_labels)
      ## 训练模型
      LRC.fit(train_features,train_labels)
      ## 计算在训练集和测试集上的预测精度
      LRC_lab = LRC.predict(train_features)
      LRC_pre = LRC.predict(test_features)
      print("训练集预测精度:",accuracy_score(train_labels,LRC_lab))
      print("测试集预测精度:",accuracy_score(test_labels,LRC_pre))
Out[4]:训练集预测精度: 0.96854
       测试集预测精度: 0.9486
In[5]:## 可视化在训练数据和测试数据上的混淆矩阵
      train_confm = confusion_matrix(train_labels,LRC_lab)
      test_confm = confusion_matrix(test_labels,LRC_pre)
      plt.figure(figsize=(12,6))
      ax = plt.subplot(1,2,1)
      plot_confusion_matrix(train_confm,axis = ax)
      plt.title("逻辑回归混淆矩阵(训练集)")
      ax = plt.subplot(1,2,2)
      plot_confusion_matrix(test_confm,axis = ax)
      plt.title("逻辑回归混淆矩阵(测试集)")
      plt.tight_layout(); plt.show()
```

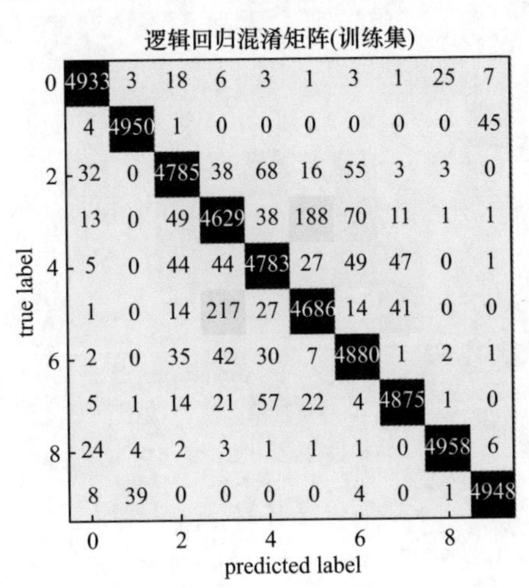


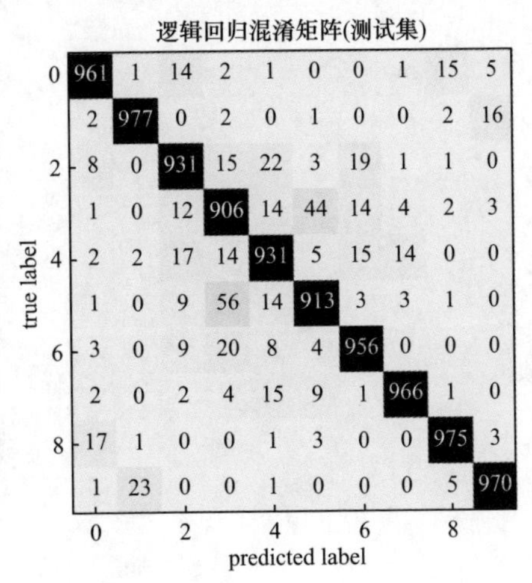


图3-29　分类效果混淆矩阵可视化

## 3.7 本章小结

本章主要介绍了深度学习中卷积神经网络及其应用。卷积神经网络不仅在图像处理、计算机视觉领域有很好的效果，在自然语言处理领域也有相关的应用。本章首先介绍了一些经典的卷积神经网络，如对图像进行分类的LeNet-5、ALexNet、VGG网络、GoogLeNet、ResNet、DenseNet网络、CLIP模型等，然后介绍了如何搭建自己的卷积神经网络用于图像分类，以及如何对已训练好的深度卷积网络进行微调，最后介绍了如何获取预训练网络的中间特征，以及类激活热力图可视化。

# 第4章

# 目标检测与识别

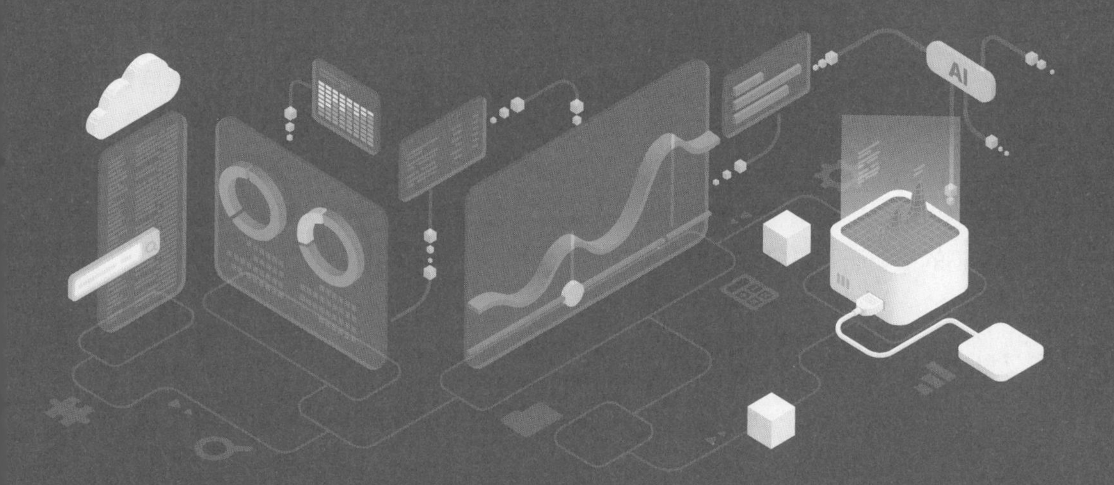

目标检测旨在定位和识别图像中存在的物体，属于计算机视觉领域的经典任务之一，是很多计算机视觉应用的基础，例如实例分割、人体关键点提取、人脸识别等。目标检测任务可以认为是目标分类和定位两个任务的结合。目标检测主要关注特定的物体目标，要求同时获得这一目标的类别信息和位置信息。随着深度学习技术的飞速发展，目标检测取得了巨大的进展。

# 4.1　目标检测方法

目标检测的基本任务是需要判别图片中被检测的目标类别，同时需要使用矩形边界框来确立目标的所在位置及大小，并给出相应的置信度。

## 4.1.1　目标检测算法分类

基于深度学习的主流目标检测算法根据有无候选框生成阶段，分为双阶段目标检测算法和单阶段目标检测算法两类，如图4-1所示。

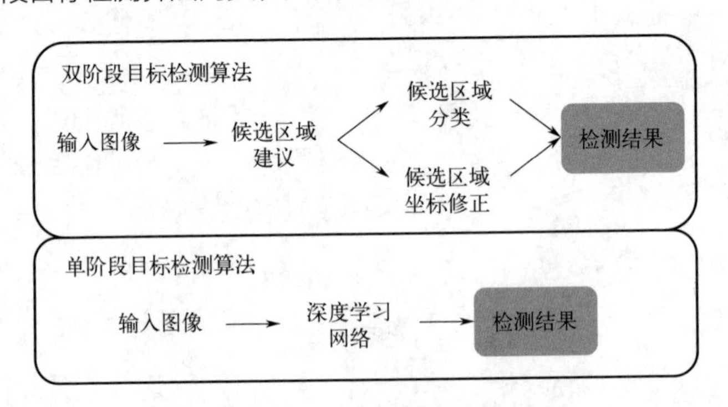


图4-1　基于深度学习的目标检测算法

双阶段检测模型将检测问题划分为两个阶段，首先产生候选区域，然后对候选区域分类并对目标位置进行精修，如R-CNN、SPP-Net、Fast R-CNN、Faster R-CNN、Mask R-CNN等模型。单阶段检测模型不需要产生候选区域阶段，直接产生物体的类别概率和位置坐标值，经过单次检测即可直接得到最终的检测结果，因此它们的检测速度更快，如YOLO系列、SSD系列、Retina-Net等模型。

## 4.1.2　目标检测评价指标

目标检测效果的主要评价指标有mAP、IoU等，而评价检测速度的指标有FPS、FLOPs等。

mAP（mean average precision）是各类别AP的平均值，其中AP是PR（precision-recall）曲线和坐标围起来的面积组成，用于表示不同召回率下检测的平均正确性，是对一个特定类别下目标检测器效果的评估。mAP值越高，表明该目标检测模型在给定的数据集上的检测效果越好。

交并比（intersection over union，IoU）：针对目标检测任务，IoU度量表示的是预测的边框和原图片标注的真实边框的交叠率，是两检测框的交集比上其并集。当IoU为1的时候则说明预测的效果达到最佳。针对检测框$P$和真实边框$G$，IoU的计算公式为

$$\mathrm{IoU}=\frac{P\cap G}{P\cup G}$$

FPS（frame per second）和FLOPs（floating point operations）是常用于度量目标检测算法速度的评价指标。其中FPS代表检测器每秒可以处理的图片帧数，数值越大代表检测速度越快。FLOPs即浮点运算数是衡量算法与模型的复杂度的指标，模型的FLOPs与许多因素有关，比如参数量、网络层数、选用的激活函数等。FLOPs值越大，表明神经网络所需要的浮点运算量越大，在同等硬件的条件下速度越慢。

## 4.1.3 目标检测常用损失函数

目标检测模型通常包含两类损失函数：一类是分类损失，例如交叉熵损失、Focal Loss等；另一类是位置回归损失，例如L2损失、Smooth L1 loss、IoU loss等。这两类损失函数用于检测模型最后一部分，根据模型输出（类别和位置）和实际标注框（类别和位置）分别计算分类损失和位置回归损失。

针对多分类问题的交叉熵损失公式如下：

$$L=\frac{1}{N}\sum_i L_i=\frac{1}{N}\sum_i\sum_{c=1}^{M}y_{ic}\log(p_{ic})$$

式中，$M$表示类别数量；$y_{ic}$表示符号函数（0或1），如果样本$i$的真实类别等于$c$取1，否则取0；$p_{ic}$表示观测样本$i$属于类别$c$的预测概率。

Focal loss是为了缓解样本的不平衡问题，在标准交叉熵损失基础上修改得到的。其可以通过减少易分类样本的权重，使得模型在训练时更专注于难分类的样本。Focal loss的公式如下：

$$FL(p_t)=-(1-p_t)^{\gamma}\log(p_t)$$

其中：

$$p_t=p\begin{cases}p, & \text{if } y=1\\1-p, & \text{otherwise}\end{cases}$$

式中，$\gamma$为常数，当其为0时，Focal loss和普通的交叉熵损失函数一致。

回归损失在目标检测任务中，更多的是对真实bounding box的回归。其中，L2损失是指均方误差损失（mean square error, MSE），表示预测值和真实值之差的平方的平均值，其计算公式如下：

$$\mathrm{MSE}=\frac{1}{N}\sum_{i-1}^{N}\left[y_i-f\left(x_i\right)\right]^2$$

L1损失是指平均绝对误差（mean absolute error, MAE），表示模型预测值和真实值之间距离的平均值，其计算公式如下：

$$\mathrm{MAE}=\frac{1}{N}\sum_{i=1}^{N}\left|y_i-f\left(x_i\right)\right|$$

Smooth L1 loss是在L1损失的基础上修改得到的，对于单个样本，预测值$x_i$和真实值$y_i$的Smooth L1 loss的计算公式如下：

$$\text{Smooth L1 loss}\left(x_i,y_i\right)=\begin{cases}0.5\left(x_i-y_i\right)^2, & \text{if}\left|x_i-y_i\right|<1\\ \left|x_i-y_i\right|-0.5, & \text{otherwise}\end{cases}$$

IoU损失类的损失函数（GIoU、DIoU、CIoU等）都是基于预测框和真实框之间的IoU（交并比）进行计算的，记预测框为$P$，真实框为$G$，则对应的IoU可表示为：$\mathrm{IoU}=\frac{P\cap G}{P\cup G}$即两个框的交集和并集的比值，对应的IoU损失可定义为

$$L_{\mathrm{IOU}}=1-\mathrm{IoU}$$

IoU反映了两个框的重叠程度，在两个框不重叠时，IoU恒等于0，此时IoU loss恒等于1。而在目标检测的边界框回归中，这显然是不合适的。GIoU损失在IoU损失的基础上考虑了两个框没有重叠区域时产生的损失。其可以表示为

$$L_{\mathrm{GIOU}}=1-\mathrm{IoU}+R\left(P,G\right)=1-\mathrm{IoU}+\frac{\left|C-P\cup G\right|}{\left|C\right|}$$

式中，$C$表示两个框的最小包围矩形框；$R$（$P$，$G$）表示惩罚项。当两个框没有重叠区域时，IoU为0，但是$R$仍然会产生损失，当两个框无穷远时，$R\to1$（$R$趋向于1，下同）。

IoU损失和GIoU损失都只考虑了两个框的重叠程度，但在重叠程度相同的情况下，我们更希望两个框能挨得足够近，即框的中心要尽量靠近。因此，DIoU在IoU损失的基础上考虑了两个框的中心点距离，其可以表示为

$$L_{\mathrm{DIOU}}=1-\mathrm{IoU}+R\left(P,G\right)=1-\mathrm{IoU}+\frac{\rho^2\left(p,g\right)}{c^2}$$

式中，$\rho$ 表示预测框和真实框中心的距离；$p$和$g$是两个框的中心点；$c$表示两个框的最小包围矩形框的对角线长度。当两个框距离无限远时，中心点距离和外接矩形

框对角线长度无限逼近，$R \to 1$。

CIoU损失在DIoU损失的基础上做了更详细的度量，添加了对重叠面积、中心距离、长宽比等内容的度量，其可以表示为

$$L_{\text{GIOU}} = 1 - \text{IoU} + R(P,G) = 1 - \text{IoU} + \frac{\rho^2(p,g)}{c^2} + \alpha v$$

其中：

$$v = \frac{4}{\pi^2}\left(\text{arctan}\frac{w^g}{h^g} - \text{aratan}\frac{w^p}{h^p}\right)^2$$

$$\alpha = \frac{v}{(1 - \text{IoU}) + v}$$

CIoU损失是在DIoU损失的基础上添加了最后一项$\alpha v$，$v$度量了两个框的长宽比的距离，$\alpha$是一个平衡系数。

### 4.1.4 锚框与非极大值抑制

锚框（anchor box）是以每个像素为中心，生成多个缩放比和宽高比不同的边界框。在目标检测中，锚框是一种用于表示可能包含目标的矩形框，通过在图像上生成多个锚框，可以同时检测多个目标，并将它们作为候选框进行后续处理，帮助目标检测算法在图像中准确地检测和定位目标。锚框的功能和作用如下所述。

① 多尺度检测：锚框可以在不同尺度下进行目标检测。通过在图像上生成一组不同尺度和宽高比的锚框，可以有效地检测不同大小和形状的目标。

② 候选框生成：锚框充当候选框（也称为区域提议）的角色。通过在图像上生成大量的锚框，可以覆盖图像中的各个位置，并提供候选目标区域供后续的分类和定位。

③ 匹配目标：通过计算锚框与真实目标框之间的重叠程度（如交并比），可以将锚框与真实目标进行匹配。匹配的标准可以是与真实目标框具有最高重叠程度的锚框，或者与真实目标框的重叠程度超过一定阈值的锚框。

④ 目标定位：通过与匹配的锚框关联，可以确定目标的位置和尺寸。锚框提供了目标的初始位置和尺寸的估计，后续的目标定位算法可以根据锚框的位置和尺寸信息进行精确的目标定位。

非极大值抑制（non-maximum suppression，NMS）是一种用于图像处理和计算机视觉中的技术，用于在局部极大值点中选择最大值，并抑制其他非最大值点。在目标检测中，非极大值抑制（NMS）被广泛应用于选择最可能的目标区域，并去除重叠的候选框。非极大值抑制在目标检测中主要经过下面几个步骤：提取候选框、计算置信度得分、对置信度得分进行排序、选择最高得分的候选框、非极大值抑制、

去除重叠的候选框。直到所有候选框都被处理完毕，最终剩下的候选框就是经过非极大值抑制后的目标检测结果，它们具有高置信度得分且不会有明显的重叠。其功能效果示意图如图4-2所示。

图4-2　非极大值抑制

图4-2中针对自行车检测出的多个框，通过NMS后会选择出一个最佳的框出来。因此，通过非极大值抑制，可以帮助目标检测算法选择最可能的目标区域，去除冗余的候选框，提高目标检测的准确性和效率。

## 4.2　经典的目标检测网络

本节将会介绍一些比较经典的目标检测网络，例如R-CNN系列、YOLO系列、SSD等。

### 4.2.1　R-CNN系列网络

R-CNN是2014年由伯克利大学的Girshick等人提出，是将CNN方法引入目标检测领域的开山之作，大大提高了目标检测效果，并且改变了目标检测领域的主要研究思路。R-CNN在PASCAL VOC 2007数据集比之前的其他方法有近50%的性能提升。R-CNN算法的工作流程如图4-3所示。

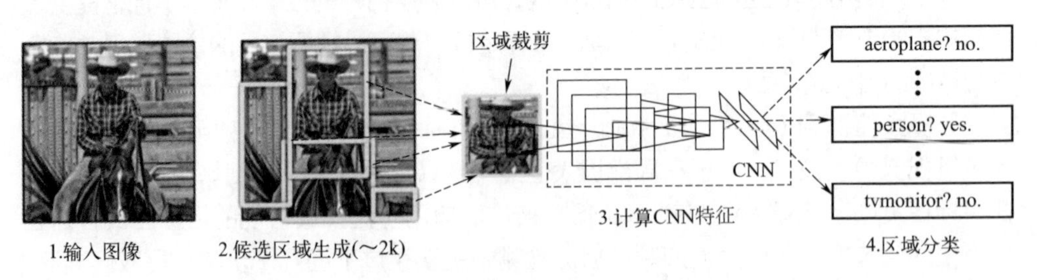


图4-3　R-CNN算法的工作流程

图4-3，是图像目标检测文章*Rich feature hierarchies for accurate object detection and semantic segmentation*的工作示意图，即R-CNN的工作流程主要有4个步骤，分别为：

① 候选区域生成：每张图像会采用Selective Search方法，生成1千~2千个候选区域；

② 特征提取：针对每个生成的候选区域，归一化为同一尺寸，使用深度卷积网络（CNN）提取候选区域的特征；

③ 类别判断：将CNN特征送入每一类SVM分类器，判别候选区域是否属于该类；

④ 位置精修：使用回归器精细修正候选框位置。

CNN虽然相对之前的目标检测算法有很大的提升，但是其仍然具有以下缺点：

① R-CNN是多阶段训练的，而且各阶段相对独立，训练过程烦琐复杂；

② 候选区域需要放缩到固定大小会导致几何形变，形成图像失真；

③ 计算开销大、检测速度慢。

针对R-CNN的一些缺点，Fast R-CNN被提出，其将整幅图像和候选区域作为输入，（候选区域利用CPU运行的Selective Search搜索算法完成）经过卷积层提取到特征图，并且提出新的RoI池化层(region of interest, RoI)输出特征图，然后输入到全连接层中。针对分类使用Softmax代替了SVM的二分类，骨干网络也由AlexNet更新到VGG16，Fast R-CNN将特征提取、目标分类和位置回归整合到一块，方便进行训练的同时提高了检测精度与速度。其网络工作流程示意图如图4-4所示。

图4-4是图像目标检测文章*Fast R-CNN*提出的工作示意图。

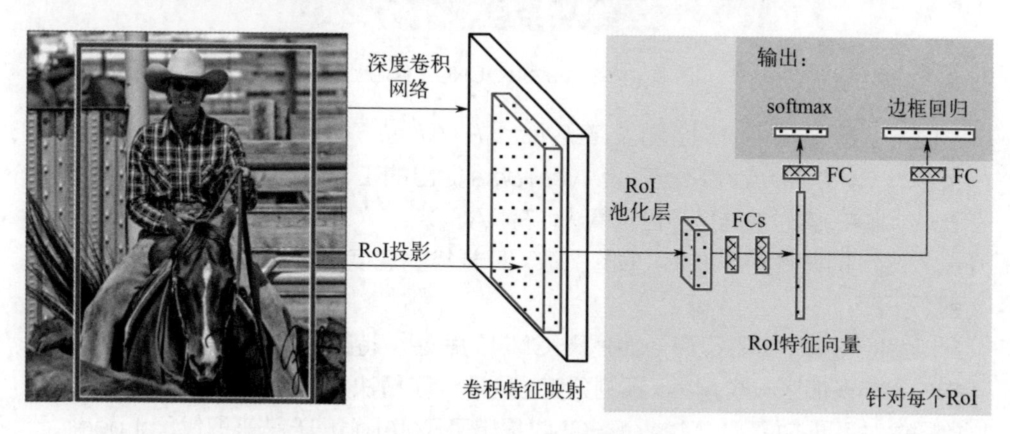


图4-4　Fast R-CNN工作流程

针对候选区域生成较慢等问题，在2015年Ren等人提出Faster R-CNN目标检测算法，提出RPN（regional proposal networks）网络取代Selective Search算法使得检测任务可以由神经网络端到端地完成，是两阶段方法的奠基性工作。其具体操作方法是将RPN放在最后一个卷积层之后，RPN直接训练得到候选区域。RPN网络的特点在于通过滑动窗口的方式实现候选框的提取，在特征映射上滑动窗口，每个滑动窗口位置生成9个不同尺度、不同宽高的候选窗口，提取对应9个候选窗口的特征，用于目标分类和边框回归。目标分类只需要区分候选框内特征为前景或者背景，与Fast R-CNN类似，边框回归确定更精确的目标位置。Faster R-CNN算法的工作流程如图4-5所示。

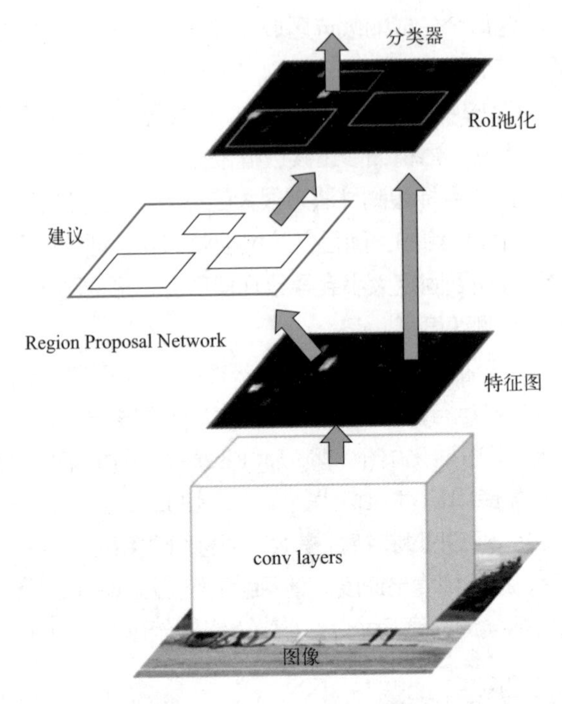


图4-5　Faster R-CNN工作流程

图4-5是图像目标检测文章*Faster R-CNN: Towards Real-Time Object Detection with Region Proposal Networks*提出的工作示意图。它是第一个利用GPU端到端的实时性的目标检测算法，在PASCAL VOC 2007数据集上的mAP提升至78%，同时针对640×480的图像，目标检测速度由R-CNN的0.025 FPS提高到17 FPS。

Mask R-CNN沿用了Faster R-CNN的思想，特征提取采用ResNet-FPN的架构，另外多加了一个Mask预测分支。同时为了解决Faster R-CNN中特征图与原始图像对不准的问题，Mask R-CNN提出了RoIAlign的方法来取代RoI pooling，利用线性插值算法避免特征图和原始图像由于RoI池的整数量化导致的偏差问题，让每个感受野取得的特征能更好地与原图感受野区域对齐，从而提高检测精度。但是由于Mask R-CNN加入了分割分支（同时可以完成语义分割任务），因此计算开销比Faster R-CNN大。Mask R-CNN算法的工作流程如图4-6所示。

图4-6是图像目标检测文章*Mask R-CNN*提出的工作示意图。

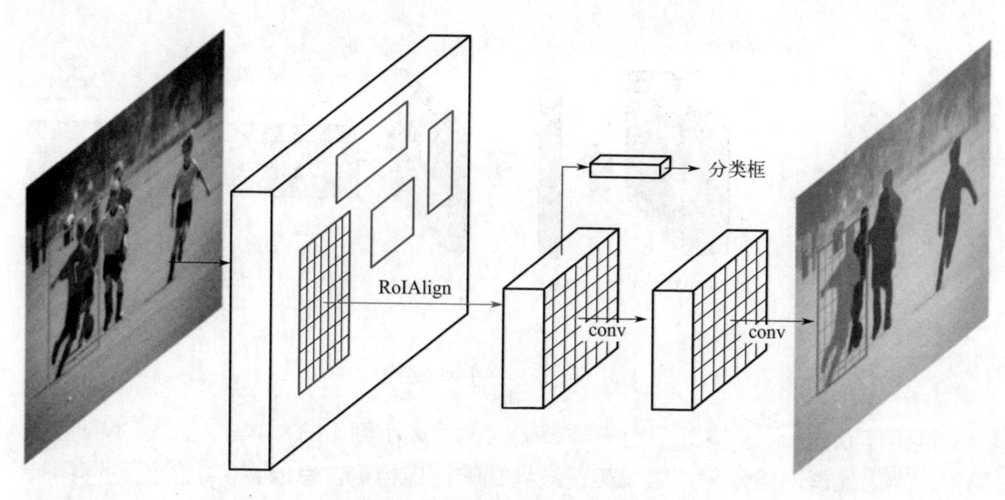


图4-6 Mask R-CNN工作流程

## 4.2.2 YOLO系列网络

YOLO（you only look once，YOLOv1）是2015年由Redmon等人提出的，是深度学习领域第一个单级检测器。YOLO提出后就受到广泛关注，并且每年都有更强的增强模型被提出，YOLO系列算法的发展时间线如图4-7所示。

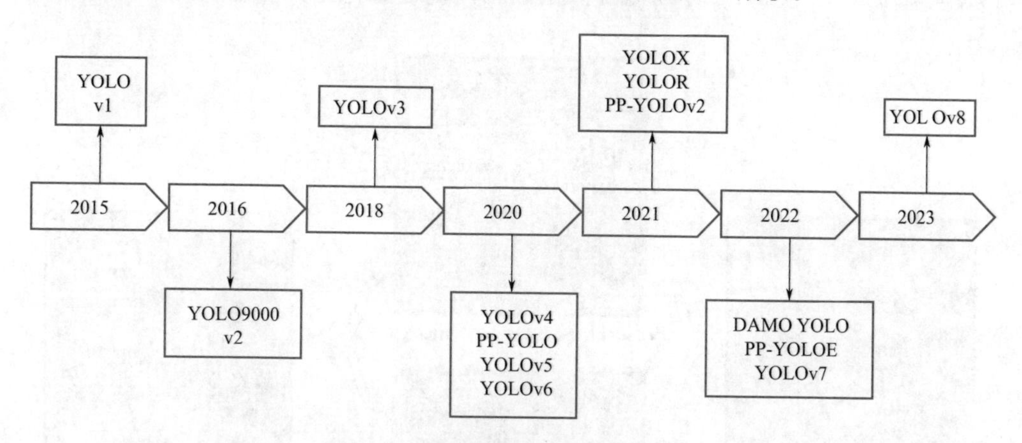


图4-7 YOLO系列算法的发展时间线

YOLO是经典的单阶段目标检测算法，将目标区域预测和目标类别预测整合于单个神经网络模型中，在准确率较高的情况下快速实现目标检测与识别。YOLO的主要优点是检测速度快、全局处理，使得背景错误相对较少、泛化性能好，其增强版本在GPU上的速度达到了45FPS，快速版本甚至可以达到155FPS，但是由于其设计思想的局限，而且没有解决多尺度窗口的问题，所以在小目标检测时会有些困难。YOLOv1的网络结构如图4-8所示。

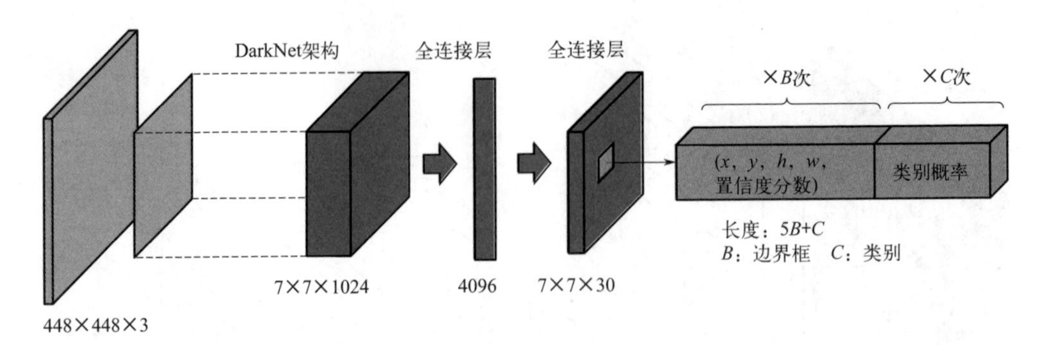


图4-8　YOLOv1网络结构

其工作流程如下：YOLO首先调整输入图片大小到448×448，送入CNN提取特征，然后处理网络预测结果，实现端到端的目标检测。其放弃传统的滑动窗口技术，将图像划分$S \times S$为个网格，每个单元网格会预测每个边界框及边界框的置信度。置信度包含该边界框含有目标的可能性大小和该边界框的准确度。每个网格会生成$B$个锚框（box），每个锚框预测五个回归值，其中前四个值表示边框位置（$x,y,w,h$），第五个值表征这个边框含有物体的概率和位置的准确程度；最后经过NMS（non-maximum suppression，非极大抑制）过滤得到最后的预测框。最终，每个单元格预测$5B+C$个值，其中$C$为类别数。图4-9是目标检测YOLO文章*You Only Look Once: Unified, Real-Time Object Detection*展示的算法工作示意图。

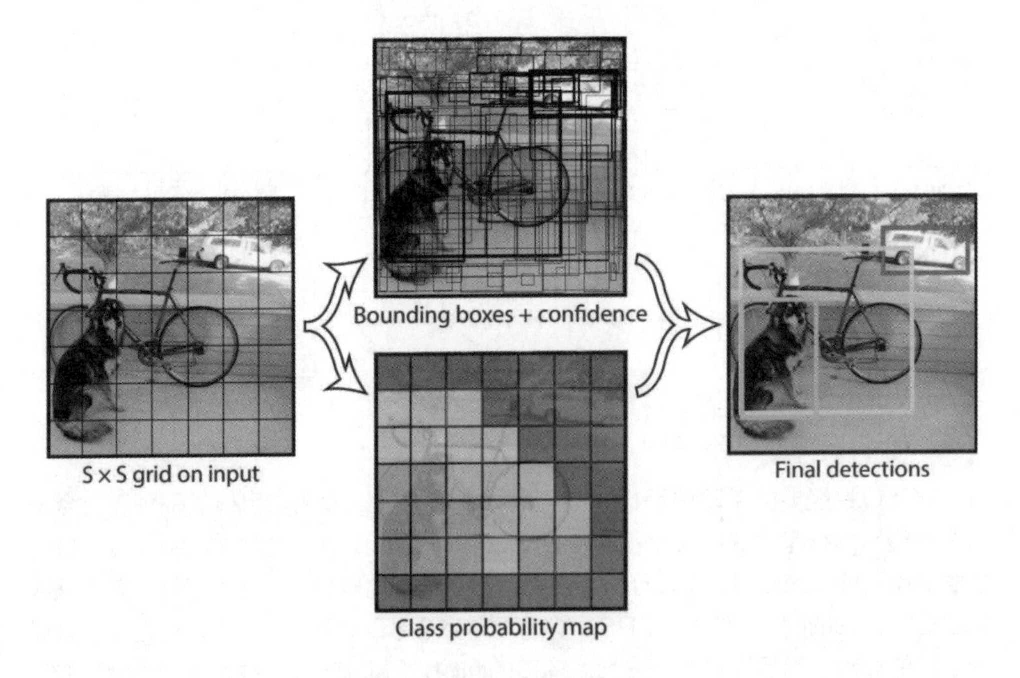


图4-9　YOLO v1算法工作示意图

YOLOv2是YOLOv1的改进版，提出了分类与检测的联合训练，利用检测数据集和分类数据集同时对检测器进行训练，在检测数据集上来定位物体的位置，分类数据集则用来增加检测器的识别的物体种类。并且借鉴了VGG网络，构建新的主干网络Darknet-19。

YOLOv3在YOLOv2算法的基础上继续改进，结合不同卷积的特征来实现多尺度预测，同时结合残差思想使用基础网络Darknet-53，使用二分类交叉熵损失函数进行类别预测。YOLOv3可以通过改变模型的网络结构来实现速度与精度的平衡。YOLOv3的第二个改进是多尺度训练，是真正的多尺度，一共有3种尺度，分别是13×13、26×26、52×52三种分辨率，分别负责预测大、中、小的物体边框，每种尺度预测3个锚框，这种改进对小物体检测更加友好。

为了减小网络的规模，Darknet-53并没有直接将ResNet模块完全引进，而是直接将ResNet模块的最后一层1×1×256去掉，而且将倒数第二层3×3×64直接改成3×3×128。整个网络结构如图4-10所示，输入的是416×416×3的RGB图像，网络会输出三种尺度的输出，最后输出每个目标物体的类别和边框。YOLOv3的预测框较YOLOv2增加了10多倍，且它们是在不同尺度上进行的，所以整体检测精度以及对小物体的检测准确率都有很大的提升，故成为单阶段检测中的里程碑算法之一。

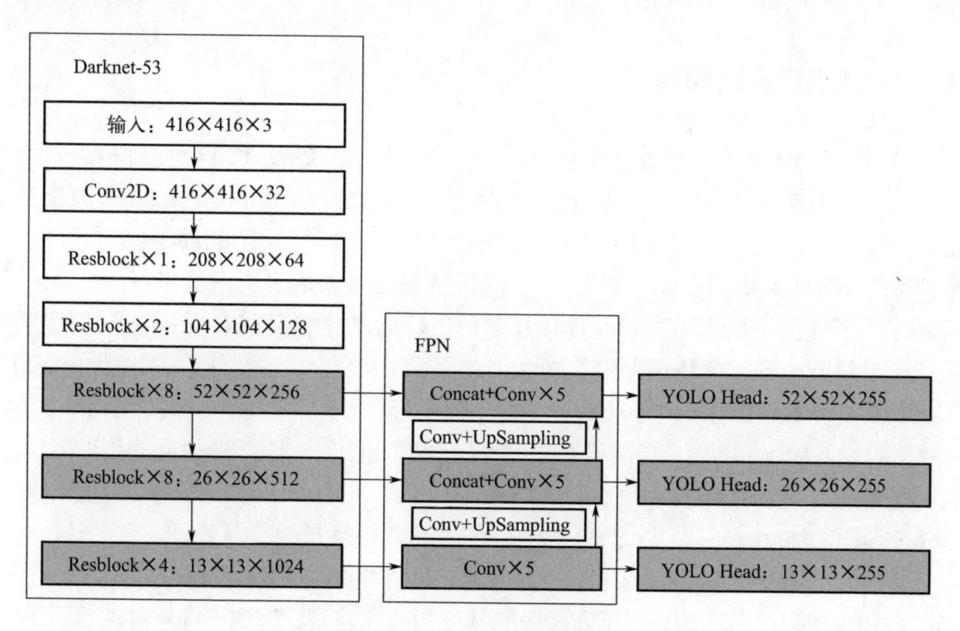


图4-10　YOLOv3网络结构

YOLOv4在MS-COCO数据集上的mAP达到了43.5%，速度也达到了惊人的65FPS。YOLOv4引入CSPDarknet-53提取特征，加入了SPP网络来提高图像提取效果，使用了Mish激活函数，还采用CutMix、Mosaic等方法做数据增强，标签平滑防止过拟合等措施，这些改进也让YOLOv4成为一个极其高效强大的目标检测器。

YOLOv5的基本结构与YOLOv4类似，最大不同是根据不同通道的尺度缩放，依据模型从小到大构建了YOLOv5-N/S/M/L/X一共5种模型。输入端采用了自适应锚框计算，以获取合适的锚框；自适应图片放缩，减少模型计算量，同时提高对小目标的检测效果。Backbone采用Focus结构用于降低下采样过程中的信息损失，借鉴CSPNet的CSP（cross stage partial）结构用于增强卷积的学习能力。Neck采用了FPN+PAN+CSP结构，加强了特征融合。输出端采用了GIOU_Loss作为边界框的损失函数，采用加权NMS的方式对边界框进行筛选，增强对遮挡、重叠目标的检测能力。YOLOv5的网络结构如图4-11。

YOLOv5之后，YOLO系列的许多有影响力算法都来自国内大厂，例如：YOLOv6来自美团，YOLOX来自旷视，PP-YOLOE来自百度，等等，YOLOv8则是在2023年由发布YOLOv5的Ultralytics公司发布，可用于目标检测和图像分割模型等任务。此外YOLOv8被设计成一个框架，支持所有以前的YOLO版本，使得在不同版本之间切换和比较它们的性能变得容易，可扩展性强。这些算法的工作思路、网络结构都是相似的，这里就不再对它们进行详细的介绍了，读者可以自行查看相关的论文进行更深入的了解。

### 4.2.3　SSD系列网络

针对YOLO存在小目标难以检测的问题，综合YOLO检测速度快和Faster R-CNN定位精准的优势，SSD（single shot multibox detector）算法被提出。图4-12是论文“SSD: Single Shot MultiBox Detector”给出的算法结构示意图，采用VGG16作为基础模型，然后在VGG16的基础上新增了卷积层来获得更多的特征图以用于检测。相比YOLO全连接层之后执行检测操作，SSD采用卷积来直接进行检测，采取了多尺度特征图对不同大小的目标进行检测，浅层特征图检测小目标，深层特征图检测大目标，对于小目标的检测效果有了大大的提升。同时借鉴了Faster R-CNN中Anchor技巧，提前设置长宽比不同的先验框，再在先验框的基础上预测目标检测框，减少训练复杂度。SSD在PASCAL VOC 2007上的mAP为79.8%，MS-COCO上的mAP为28.8%，算法检测速度和精度方面取得了很好的平衡。

虽然SSD综合了YOLO和Faster R-CNN两种类型目标检测算法的优点，但其仍存在一些局限性，例如：对不同尺度的特征图独立检测，造成不同尺寸的检测框对同一目标重复检测，增加了模型计算量；而且由于检测小目标的浅层特征图含语义信息少，导致对小尺寸物体的检测效果比较差等问题。

针对SSD骨干网络是VGG16，只能得到浅层特征图，对于深层次信息学习和表达能力不够的问题，DSSD（deconvolutional single shot detector）算法被提出。

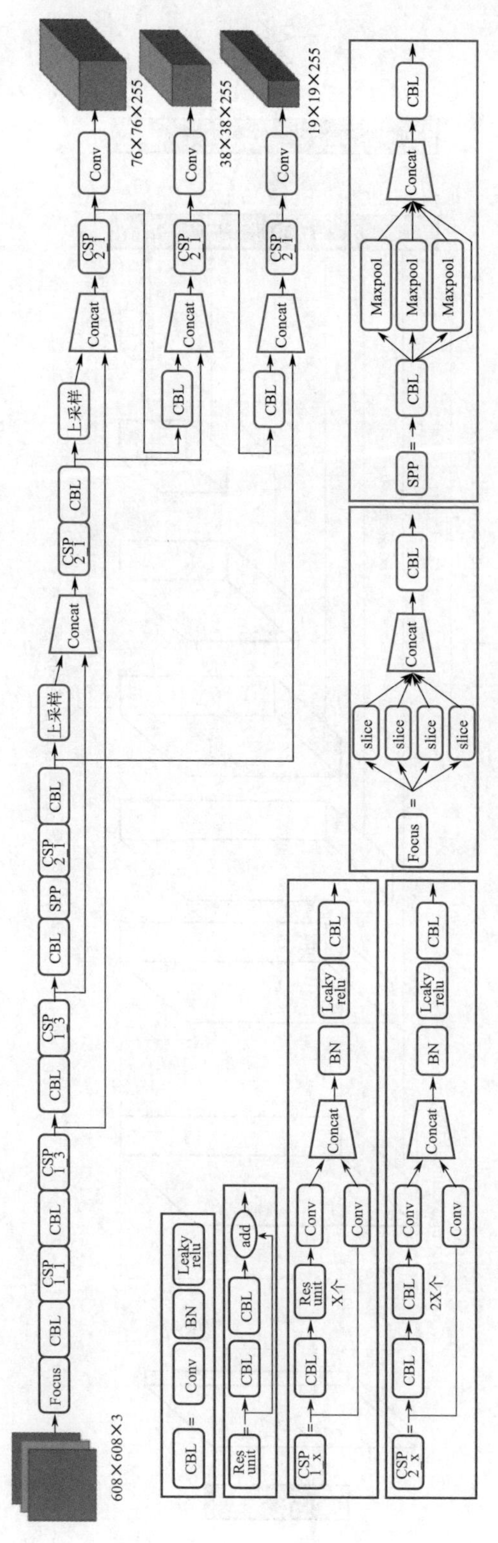


图4-11　YOLOv5的网络结构

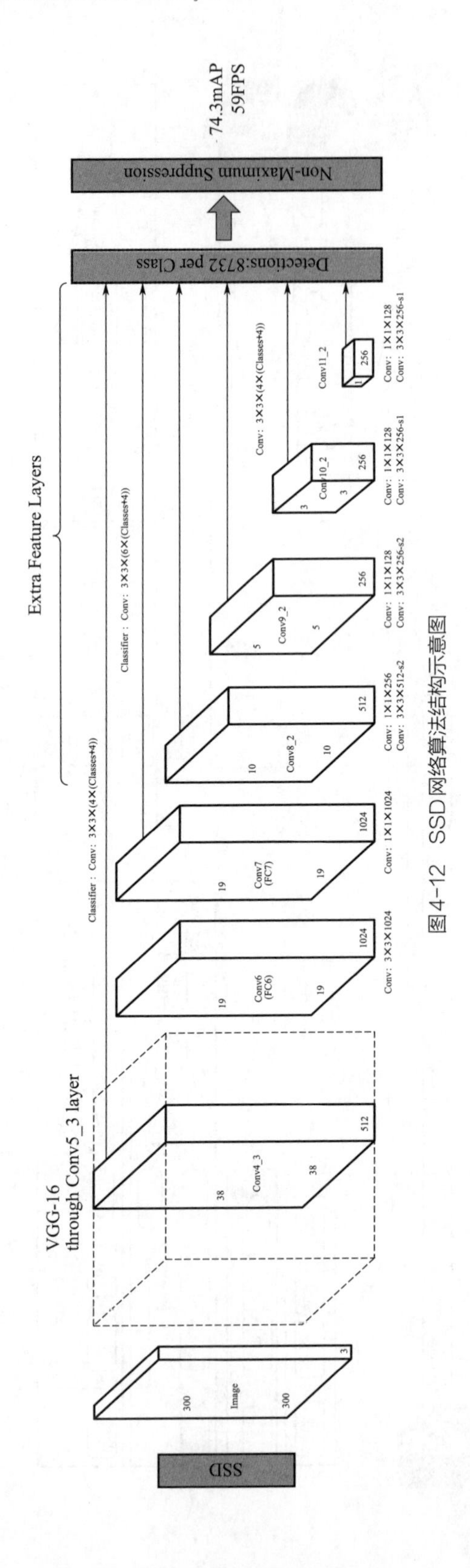


图4-12 SSD网络算法结构示意图

DSSD网络结构示意图如图4-13所示，DSSD利用ResNet101作为主干网络，可以提取更深层次的语义特征；并且引入反卷积代替双线性插值实现上采样，完成了深层特征图和浅层特征图的融合；预测模块引入残差单元，对小目标检测的效果得到显著提升。但是SSD使用ResNet101作为骨干网络，使得模型的整体训练时间变长，检测速度变慢。

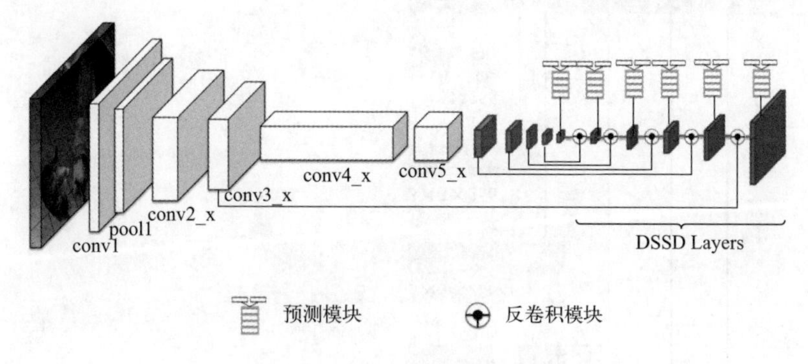


图4-13 DSSD网络结构示意图

FSSD（feature fusion singleshot multibox detector）则是在SSD的基础上借鉴了FPN的思想，将浅层的细节特征和高层的语义特征结合起来，网络结构如图4-14所示。其在特征融合模块中，将不同尺度不同层的特征连接在一起，然后用一些下采样块生成新的特征金字塔，反馈给多盒探测器，以预测最终检测结果。明显地提升了算法的精度，但是速度并没有下降太多。

### 4.2.4 其他目标检测网络

由于正负样本不均衡，导致当时单阶段目标检测算法检测精度普遍低于同期双阶段目标检测算法的现状，RetinaNet网络利用Focal loss替代交叉熵损失函数被提出，Focal loss通过提高困难样本的权重，使模型在训练时更专注于稀疏、困难样本的分类。RetinaNet网络架构如图4-15所示，网络结构结合了ResNet和FPN用作特征提取，以获取图像多尺度特征图，再通过两个FCN网络分别实现分类与回归任务。

RCNN系列、YOLO系列和SSD系列等算法，引用的Anchor导致正负样本不均衡，较多超参数计算复杂的问题，CornerNet目标检测算法被提出。CornerNet采用了预测左上角点和右下角点的位置对边界框进行定位，替代传统Anchor与区域建议的检测方法，避免由Anchor导致的问题。模型以Hourglass作为主干网络，分别对左上角点和右下角点进行预测，同时对偏移进行预测，微调角点位置产生更为紧密的边界框。利用预测的Heatmaps、Embeddings和偏移量，经后处理算法来获得最终的边界框。同时采用cornerpooling，帮助模型对边界框进行更为准确的定位。但是由于同时要对左上角点和右下角点分组匹配产生边界框，耗时较长，而达不到实时

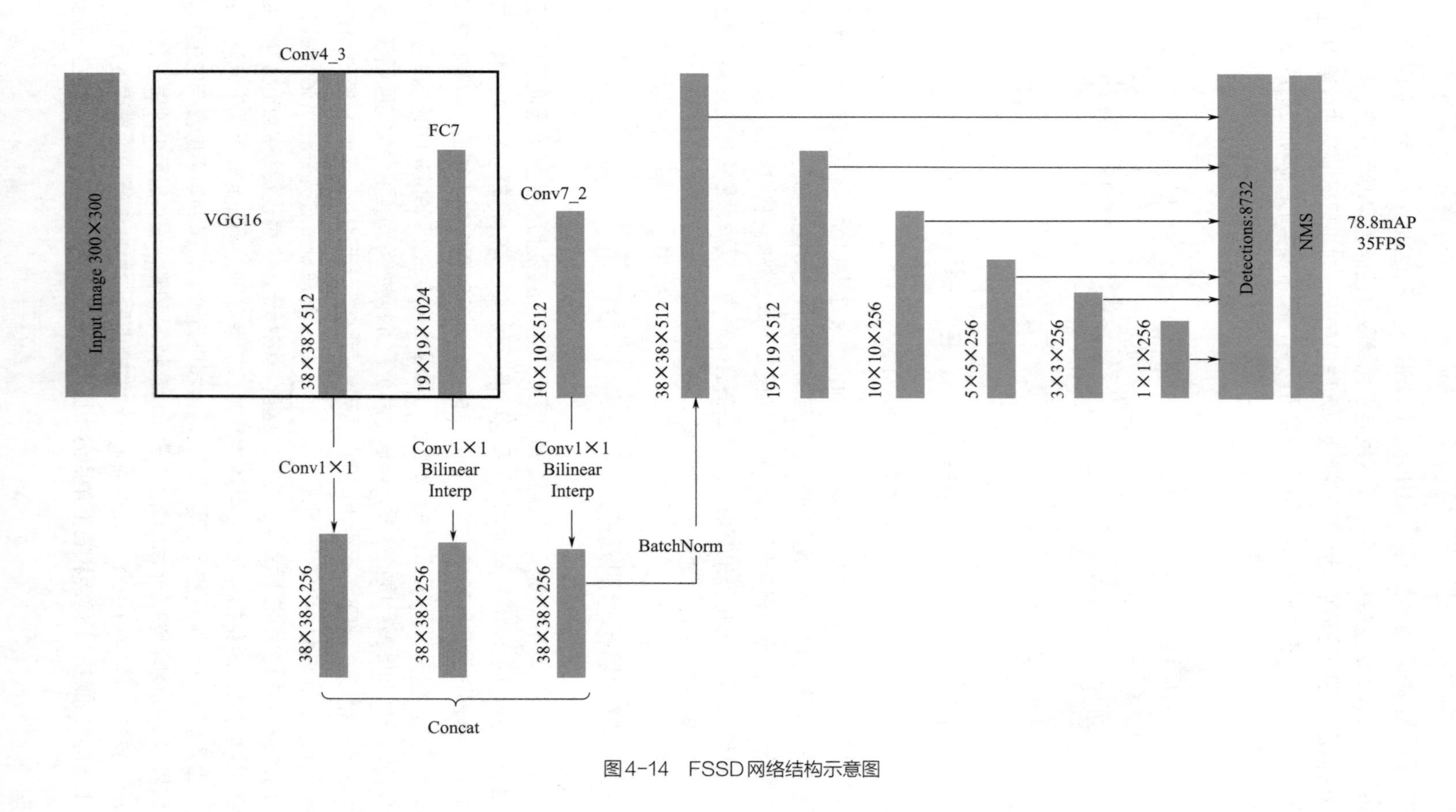


图4-14 FSSD网络结构示意图

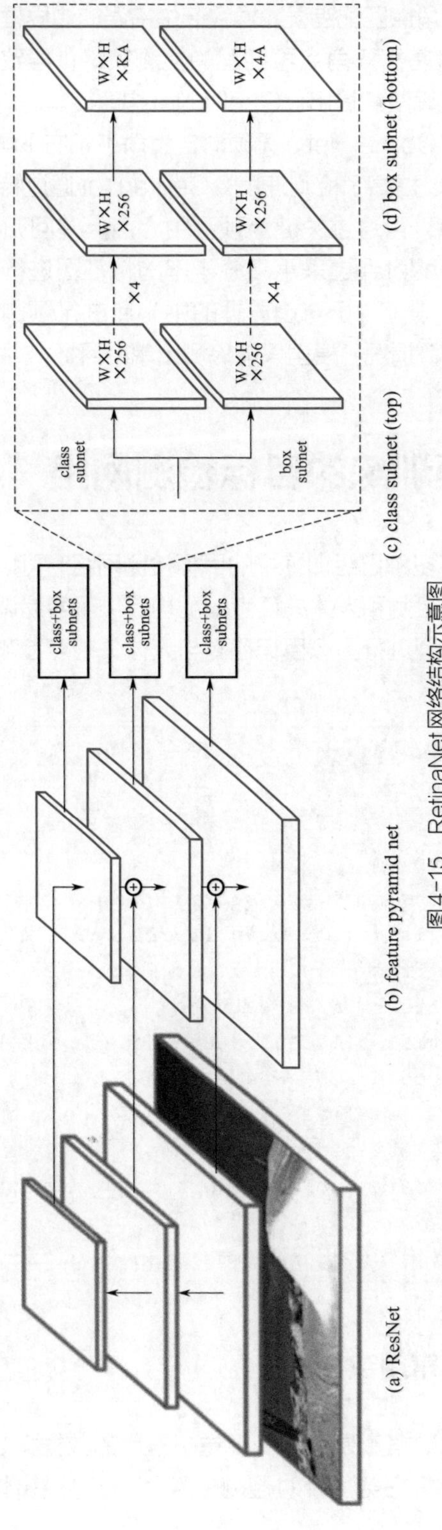


图4-15 RetinaNet网络结构示意图

检测要求；并且存在角点匹配错误，导致产生错误的边界框等问题。

针对CornerNet基于双角点再匹配的检测策略，导致计算复杂、检测速度降低等问题，CenterNet算法被提出。CenterNet构建模型时将目标作为一个点，即边界框的中心点，相较于CornerNet，无须对左上角点和右下角点进行分组匹配，也不存在NMS这类后处理，提高了检测速度。CenterNet通过特征图上局部峰值点（local peaks）获取关键点，再通过关键点预测中心点，并回归出目标相关属性，最终实现目标检测。CenterNet通过采用高分辨率的特征图进行输出，提高模型效率。但CenterNet仍存在局限，由于对边界框的中心点进行预测，导致对多个目标下采样时，目标中心存在重叠情况，模型只能检测出单个目标。

# 4.3 使用预训练的目标检测网络

PyTorch提供了多种已经训练好的目标检测网络，可以直接调用检测自己的图像数据，并且针对目标检测和人体关键点检测均提供了容易调用的方法。下面将会介绍如何使用预训练的模型进行图像目标检测与人体关键点检测。首先导入会使用到的库和模块，程序如下所示。

```
In[1]:## 导入相关模块
      import numpy as np
      import torchvision
      import torch
      import torchvision.transforms as transforms
      from torchvision.io.image import read_image
     from torchvision.models.detection import fasterrcnn_resnet50_fpn_v2,
 FasterRCNN_ResNet50_FPN_V2_Weights
      from torchvision.models.detection import keypointrcnn_
resnet50_fpn, KeypointRCNN_ResNet50_FPN_Weights
      from PIL import Image,ImageDraw,ImageFont
      import matplotlib.pyplot as plt
      from torchvision.utils import draw_bounding_boxes,draw_
keypoints
      from torchvision.transforms.functional import to_pil_image
```

## 4.3.1 目标检测常用数据集

PASCAL VOC数据集是计算机视觉中常用的数据集之一，主要用于图像分类、目标检测和语义分割等任务。针对检测任务，VOC中物体可分4大类，更细可分为

20个小类（加背景是21类），其中，“person”类实例最多，“sheep”是数据实例最少的类。此外，“cat”和“dog”等在视觉上较相似，让VOC数据具有一定的检测难度。常用的数据分别为VOC2007和VOC2012。

MSCOCO数据集是微软构建的一个数据集，其包含目标检测、语义分割、关键点检测等任务。在91个类别中的82个类别有超过5000个实例标记。其中包含了Pascal VOC的数据集类别。MSCOCO数据集共有328000张图片，有2500000实例标记。

## 4.3.2 图像目标检测

针对预训练好的目标检测的网络，其输入图像要求提前进行数据预处理，可以直接使用导入预训练权重的weights.transforms()方法进行处理。下面的程序则是为了方便检测结果的展示，定义了一个函数Object_Detect()，该函数包含图像的检测过程以及检测结果的输出过程。

```
In[2]:## 将检测过程定义为一个函数
      def Object_Detect(model,weights,image_path):
          """ model:定义好的模型; weights: 模型的预训练权重;
          image_path:检测图像路径 """
          # 初始化数据的预处理过程
          preprocess = weights.transforms()
          # 读取图像数据，并作用到预处理过程
          img = read_image(image_path)
          batch_img = [preprocess(img)]
          ## 使用模型对图片进行检测
          prediction = model(batch_img)[0]
          labels = [weights.meta["categories"][i] for i in prediction
["labels"]]
          scores = np.round(prediction["scores"].detach().numpy(),
decimals=2)
          scores = [str(i) for i in scores]
          label_score = [i+":"+j for i,j in zip(labels,scores)]
          print("检测的目标数量为:",len(labels))
          # 可视化模型的检测结果
          fontsize = np.int16(img.shape[1] / 25)
          box = draw_bounding_boxes(img, boxes=prediction["boxes"],
                                                        labels=label_
                                  score,colors="red",width=2,
                                     font = "C:/Windows/Fonts/simsun.
ttc",
```

```
                    font_size=fontsize)
    im = to_pil_image(box.detach())
    plt.imshow(im); plt.axis("off"); plt.show()
    return im
```

针对定义的函数Object_Detect()，下面使用已经预训练好的Resnet50 Faster R-CNN网络模型（该网络通过MSCOCO数据集进行预训练），然后针对一幅图像对其进行目标检测，运行下面的程序可获得如图4-16所示的结果。从结果中可知检测出了3个置信度较高的目标，并且一个较模糊的任务小目标也能正确地检测出来。

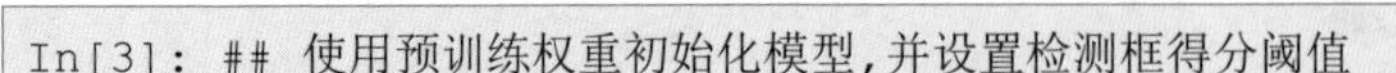

```
In[3]: ## 使用预训练权重初始化模型,并设置检测框得分阈值
    weights = FasterRCNN_ResNet50_FPN_V2_Weights.COCO_V1
    model = fasterrcnn_resnet50_fpn_v2(weights=weights,box_score_
thresh=0.85)
    model.eval()
    image_path = "data/chap4/superbike-930715_1280.jpg"
    im = Object_Detect(model,weights,image_path)
    im
Out[3]:检测的目标数量为: 3
```

图4-16　预训练网络的目标检测结果

### 4.3.3　人体关键点检测

为了更方便地展示预训练网络的人体关键点检测结果，定义了一个函数keypoints_Detect()，可直接调用该函数，进行人体关键点的检测。

```
In[4]:## 将检测过程定义为一个函数
     def keypoints_Detect(model,weights,image_path,threshold=0.8,
                          color = "red",radius = 15):
         """ model:使用的检测模型,weights:检测模型使用的权重,
             image_path:被检测图像的路径;threshold:检测目标时使用的阈值
             color:可视化点时使用的颜色:radius:可视化点时使用的半径  """
         # 初始化数据的预处理过程
         preprocess = weights.transforms()
         # 读取图像数据,并作用到预处理过程
         img = read_image(image_path)
         batch_img = [preprocess(img)]
         ## 使用模型对图片进行检测
         prediction = model(batch_img)[0]
         ## 检测到实例的关键点
         pred_index = np.where(prediction["scores"] > threshold)
         pred_keypoint = prediction["keypoints"][pred_index]
         ## 可视化出关键点的位置
         keypoint = draw_keypoints(img, pred_keypoint,colors=color,
radius=radius)
         im = to_pil_image(keypoint.detach())
         plt.imshow(im); plt.axis("off"); plt.show()
         return im
```

下面针对一张图像调用上面定义好的函数，使用已经预训练好的keypoint R-CNN网络模型，进行图像的人体关键点检测，运行程序可获得检测结果如图4-17所示。可以发现，针对动作复杂，服饰宽松的人物，关键点的位置有些会出现错误，例如头部关键点很难找到正确的位置。

图4-17 预训练网络的人体关键点检测结果

```
In[5]: ## 导入已经预训练好的keypoint R-CNN网络模型,通过MSCOCO数据集进行预训练
     weights = KeypointRCNN_ResNet50_FPN_Weights.COCO_V1
     model = keypointrcnn_resnet50_fpn(weights=weights)
     model.eval()
     image_path = "data/chap4/kendo2person.jpg"
     image = keypoints_Detect(model,weights,image_path,threshold=0.8)
     image
```

# 4.4　训练自己的YOLOv3目标检测网络

本节将会介绍如何使用PASCAL VOC数据集训练自己的YOLOv3目标检测网络，首先导入会使用到的库和模块，程序如下所示。

```
In[1]:## 导入相关模块
     import numpy as np
     import math
     import seaborn as sns
     import cv2
     from tqdm import tqdm
     from PIL import Image,ImageDraw,ImageEnhance
     import matplotlib.pyplot as plt
     import matplotlib.patches as patches
     import xml.etree.ElementTree as ET
     import os
     import albumentations as A
     from albumentations.pytorch import ToTensorV2
     import torch
     import torch.nn as nn
     from torchvision import transforms
     import torch.nn.functional as F
     import torch.optim as optim
     from torch.utils.data import TensorDataset, Dataset, DataLoader
     from torchvision import datasets
     from torchsummary import summary
     ## 定义计算设备，如果设备有GPU就获取GPU，否则获取CPU
     device = torch.device("cuda:0" if torch.cuda.is_available()
else "cpu")
```

在导入的库中，albumentations主要用于对目标检测中图像数据的预处理与增强操作。此外针对整个目标检测任务，主要分为以下几个步骤：PASCAL VOC数据准备，YOLOv3模型的网络搭建、模型训练，以及使用训练好的模型进行目标检测。

## 4.4.1 PASCAL VOC数据准备

首先进行的是数据准备工作，针对下载好的PASCAL VOC数据（随书提供的资源中已经包含），除了包含图像数据外，针对每张图像还包含图像中所包含目标的标注文件，为了正确地使用数据对YOLOv3模型进行训练，需要先对标注文件进行预处理。

### （1）标注文件预处理

每张图像都有一个xml格式的文件包含图像的信息，主要包含图像的名称、尺寸以及目标所在的位置等内容。其中一张图像及其标注信息文件的示意图如图4-18所示。

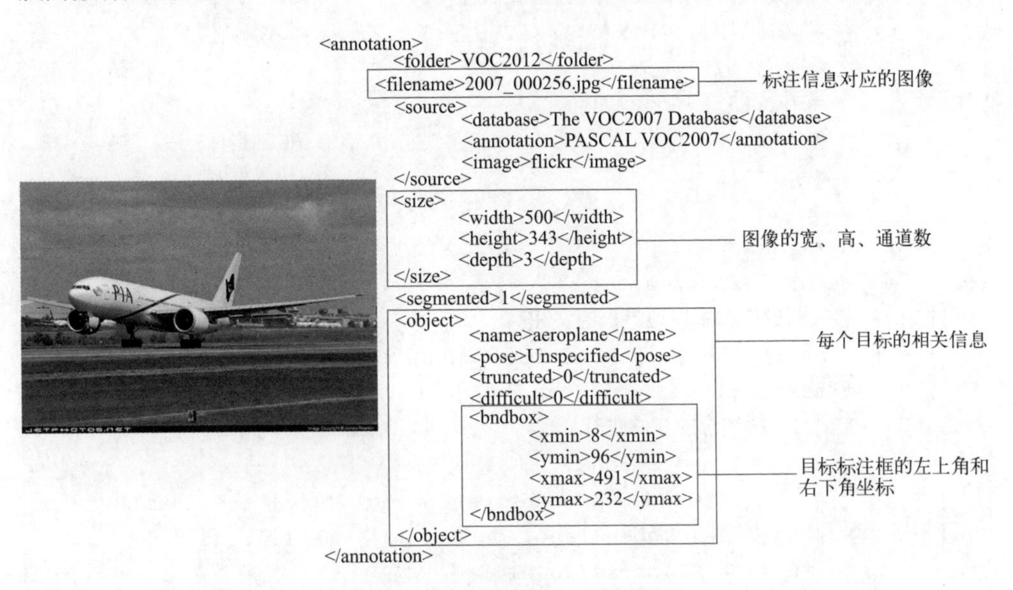


图4-18　图像与图像的标注信息文件

针对图像目标的标注内容，我们需要先对其进行预处理，处理为YOLOv3模型可使用的数据格式。因此先使用下面的程序，获取每个标注文件的名称，并保存在ANNOTATIONS中。

```
In[2]:## 图像、标注和标签的文件路径
    IMAGE_DIR = "data/VOC2012/JPEGImages"
    ANNOTATIONS_DIR = "data/VOC2012/Annotations"
```

```
    LABEL_DIR = "data/VOC2012/Labels"
    ## 标注的文件名称
    ANNOTATIONS = [f.split('.')[0] for f in os.listdir(ANNOTATIONS_
DIR)]
```

接着针对每个标注文件，我们需要对其内容进行解析，获取文件中每个标注目标的边框位置以及类别，并且需要对边框的位置坐标进行变换。因此定义了下面两个函数：convert()函数根据图像的尺寸和边框的位置，对YOLOv3中需要预测的*x*、*y*、*w*、*h*等参数进行变换；convert_labels()函数会解析每个xml文件的信息，并且获取图像的信息、边框的位置、目标的类别等内容。

```
In[3]:## 获取图像边界框的中心坐标以及宽和高
    def convert(size, box):
        dw = 1.0 / size[0]
        dh = 1.0 / size[1]
        x = (box[0] + box[1]) / 2.0 - 1
        y = (box[2] + box[3]) / 2.0 - 1
        w = box[1] - box[0]
        h = box[3] - box[2]
        x *= dw                                        # 横轴坐标x
        w *= dw                                        # 边界框宽
        y *= dh                                        # 纵轴坐标y
        h *= dh                                        # 边界框高
        return (x, y, w, h)
In[4]:## 转换图像的标签以边界框的宽和高
    def convert_labels(annotations_path, label_path, annotations):
        classes = []
        ## 对每幅图像的标注进行处理
        for a in annotations:
            in_file = open(annotations_path + '/' + a + '.xml')
            out_file = open(label_path + '/' + a + '.txt', 'w')
            tree = ET.parse(in_file)
            root = tree.getroot()
            size = root.find('size')               # 图像尺寸
            w = int(size.find('width').text)       # 图像宽
            h = int(size.find('height').text)      # 图像高
            for obj in root.iter('object'):
                cls = obj.find('name').text        # 目标类别
                if cls not in classes:
                    classes.append(cls)
                cls_idx = classes.index(cls)       # 类别索引
```

```
                box = obj.find('bndbox') # 目标边界框的坐标
                b = (float(box.find('xmin').text),
                     float(box.find('xmax').text),
                     float(box.find('ymin').text),
                     float(box.find('ymax').text))
                bbox = convert((w, h), b)
                                        # 边界框的中心坐标以及宽和高
                ## 将获取的目标位置和类别写入文件
                out_file.write(str(cls_idx) + " " +
                               " ".join([str(bb) for bb in bbox]) +
'\n')
            in_file.close()
            out_file.close()
        return classes                  # 输出目标中包含的所有类别
```

接着可以使用下面的程序，对每个标注文件进行信息提取，处理后每个图像对应的新标注信息文件的内容如图4-19所示。其中第一列数据表示目标的类别，后面的4个数值表示目标在图像中边界框的信息。

```
In[5]:## 对标注文件进行处理，获取所有类别数据、保存目标信息数据
    CLASS_INDICES = convert_labels(ANNOTATIONS_DIR, LABEL_DIR,
ANNOTATIONS)
    print(CLASS_INDICES)
Out[5]:['person', 'aeroplane', 'tvmonitor', 'train', 'boat', 'dog',
'chair', 'bird', 'bicycle', 'bottle', 'sheep', 'diningtable',
'horse', 'motorbike', 'sofa', 'cow', 'car', 'cat', 'bus',
'pottedplant']
```

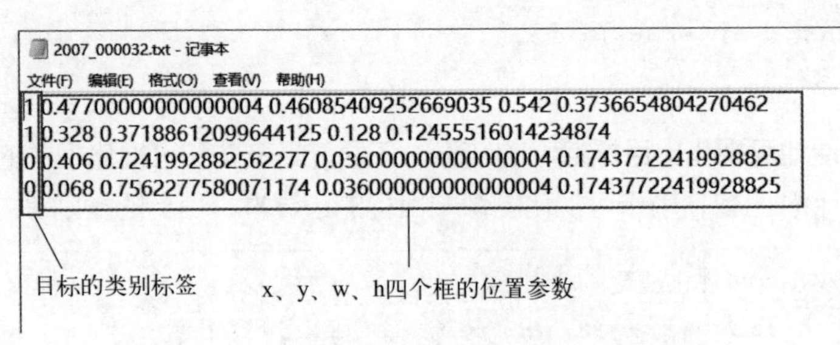


图4-19　标注文件预处理后的结果

### （2）辅助函数定义

下面定义一些在目标检测过程中会使用的一些辅助函数，首先定义的是计算IoU的函数。分别定义计算两个框IoU的函数iou()，以及计算目标检测预测框和真实框

IoU的函数intersection_over_union()，程序如下所示。

```
In[6]:## 定义计算两个框IoU的函数
     def iou(box1, box2):
         ## 交集
         intersection = (torch.min(box1[..., 0], box2[..., 0]) *
                         torch.min(box1[..., 1], box2[..., 1]))
         ## 并集
         union = (box1[..., 0] * box1[..., 1] +
                  box2[..., 0] * box2[..., 1] - intersection)
         return intersection / (union + 1e-5)  # 输出iou
In[7]:## 定义返回预测框和真实框的IoU的函数
     def intersection_over_union(box_pred, box_true):
         box1_x1 = box_pred[..., 0:1] - box_pred[..., 2:3] / 2
         box1_y1 = box_pred[..., 1:2] - box_pred[..., 3:4] / 2
         box1_x2 = box_pred[..., 0:1] + box_pred[..., 2:3] / 2
         box1_y2 = box_pred[..., 1:2] + box_pred[..., 3:4] / 2
         box2_x1 = box_true[..., 0:1] - box_true[..., 2:3] / 2
         box2_y1 = box_true[..., 1:2] - box_true[..., 3:4] / 2
         box2_x2 = box_true[..., 0:1] + box_true[..., 2:3] / 2
         box2_y2 = box_true[..., 1:2] + box_true[..., 3:4] / 2
         x1 = torch.max(box1_x1, box2_x1)
         y1 = torch.max(box1_y1, box2_y1)
         x2 = torch.min(box1_x2, box2_x2)
         y2 = torch.min(box1_y2, box2_y2)
         intersection = (x2 - x1).clamp(0) * (y2 - y1).clamp(0)
         box1_area = abs((box1_x2 - box1_x1) * (box1_y2 - box1_y1))
         box2_area = abs((box2_x2 - box2_x1) * (box2_y2 - box2_y1))
         return intersection / (box1_area + box2_area - intersection
+ 1e-6)
```

为了更方便地可视化出目标检测的结果，下面定义一些和可视化相关的函数。plot_image()函数，用于可视化图像中目标的边界框、目标的类别等内容。

```
In[8]:## 定义图像可视化函数
     def plot_image(images, bboxes,plottext = True):
         ## images：图像；bboxes：图像的边界框
         cmap = plt.get_cmap('tab20b')  # 定义每个类别的颜色映射
         colors = [cmap(i) for i in np.linspace(0, 1, len(CLASS_
INDICES))]
         n = int(np.sqrt(len(images)))
         fig, ax = plt.subplots(n, n, figsize=(12, 10))
```

```
        plt.subplots_adjust(top=0.95, hspace=0.4)
        ## 可视化每一幅图像和对应的框
        for idx, (img, boxes) in enumerate(zip(images, bboxes)):
            image = img.to("cpu").permute(1, 2, 0).numpy()
            h, w, _ = image.shape
            i = idx % n
            j = idx // n
            ax[i][j].imshow(image)
            for box in boxes:    # 可视化框
                c = box[0]
                box = box[2:]
                up_l_x = box[0] - box[2] / 2
                up_l_y = box[1] - box[3] / 2
                rect = patches.Rectangle(
                    (up_l_x * w, up_l_y * h), box[2] * w, box[3] *
h,
                    linewidth=2, edgecolor=colors[int(c)],facecolor
='none')
                ax[i][j].add_patch(rect)
                if plottext:
                    ax[i][j].text( up_l_x * w, up_l_y * h, s=CLASS_
INDICES[int(c)],
                        color='white', verticalalignment='top',
                        bbox={'color': colors[int(c)], 'pad': 0} )
        plt.show()
```

此外，为了方便地可视化出预测的目标信息，定义cells_to_boxes()函数，该函数用于将YOLOv3格式的目标标签信息（或者模型的预测结果）转化为图像的边界框等。同时该函数会调用后面定义的get_box()函数，用于获取图像中目标的边界框。程序如下所示。

```
In[9]:## 将预测的结果转化为框的数据形式
     def cells_to_boxes(predict, predicted=True):
         bboxes = []
         anchors = ANCHORS
         anchors = (torch.tensor(anchors) *
                         torch.tensor(S).unsqueeze(1).unsqueeze(1).
repeat(1, 3, 2))
         for idx, pred in enumerate(predict):
                 bboxes.append(get_box(pred, pred.shape[2],
anchors[idx], predicted))
         new_boxes = torch.cat((torch.Tensor(bboxes[0]),torch.
```

```
Tensor(bboxes[1]),
                                    torch.Tensor(bboxes[2])), dim=1).
tolist()
         bboxes = []
         for box in new_boxes:
             bboxes.append(preprocess_boxes(box))
         return bboxes
```

下面定义preprocess_boxes()函数，该函数可以通过NMS方法，对预测出的边界框进行筛选。

```
In[10]:## 对预测出的框利用NMS阈值进行边框筛选
        def preprocess_boxes(bboxes, iou_thresh=NMS_IOU_THRESH,
thresh=0.7):
          new_boxes = []
          bboxes = [box for box in bboxes if box[1] > thresh]
          bboxes = sorted(bboxes, key=lambda x: x[1], reverse=True)
          while bboxes:
              chosen = bboxes.pop(0)
              bboxes = [
                  box
                  for box in bboxes
                  if int(box[0]) != int(chosen[0])
                  or intersection_over_union(
                                torch.tensor(chosen[2:]), torch.
tensor(box[2:])) < iou_thresh
              ]
              new_boxes.append(chosen)
          return new_boxes
In[11]:## 获取在图像中的边框位置
      def get_box(box, scale, anchors, pred=True):
          num_a = len(anchors)
          preds = box[..., 1:5]
          batch_size = box.shape[0]
          if pred:
              anchors = torch.Tensor(anchors).reshape(1, len(anchors),
1, 1, 2)
              preds[..., 0:2] = torch.sigmoid(preds[..., 0:2])
              preds[..., 2:] = torch.exp(preds[..., 2:]) * anchors
              scores = torch.sigmoid(box[..., 0:1])
              best_class = torch.argmax(box[..., 5:], dim=-1).
unsqueeze(-1)
```

```
        else:
            scores = box[..., 0:1]
            best_class = box[..., 5:6]
        cell_indices= torch.arange(scale).repeat(box.shape[0], 3,
scale, 1).unsqueeze(-1)
        x = 1.0 / scale * (preds[..., 0:1] + cell_indices)
        y = 1.0 / scale * (preds[..., 1:2] + cell_indices.
permute(0, 1, 3, 2, 4))
        w_h = 1.0 / scale * preds[..., 2:4]
        new_boxes    =    torch.cat((best_class,   scores,   x,
y,   w_h), dim=-1).reshape(batch_size, num_a * scale * scale, 6)
        return new_boxes.tolist()
```

### (3)数据加载器准备

前面进行预处理操作，以及辅助函数定义完成后，下面定义用于模型训练的数据加载器。为了模型训练结果的更稳定和更充分，先定义对数据进行的数据增强等预处理操作，分别是针对训练数据与测试数据的预处理操作，程序如下所示，此外定义用于图像训练的尺寸为416×416。

```
In[12]:## 设置一些参数
    BATCH_SIZE = 12
    IMAGE_SIZE = 416                # 图像的尺寸
    CONF_THRESHOLD = 0.05           # 置信度阈值
    NMS_IOU_THRESH = 0.45           # 利用NMS筛选时的IoU阈值
    ## 图像特征的缩放或所获得的尺寸，用于最后的预测层
    S = [IMAGE_SIZE // 32, IMAGE_SIZE // 16, IMAGE_SIZE // 8]
    ## 先验框的中心位置
    ANCHORS = [[(0.28, 0.22), (0.38, 0.48), (0.9, 0.78)],
               [(0.07, 0.15), (0.15, 0.11), (0.14, 0.29)],
               [(0.02, 0.03), (0.04, 0.07), (0.08, 0.06)],]
    ## 训练数据的预处理操作
    train_transforms = A.Compose([
        ## 重新缩放图像，使最大边等于 max_size，同时保持原始纵横比
        A.LongestMaxSize(max_size=int(IMAGE_SIZE * 1.1)),
        ## 给予指定的图像尺寸，进行图像padding操作
        A.PadIfNeeded(min_height=int(IMAGE_SIZE * 1.1),
                      min_width=int(IMAGE_SIZE * 1.1),
                      border_mode=cv2.BORDER_CONSTANT),
        ## 图像随机裁剪到指定的尺寸
        A.RandomCrop(width=IMAGE_SIZE, height=IMAGE_SIZE),
```

```
        ## 随机更改图像的亮度、对比度和饱和度。
        A.ColorJitter(brightness=0.6, contrast=0.6,
                      saturation=0.6, hue=0.6, p=0.4),
        ## 随机仿射变换：平移、缩放和旋转输入
        A.ShiftScaleRotate(rotate_limit=20, p=0.5,
                           border_mode=cv2.BORDER_CONSTANT),
        A.HorizontalFlip(p=0.5), # 随机水平翻转
        A.Blur(p=0.1),           # 随机模糊图像
        A.CLAHE(p=0.1),          # 自适应直方图均衡
        A.Posterize(p=0.1),      # 随机减少每个颜色通道的位数
        A.ToGray(p=0.1),         # 随机变换为灰度图像
        A.ChannelShuffle(p=0.05), # 随机重新排列输入RGB图像的通道
        ## 图像像素标准化操作
        A.Normalize(mean=[0, 0, 0], std=[1, 1, 1],
                    max_pixel_value=255,),
        ## 将图像和掩码转换为torch.Tensor
        ToTensorV2()],
        ## 针对边界框进行变换的参数
        bbox_params=A.BboxParams(
            format="yolo",min_visibility=0.4,label_fields=[]),)
    ## 测试数据需要进行的变换操作
    test_transforms = A.Compose([
        A.LongestMaxSize(max_size=int(IMAGE_SIZE)),
        A.PadIfNeeded(min_height=int(IMAGE_SIZE),
                      min_width=int(IMAGE_SIZE),
                      border_mode=cv2.BORDER_CONSTANT,),
        A.Normalize(mean=[0, 0, 0], std=[1, 1, 1], max_pixel_
value=255,),
        ToTensorV2(),],
        bbox_params=A.BboxParams(
            format="yolo",min_visibility=0.4,label_fields=[]),)
```

下面的程序则是定义一个数据加载器CustomDataset类，用于将图像数据和对应的标注信息处理为数据加载器，方便每次输入一个batch的图像用于模型的训练。

```
In[13]:## 定义数据加载器的类
    class CustomDataset(Dataset):
        def __init__(self, annotations, image_dir, label_dir,
anchors,
                     image_size=416, S=[13, 26, 52], C=20,
transforms=None):
            self.annotations = annotations    # 标注文件名称列表
```

```
        self.image_dir = image_dir          # 图片文件路径
        self.label_dir = label_dir          # 标签文件路径
        self.image_size = image_size        # 图像的尺寸
        self.transforms = transforms        # 需要进行的变换操作
        self.S = S                          # 最终不同尺度特征的尺寸
        self.anchors = torch.tensor(anchors[0]+anchors[1]+anchors[2])
                                            #先验坐标
        self.num_anchors = self.anchors.shape[0]
                                            # 先验坐标的数量
        self.num_anchors_per_scale = torch.div(self.num_
anchors, 3, rounding_mode ='floor')
        self.C = C                          # 目标的类别数量
        self.ignore_iou_thresh = 0.5        # IoU的阈值
    def __len__(self):
        return len(self.annotations)        # 标注文件的数量
    def __getitem__(self, index):
        ## 标签文件的路径
        label_path=os.path.join(self.label_dir,self.
annotations[index]+'.txt')
        ## 标注的边界框
        bboxes = np.roll(np.loadtxt(fname=label_path,
delimiter=' ', ndmin=2),
                         4, axis=1).tolist()
        ## 图像路径，以及将获取的图像转化为RGB
        img_path = os.path.join(self.image_dir, self.
annotations[index] + '.jpg')
        image = np.array(Image.open(img_path).convert('RGB'))
        ## 如果指定了图像变换操作，则进行变换
        if self.transforms:
            augments = self.transforms(image=image,
bboxes=bboxes)
            image = augments['image']       # 变换后的图像
            bboxes = augments['bboxes']     # 变换后的边界框
        ## 初始化需要预测的结果的内容
        targets = [torch.zeros((torch.div(self.num_anchors, 3,
rounding_mode = 'floor'), S, S, 6)) for S in self.S]
        ## 对边界框进行处理
        for box in bboxes:
            iou_anchors = iou(torch.tensor(box[2:4]), self.
anchors)
            anchor_indices = iou_anchors.
```

```
argsort(descending=True, dim=0)
            x, y, w, h, c = box
            has_anchor = [False] * 3
            for anchor_idx in anchor_indices:
                 scale_idx = torch.div(anchor_idx, self.num_
anchors_per_scale, rounding_mode ='floor')
                 anchor_on_scale = anchor_idx % self.num_
anchors_per_scale
               S = self.S[scale_idx]
               i, j = int(S * y), int(S * x)
               anchor_taken = targets[scale_idx][anchor_on_
scale, i, j, 0]
                if not anchor_taken and not has_anchor[scale_
idx]:
                   targets[scale_idx][anchor_on_scale, i, j,
0] = 1
                  x_c, y_c = S * x - j, S * y - i
                  w_c, h_c = (w * S, h * S)
                  box_coordinates = torch.tensor([x_c, y_c,
w_c, h_c])
                  targets[scale_idx][anchor_on_
scale,i,j,1:5]=box_coordinates
                   targets[scale_idx][anchor_on_scale, i, j,
5] = int(c)
                  has_anchor[scale_idx] = True
                elif     not     anchor_taken     an     iou_
anchors[anchor_idx] > self.ignore_iou_thresh:
                   targets[scale_idx][anchor_on_scale, i, j,
0] = -1
        return image, tuple(targets)
```

定义好相关内容后，下面的程序则是使用70%的图像数据用于模型的训练，15%的图像用于模型预测效果的验证，以及最后15%的图像用于模型的测试集。同时获取数据加载器中一个batch的图像用于可视化，检查数据预处理的准确性。运行程序后可获得可视化图像如图4-20所示。

```
In[14]:## 将数据切分为训练集,验证集和测试集
    idx_train = int(len(ANNOTATIONS) * 0.70)
    idx_test = int(len(ANNOTATIONS) * 0.85)
    train_ann = ANNOTATIONS[:idx_train]
                                    # 前70%的图像数据用于训练
    val_ann = ANNOTATIONS[idx_train:idx_test]
```

```
                                        # 中间15%的图像作为验证集
test_ann = ANNOTATIONS[idx_test:]   # 最后15%的图像作为测试集
BATCH_SIZE = 16  # 每个batch的图像数量
## 定义训练数据加载器
train_dataset = CustomDataset(train_ann, IMAGE_DIR, LABEL_DIR,
                              ANCHORS, image_size=416,
                              S=[13, 26, 52], C=20,
                              transforms=train_transforms)
train_loader = DataLoader(train_dataset, shuffle=True,
                          batch_size=BATCH_SIZE)
val_dataset = CustomDataset(val_ann, IMAGE_DIR, LABEL_DIR,
                              ANCHORS, image_size=416,
                              S=[13, 26, 52], C=20,
                              transforms=test_transforms)
val_loader = DataLoader(val_dataset, shuffle=True, batch_size=4)
test_dataset = CustomDataset(test_ann, IMAGE_DIR, LABEL_DIR,
                              ANCHORS, image_size=416,
                              S=[13, 26, 52], C=20,
                              transforms=test_transforms)
test_loader = DataLoader(test_dataset, shuffle=True, batchsize=4)
## 获取训练数据集中的一个batch数据用于查看
for data, target in train_loader:
    bboxes = cells_to_boxes(target, False)
    plot_image(data, bboxes,plottext = True)
    break
```

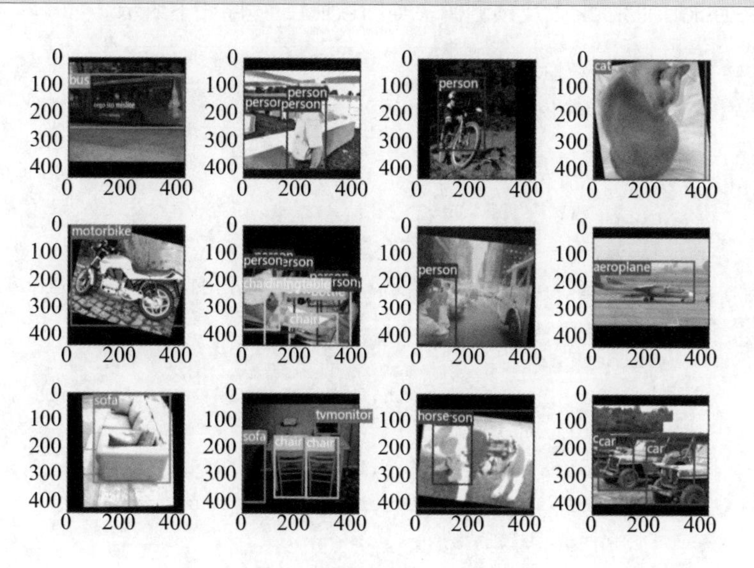


图4-20 部分图像样本可视化结果

### 4.4.2 YOLOv3网络搭建

本小节会介绍YOLOv3深度目标检测网络的搭建，即Darknet-53网络结构的搭建。该网络主要包含卷积模块、残差连接模块、上采样模块以及预测模块，针对每个模块所使用的参数，可以先定义为config，程序如下所示。

```
In[15]:## 设置使用的深度卷积网络的相关参数
    ## 设置Darknet-53网络的相关参数
    # B （卷积层）: (conolutional_block, out_channels, kernel_size, stride)
    # R （残差连接结构） : (residual_bloc, num_blocks)
    # U （上采样）: (upsample)
    # P （预测层）: (prediction)
    config = [('B', 32, 3, 1), ('B', 64, 3, 2), ('R', 1), ('B', 128, 3, 2),
          ('R', 2), ('B', 256, 3, 2),('R', 8),('B', 512, 3, 2),('R', 8),
          ('B',1024, 3, 2),('R', 4), ('B',512,1, 1), ('B', 1024, 3, 1), ('P'),
           ('B', 256, 1, 1), ('U'), ('B', 256, 1, 1), ('B', 512, 3, 1), ('P'),
           ('B', 128, 1, 1), ('U'), ('B', 128, 1, 1), ('B', 256, 3, 1), ('P'), ]
```

下面针对Darknet-53中的几个模块，分别定义卷积模块类CNNBlock、残差连接模块类ResidualBlock以及预测模块类Predict，程序如下所示。

```
In[16]:## 定义一个卷积模块
    class CNNBlock(nn.Module):
        def __init__(self,in_channels,out_channels,batch=True,act=True,**kwargs):
            super().__init__()
            layers = []
            layers.append(nn.Conv2d(in_channels, out_channels, bias=not batch, **kwargs))
            if batch:
                layers.append(nn.BatchNorm2d(out_channels))
            if act:
                layers.append(nn.LeakyReLU(0.1, inplace=True))
            self.block = nn.Sequential(*layers)
        def forward(self, x):
            return self.block(x)
```

```
In[17]:## 定义残差连接模块
     class ResidualBlock(nn.Module):
         def __init__(self, channels, num_blocks, res=True):
             super().__init__()
             self.layers = nn.ModuleList()
             self.num_blocks = num_blocks
             for _ in range(num_blocks):
                 self.layers.append(
                     nn.Sequential(
                         CNNBlock(channels, torch.div(channels, 2, 
rounding_mode = 'floor'), kernel_size=1),
                         CNNBlock(torch.div(channels, 2, rounding_
mode='floor'), channels, kernel_size=3, padding=1)
                     )
                 )
             self.res = res
         def forward(self, x):
             for layer in self.layers:
                 if self.res:
                     x = x + layer(x)
                 else:
                     x = layer(x)
             return x
In[18]:## 定义用于预测的输出模块
     class Predict(nn.Module):
         def __init__(self, in_channels, classes):
             super().__init__()
             self.layer = nn.Sequential(
                 CNNBlock(in_channels, 2*in_channels, kernel_size=3, 
padding=1),
                 CNNBlock(2*in_channels, (classes+5)*3, batch=False, 
act=False, kernel_size=1),
             )
             self.classes = classes
         def forward(self, x):
             x = self.layer(x)
             x = x.reshape(x.shape[0], 3, self.classes+5, x.shape[2], 
x.shape[3])
             x = x.permute(0, 1, 3, 4, 2)
             return x
```

下面则是利用前面定义的模块，以及定义的config文件，搭建YOLOv3网络结构类，程序如下所示。

```
In[19]:## 定义YOLOv3网络结构
    class YOLOv3(nn.Module):
        def __init__(self, in_channels, classes):
            super().__init__()
            self.in_channels = in_channels# 输入的图像通道
            self.classes = classes          # 检测的类别
            self.layers = self._create_model()
        def forward(self, x):
            outs = []
            route_conn = []
            for layer in self.layers:
                if isinstance(layer, Predict):
                    outs.append(layer(x))
                    continue
                x = layer(x)
                if isinstance(layer, ResidualBlock) and layer.num_
blocks == 8:
                    route_conn.append(x)
                elif isinstance(layer, nn.Upsample):
                    x = torch.cat([x, route_conn.pop()], dim=1)
            return outs
        def _create_model(self):
            layers = nn.ModuleList()
            in_channels = self.in_channels
            for element in config:            # 通过config为网络添加层
                if element[0] == 'B':
                    _, out_channels, kernel_size, stride = element
                    padding = 0
                    if kernel_size == 3:
                        padding = 1
                    layers.append(
                        CNNBlock(in_channels, out_channels,
                                kernel_size=kernel_size,
stride=stride,
                                padding=padding )
                    )
                    in_channels = out_channels
                if element[0] == 'R':
```

```
                    _, blocks = element
                    layers.append(ResidualBlock(in_channels, 
blocks))
                if element[0] == 'U':
                    layers.append(nn.Upsample(scale_factor=2),)
                    in_channels = in_channels * 3
                if element[0] == 'P':
                    layers += [
                        ResidualBlock(in_channels, 1, res=False),
                        CNNBlock(in_channels,   torch.div(in_
channels,   2, rounding_mode='floor'), kernel_size=1),
                        Predict(torch.div(in_channels,  2, 
rounding_mode='floor'), self.classes)
                     ]
                     in_channels = torch.div(in_channels, 2, 
rounding_mode='floor')
            return layers
```

针对搭建好的YOLOv3可以进行模型初始化并定义计算设备，然后输出针对416×416×3尺寸RGB图像的输入、每层所需要的训练参数和输出信息等内容，程序如下所示。

```
In[20]:## 初始化YOLOv3网络
    yolov3 = YOLOv3(in_channels = 3, classes = 20).to(device)
    summary(yolov3, (3, 416, 416))
Out[20]:------------------------------------------------------------
            Layer (type)               Output Shape         Param #
    ================================================================
                Conv2d-1        [-1, 32, 416, 416]             864
           BatchNorm2d-2        [-1, 32, 416, 416]              64
    …
            CNNBlock-306          [-1, 75, 52, 52]               0
             Predict-307       [-1, 3, 52, 52, 25]               0
    ================================================================
    Total params: 61,626,049
    Forward/backward pass size (MB): 1228.70
    Params size (MB): 235.08
    Estimated Total Size (MB): 1465.77
    ----------------------------------------------------------------
```

### 4.4.3 YOLOv3网络训练

准备好训练数据和YOLOv3的网络模型后，下面需要对齐进行训练。首先定义计算模型训练过程中损失的函数Loss()，该函数在训练时，针对目标的$x$、$y$坐标，目标物体的置信度，类别置信度，等等内容会使用交叉熵损失，而针对使用目标的$w$、$h$参数则是使用MSE损失。定义损失的程序如下所示。

```
In[21]:## 定义损失函数，
    mse = nn.MSELoss()
    bce = nn.BCEWithLogitsLoss()
    entropy = nn.CrossEntropyLoss()
    def Loss(predictions, target, anchors):
        ## predictions：网络输出预测值；target：真实目标
        obj = target[..., 0] == 1
        noobj = target[..., 0] == 0
        ## 无目标时的损失
        no_object_loss = bce((predictions[..., 0:1][noobj]),
                             (target[..., 0:1][noobj]), )
        ## 计算预测的box
        anchors = anchors.reshape(1, 3, 1, 1, 2)
        box_preds = torch.cat([torch.sigmoid(predictions[...,
1:3]),
                                 torch.exp(predictions[..., 3:5]) *
anchors], dim=-1)
          ious          =          intersection_over_union(box_
preds[obj],       target[..., 1:5][obj]).detach()
        ## 置信度：一个是目标置信度带来的误差
        object_loss = mse(torch.sigmoid(predictions[..., 0:1]
[obj]), ious * target[..., 0:1][obj])
        predictions[..., 1:3] = torch.sigmoid(predictions[...,
1:3])
         target[..., 3:5] = torch.log((1e-16 + target[..., 3:5] /
anchors))
        ## 边界框损失
        box_loss = mse(predictions[..., 1:5][obj], target[...,
 1:5][obj])
        ## 类别交叉熵损失
        class_loss = entropy(
                 (predictions[..., 5:][obj]), (target[..., 5][obj].
long()),
```

```
        )
         return (10 * box_loss + 1 * object_loss + 10 * no_object_
loss + 1 * class_loss)
```

下面则是定义计算目标检测过程中，获取类别预测精度、目标检测精度、无目标检测精度的函数get_accuracy()，程序如下所示。

```
In[22]:## 计算类别预测精度,目标检测精度、无目标检测精度
     def get_accuracy(true, pred, device):
         total_c, correct_c = 0, 0
         total_n, correct_n = 0, 0
         total_o, correct_o = 0, 0
         for i in range(3):
             true[i] = true[i].to(device)
             obj = true[i][..., 0] == 1
             noobj = true[i][..., 0] == 0
             correct_c += torch.sum(
                             torch.argmax(pred[i][...,5][obj],dim=
-1)==true[i][...,5][obj])
             total_c += torch.sum(obj)
             obj_preds = torch.sigmoid(pred[i][..., 0]) > CONF_
THRESHOLD
             correct_o += torch.sum(obj_preds[obj] == true[i][...,
0][obj])
             total_o += torch.sum(obj)
             correct_n += torch.sum(obj_preds[noobj] == true[i][...,
0][noobj])
             total_n += torch.sum(noobj)
         acc_c = correct_c / total_c * 100
         acc_o = correct_o / total_o * 100
         acc_n = correct_n / total_n * 100
         return acc_c.item(), acc_o.item(), acc_n.item()
```

下面针对模型训练一个epoch和验证（或测试）一个epoch的过程，分别定义函数train_epoch()和val_test()函数，并且会输出一个epoch的平均损失和精度，程序如下所示。

```
In[23]:## 定义对训练数据集训练一个epoch的函数
     def train_epoch(model, train_loader, optimizer, loss,
                 scaled_anchors, scaler, device='cuda'):
```

```
        ## model：模型；train_loader：训练数据集；optimizer：优化器
        ## loss：损失函数
        tq = tqdm(train_loader, leave=True, desc="Train")
        losses = [], accuracy = []
        model.train()
        for i, (data, target) in enumerate(tq):
            data = data.to(device)
            t0,t1,t2=target[0].to(device),target[1].to(device),
target[2].to(device)
            ## 前向过程(model + loss)开启 autocast，基于自动混合精度进行
计算
            with torch.cuda.amp.autocast():
                out = model(data)
                ## 分别对3种尺度的输出计算损失
                l = (loss(out[0], t0, scaled_anchors[0]) +
                     loss(out[1], t1, scaled_anchors[1]) +
                     loss(out[2], t2, scaled_anchors[2]))
            losses.append(l.item())
            optimizer.zero_grad()
            scaler.scale(l).backward()
            scaler.step(optimizer)
            scaler.update()
            l.detach()
            ## 计算3个尺度的平均损失，用于实时输出相关的信息
            mean_loss = sum(losses) / len(losses)
            tq.set_postfix(loss=mean_loss)
            ## 计算预测的精度
            acc = get_accuracy(target, out, device)
            accuracy.append(acc)
        ## 计算一个epoch的平均损失和平均精度用于输出
        mean_loss = sum(losses) / len(losses)
        avg_acc = np.array(accuracy).mean(axis=0)
        return mean_loss, avg_acc
In[24]:## 定义对模型验证或测试一个epoch的函数
      def val_test(model, val_loader, optimizer, loss, scaled_
anchors,
                   scaler, device='cuda'):
        tq = tqdm(val_loader, leave=True, desc="Val or Test")
        losses = [], accuracy = []
        model.eval()
        with torch.no_grad():
```

```
            for i, (data, target) in enumerate(tq):
                data = data.to(device)
                t0, t1, t2 = target[0].to(device), target[1].
to(device), target[2].to(device)
                out = model(data)
                l = (loss(out[0], t0, scaled_anchors[0]) +
                     loss(out[1], t1, scaled_anchors[1]) +
                     loss(out[2], t2, scaled_anchors[2]))
                losses.append(l.detach().item())
                mean_loss = sum(losses) / len(losses)
                tq.set_postfix(loss=mean_loss)
                acc = get_accuracy(target, out, device)
                accuracy.append(acc)
        mean_loss = sum(losses) / len(losses)
        avg_acc = np.array(accuracy).mean(axis=0)
        return mean_loss, avg_acc
```

下面的程序则是用模型训练100个epoch，并且将模型在训练过程中损失函数以及预测精度的情况进行保存，程序和对应的训练过程输出如下所示。

```
In[25]:## 模型使用数据训练指定的epoch
    start_epoch = 0   # 开始训练的轮次
    epochs = 100       # 一共训练的轮次
    ## 定义优化器
    optimizer = optim.Adam(yolov3.parameters(), lr=1e-5, weight_
decay=1e-4)
    ## 经过最终缩放尺度处理后的ANCHORS
    scaled_anchors = (torch.tensor(ANCHORS) *
                          torch.tensor(S).unsqueeze(1).unsqueeze(1).
repeat(1, 3, 2))
    scaled_anchors = scaled_anchors.to(device)
    ## 保存最好的模型参数
    best_model = yolov3.state_dict()
    best_loss = 10.0
    ## 在训练开始之前实例化一个GradScaler对象
    scaler = torch.cuda.amp.GradScaler()
    history = {}       # 用于保存训练的过程
    history["train_loss"] = [], history["train_acc"] = []
    history["val_loss"] = [], history["val_acc"] = []
    for epoch in range(1+start_epoch, 1+epochs):
        ## 使用训练数据训练一个epoch
        train_loss, train_acc = train_epoch(
```

```
            yolov3, train_loader, optimizer, Loss, scaled_anchors,
            scaler, device)
        history["train_loss"].append(train_loss)
        history["train_acc"].append(train_acc)
        ## 对验证数据验证一个epoch
        val_loss, val_acc = val_test(
            yolov3, val_loader, optimizer, Loss, scaled_anchors,
            scaler, device)
        history["val_loss"].append(val_loss)
        history["val_acc"].append(val_acc)
        ## 通过损失大小,保存较优的模型参数
        if val_loss < best_loss:
            best_model = yolov3.state_dict()
            best_loss = val_loss
    ## 重新加载最优的模型参数
    yolov3.load_state_dict(best_model)
    ## 保存较优的模型参数
    torch.save(yolov3,"data/chap4/My_YOLOV3_VOC_train.pkl")
Out[25]:Train:  100%|█████████████| 750/750  [05:01<00:00,
2.49it/s, loss=34.7]
    Val or Test: 100%|██████████| 643/643 [00:50<00:00,
12.76it/s, loss=20.7]
    …
    Train: 100%|██████████████| 750/750 [04:21<00:00,  2.87it/
s, loss=3.27]
    Val or Test: 100%|██████████| 643/643 [00:42<00:00,
15.02it/s, loss=6.51]
```

针对100个epoch训练过程中的损失函数和预测精度的变化情况，可以使用下面的程序进行可视化，运行程序后可获得可视化图像如图4-21所示。

```
In[26]:## 可视化训练过程中损失函数和预测精度的变化情况
    plt.figure(figsize=(8,6))
    plt.plot(history["train_loss"],"r-o",linewidth=2.5,label =
"Train loss")
    plt.plot(history["val_loss"], "b-s",linewidth=2.5,label = "Val
loss")
    plt.legend(),plt.grid(),plt.xlabel("epoch"),plt.
ylabel("Loss")
    plt.title("损失函数变化情况"), plt.show()
    accs_train = np.stack(history["train_acc"], axis=0)
```

```
    accs_val = np.stack(history["val_acc"], axis=0)
    plotname = ["类别预测精度", "目标检测精度","无目标检测的精度"]
    plt.figure(figsize=(8,6))
    for ii in range(3):
        plt.subplot(3,1,ii+1)
        plt.plot(accs_train[:,ii],"r-o",linewidth=2.5,label =
"Train acc")
        plt.plot(accs_val[:,ii], "b-s",linewidth=2.5,label = "Val
acc")
        plt.legend(),plt.grid(),plt.xlabel("epoch")
        plt.ylabel("Acc"), plt.title(plotname[ii])
    plt.tight_layout(), plt.show()
```

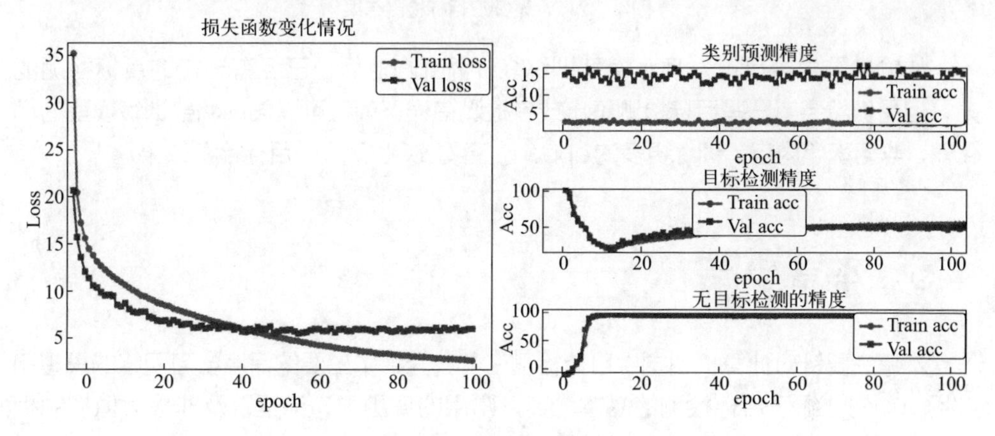


图4-21　训练过程中损失函数和预测精度的变化情况

## 4.4.4 YOLOv3目标检测

最后可以使用训练好的模型，对未见过的测试数据进行预测，下面的程序则是预测测试数据中一个epoch的图像，并且将目标检测的结果进行可视化输出，运行程序后可获得如图4-22所示的目标检测结果。

```
In[27]:## 预测新的图像,只可视化一个batch的检测结果
    for data, target in test_loader:
        out = yolov3(data.to(device))
        for i in range(len(out)):
            out[i] = out[i].to("cpu")
        data.to("cpu")
        bbox = cells_to_boxes(out, predicted=True)
```

```
        plot_image(data, bbox,plottext = True)
        break
```

图4-22 YOLOv3目标检测结果

从输出结果中可以发现：模型训练100个epoch后，已经有一定的目标检测能力，但是仍然会有一些目标检测不出或者检测错误。读者可以尝试调整训练模型的优化器、学习率等内容，训练更多的epoch，查看YOLOv3的目标检测效果。

## 4.5 本章小结

本章主要针对计算机视觉中目标检测任务，介绍了主要的深度学习网络的思想和应用。首先介绍了目标检测的基本分类、常用的算函数、锚框以及非极大值抑制相关的基础知识，然后对主流的目标检测网络R-CNN系列、YOLO系列、SSD系列等算法，进行了网络结构、算法思想等内容的介绍。接着介绍了如何进行目标检测实战，包括使用PyTorch中预训练的网络进行目标检测、关键点检测等。最后介绍了如何从头搭建、训练、测试自己的YOLOv3目标检测网络。

# 第5章 语义分割

语义分割是对图像在像素级别上的分类方法，会将一张图像中属于同一类的像素点预测为相同的类，因此语义分割是从像素级别来理解图像。但是需要正确区分语义分割和实例分割，虽然它们在名称上很相似，但是却属于不同的计算机视觉任务，例如一张照片中有多个人，针对语义分割任务，只需将所有人的像素都归为一类即可，但是针对实例分割任务，则需要将不同人的像素归为不同的类。简单来说，实例分割会比语义分割所做的工作更进一步。

图像语义分割是计算机视觉领域近年来的研究热点，随着深度学习在计算机视觉领域的发展，提出了多种基于深度学习方法的图像语义分割网络，例如FCN、U-Net、Segnet、DeepLab等。

## 5.1 语义分割方法

图像分割是计算机视觉研究的关键，也是理解图像内容的基础技术，其发展历程从基于边缘检测、基于阈值、基于区域等方法的传统图像分割，逐渐发展到当今主流的基于深度神经网络的图像语义分割，在技术水平和分割效果上均取得了巨大的进步。传统的图像分割受计算机算力的限制，只能提取图像的纹理信息、颜色、形状等低层特征对图像进行分割，且需要人工设计特征，因而分割准度不高。而随着计算机软硬件的更新换代、数据集数量的增加、深度学习技术的迅速发展，语义分割也进入新的发展时期。许多研究学者将深度学习引入图像语义分割领域，利用深度神经网络从输入数据中自动学习特征，能够提取图像的低层、中层与高层特征，实现对图像目标端到端的像素级分类，极大地提高了语义分割的精度和效率。

基于深度学习的语义分割算法有很多，它们都有各自的优缺点，下面将一些主流的语义分割方法根据其算法特点进行简单的总结，如表5-1所示。

表5-1 主流的语义分割算法

| 分类 | 算法 | 算法特点 | 算法优点 | 算法缺点 |
| --- | --- | --- | --- | --- |
| 基于空洞卷积的方法 | DeepLabV1 | 使用空洞卷积提取特征 | 扩大感受野，可以提取更多的特征信息 | 计算成本高，像素的位置信息对视，影响特征图的局部一致性 |
| | DeepLabV2 | 利用ASPP模块捕获多尺度的上下文信息 | | |
| | DeepLabV3 | 为ASPP添加批次正则化，并去除FCCRF | | |
| 基于编解码的方法 | U-Net | 跳跃连接将编码网络的特征图拼接到相对应的解码网络特征图 | 在FCN的基础上，加入解码网络，有效融合低层和高层特征，恢复图像的空间维度和边界信息 | 网络结构复杂，参数数量多，物体边界分割效果不佳 |
| | SegNet | 解码器层使用对应编码器层存储的最大值池化索引进行上采样，增强边界定位准确度 | | |
| | ENet | 采用较大和较小编码器结构，减少模型参数同时保持分割准确度 | | |
| | LEDNet | 非对称编码器-解码器结合注意力机制，降低了网络复杂度 | | |

续表

| 分类 | 算法 | 算法特点 | 算法优点 | 算法缺点 |
|---|---|---|---|---|
| 基于特征融合的方法 | ParseNet | 全局平局值池化提取全局特征，并将局部和全局特征进行融合 | 获取图像的上下文信息，提高对图像全局和局部特征的利用 | 会丢失目标部分的边界信息 |
| | RefineNet | 利用Refine模块有效融合低层和高层特征 | | |
| | PSPNet | 利用金字塔模块聚合不同尺度的特征，捕获上下文信息 | | |
| 基于RNN的方法 | ReSeg | 级联多个RNN模块，获取图像上下文信息 | 具有历史信息记忆能力，易于提取序列特征和全局上下文信息 | 远距离序列信息会有梯度消失问题，会造成部分像素信息丢失，导致像素分类错误 |
| | 2D LSTM | 4个独立的不同方向LSTM获取上下文信息 | | |
| | Graph-LSTM | 利用超像素构造图拓扑结构，将图像上下文信息传输到各个图节点 | | |
| 基于注意力机制的方法 | PAN | 注意力机制结合空间金字塔，提取准确且密集的特征进行像素标注 | 可以获取上下文关系，模型结构简单、参数少 | 计算量较大，获取图像位置信息能力不足 |
| | DANet | 利用注意力机制整合图像局部特征，获取上下文信息 | | |
| | CCNet | 纵横交叉注意模块可利用像素长距离依赖关系，捕获全局上下文信息 | | |

表5-1针对一些主流的语义分割算法，根据它们的特点进行了简单的分类介绍，更详细的内容读者可以阅读相关论文。

# 5.2 经典的语义分割网络

下面将会对FCN、U-Net、SegNet等算法，结合它们的网络结构进行介绍。

## 5.2.1 FCN

全卷积网络语义分割网络（FCN），是在图像语义分割文章*Fully Convolutional Networks for Semantic Segmentation*中提出的全卷积网络，该文章是基于深度网络进行图像语义分割的开山之作，而且是全卷积的网络，可以输入任意图像尺寸，其网络进行图像语义分割的示意图如图5-1所示。

图5-1是全卷积网络对图像进行语义分割的网络工作示意图。FCN的主要思想如下所述。

① 对于一般的CNN图像分类网络，如VGG和ResNet，在网络的最后是通过全连接层，并经过softmax后进行分类。但这只能表示整个图片的类别，不能预测每个像素点的类别，所以这种全连接方法不适用于图像分割。因此FCN提出把网络最后几个全连接层都换成卷积操作，以获得和输入图像尺寸相同的特征映射，然后通过softmax获得每个像素点的分类信息，即可实现基于像素点分类的图像分割。

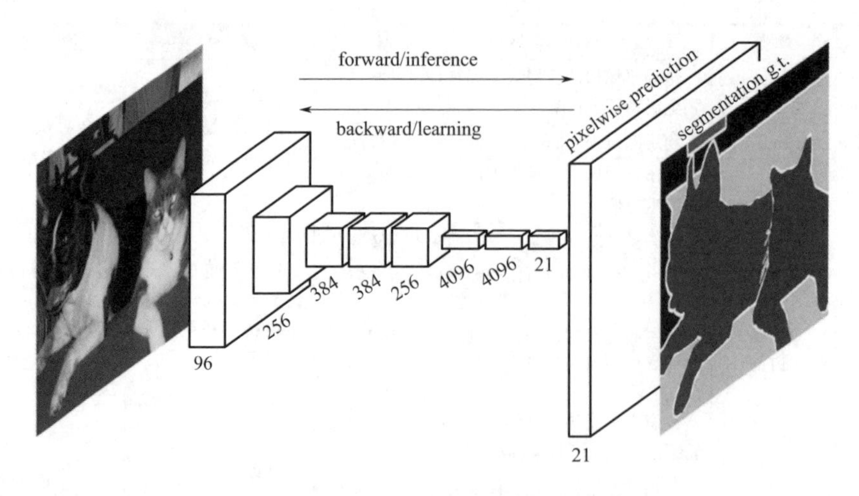


图5-1　全卷积网络语义分割（FCN）示意图

② 端到端像素级语义分割任务，需要输出分类结果尺寸和输入图像尺寸一致，而基于卷积+池化的网络结构会缩小图片尺寸。因此FCN引入反卷积(deconvolution，和转置卷积的功能一致，也可称为转置卷积)操作，对缩小后的特征映射进行上采样，从而满足像素级的图像分割要求。

③ 为了更有效地利用特征映射的信息，FCN提出一种跨层连接结构，将低层和高层的目标位置信息的特征映射进行融合，即将低层的目标位置信息强但语义信息弱的特征映射与高层目标位置信息弱但语义信息强的特征映射进行融合，以此来提升网络对图像进行语义分割的性能。

利用反卷积和跨层连接的方式，将网络中间的输出联合起来进行转置卷积，从而获得更多有用的语义分割信息，可以得到更好的语义分割结果。该操作方式如图5-2所示。

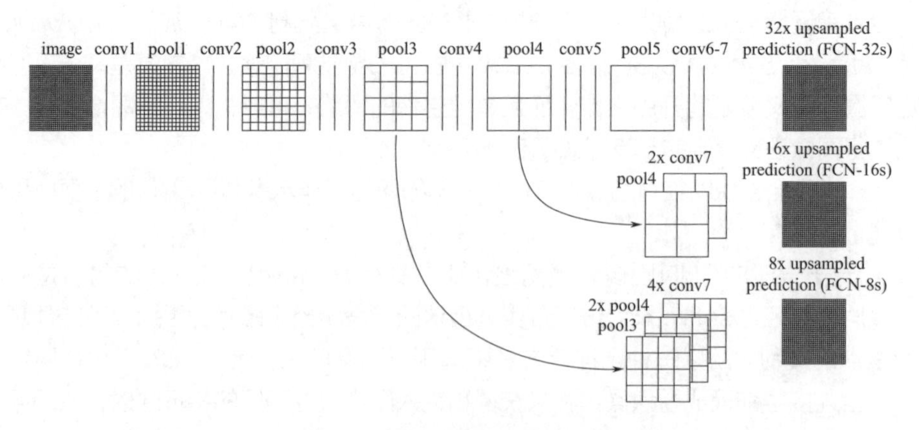


图5-2　不同层的FCN操作方法

图5-2展示了不同层的FCN语义分割操作方法，其中FCN-32s就是直接将最后的卷积或池化结果通过转置卷积，直接将特征映射的尺寸扩大32倍进行输出，而FCN-16s则是联合前面一次的结果将特征映射进行16倍的放大输出，而FCN-8s是联合前面两次的结果，通过转置卷积将特征映射的尺寸进行8倍的放大输出。

## 5.2.2 SegNet

SegNet的网络结构借鉴了自编码网络的思想，网络具有编码器网络和相应的解码器网络，最后通过Softmax分类器对每个像素点进行分类，其网络结构如图5-3所示。

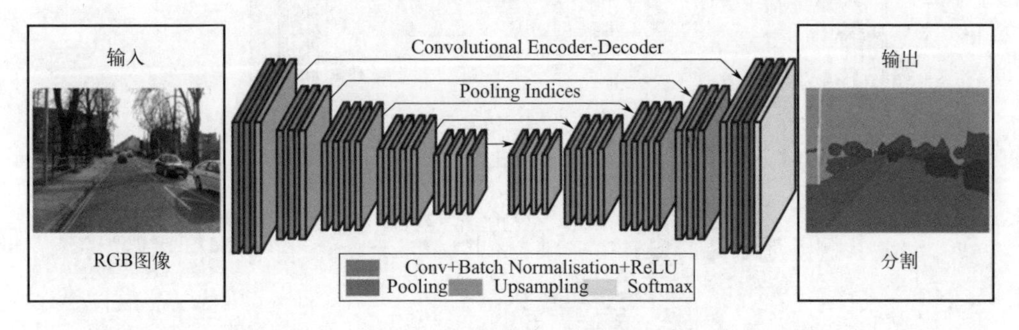


图5-3 SegNet的网络结构

图5-3是图像语义分割文章*SegNet: A Deep Convolutional Encoder-Decoder Architecture for Image Segmentation*提出的网络结构工作示意图。网络在编码器处执行卷积和最大值池化等操作，并且会在进行2×2最大值池化时存储相应的最大值池化索引。在解码器部分执行上采样和卷积，并且在上采样期间调用相应编码器层的最大值池化索引来帮助上采样操作，最后，每个像素通过softmax分类器进行预测类别。

## 5.2.3 U-Net

U-Net是其作者参加ISBI Challenge时提出的一种分割网络，能够适应较小的训练集（大约30张图片）。网络结构与SegNet相似，采用的是“U型”的编码器-解码器结构，主要应用于医学图像分析领域。其设计思想基于FCN网络，在整个网络中仅有卷积层，没有全连接层，其独特之处在于将编码器中低分辨率特征图，通过跳跃连接直接拼接到对应解码器上采样生成的特征图，从而有效融合了低层的细节信息和高层的像素分类信息，实现更精确的分割。因为医学图像训练数据较少，故采用大量弹性形变的方式增强数据，以让模型更好地学习形变不变性，这种增强方式对于医学图像来说很重要，并在不同的特征融合方式上。其网络进行图像语义分割示意图如图5-4所示，由文章*U-Net: Convolutional Networks for Biomedical Image Segmentation*提出。

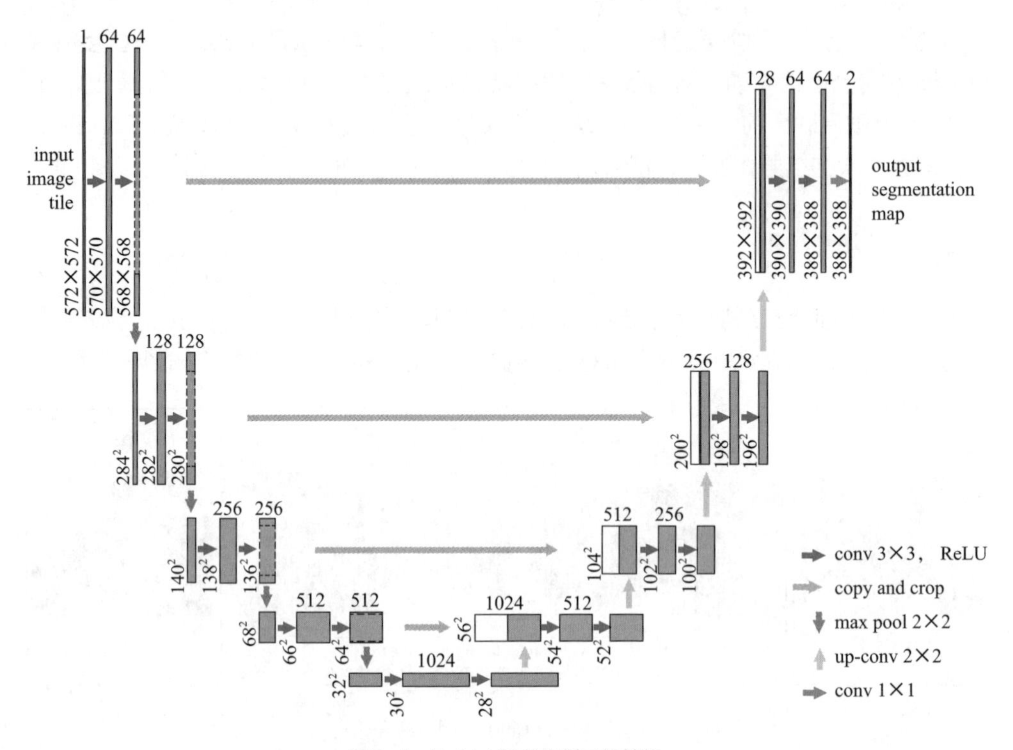


图5-4 U-Net语义分割网络结构

## 5.2.4 DeepLab系列

FCN网络在下采样时造成特征图感受野变小，图像的部分空间信息丢失，此外还缺乏对图像上下文信息的利用。针对这些问题，DeepLab V1（DeepLab: Semantic Image Segmentation with Deep Convolutional Nets, Atrous Convolution, and Fully Connected CRFs）语义分割网络被提出。DeepLab V1将深度卷积神经网络（DCNN）的部分卷积层替换为空洞卷积，在不增加参数的同时增大了感受野，从而获得更多的特征信息。此外，在DCNN的最后一层添加全连接条件随机场（fully connected conditional random field，FCCRF）来增强捕获图像细节信息的能力，实现目标的精确定位。其结构如图5-5所示。

在DeepLab V1的基础上，DeepLab V2将空洞卷积和空间金字塔池化模型结合，提出了带孔空间金字塔池化（atrous spatial pyramid pooling，ASPP）模块。ASPP模块使用多个不同采样率的空洞卷积来获取不同尺度的特征，并将特征进行融合以获取上下文信息，实现多尺度目标的处理。最后使用FCCRF优化边界分割效果。

在DeepLab V1、V2的基础上DeepLab V3被提出，其在ASPP模块中增加了批正则化（batch normalization）层，改进了ASPP模块。此外将串行/并行连接的

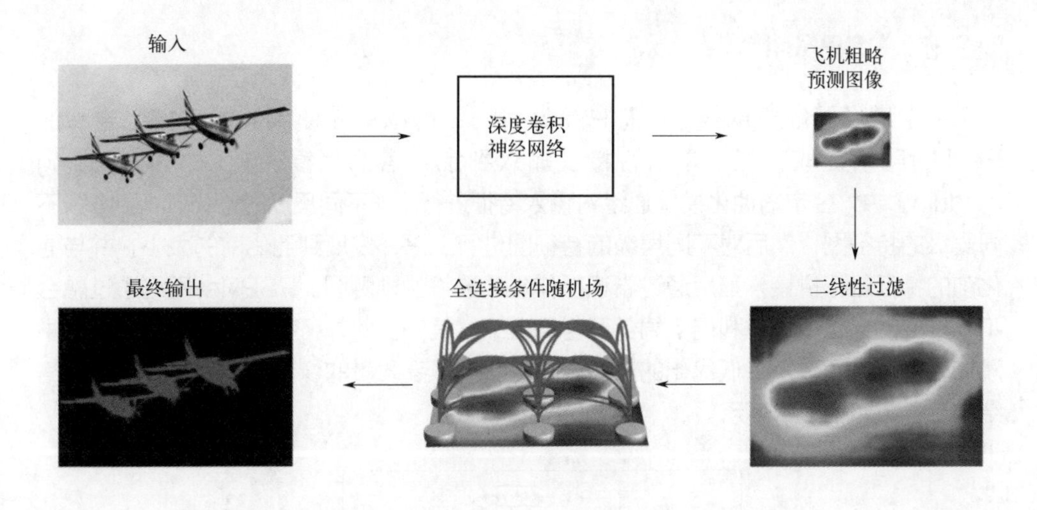


图5-5 DeepLab语义分割网络工作示意图

空洞卷积与改进的ASPP模块以串行连接的方式结合，以更有效地提取特征和捕获全局上下文信息，增强处理多尺度物体的能力。DeepLab V3相比DeepLabV1、V2去除了FCCRF，但性能进一步提高。

针对DeepLab V3生成的预测图稀疏、空洞卷积造成的边界信息丢失等问题，DeepLab V3+被提出，其基于DeepLab V3设计编码网络，来编码全局上下文信息，并且引入解码网络来恢复目标的边界细节信息。此外，在ASPP模块和解码网络中添加可分离深度卷积层，提高了网络的运行速率和鲁棒性，并大幅提升了分割准度。其网络结构示意图如图5-6所示。

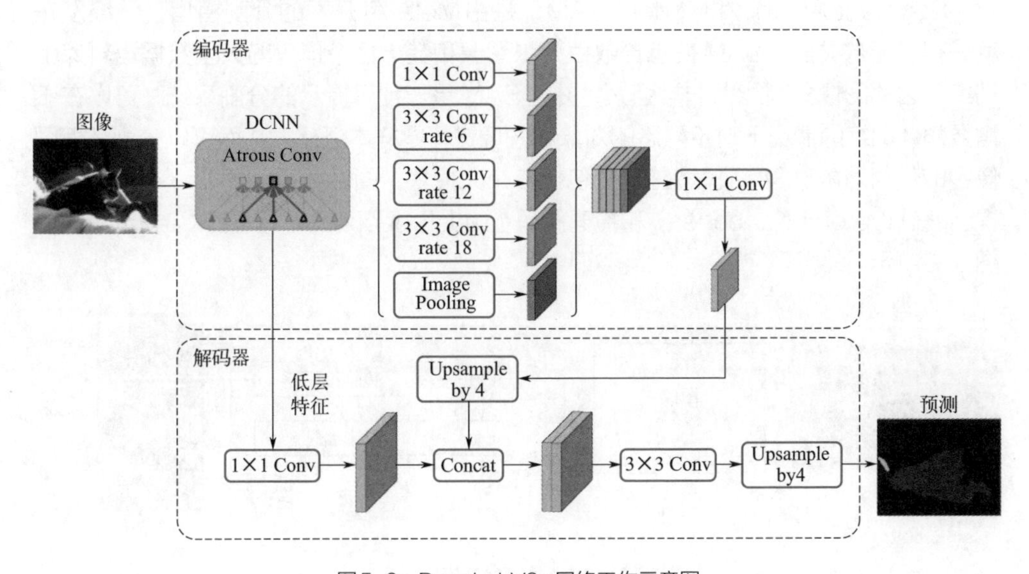


图5-6 DeepLabV3+网络工作示意图

## 5.2.5 PSPNet

金字塔场景解析网络（简称PSPNet），该网络首先使用添加了扩张卷积的ResNet网络提取特征，之后将特征输入到金字塔池化模块（pyramid pooling module）中。金字塔池化模块通过对输入特征进行4张不同尺度的池化，得到4张不同层级的特征图；然后对不同层级的特征图进行上采样恢复到池化前的大小，并与池化前的特征进行拼接；最后通过卷积操作生成最终的预测图。PSPNet网络通过融合不同尺度的特征，有效利用了局部和全局上下文信息。此外，在基础网络训练过程中添加辅助损失函数，降低优化的难度，从而实现了高质量的像素级场景解析。其网络结构示意图如图5-7所示。

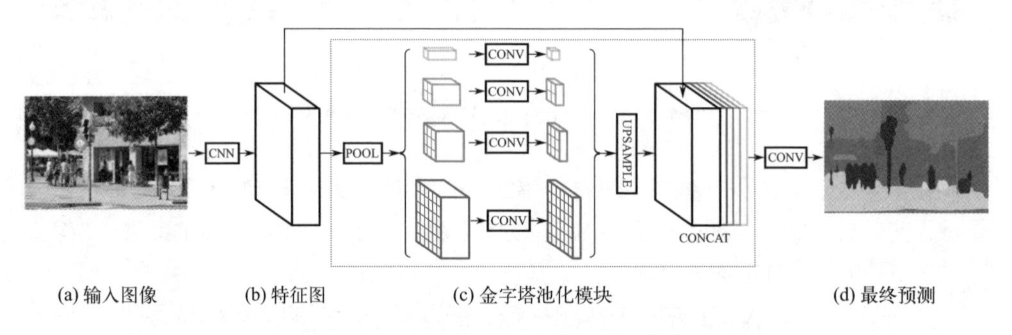


图5-7　PSPNet语义分割工作示意图

## 5.2.6 SAM

Segment Anything Model（SAM）是由Meta AI开发的分割模型，一经发布就获得了无数关注。SAM在包含数百万张图像和数十亿个掩码的大型数据语料库上训练，因此图像分割能力非常强大，并且SAM是一种可提示的分割系统，可以在不需要额外训练的情况下对不熟悉的对象和图像进行零样本泛化，从而可以分割任何图像中的任何对象。SAM模型整体上包含三个大模块，图像编码（image encoder）、提示编码（prompt encoder）和掩码解码（mask decoder），其整体结构示意图如图5-8所示。

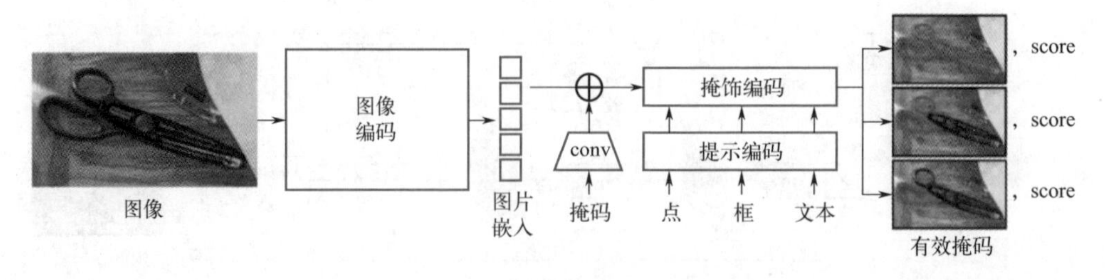


图5-8　SAM整体结构示意图

在SAM模型中，image encoder目的是将待分割的图像映射到图像特征空间；prompt encoder则是将输入的prompt（点、框、文本等）映射到prompt的特征空间。mask decoder主要有两个功能，先是整合image encoder和prompt encoder分别输出的两个嵌入，然后解码出最终的分割掩码。

此外，SAM为了实现强大的泛化，在一个大型和多样化的掩码集进行训练。为此，Meta AI专门建立了一个数据引擎，该引擎通过与注释者协作来共同开发模型。数据引擎主要包括三个阶段：辅助手动注释、半自动注释和全自动注释。在这些阶段中，SAM与注释者交互，产生高质量的掩码，逐渐增强语义分割能力。Meta AI已经开发了SAM的测试网站，可以上传任何图像测试语义分割效果，图5-9是SAM对一张图像进行语义分割的效果。

图5-9 SAM语义分割示意图

针对语义分割的一些经典方法的网络结构就介绍到这里，下面将会介绍如何自己动手完成语义分割任务，分别使用预训练的语义分割网络，以及搭建和训练自己的语义分割网络。

## 5.3 使用预训练的语义分割网络

本节主要介绍PyTorch中已经预训练好语义分割网络的使用，以及语义分割常用的性能评价指标。

### 5.3.1 使用预训练网络

PyTorch中提供的已预训练好的图像语义分割网络，分别是FCN ResNet101系列和DeepLabV3 ResNet101系列，这些模型在COCO train2017的子集上进行了预训练。针对语义分割，需要输入图像使用一些预处理方式，即先将每张图像的像素值预处理到0 ~ 1之间，然后对图像进行标准化处理，使用的均值为[0.485, 0.456, 0.406]，标准差为[0.229, 0.224, 0.225]。下面使用DeepLabV3 ResNet101系列预训练好的模型，首先导入会使用到的库和模块，然后导入预训练好的模型，程序如下所示。

```
In[1]:## 导入本节所需要的模块
      import numpy as np
      import matplotlib.pyplot as plt
      import PIL
      import torch
      from torchvision.io.image import read_image
      from torchvision.models.segmentation import deeplabv3_
resnet101, DeepLabV3_ResNet101_Weights
      from torchvision.transforms.functional import to_pil_image
      # 使用预训练的权重初始化模型
      weights = DeepLabV3_ResNet101_Weights.COCO_WITH_VOC_LABELS_V1
      model = deeplabv3_resnet101(weights=weights)
      model.eval()
```

针对导入好的语义分割模型model，为了更方便地展示语义分割前后的对比结果，下面定义一个语义分割函数show_seg()，该函数只需要输入导入的图像数据以及使用模型对图像的预测结果，即可输出分割前后的对比结果。函数show_seg()程序如下所示。

```
In[2]:## 对语义分割结果进行可视化
      def show_seg(image,pre_class,figsize=(20,8)):
          """ image:未分割的原始图像;pre_class:预测的每个像素的类别标签
              figsize:可视化图像的大小  """
          ## 将输出的结果中不同的类编码为不同的颜色
          label_colors = np.array([(0, 0, 0), (128, 0, 0), (0, 128, 0),
              (128, 128, 0), (0, 0, 128), (128, 0, 128),(0, 128, 128),
              (128, 128, 128), (64, 0, 0), (192, 0, 0), (64, 128, 0),
              (192, 128, 0), (64, 0, 128), (192, 0, 128), (64, 128, 128),
              (192, 128, 128),(0, 64, 0), (128, 64, 0), (0, 192, 0),
              (128, 192, 0), (0, 64, 128)])
          r = np.zeros_like(pre_class).astype(np.uint8)
          g = np.zeros_like(pre_class).astype(np.uint8)
          b = np.zeros_like(pre_class).astype(np.uint8)
```

```
    for cla in range(0, len(label_colors)):
        idx = pre_class == cla
        r[idx] = label_colors[cla, 0]
        g[idx] = label_colors[cla, 1]
        b[idx] = label_colors[cla, 2]
    rgbimage = np.stack([r, g, b], axis=2)
    ## 可视化
    plt.figure(figsize=figsize)
    plt.subplot(1,2,1)
    plt.imshow(to_pil_image(image))
    plt.axis("off")
    plt.subplot(1,2,2)
    plt.imshow(rgbimage)
    plt.axis("off")
    plt.subplots_adjust(wspace=0.05)
    plt.show()
    return rgbimage
```

定义好可视化结果函数后，读取一张图像，然后使用语义分割模型进行预测，并可视化出分割前后的结果，运行下面的程序，可获得如图5-10所示的可视化结果。

图5-10　语义分割前后对比

```
In[3]:## 对图像进行预处理操作
    img = read_image("data/chap4/superbike-930715_1280.jpg")
    preprocess = weights.transforms()
    batch = preprocess(img).unsqueeze(0)
    # 使用模型对图像进行预测
    prediction = model(batch)["out"]
    normalized_masks = prediction.softmax(dim=1)
    pre_class = normalized_masks.argmax(dim = 1)[0]
```

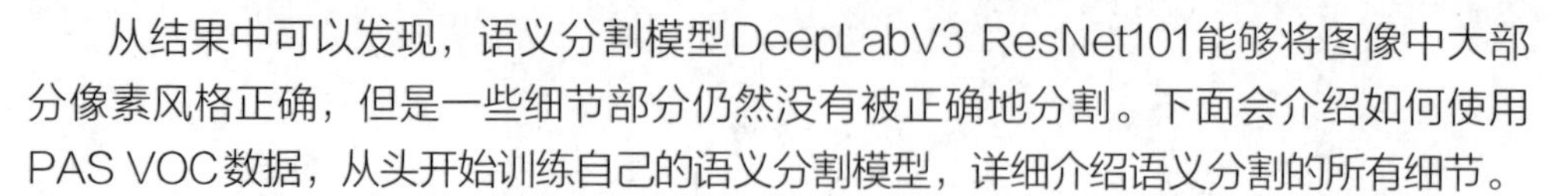

```
## 使用函数进行可视化
rgbimage = show_seg(img,pre_class)
```

从结果中可以发现，语义分割模型DeepLabV3 ResNet101能够将图像中大部分像素风格正确，但是一些细节部分仍然没有被正确地分割。下面会介绍如何使用PAS VOC数据，从头开始训练自己的语义分割模型，详细介绍语义分割的所有细节。

### 5.3.2 语义分割评价指标

图像语义分割准确度的评价指标，主要包括像素准确率（pixel accuracy，PA）、平均准确率(mean accuracy，MA)、交并比（intersection over union，IoU）、平均交并比（mean intersection over union，mIoU）等。其中mIoU简洁且代表性强，是图像语义分割实验评测中最常用的指标。

PA表示分类正确的像素点数和所有的像素点数的比例，其可以表示为

$$\mathrm{PA}=\sum_{i=1}^{N} X_{ii} \Big/ \sum_{i=1}^{N} T_i$$

MA表示所有类别物体像素准确率的平均值，其可以表示为

$$\mathrm{MA}=\sum_{i=1}^{N} \frac{X_{ii}}{T_i} \Big/ N$$

IoU表示预测图集合和真实标注图集合的交集与这两个集合的并集的比率，图像语义分割中常表示分割图与原始图像真值之间的重合程度。其可以表示为

$$\mathrm{IoU}=\sum_{i=1}^{N} \frac{X_{ii}}{T_i+\sum_{j=1}^{N} X_{ji}-X_{ii}}$$

mIoU表示图像像素每个类的IoU值累加后的平均值，其可以表示为

$$\mathrm{mIoU}=\left(\sum_{i=1}^{N} \frac{X_{ii}}{T_i+\sum_{j=1}^{N} X_{ji}-X_{ii}}\right) \Bigg/ N$$

式中，$N$表示图像中像素的类别数量；$T_i$表示第$i$类的像素总数；$X_{ii}$表示实际类别为$i$预测类别为$i$的像素总数；$X_{ji}$表示实际类别为$i$预测类别为$j$的像素总数。

## 5.4 训练自己的语义分割网络

前面介绍了如何使用预训练的语义分割网络，本节会介绍如何从头开始搭建并训练自己的语义分割模型。由于计算设备的限制，我们只使用一个8G的GPU，使用VOC2012数据集对网络进行训练，会使用该数据集的训练集和验证集，训练集用于

训练网络，验证集用于训练过程的验证，防止网络过拟合。每个数据集约有1000张图片，并且图像之间的尺寸不完全相同，数据集共有21类需要学习的目标类别。下面首先导入本节需要的库和模块，程序如下。

```
In[1]:## 导入本节所需要的库和模块
    import numpy as np
    import pandas as pd
    import matplotlib.pyplot as plt
    import PIL
    from PIL import Image
    import glob
    from time import time
    import os
    from skimage.io import imread
    import copy
    import time
    import seaborn as sns
    import torch
    from torch import nn
    from torch import optim
    import torch.nn.functional as F
    from torch.utils.data import DataLoader, Dataset
    from torchvision import transforms
    from torchvision.models import resnet50, ResNet50_Weights
    from torch.optim.lr_scheduler import StepLR
    from torchsummary import summary
    ## 定义计算设备,如果设备有GPU就获取GPU,否则获取CPU
    device = torch.device("cuda:0" if torch.cuda.is_available()
else "cpu")
```

为了网络的训练速度和效果，将基于ResNet50为基础的骨干网络用于语义分割，因此需要先导入预训练好的ResNet50。

## 5.4.1 数据准备

读取数据并对数据进行相关预处理操作之前，先查看数据集的基本情况。图5-11是从训练数据集中挑出的两张图像，分别是真实图像与语义分割的标注图像。不同的类别使用了不同的颜色进行标注，语义分割的目的就是针对图像自动地对每一个像素进行预测类别，得到如图5-11所示的结果。

图5-11 数据集的情况

针对VOC2012数据集，一共需要分割出的目标类别有21类，其中一类为背景。在标注好的图像中，每类对应的名称和颜色值如下。

```
In[2]:## 列出每个物体对应背景的RGB值
    classes = ['background','aeroplane','bicycle','bird','boat',
               'bottle','bus','car','cat','chair','cow','diningtab
le',
              'dog','horse','motorbike','person','potted plant',
              'sheep','sofa','train','tv/monitor']
    # 每个类的RGB值
     colormap =  [[0,0,0],[128,0,0],[0,128,0], [128,128,0],
[0,0,128],
               [128,0,128],[0,128,128],[128,128,128],[64,0,0],[192
,0,0],
               [64,128,0],[192,128,0],[64,0,128],[192,0,128],
               [64,128,128],[192,128,128],[0,64,0],[128,64,0],
               [0,192,0],[128,192,0],[0,64,128]]
```

### （1）数据预处理操作

为了更好地训练语义分割网络，需要对数据进行数据增强操作，对数据进行预处理，需要对每张图像进行如下几种操作，针对每种操作定义相关的函数来完成。

定义image2label()函数，该函数可以将一张标记好的图像转化为类别标签图像。

```
In[3]:## 给定一个标记好的图片,将像素值对应的物体找出来
    def image2label(image,colormap):
        ## 将标签的每种颜色转化为1类数据
        cm2lbl = np.zeros(256**3)
        for i,cm in enumerate(colormap):
            cm2lbl[((cm[0]*256+cm[1])*256+cm[2])] = i
```

```
    ## 对一张图像转换
    image = np.array(image, dtype="int64")
    ix = ((image[:,:,0]*256+image[:,:,1])*256+image[:,:,2])
    image2 = cm2lbl[ix]
    return image2
```

定义random_crop()随机裁剪函数，该函数可以对原始图像数据和标注的标签图像进行随机裁剪，随机裁剪后的原始图像和标签的每个像素一一对应。可通过参数high和width指定图像裁剪后的高和宽。

```
In[4]:## 随机裁剪图像数据
    def random_crop(data,label,high,width):
        im_width,im_high = data.size
        ## 生成图像随机点的位置
        left = np.random.randint(0,im_width - width)
        top = np.random.randint(0,im_high - high)
        right = left+width
        bottom = top+high
        data = data.crop((left, top, right, bottom))
        label = label.crop((left, top, right, bottom))
        return data,label
```

定义random_flip()随机翻转函数，该函数可以对原始图像数据和标注的标签图像进行随机水平翻转、垂直翻转或者不翻转，随机翻转后的原始图像和标签仍然每个像素一一对应。

```
In[5]:## 图像随机翻转进行数据增强
    def random_flip(image, label):
        flipp = np.random.random()
        if flipp > 0.7:
            image = transforms.functional.hflip(image)
            label = transforms.functional.hflip(label)
        if flipp < 0.4:
            image = transforms.functional.vflip(image)
            label = transforms.functional.vflip(label)
        return image, label
```

定义random_rotate()随机旋转函数，该函数可以对原始图像数据和标注的标签图像进行随机角度的旋转，可以通过可选的参数angle指定可选择的旋转角度，随机旋转后的原始图像和标签像素一一对应。

```
In[6]:## 图像旋转进行数据增强
    def random_rotate(image, label, angle = [-45.,45.,-135.,135.]):
```

```
        ''' 随机旋转会带来图像数据的黑边，可以使用0来填充作为背景，
            此外需要对训练数据的图像和标签做相同的操作  '''
        image_fill = 0  # image fill=0，0对应黑边
        label_fill = 0  # label fill=0，0对应黑边
        ## 如果不指定角度，就随机生成，否则从指定的角度中随机选择一个
        if angle is None:
            angle = transforms.RandomRotation.get_params([-180, 180])
        elif isinstance(angle, list) or isinstance(angle, tuple):
            angle = np.random.choice(angle)
        image = transforms.functional.rotate(image, angle, fill=
image_fill)
        label = transforms.functional.rotate(label, angle, fill=
image_fill)
        return image, label
```

定义center_crop()图像缩放与中心裁剪函数，该函数可以对原始图像数据和标注的标签图像先按尺寸size1进行缩放，然后利用尺寸size2进行图像中心裁剪。

```
In[7]:## 进行图像的缩放与中心裁剪
    def center_crop(data, label, size1 = 288,size2 = 256):
        """data, label都是PIL.Image读取的图像"""
        ##先对图像进行缩放，然后使用中心裁剪（因为图像大小是一样的）
        data = transforms.Resize(size1)(data)
        label = transforms.Resize(size1)(label)
        data = transforms.CenterCrop(size2)(data)
        label = transforms.CenterCrop(size2)(label)
        return data, label
```

## （2）数据加载器创建

为了更好地训练网络需要对训练集和验证集创建数据加载器，下面首先针对训练数据和验证数据，定义不同的数据转化操作。程序如下，其中验证数据集的转换不需要数据增强相关的操作。

```
In[8]:## 单个图像的转换操作(训练数据)
    def train_transforms(data, label, high,width,colormap):
        data, label = random_crop(data, label, high,width)
        data, label = random_flip(data, label)
        data, label = random_rotate(data, label, angle = None)
        data, label = center_crop(data, label)
```

```
        data_tfs = transforms.Compose([
            transforms.ToTensor(),
            transforms.Normalize([0.485, 0.456, 0.406],
                                 [0.229, 0.224, 0.225])])
        data = data_tfs(data)
        label = torch.from_numpy(image2label(label,colormap))
        return data, label
In[9]:## 单个图像的转换操作(验证数据)
    def val_transforms(data, label, high,width,colormap):
        data, label = center_crop(data, label)
        data_tfs = transforms.Compose([
            transforms.ToTensor(),
            transforms.Normalize([0.485, 0.456, 0.406],
                                 [0.229, 0.224, 0.225])])
        data = data_tfs(data)
        label = torch.from_numpy(image2label(label,colormap))
        return data, label
```

下面定义read_image_path()函数，其可以从给定的文件路径中，获取对应的原始图像和标记好的目标图像的存储路径列表。原始图像路径输出为data，标记好的目标图像路径输出为label。

```
In[10]:## 定义并列出需要读取的数据路径的函数
     def read_image_path(root = "data/VOC2012/ImageSets/
Segmentation/train.txt"):
        """保存指定路径下的所有需要读取的图像文件路径"""
        image = np.loadtxt(root,dtype=str)
        n = len(image)
        data, label = [None]*n , [None]*n
        for i, fname in enumerate(image):
            data[i] = "data/VOC2012/JPEGImages/%s.jpg" %(fname)
            label[i] = "data/VOC2012/SegmentationClass/%s.png"
%(fname)
        return data,label
```

为了将数据定义为数据加载器Data.DataLoader()函数可以接受的数据格式，在定义好上述的几个辅助函数后，下面定义一个类操作继承torch.utils.data.Dataset类，这样就可以将自己的数据定义为数据加载器Data.DataLoader()函数可以接受的数据格式。程序如下所示。

```
In[11]:## 定义一个 MyDataset 继承于torch.utils.data.Dataset构成训练集
    class MyDataset(Dataset):
```

```
        """用于读取图像,并进行相应的裁剪等"""
        def __init__(self, data_root,high,width,
imtransform,colormap):
            ## data_root:数据所对应的文件名,high,width:图像裁剪后的尺寸,
            ## imtransform:预处理操作,colormap:颜色
            self.data_root = data_root
            self.high = high
            self.width = width
            self.imtransform = imtransform
            self.colormap = colormap
            data_list, label_list = read_image_path(root=data_root)
            self.data_list = self._filter(data_list)
            self.label_list = self._filter(label_list)
        def _filter(self, images):
                        # 过滤掉图片大小小于指定high,width的图片
            return [im for im in images if (Image.open(im).size[1]
> high and
                                Image.open(im).size[0] > width)]
        def __getitem__(self, idx):
            img = self.data_list[idx]
            label = self.label_list[idx]
            img = Image.open(img)
            label = Image.open(label).convert('RGB')
            img, label = self.imtransform(img, label, self.high,
                                          self.width,self.colormap)
            return img, label
        def __len__(self):
            return len(self.data_list)
```

在上面定义的类MyDataset包含了一个_filter方法，该方法用于过滤掉图像的尺寸小于固定切分尺寸的样本。通过getitem方法会获取指定数据变换后的原始图像和对应的图像标注，每张图像的读取通过Image.open()函数完成。

下面使用MyDataset()函数读取数据集的原始数据和对应的标签数据，然后使用Data.DataLoader()函数建立数据加载器，使每个batch中包含4张图像，并且输出训练集与验证集中一个batch数据的相关信息，程序和输出如下所示。

```
In[12]:## 读取数据
    high,width = 320,384
    voc_train = MyDataset("data/VOC2012/ImageSets/Segmentation/
```

```
train.txt",
                                 high,width, train_transforms,colormap)
        voc_val = MyDataset("data/VOC2012/ImageSets/Segmentation/val.
txt",
                              high,width, val_transforms,colormap)
       # 创建数据加载器,每个batch使用4张图像
       train_loader = DataLoader(voc_train, batch_size=4,shuffle=True)
       val_loader = DataLoader(voc_val, batch_size=4,shuffle=True)
       ## 检查训练数据集一个Batch的数据维度
       train_loader_iter = iter(train_loader)
       b_x_train,b_y_train = next(train_loader_iter)
       print("训练数据:")
       print("b_x_train.shape:",b_x_train.shape)
       print("b_y_train.shape:",b_y_train.shape)
       print("b_x_train.dtype:",b_x_train.dtype)
       print("b_y_train.dtype:",b_y_train.dtype)
       ## 检查验证数据集上一个Batch的数据维度
       val_loader_iter = iter(val_loader)
       b_x_val,b_y_val = next(val_loader_iter)
       print("验证数据:")
       print("b_x_val.shape:",b_x_val.shape)
       print("b_y_val.shape:",b_y_val.shape)
       print("b_x_val.dtype:",b_x_val.dtype)
       print("b_y_val.dtype:",b_y_val.dtype)
Out[12]:训练数据:
       b_x_train.shape: torch.Size([4, 3, 256, 256])
       b_y_train.shape: torch.Size([4, 256, 256])
       b_x_train.dtype: torch.float32
       b_y_train.dtype: torch.float64
       验证数据:
       b_x_val.shape: torch.Size([4, 3, 256, 256])
       b_y_val.shape: torch.Size([4, 256, 256])
       b_x_val.dtype: torch.float32
       b_y_val.dtype: torch.float64
```

### (3)读取的图像样本可视化

下面将一个batch的图像和其标签进行可视化，以检查数据是否预处理正确，在可视化之前需要定义两个预处理函数，分别是inv_normalize_image()与label2image()。其中inv_normalize_image()函数用于将标准化后的原始图像进行逆标准化操作，可方便对图像数据进行可视化，label2image()函数则是将2维的类别

标签数据转化为3维的图像分割后的数据，不同的类别转化为特定的RGB值。

```
In[13]:## 将标准化后的图像转化为0～1的区间
     def inv_normalize_image(data):
         ## 将标准化后的图像转化为0～1的区间便于可视化
         rgb_mean = np.array([0.485, 0.456, 0.406])
         rgb_std = np.array([0.229, 0.224, 0.225])
         data = data.astype('float32') * rgb_std + rgb_mean
         return data.clip(0,1)
In[14]:## 从预测得标签转化为图像的操作
     def label2image(prelabel,colormap):
         ## 预测得到的标签转化为图像,针对一个标签图
         h,w = prelabel.shape
         prelabel = prelabel.reshape(h*w,-1)
         image = np.zeros((h*w,3),dtype="int32")
         for ii in range(len(colormap)):
             index = np.where(prelabel == ii)
             image[index,:] = colormap[ii]
         return image.reshape(h,w,3)
```

下面针对一个batch的训练数据图像进行可视化操作，运行下面的程序后可获得如图5-12所示的图像，图像的第一行为原始图像，第二行为对应的标注图像。可以发现数据增强后原始图像和标注图像的像素值仍然一一对应。

```
In[15]:## 可视化一个batch的图像，检查数据预处理是否正确
     b_x_numpy_train = b_x_train.data.numpy()
     b_x_numpy_train = b_x_numpy_train.transpose(0,2,3,1)
     b_y_numpy_train = b_y_train.data.numpy()
     plt.figure(figsize=(12,6))
     for ii in range(4):
         plt.subplot(2,4,ii+1)
         plt.imshow(inv_normalize_image(b_x_numpy_train[ii]))
         plt.axis("off")
         plt.subplot(2,4,ii+5)
         plt.imshow(label2image(b_y_numpy_train[ii],colormap))
         plt.axis("off")
     plt.tight_layout()
     plt.show()
```

同样使用下面的程序可以对一个batch的验证数据集进行可视化，运行程序后可获得如图5-13所示的图像.

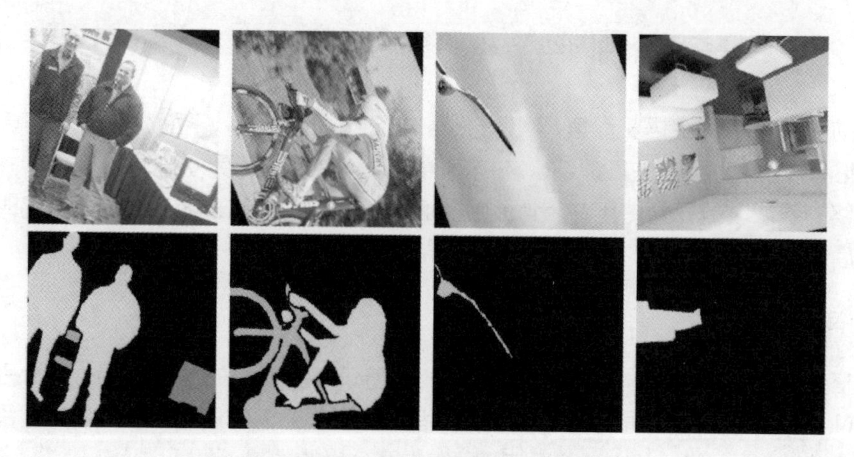

图5-12　一个batch的训练数据可视化

```
In[16]:## 可视化一个batch的图像，检查数据预处理是否正确
    b_x_numpy_val = b_x_val.data.numpy()
    b_x_numpy_val = b_x_numpy_val.transpose(0,2,3,1)
    b_y_numpy_val = b_y_val.data.numpy()
    plt.figure(figsize=(12,6))
    for ii in range(4):
        plt.subplot(2,4,ii+1)
        plt.imshow(inv_normalize_image(b_x_numpy_val[ii]))
        plt.axis("off")
        plt.subplot(2,4,ii+5)
        plt.imshow(label2image(b_y_numpy_val[ii],colormap))
        plt.axis("off")
    plt.tight_layout()
    plt.show()
```

图5-13　一个batch的验证数据可视化

## 5.4.2 FCN语义分割网络

前面介绍了训练语义分割网络的数据准备相关的操作，下面介绍如何搭建一个FCN8s网络，对数据进行训练。在搭建时会以ResNet50为基础骨干网络，并且为了网络的更快收敛，会使用在ImageNet数据集上的预训练ResNet50，使用时不使用最后的全连接层和平均值池化层。

### (1) 网络搭建

搭建FCN8s的语义分割网络的程序如下所示。在网络的前向传播中，分别保存ResNet50网络在指定层的输出，方便后面对相应层输出的使用，该类使用时需要输入一个参数num_classes，用于表示网络需要分类的数量。

```
In[17]:## 定义FCN语义分割网络(以ResNet50为基础骨干网络)
     class FCN8s(nn.Module):
         def __init__(self, num_classes):
             super().__init__()
             # num_classes:训练数据的类别
             self.num_classes = num_classes
             ## 不导入预训练好的ResNet50
             weights = ResNet50_Weights.IMAGENET1K_V1
             ResNet50 = resnet50(weights=weights)
             ## 删除不需要的层
             del ResNet50.fc
             del ResNet50.avgpool
             self.base_model = ResNet50
             ## 需要提取ResNet50中的层输出(64,256,512,1024,2048)
             self.layers = {"relu": "relu","layer1": "layer1",
                            "layer2": "layer2", "layer3": "layer3",
                            "layer4": "layer4"}
             ## 定义几个需要的层操作，并且使用转置卷积将特征映射进行升维
             self.relu    = nn.ReLU(inplace=True)
             self.deconv1 = nn.ConvTranspose2d(2048, 1024, kernel_
size=3, stride=2,
                                         padding=1, dilation=1,
output_padding=1)
             self.bn1     = nn.BatchNorm2d(1024)
             self.deconv2 = nn.ConvTranspose2d(1024, 512, 3, 2, 1,
1, 1)
             self.bn2     = nn.BatchNorm2d(512)
             self.deconv3 = nn.ConvTranspose2d(512, 256, 3, 2, 1, 1, 1)
```

```
        self.bn3     = nn.BatchNorm2d(256)
        self.deconv4 = nn.ConvTranspose2d(256, 64, 3, 2, 1, 1, 1)
        self.bn4     = nn.BatchNorm2d(64)
        self.deconv5 = nn.ConvTranspose2d(64, 64, 3, 2, 1, 1, 1)
        self.bn5     = nn.BatchNorm2d(64)
        self.classifier = nn.Conv2d(64, num_classes, kernel_
size=1)
    def forward(self, x):
        output = {}
        for name, layer in self.base_model._modules.items():
            ## 从第一层开始获取图像的特征
            x = layer(x)
            ## 如果是layers参数指定的特征，那就保存到output中
            if name in self.layers:
                output[self.layers[name]] = x
        x5 = output["layer4"] # size=(N, 2048, x.H/32, x.W/32)
        x4 = output["layer3"] # size=(N, 1024, x.H/16, x.W/16)
        x3 = output["layer2"] # size=(N, 512, x.H/8,  x.W/8)
        ## 对特征进行相关的转置卷积操作,逐渐将图像放大到原始图像大小
        # size=(N, 1024, x.H/32, x.W/32)
        score = self.relu(self.deconv1(x5))
        # 对应的元素相加, size=(N, 1024, x.H/32, x.W/32)
        score = self.bn1(score + x4)
        # size=(N, 512, x.H/16, x.W/16)
        score = self.relu(self.deconv2(score))
        # 对应的元素相加, size=(N, 512 , x.H/16, x.W/16)
        score = self.bn2(score + x3)
        # size=(N, 256, x.H/4, x.W/4)
        score = self.bn3(self.relu(self.deconv3(score)))
        # size=(N, 64, x.H/2, x.W/2)
        score = self.bn4(self.relu(self.deconv4(score)))
        # size=(N, 64, x.H, x.W)
        score = self.bn5(self.relu(self.deconv5(score)))
        score = self.classifier(score)
        return score  # size=(N, n_class, x.H/1, x.W/1)
```

下面初始化FCN8s语义分割网络，并且将网络每层情况进行输出，程序和结果如下所示（因网络的输出结果较长，所以在输出结果中会省去部分层）。从结果中可以发现有48M的可训练参数。

```
In[18]:## 注意输入图像的尺寸应该是32的整数倍
     fcn8s = FCN8s(21).to(device)
     summary(fcn8s, input_size=(3, 256, 256))
Out[18]:
     ----------------------------------------------------------------
             Layer (type)               Output Shape         Param #
     ================================================================
                 Conv2d-1         [-1, 64, 128, 128]           9,408
     ......
        BatchNorm2d-187         [-1, 64, 256, 256]             128
             Conv2d-188         [-1, 21, 256, 256]           1,365
     ================================================================
     Total params: 48,472,085
     Params size (MB): 184.91
     Estimated Total Size (MB): 732.41
     ----------------------------------------------------------------
```

## （2）定义计算语义分割效果的函数

在语义分割网络定义好后，下面定义两个函数，用于计算度量语义分割效果。定义的两个函数会通过预测结果与真实标签的混淆矩阵，计算出预测的精度、平均IoU等指标。

```
In[19]:## 计算混淆矩阵
     def get_confusion_matrix(predicts, labels, class_number = 21):
         # 获取混淆矩阵,只需要使用numpy库
         mask = (labels >= 0) & (labels < class_number)
         labelpred = class_number * labels[mask] + predicts[mask]
         count = np.bincount(labelpred, minlength = class_number ** 2)
         confmat = count.reshape(class_number, class_number)
         return confmat
     def compute_acc_pr_iou(confmat):
         # 根据混淆矩阵计算各项指标
         diag = np.diag(confmat)
         p_s = np.sum(confmat, axis=0)
         r_s = np.sum(confmat, axis=1)
         acc = np.sum(diag) / np.sum(confmat)         # 精度
```

```
        mean_precision = np.mean(diag / (p_s + 1e-6))
                                                # 每类的平均准确率
        mean_recall = np.mean(diag / (r_s + 1e-6)) # 每类的平均召回率
        mean_iou = np.mean(diag / (p_s + r_s - diag + 1e-6))
                                                # 平均IoU
        return round(acc,6), round(mean_precision, 6), round(mean_
recall, 6), round(mean_iou, 6)
```

## (3)定义计算网络训练与验证的函数

数据集、语义分割网络、性能度量函数等内容准备好后定义两个函数，分别是使用训练数据，对网络训练一个epoch的函数train_model()，与网络训练验证一个epoch的函数val_model()，使用的程序如下所示。

```
In[20]:## 定义对数据训练一个epoch的函数
      def train_model(model,traindataloader, criterion,
optimizer,class_number = 21):
        """ model:网络模型;traindataloader:训练数据集
            criterion:损失函数;optimizer:优化方法  """
        model.train()                          ## 设置模型为训练模式
        train_loss = 0.0,  train_num = 0
        confmat_all = np.zeros((class_number,class_number))
        start = time.time()
        for step,(b_x,b_y) in enumerate(traindataloader):
            b_x = b_x.float().to(device)
            b_y = b_y.long().to(device)
            out = model(b_x)
            pre_lab = torch.argmax(out,1) # 预测的标签
            loss = criterion(out, b_y)    # 计算损失函数值
            optimizer.zero_grad()         # 模型优化
            loss.backward()
            optimizer.step()
            train_loss += loss.item() * len(b_y)
                                          # 计算所有样本的总损失
            train_num += len(b_y)         # 计算参与训练的样本总数
            ## 计算训练集上的混淆矩阵
            confmat = get_confusion_matrix(pre_lab.cpu().data.
numpy(),
                      b_y.cpu().data.numpy(), class_number=class_
number)
```

```
            confmat_all += confmat
        ## 计算在一个epoch训练集的平均损失和精度
        train_loss = train_loss / train_num
        acc, mean_precision, mean_recall, mean_iou = compute_acc_
pr_iou(confmat_all)
        finish = time.time()
        print('Train times: {:.1f}s, Train Loss: {:.6f}, Acc:
{:.6f}, mIoU: {:.6f}'.format(finish-start, train_loss, acc, mean_
iou))
        return train_loss,acc,mean_iou
In[21]:## 定义对数据验证一个epoch的函数
      def val_model(model,valdataloader, criterion,class_number =
21):
          """model:网络模型;testdataloader:验证(测试)数据; criterion:损
失函数"""
        model.eval() ## 设置模型为验证模式（该模式不会更新模型的参数）
        val_loss = 0.0, val_num = 0
        confmat_all = np.zeros((class_number,class_number))
        start = time.time()
        for step,(b_x,b_y) in enumerate(valdataloader):
            b_x,b_y = b_x.float().to(device),b_y.long().to(device)
            out = model(b_x)
            pre_lab = torch.argmax(out,1)
            loss = criterion(out, b_y)
            val_loss += loss.item() * len(b_y)
            val_num += len(b_y)
            ## 计算验证集上的混淆矩阵
            confmat = get_confusion_matrix(pre_lab.cpu().data.
numpy(),
                        b_y.cpu().data.numpy(), class_number=class_
number)
            confmat_all += confmat
        ## 计算在一个epoch验证集的平均损失
        val_loss = val_loss / val_num
        acc, mean_precision, mean_recall, mean_iou = compute_acc_
pr_iou(confmat_all)
        finish = time.time()
        print('Val times: {:.1f}s, Val Loss: {:.6f}, Acc: {:.6f},
mIoU: {:.6f}'.format( finish-start, val_loss,acc,mean_iou))
        return val_loss,acc,mean_iou
```

定义的两个函数中，每对训练数据和验证数据计算一个epoch，会分别输出对应的损失值、像素分类精度以及平均交并比等模型的性能评价指标。

### （4）网络训练与测试

下面定义优化方法和损失函数，然后调用前面定义的训练函数对网络进行训练，程序如下所示。在原始的FCN论文中的网络使用更大的尺寸在更多的数据上，训练了很多次迭代，这里为节省时间使用间隔指定epoch将学习率缩小的方式，只训练200个epoch。

```
In[22]:## 定义损失函数和优化器
     LR = 0.01
     criterion = nn.CrossEntropyLoss(ignore_index=255)
     optimizer = optim.SGD(fcn8s.parameters(), lr = LR,
momentum=0.9,
                           weight_decay=1e-5)
     epoch_num = 200        # 网络训练的总轮数
     train_loss_all = []    # 用于保存训练过程的相关结果
     val_loss_all = [], train_acc_all = []; val_acc_all = []
     train_miou_all = []; val_miou_all = [], best_miou = 0
     ## 设置等间隔调整学习率,每隔step_size个epoch,学习率为原来的gamma倍
     scheduler = StepLR(optimizer, step_size=50, gamma=0.2)
     ## 训练epoch_num的总轮数
     for epoch in range(epoch_num):
         print("epoch = {}/{}".format(epoch,epoch_num))
         train_loss,train_acc,train_miou = train_model(fcn8s,train_
loader, criterion,
                                                      optimizer)
         val_loss,val_acc,val_miou = val_model(fcn8s,val_loader,
criterion)
         train_loss_all.append(train_loss)
         val_loss_all.append(val_loss)
         train_acc_all.append(train_acc)
         val_acc_all.append(val_acc)
         train_miou_all.append(train_miou)
         val_miou_all.append(val_miou)
         scheduler.step()  ## 更新学习率
         ## 通过学习MIoU挑选学习效果最好的模型，保存最优的模型参数
         if val_miou > best_miou:
             best_model_wts = copy.deepcopy(fcn8s.state_dict())
    ## 保存训练好的最优模型fcn8s
```

```
fcn8s.load_state_dict(best_model_wts)
torch.save(fcn8s,"data/chap5/fcn8s_resnet50_sgd.pkl")
```

针对训练过程中每个epoch的损失函数、分类精度、分割平均IoU等指标，将它们输出并保存为指定的文件，然后可视化出损失函数与IoU的变化趋势，运行下面的程序可获图像5-14。从图像中可以发现迭代一定epoch后，网络的性能趋于稳定。

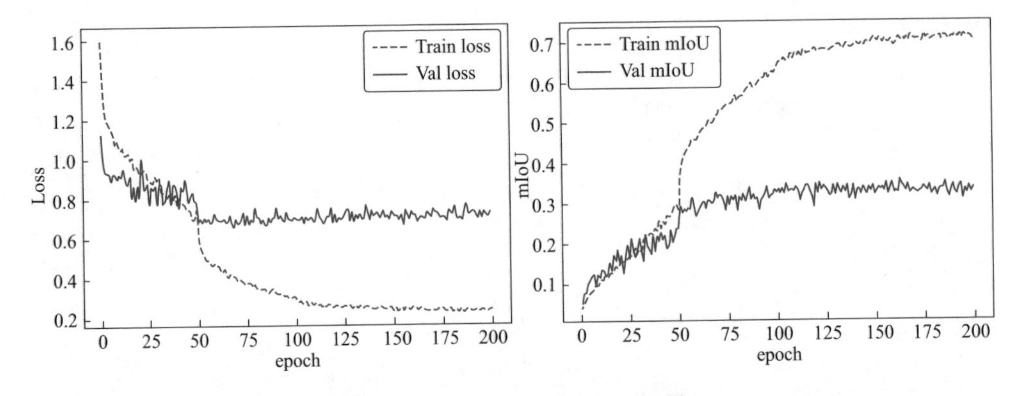


图5-14 FCN语义分割网络的训练过程

```
In[23]:## 输出结果保存为数据表格
     resdf = pd.DataFrame(data = {"train_loss_all" : train_loss_all,
                        "val_loss_all":val_loss_all,
                        "train_acc_all":train_acc_all,"val_acc_
all":val_acc_all,

"train_miou_all":train_miou_all,"val_miou_all":val_miou_all })
     resdf.to_csv("data/chap5/FCN_epoch_200_res.csv",index=False)
     resdf = pd.read_csv("data/chap5/FCN_epoch_200_res.csv")
     ## 可视化模型训练过程中
     plt.figure(figsize=(14,5))
     plt.subplot(1,2,1)
     plt.plot(resdf.train_loss_all,"r-",lw = 2,label = "Train loss")
     plt.plot(resdf.val_loss_all,"b-",lw = 2,label = "Val loss")
     plt.legend();plt.grid(); plt.xlabel("epoch"); plt.
ylabel("Loss")
     plt.subplot(1,2,2)
     plt.plot(resdf.train_miou_all,"r-",lw = 2,label = "Train mIoU")
     plt.plot(resdf.val_miou_all,"b-",lw = 2,label = "Val mIoU")
     plt.legend(); plt.grid(); plt.xlabel("epoch"); plt.
ylabel("mIoU")
```

```
    plt.tight_layout()
    plt.show()
```

下面使用训练好的网络，从验证集中获取一个batch的图像，对其进行语义分割，将得到的结果和人工标注的结果进行对比，可使用下面的程序进行可视化，得到如图5-15所示的结果。

```
In[24]:##  从验证集中获取一个batch的数据
    val_loader_iter = iter(val_loader)
    b_x,b_y = next(val_loader_iter)
    ## 对验证集中一个batch的数据进行预测,并可视化预测效果
    fcn8s.eval()
    b_x = b_x.float().to(device)
    b_y = b_y.long().to(device)
    out = fcn8s(b_x)
    pre_lab = torch.argmax(out,1)
    ## 可视化一个batch的图像,检查数据预处理是否正确
    b_x_numpy = b_x.cpu().data.numpy()
    b_x_numpy = b_x_numpy.transpose(0,2,3,1)
    b_y_numpy = b_y.cpu().data.numpy()
    pre_lab_numpy = pre_lab.cpu().data.numpy()
    plt.figure(figsize=(12,9))
    for ii in range(4):
        plt.subplot(3,4,ii+1)
        plt.imshow(inv_normalize_image(b_x_numpy[ii]))
        plt.axis("off")
        plt.subplot(3,4,ii+5)
        plt.imshow(label2image(b_y_numpy[ii],colormap))
        plt.axis("off")
        plt.subplot(3,4,ii+9)
        plt.imshow(label2image(pre_lab_numpy[ii],colormap))
        plt.axis("off")
    plt.tight_layout()
    plt.show()
```

图5-15中从上到下三行图像分别为原始的RGB图像、人工标注的语义分割图像以及FCN网络对图像的分割结果。从对比图中可以看出网络可以正确分割大部分的目标，但是在精度上还有很大的提升空间，这也与使用的训练数据较少有关。

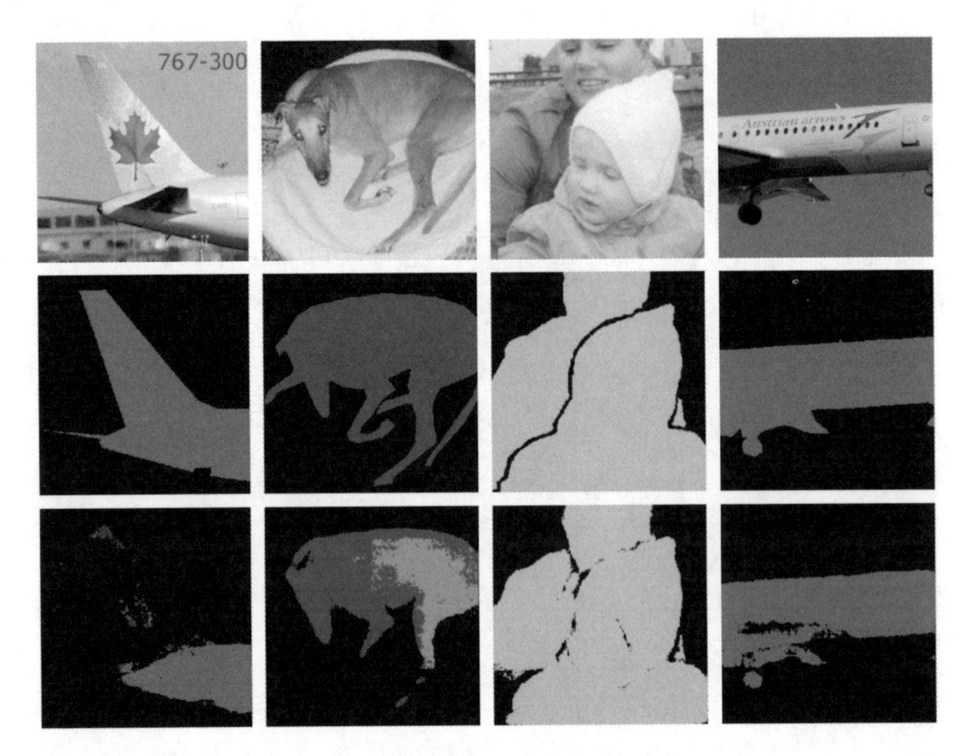


图5-15 语义分割结果

### 5.4.3 U-Net语义分割网络

下面使用U-Net语义分割网络的结构，同样以预训练的ResNet50为骨干网络，使用相同的数据，训练自己的U-Net语义分割网络。其中前面的数据预处理操作这里可以直接使用，因此下面直接开始定义网络结构。

(1) 网络搭建

下面的程序中为了方便使用U-Net语义分割网络的上采样，单独定义一个U-Net上采样拼接模块UnetUp()类，然后定义Unet()类。

```
In[25]:## U-Net的上采样拼接模块
     class UnetUp(nn.Module):
         def __init__(self, in_channels, out_channels):
             super(UnetUp, self).__init__()
             self.conv1 = nn.Conv2d(in_channels, out_channels,
kernel_size = 3,
                                    padding = 1)
             self.conv2 = nn.Conv2d(out_channels, out_channels,
```

```
kernel_size = 3,
                                    padding = 1)
            self.up = nn.UpsamplingBilinear2d(scale_factor = 2)
            self.relu = nn.ReLU(inplace = True)
        def forward(self, inputs1, inputs2):
            outputs = torch.cat([inputs1, self.up(inputs2)], 1)
            outputs = self.conv1(outputs)
            outputs = self.relu(outputs)
            outputs = self.conv2(outputs)
            outputs = self.relu(outputs)
            return outputs
In[26]:## U-Net网络结构
    class UNet(nn.Module):
        def __init__(self, num_classes = 21):
            super(UNet, self).__init__()
            weights = ResNet50_Weights.IMAGENET1K_V1
            ResNet50 = resnet50(weights=weights)
            ## 删除不需要的层
            del ResNet50.fc
            del ResNet50.avgpool
            self.base_model = ResNet50
            ## 需要提取ResNet50中的层输出
            self.layers = {"relu": "relu","layer1": "layer1",
                          "layer2": "layer2", "layer3": "layer3",
                          "layer4": "layer4"}
            ## 上采样时输入和输出的特征映射数量
            in_filters  = [192, 512, 1024, 3072]
            out_filters = [64, 128, 256, 512]
            # 中间特征的多次拼接与上采样操作
            self.up_concat4 = UnetUp(in_filters[3], out_filters[3])
            self.up_concat3 = UnetUp(in_filters[2], out_filters[2])
            self.up_concat2 = UnetUp(in_filters[1], out_filters[1])
            self.up_concat1 = UnetUp(in_filters[0], out_filters[0])
            ## 上采样到原图的尺寸
            self.up_conv = nn.Sequential(
                nn.UpsamplingBilinear2d(scale_factor = 2),
                nn.Conv2d(out_filters[0], out_filters[0],kernel_
size=3,padding = 1),
                nn.ReLU(),
                nn.Conv2d(out_filters[0], out_filters[0],kernel_
size=3,padding = 1),
```

```
            nn.ReLU(),
        )
        ## 最后卷积到类别数量的特征映射数量
        self.final = nn.Conv2d(out_filters[0], num_classes, 1)
    def forward(self, inputs):
        ## 获取Resnet50网络输出的特征
        x = inputs
        output = {}
        for name, layer in self.base_model._modules.items():
            ## 从第一层开始获取图像的特征
            x = layer(x)
            ## 如果是layers参数指定的特征,那就保存到output中
            if name in self.layers:
                output[self.layers[name]] = x
        feat5 = output["layer4"]
                                        # size=(N, 2048, x.H/32, x.W/32)
        feat4 = output["layer3"]
                                        # size=(N, 1024, x.H/16, x.W/16)
        feat3 = output["layer2"]
                                        # size=(N, 512, x.H/8,  x.W/8)
        feat2 = output["layer1"]
                                        # size=(N, 256, x.H/4,  x.W/4)
        feat1 = output["relu"]
                                        # size=(N, 64, x.H/2,  x.W/2)
        up4 = self.up_concat4(feat4, feat5)
                                        # (N,1024+2048, x.H/16, x.W/16)
->(N, 512, x.H/16,  x.W/16)
        up3 = self.up_concat3(feat3, up4)
                                        #   (N,  512+512,  x.H/8,
x.W/8) -> (N, 256, x.H/16,  x.W/16)
        up2 = self.up_concat2(feat2, up3)
                                        #   (N,  256+256,  x.H/4,
x.W/4) ->(N, 128, x.H/16,  x.W/16)
        up1 = self.up_concat1(feat1, up2)
                                        #   (N,  64+128,  x.H/2,
x.W/2) -> (N, 64, x.H/2,  x.W/2)
        up1 = self.up_conv(up1)
        final = self.final(up1)
        return final
```

下面使用定义好的类初始化U-Net语义分割网络，并且将网络每层情况进行输出，程序和结果如下所示，从结果中可以发现有43M的可训练参数。

```
In[27]:## 查看网络结构(为节省显存,继续使用256×256的图像输入维度)
    unet = UNet(num_classes= 21).to(device)
    summary(unet, input_size=(3, 256, 256))
Out[27]:----------------------------------------------------------------
            Layer (type)               Output Shape         Param #
    ================================================================
                Conv2d-1         [-1, 64, 128, 128]           9,408
    ……
              Conv2d-202         [-1, 21, 256, 256]           1,365
    ================================================================
    Total params: 43,934,101
    Estimated Total Size (MB): 820.10
    ----------------------------------------------------------------
```

## （2）网络训练与测试

这里训练U-Net语义分割网络时，会使用FocalLoss作为分类损失，FocalLoss可以更好地解决难易样本数量不平衡的问题。FocalLoss损失函数定义类为FocalLoss。

```
In[28]:## 利用FocalLoss作为语义分割的损失
    class FocalLoss(nn.Module):
        def __init__(self, gamma=2, alpha=None, ignore_index=255,
size_average=True):
            super(FocalLoss, self).__init__()
            self.gamma = gamma
            self.size_average = size_average
            self.CE_loss = nn.CrossEntropyLoss(ignore_index=ignore_
index,
                                               weight=alpha)
        def forward(self, output, target):
            logpt = self.CE_loss(output, target)
            pt = torch.exp(-logpt)
            loss = ((1 - pt) ** self.gamma) * logpt
            if self.size_average:
                return loss.mean()
            return loss.sum()
```

下面定义优化方法和损失函数，然后调用前面定义的函数对网络进行训练，程序如下所示，会使用SGD优化器一共训练400个epoch。

```
In[29]:## 定义损失函数和优化器
    LR = 0.001
    criterion = FocalLoss(ignore_index=255) # 0表示的是背景
    optimizer = optim.SGD(unet.parameters(),lr=LR,momentum=0.9,wei
ght_decay=1e-5)
    epoch_num = 400                              # 网络训练的总轮数
    train_loss_all = []                          # 用于保存训练过程的相关结果
    val_loss_all = []; train_acc_all = []; val_acc_all = []
    train_miou_all = []; val_miou_all = []; best_miou = 0
    ## 设置等间隔调整学习率,每隔step_size个epoch,学习率为原来的gamma倍
    scheduler = StepLR(optimizer, step_size=150, gamma=0.2)
    ## 训练epoch_num的总轮数
    for epoch in range(epoch_num):
        print("epoch = {}/{}".format(epoch,epoch_num))
        train_loss,train_acc,train_miou = train_model(unet,train_
loader, criterion,
                                                    optimizer)
        val_loss,val_acc,val_miou = val_model(unet,val_loader,
criterion)
        train_loss_all.append(train_loss)
        val_loss_all.append(val_loss)
        train_acc_all.append(train_acc)
        val_acc_all.append(val_acc)
        train_miou_all.append(train_miou)
        val_miou_all.append(val_miou)
        scheduler.step()                         ## 更新学习率
        ## 通过学习mIoU挑选学习效果最好的模型, 保存最优的模型参数
        if val_miou > best_miou:
            best_model_wts = copy.deepcopy(unet.state_dict())
    ## 保存训练好的最优模型unet
    unet.load_state_dict(best_model_wts)
    torch.save(unet,"data/chap5/unet_sgd.pkl")
```

针对训练过程中每个epoch的损失函数、分类精度、分割平均IoU等指标，同样将它们输出并保存为指定的文件，然后可视化出损失函数与IoU的变化趋势，运行下面的程序可获图像5-16。

```
In[30]:## 输出结果保存为数据表格
    resdf = pd.DataFrame(data= {"train_loss_all":train_loss_all,
                "val_loss_all":val_loss_all,
                "train_acc_all":train_acc_all,"val_acc_all":
val_acc_all,
```

```
                    "train_miou_all":train_miou_all,"val_miou_
all":val_miou_all})
    resdf.to_csv("data/chap5/unet_epoch_res.csv",index=False)
    # resdf = pd.read_csv("data/chap5/unet_epoch_res.csv")
    ## 可视化模型训练过程中
    plt.figure(figsize=(14,5))
    plt.subplot(1,2,1)
    plt.plot(resdf.train_loss_all,"r-",lw = 2,label = "Train loss")
    plt.plot(resdf.val_loss_all,"b-",lw = 2,label = "Val loss")
    plt.legend(); plt.grid(); plt.xlabel("epoch"); plt.
ylabel("Loss")
    plt.subplot(1,2,2)
    plt.plot(resdf.train_miou_all,"r-",lw = 2,label = "Train mIoU")
    plt.plot(resdf.val_miou_all,"b-",lw = 2,label = "Val mIoU")
    plt.legend(); plt.grid(); plt.xlabel("epoch"); plt.
ylabel("mIoU")
    plt.tight_layout()
    plt.show()
```

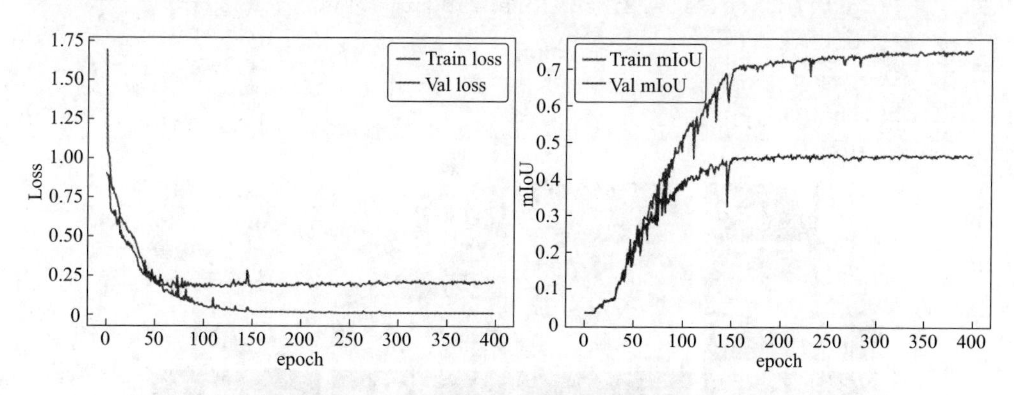


图5-16　U-Net语义分割网络的训练过程

下面使用训练好的网络，从验证集中获取一个batch的图像，对其进行语义分割，将得到的结果和人工标注的结果进行对比，使用下面的程序进行可视化，得到如图5-17所示的结果。可以发现其语义分割效果比FCN网络的效果更好。

```
In[31]:##  从验证集中获取一个batch的数据
    val_loader_iter = iter(val_loader)
    b_x,b_y = next(val_loader_iter)
    ## 对验证集中一个batch的数据进行预测,并可视化预测效果
```

```
unet.eval()
b_x = b_x.float().to(device)
b_y = b_y.long().to(device)
out = unet(b_x)
pre_lab = torch.argmax(out,1)
## 可视化一个batch的图像,检查数据预处理是否正确
b_x_numpy = b_x.cpu().data.numpy()
b_x_numpy = b_x_numpy.transpose(0,2,3,1)
b_y_numpy = b_y.cpu().data.numpy()
pre_lab_numpy = pre_lab.cpu().data.numpy()
plt.figure(figsize=(12,9))
for ii in range(4):
    plt.subplot(3,4,ii+1)
    plt.imshow(inv_normalize_image(b_x_numpy[ii]))
    plt.axis("off")
    plt.subplot(3,4,ii+5)
    plt.imshow(label2image(b_y_numpy[ii],colormap))
    plt.axis("off")
    plt.subplot(3,4,ii+9)
    plt.imshow(label2image(pre_lab_numpy[ii],colormap))
    plt.axis("off")
plt.tight_layout()
plt.show()
```

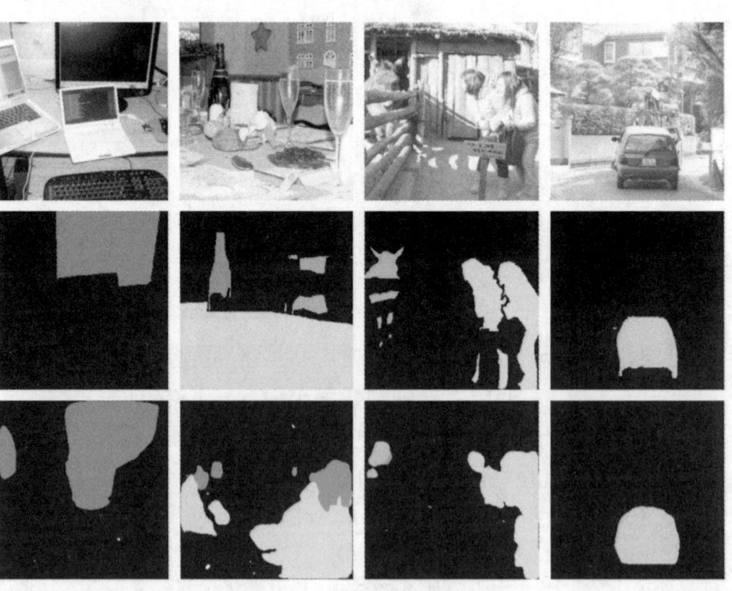

图5-17　U-Net语义分割结果

## 5.5 本章小结

本章主要基于深度学习算法，介绍了计算机视觉任务中的图像语义分割。针对经典的FCN、U-Net、SAM等语义分割算法，介绍了它们的算法思想、网络结构等内容。然后介绍了如何使用PyTorch进行图像进行语义分割，包括基于PyTorch预训练网络的语义分割，以及从头开始搭建、训练与测试自己的FCN、U-Net语义分割网络。

# 第6章

# 注意力机制与Transformer

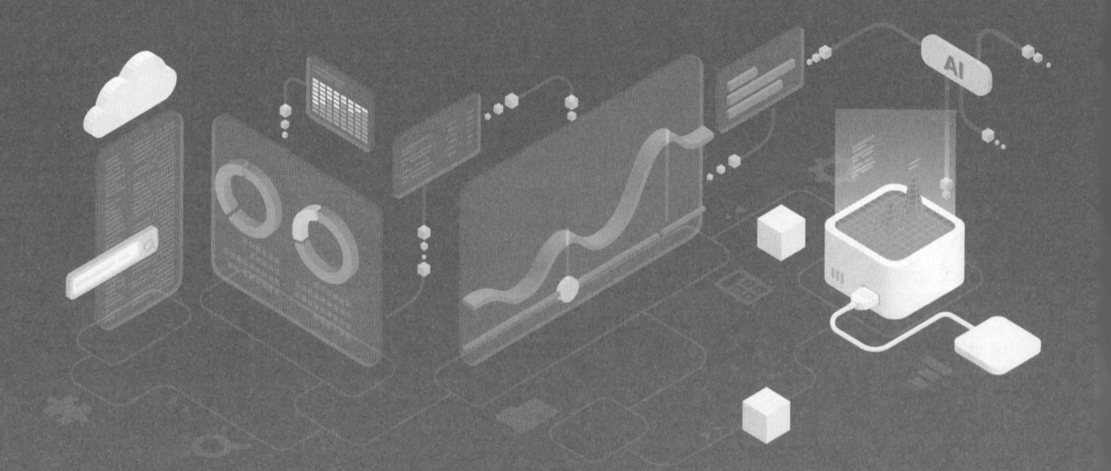

注意力机制源于对人类视觉的研究，在认知科学中，由于信息处理的瓶颈，人类会选择性地关注所有信息的一部分，同时忽略其他可见的信息。深度神经网络通过模拟人脑神经系统的处理机制，实现对图像、文本等信息的理解。但是，大多数深度神经网络在输入提取特征时并没有突出输入的关键信息，并且受到长时信息存储的限制，往往不能有效处理长时间序列信息。因此基于模拟人类视觉系统注意力机制的一类方法被提出，该类方法聚焦于一部分关键信息，忽略其他冗余信息，已成为深度神经网络的一个发展热点。

深度神经网络结合注意力机制，可以为模型输入的不同部分分配不同的注意力权重，并根据注意力权重分布，使模型更注重对关键信息的学习，从而提高模型的性能。根据作用范围，深度神经网络中的常用注意力机制可分为3类，如图6-1所示。

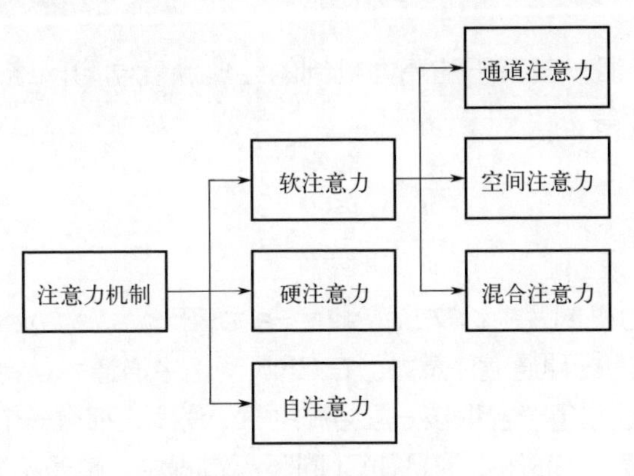


图6-1　注意力机制分类

软注意力，又称为全局注意力，通过深度神经网络中的注意力层进行分配0~1之间的注意力权值，该权值表示网络的输入与设定目标之间的相互依赖关系，也表示每个输入元素受到的关注程度，通常会使用Softmax函数计算注意力权重大小。根据注意力区域的不同，软注意力通常还可以分为通道注意力、空间注意力以及混合注意力。其中，通道注意力会赋予每个特征通道相应的权重系数，判别不同通道特征图的重要性，增强重要特征的关注度、降低非重要特征的干扰。空间注意力通常会利用空间变换模块，在另一个空间中保存原始图片的关键信息，并通过权重掩膜对各位置进行加权输出，从而关注更加感兴趣的目标区域，同时减少对弱相关或无关空间区域信息的关注，增强与任务相关的空间区域的特征表达，实现空间区域信息的自适应选择。混合注意力是指将通道注意力和空间注意力相结合，改善了各自不足，提升注意力应用效果。

硬注意力，又称为局部注意力，其注意力层分配的注意力权值只有0和1两种取值，表示输入对应元素是否被关注，从而实现对输入数据信息的选择。由于硬注意力机制对应于0的区域不被选择，相较于软注意力机制减少了大量冗余信息，因此更加高效、直接，可减少计算成本，缩短网络推理时间。但是，硬注意力机制预测具有随机性，使得模型不可微分而难以训练。

自注意力机制采用非局部平均思想，通过矩阵运算对输入中的相同元素生成注意力，减少了对外部信息的依赖，量化了输入之间的相互依赖性，更擅长捕捉数据或特征的内部相关性。它通常不需要额外信息，仅关注和提取自身相关信息。一般而言，输入信号被分为查询（query，记为Q）、键（key，记为K）和值（value，记为V）这3种类型，然后在查询，键、值对与输出之间建立映射。注意力机制在自然语言处理以及计算机视觉中均有大量应用。

# 6.1　经典的注意力模型

本节主要会介绍一些基于注意力机制的经典深度学习网络，主要有SE-Net、Transformer、ViT等。

## 6.1.1　SE-Net

SE视觉注意力机制，由论文*Squeeze-and-Excitation Networks*提出。其属于软注意力机制中的一种通道注意力。在CNN网络中通道就是特征图经过卷积核进行卷积后的结果，通常每个卷积核一般会产生一个通道，那么一个通道可以被通俗地理解为一个特征映射。SE所做的是在CNN运算过程中，赋予不同通道（特征映射）不同的权重，而且这个权重的大小可以通过学习获得。SE注意力机制的工作示意图如图6-2所示。

SE-Net的注意力工作机制主要包括挤压和激励2个步骤，如图6-2所示。挤压操作采用全局池化，将$W \times H \times C$（宽×高×通道数）的3D特征图层压缩为$1 \times 1 \times C$（1×1×通道数）的1维权重，从而获得全局感受野的信息；激励操作通过对特征权重重新自适应地校准通道的特征响应，利用2个非线性的全连接层进行跨通道交互，最后的操作就是把这个权重矩阵和相应的特征映射进行相乘计算，进行权重赋值。赋予权重的大小体现了对不同通道的重视程度。

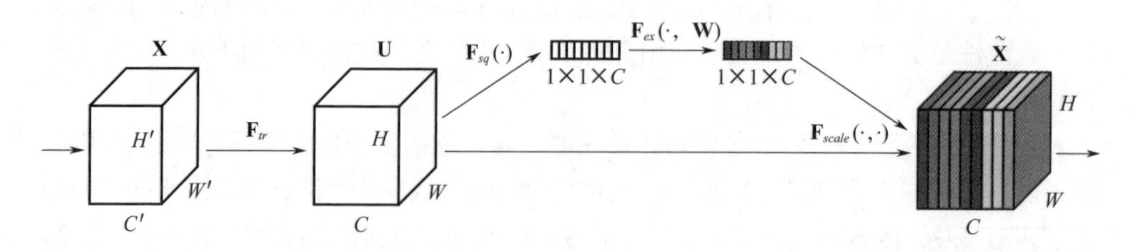


图6-2　SE-Net注意力工作机制

### 6.1.2 SPANet

空间金字塔注意网络(SPANet)，通过横向增加空间金字塔注意力(SPA)块来增强基础网络。与其他利用全局平均池化的基于注意力网络相比，SPANet同时考虑了结构正则化和结构信息。此外，SPA模块可以灵活地部署到各种卷积神经网络(CNN)架构中。SPA模块的结构如图6-3所示。

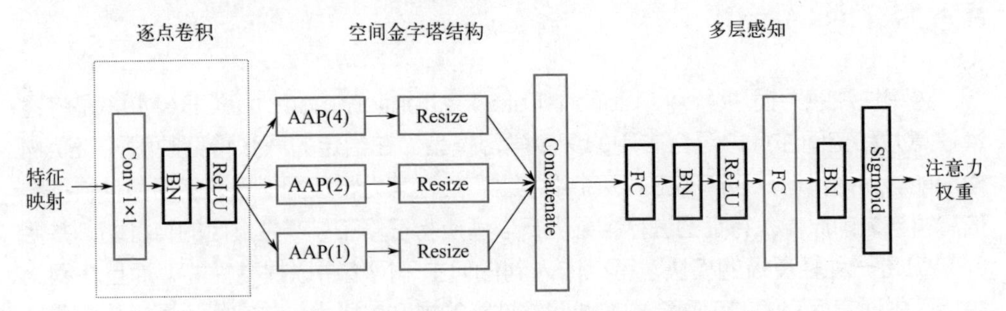


图6-3 SPA模块的结构

在SPA模块中，首先利用空间金字塔结构（spatial pyramid structure）使用多个大小的池化来捕获多尺度信息，并将其展平为1维向量进行拼接操作，然后通过全连接层类似SE的操作对拼接的特征进行处理得到注意力权重。

针对SPA模块一共设计了3种结构的SPANet，如图6-4所示。

SPANet-A是将当前输入特征送入到注意力通路并生成1维的注意力权重，然后

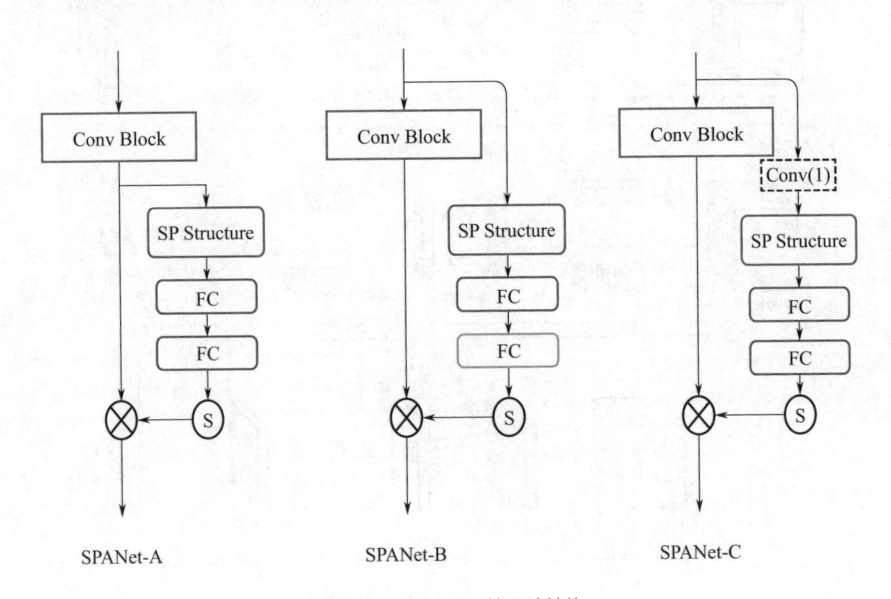


图6-4 SPANet的3种结构

将所得注意力图作用于自身。这种方式与SE基本相同，区别仅在于SE采用GAP提取空间上下文信息，SPANet-A采用空间金字塔提取上下文信息。SPANet-B则是直接学习$x_{l-1}$的注意力图，并作用于$x_l$上。SPANet-C则是考虑到$x_{l-1}$的通道数与当前$x_l$的通道数可能不相同，会在SPANet-B的基础上添加一个1×1的卷积确保通道数相同。

## 6.1.3 CBAM

卷积块注意力模块（convolutional block attention module，CBAM），是将通道注意力和空间注意力混合应用的深度学习模型。在给定的一张特征映射，CBAM模块能够序列化地在通道和空间两个维度上产生注意力特征图信息，然后两种特征图信息再与之前原输入特征图进行相乘进行自适应特征修正，产生最后的特征图。并且CBAM是一种轻量级的模块，可以嵌入到任何主干网络中以提高性能，而且在网络中接入先通道后空间的串联结构，对网络性能的提升效果优于先空间后通道的串联结构，也优于空间、通道并行的接入方式。CBAM的两种注意力机制的工作示意图如图6-5所示，图中从上到下三个分块分别为CBAM模块嵌入网络的方式、通道注意力模块以及空间注意力模块。

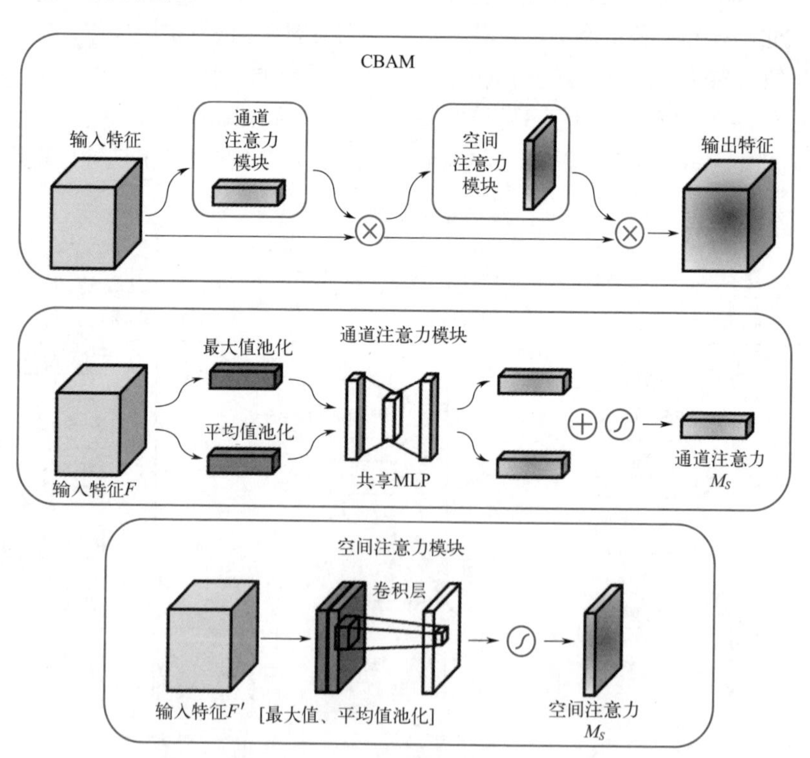


图6-5　CBAM的注意力工作机制

其中，通道注意力是将输入的特征图$F$（$H\times W\times C$）分别经过基于宽和高的全局最大池化和全局平均池化，得到两个$1\times 1\times C$的特征图，接着将它们分别送入一个两层的共享神经网络（MLP），然后将MLP输出的特征进行基于element-wise的加和操作，再经过sigmoid激活操作，生成最终的通道注意力特征$M_c$。最后，会将通道注意力特征$M_c$和输入特征图$F$做乘法操作，生成空间注意力模块需要的输入特征$F'$。

空间注意力则是将空间注意力模块输出的特征$F'$作为本模块的输入特征图。首先做一个基于通道的全局最大值池化和全局平局值池化，然后将这2个结果基于通道做拼接操作。然后经过一个卷积操作，降维为1个通道。再经过sigmoid激活函数生成空间注意力特征$M_s$。最后将该空间注意力特征$M_s$和该模块的输入$F'$做乘法，得到最终生成的特征。

### 6.1.4　Transformer

Transformer结构由谷歌2017年的论文Attention is All You Need提出，基于Transformer和其自注意力（self-attention）的工作在多个领域都有广泛的应用。Transformer中自注意力的计算过程称为缩放点积（Scaled Dot-product Attention），其计算过程示意图如图6-6中的左图所示。

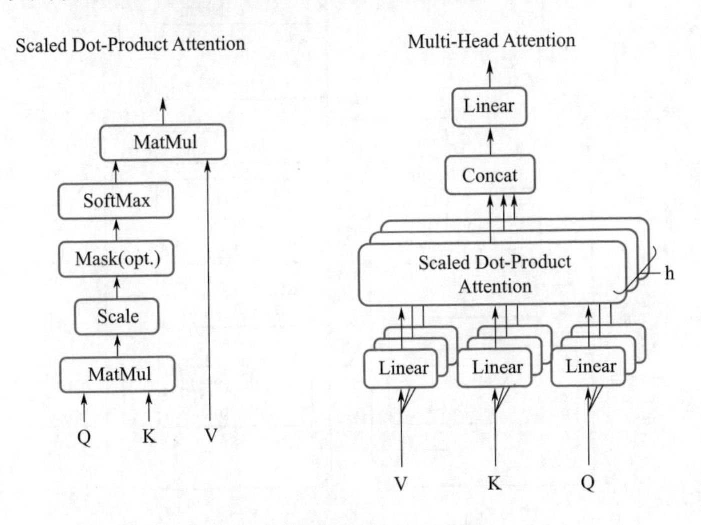


图6-6　自注意力和多头注意力

在自注意力计算时，通常使用缩放点积来作为注意力打分函数，针对输入信号查询（query，记为Q）、键（key，记为K）和值（value，记为V）的输出向量序列可以写为

$$Attention(Q,K,V)=softmax\left(\frac{QK^T}{\sqrt{d_k}}\right)V$$

式中，$d_k$是键$K$的维度。

多头注意力（Multi-head Attention）则是先通过线性映射将$Q,K,V$映射到特征空间，每一组线性投影后的向量表示称为一个头（head），然后在每组映射后的序列上再应用Scaled Dot-product Attention上。每个注意力头负责关注某一方面的语义相似性，多个头就可以让模型同时关注多个方面，因此多头注意力可以捕获到更加复杂的特征信息。

Transformer的网络架构由且仅由自注意力和前馈神经网络组成，没有用到传统的CNN或者RNN，一个基于Transformer的可训练的神经网络可以通过堆叠Transformer的形式进行搭建。Transformer已经成为继CNN和RNN之后又一个高效的特征提取器，其网络结构如图6-7所示，主要包含Enconder和Deconder两个部分。

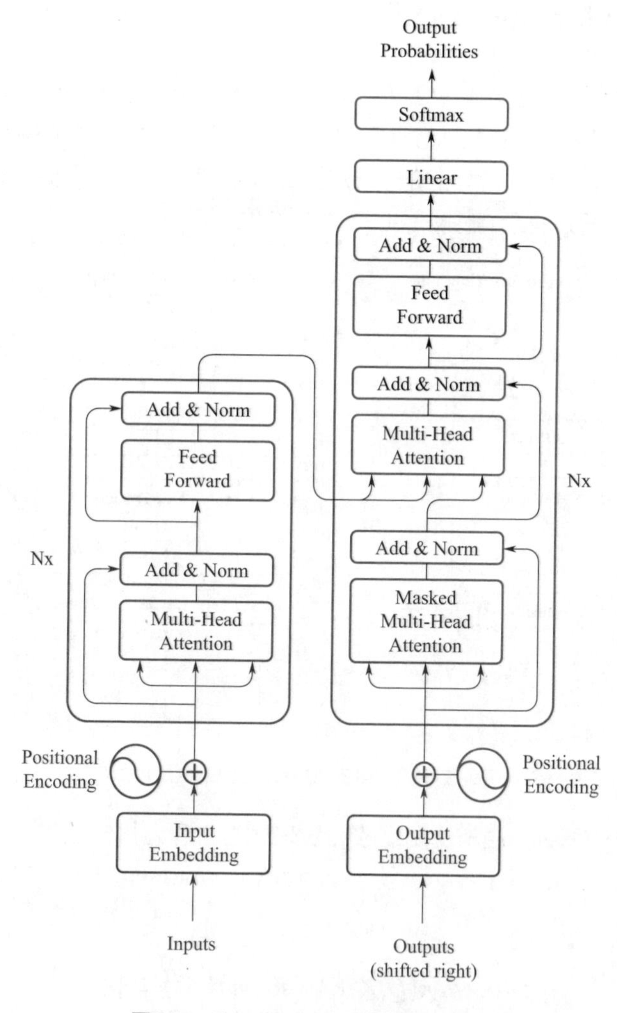


图6-7 Transformer网络结构示意图

针对输入的词语首先被转换为词向量，并且通过positional embeddings向输入中添加位置信息；Encoder由一堆编码块组成，类似于图像领域中的堆叠卷积层。在Decoder中也包含有堆叠的解码块。

## 6.1.5 ViT

Transformer主要是应用于自然语言处理领域的网络，为了将Transformer中的注意力模块很好地应用于计算机视觉领域，ViT（Vision Transformer）网络于2020年由Google团队提出。ViT最核心的结论是，当拥有足够多的数据进行预训练的时候，ViT的表现就会超过CNN，突破Transformer缺少归纳偏置的限制，可以在下游任务中获得较好的迁移效果。但是，当训练数据集不够大的时候，ViT的表现通常比同等大小的ResNets要差一些，因为Transformer和CNN相比缺少归纳偏置（inductive bias），即一种先验知识，提前做好的假设。ViT的网络结构如图6-8所示。

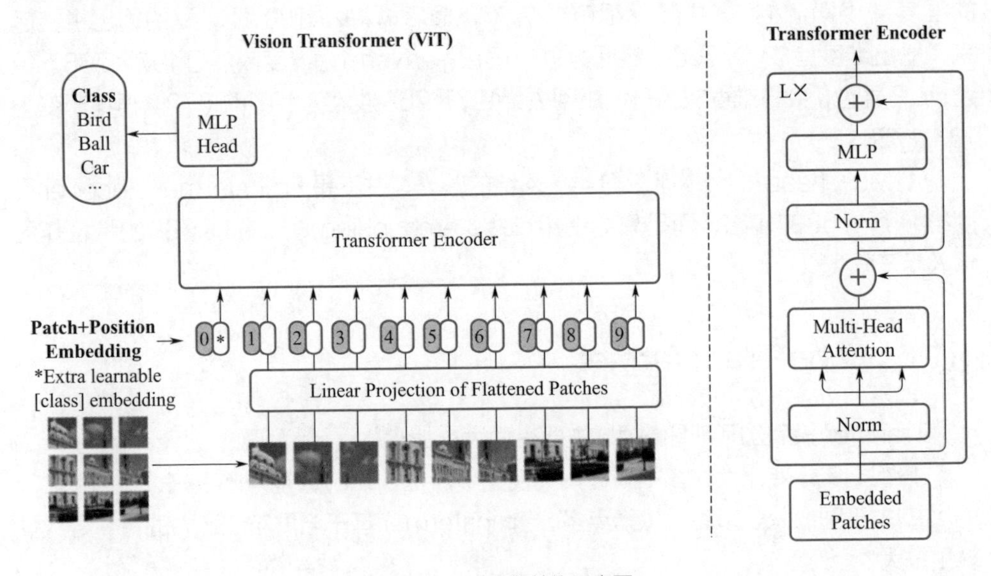


图6-8 ViT网络结构示意图

针对图像输入，为了便于图像特征能够被Transformer中的编码器（Encoder）正确处理，ViT会先将输入图片分为多个patch（通常是16×16的图像块），再将每个patch投影为固定长度的向量送入Transformer，后续的Encoder的操作和原始Transformer中完全相同。但是因为对图片分类，因此在输入序列中加入一个特殊的分类token，该token对应的输出即为最后的类别预测。

按照图6-7所示的流程图，例如针对输入大小为224×224的图片，会通过ViT网络进行下面几个步骤的计算。

① patch embedding：会将图片分为固定大小的patch（图像块），patch大小通常为16×16，则每张图像会生成（224×224）/（16×16）=196个patch，即输入序列长度为196，每个patch维度16×16×3=768，线性投射层的维度为768×$D$（$D$=768），因此输入通过线性投射层之后的维度依然为196×768，即一共有196个token，每个token的维度是768。此外，还需要加上一个特殊字符class embedding，因此最终的维度是197×768。

② positional encoding：ViT同样需要加入位置编码，位置编码可以理解为一张表，表一共有$N$行，$N$的大小和输入序列长度相同，每一行代表一个向量，向量的维度和输入序列embedding的维度相同（768）。注意位置编码的操作是求和，而不是拼接。因此加入位置编码信息之后，维度依然是197×768。

③ Transformer Encoder：在每个Enconder模块中主要包含层归一化（LayerNorm）、多头注意力和MLP等模块。针对LayerNorm的输出维度依然是197×768。经过多头自注意力模块时，先将输入映射到Q、K、V，如果只有一个头，Q、K、V的维度都是197×768，如果有12个头（768/12=64），则Q、K、V的维度是197×64，一共有12组Q、K、V，最后再将12组Q、K、V的输出拼接起来，输出维度是197×768，然后再过一层LayerNorm，维度依然是197×768。经过MLP层时，会将维度放大再缩小回去，197×768放大为197×3072，再缩小变为197×768。

④ MLP head：针对MLP分类头网络的输入，并不是Transformer Encoder维度维197×768的输出，而是只会使用class embedding对应的1×768的特征作为输入用于分类。

### 6.1.6 Swin Transformer

Transformer应用到图像领域主要有两大挑战：

① 视觉实体变化大，在不同场景下视觉Transformer性能未必很好；

② 由于图像分辨率高、像素点多，Transformer基于全局自注意力的计算导致计算量较大。

针对这样的问题，MSRA在2021年提出了Swin Transformer，其是一种包含滑窗操作、具有层级设计的Transformer网络。在滑窗操作中包括不重叠的local window与重叠的cross-window。将注意力计算限制在一个窗口中，在引入CNN卷积操作的局部性的同时还节省了计算量。和ViT网络相比，Swin Transfomer计算复杂度大幅度降低，具有输入图像大小线性计算复杂度。同时Swin Transformer随着深度加深，逐渐合并图像块来构建层次化Transformer，可以作为通用的视觉骨干网络，应用于图像分类、目标检测和语义分割等任务。Swin Transformer的整体架构如图6-9所示。

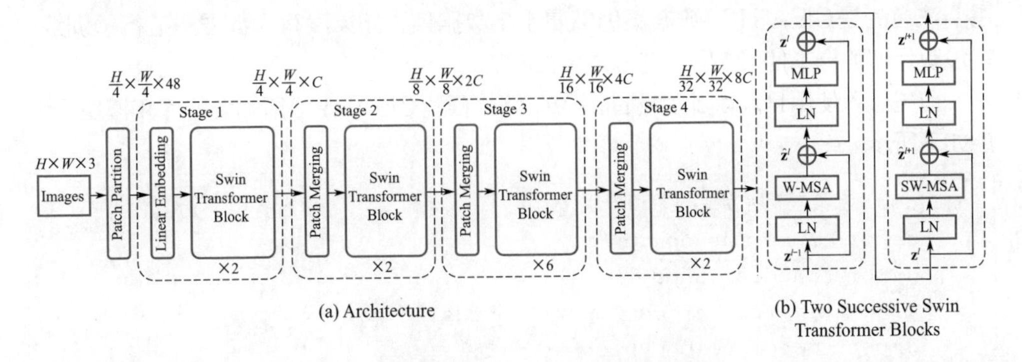


图6-9　Swin Transformer的网络架构示意图

从图6-9中可知，Swin Transformer的网络架构和CNN非常相似，构建了4个stage，每个stage中都有类似的重复单元。其网络结构具有以下几个特点。

① 其输入和ViT类似，都是先将输入图片$H \times W \times 3$划分为不重合的patch集合，但是每个patch尺寸为$4 \times 4$，即每个patch的特征维度为$4 \times 4 \times 3 = 48$，patch块的数量为$H/4 \times W/4$。

② 在stage1部分，会先通过一个线性嵌入（linear embedding）将输划分后的patch特征维度变成$C$，然后送入Swin Transformer块。

③ stage2 ~ stage4操作相同，都是先通过一个图像块融合（patch merging），将输入按照$2 \times 2$的相邻图像块合并，这样子图像块的数量就变成了$H/8 \times W/8$，再通过一个全连接层调整通道维度为原来的两倍，特征维度就变成了$2C$，然后送入Swin Transformer模块。patch merging模块的主要作用是在每个stage开始前做降采样，用于缩小分辨率、调整通道数，形成层次化的设计，也能节省一定运算量。

④ Swin Transformer会随着网络深度的加深，图像块数量会逐渐减少并且每个图像块的感知范围会扩大，这个设计是可以方便层级构建，更能够适应视觉任务的多尺度。

⑤ 针对Swin Transformer网络中两个连续的Swin Transformer Block，其中一个Swin Transformer Block由一个带两层MLP的窗口多头注意力（window based MSA）组成，另一个Swin Transformer Block则是由一个带两层MLP的滑动窗口多头注意力（shifted window based MSA）组成。在每个MSA模块和每个MLP之前都会使用层归一化（LayerNorm），并在每个MSA和MLP之后会使用残差连接。

## 6.2　PyTorch预训练ViT网络应用

前面介绍过基于自注意力模型的ViT等深度学习网络，通常需要使用大量的数据集才能获得较好的预测结果。本节将会使用PyTorch中已经预训练好的ViT网络为例，使用CIFAR100数据进行训练与预测，查看ViT网络在该数据集上的预测效果。

需要注意的是CIFAR100数据集仍然属于小数据集，如果没有大数据集进行预训练，是没有足够的样本使ViT网络充分发挥性能的。

首先导入使用PyTorch中预训练ViT网络预测CIFAR100所需要的库和模块，程序如下所示。

```
In[1]:## 导入本节所需要的库和模块
      import numpy as np
      import pandas as pd
      from sklearn.metrics import confusion_matrix
      import matplotlib.pyplot as plt
      import seaborn as sns
      import copy
      from tqdm import tqdm
      from sklearn.metrics import confusion_matrix
      import time
      import random
      import os
      import torch
      from torch import nn
      from torch.optim import Adam,SGD
      import torch.utils.data as Data
      from torchvision import transforms
      from torchvision.datasets import CIFAR100
      from torchvision.models import vit_b_16, ViT_B_16_Weights
      from torch.optim.lr_scheduler import StepLR
      device = torch.device("cuda:0" if torch.cuda.is_available()
else "cpu")
```

导入了已经网络结构较简单的ViT-B16（vit_b_16）网络，以及在ImageNet上预训练的权重ViT_B_16_Weights。

### 6.2.1 预训练ViT网络导入

因为PyTorch已经准备好了预训练的ViT，因此我们无须重新搭建ViT的网络结构，只需直接导入并应用即可。需要注意的是，由于预训练网络是在1000类数据上进行训练的，而CIFAR100只有100类数据，因此需要将网络的分类头的输出从1000改为100，使用的程序如下所示。

```
In[2]:## 初始化一个预训练的ViT网络
    weights = ViT_B_16_Weights.IMAGENET1K_V1
    ViTB16 = vit_b_16(weights=weights)
```

```
    ## 修改分类头用于预测100个类别的数据
    ViTB16.heads = nn.Sequential(nn.Linear(in_features=768, out_
features=100))
    ViTB16.to(device)
    ViTB16
Out[2]:VisionTransformer(
      (conv_proj): Conv2d(3, 768, kernel_size=(16, 16), stride=(16,
16))
      (encoder): Encoder(
        (dropout): Dropout(p=0.0, inplace=False)
        (layers): Sequential(
    …
      (heads): Sequential(
        (0): Linear(in_features=768, out_features=100, bias=True)
      ) )
```

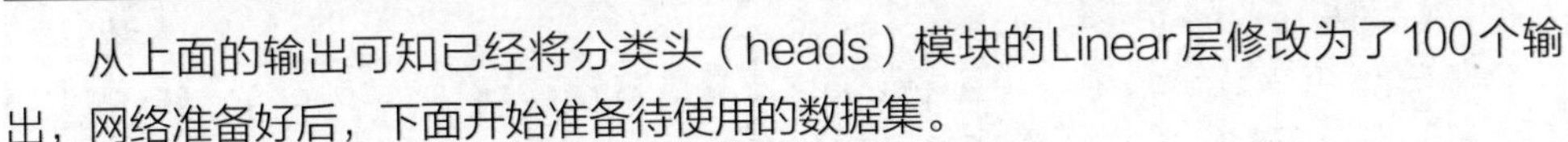

从上面的输出可知已经将分类头（heads）模块的Linear层修改为了100个输出，网络准备好后，下面开始准备待使用的数据集。

## 6.2.2 CIFAR100数据准备

准备CIFAR100数据时，因为预训练模型是在224×224的尺寸上训练的，所以针对CIFAR100数据的32×32的尺寸，需要将图像上采样到224×224，保证模型的正确运行。因此在下面针对训练数据和测试数据的预处理过程中，都会先使用transforms.Resize()函数将图像上采样。其中针对训练数据集会先上采样到256×256，然后再随机裁剪为224×224的大小，针对测试数据则是直接上采样到224×224。

针对训练数据导入以及准备数据加载器的程序如下所示，由于图像的尺寸很大，为了节省显存空间，每个batch只有32个样本，从输出中可知数据会有1563个batch。

```
In[3]:## 使用 CIFAR100数据
    mean = [0.4914, 0.4822, 0.4465]     # 训练数据的均值
    std = [0.2470, 0.2435, 0.2616]      # 训练数据的标准差
    ## 训练数据预处理过程
    transform_train = transforms.Compose([
        transforms.Resize((256,256)),transforms.RandomCrop((224,224)),
        transforms.RandomHorizontalFlip(),transforms.
RandomVerticalFlip(),
        transforms.ToTensor(),transforms.Normalize(mean, std) ])
```

```
     ## 准备训练数据集
     train_data  = CIFAR100(root = "./data/CIFAR100",
            train = True, transform  = transform_train,download=
False)
     ## 定义一个数据加载器
     train_loader = Data.DataLoader(dataset = train_data, batch_
size=32,
            shuffle = True, num_workers = 2 )
     ## 计算train_loader有多少个batch
     print("train_loader的batch数量为:",len(train_loader))
Out[3]:train_loader的batch数量为: 1563
```

针对测试数据导入以及准备数据加载器的程序如下所示，没有对数据进行数据增强操作，每个batch只有16个样本，从输出中可知数据会有625个batch。

```
In[4]:## 准备测试数据集
     transform_test = transforms.Compose([
            transforms.Resize((224,224)),transforms.ToTensor(),
            transforms.Normalize(mean, std) ])
     test_data = CIFAR100(root = "./data/CIFAR100", train = False,
                      transform = transform_test, download= False)
     ## 定义一个数据加载器
     test_loader = Data.DataLoader(dataset = test_data, batch_
size=16,
                              shuffle = False, num_workers = 2 )
     ## 计算test_loader有多少个batch
     print("test_loader的batch数量为:",len(test_loader))
Out[4]:test_loader的batch数量为: 625
```

## 6.2.3 预训练ViT网络训练与预测

ViT网络和CIFAR100数据都准备好后，可以对网络进行训练和预测。为了便于理解整个训练过程，会定义一个train_model()函数，该函数可以对数据训练一个epoch并输出相应的损失与精度大小，val_model()函数则可以对数据验证（测试）一个epoch并输出相应的损失与精度大小。两个函数的程序如下所示。

```
In[5]:## 定义网络的对数据训练一个epoch的训练过程
     def train_model(model,traindataloader, criterion, optimizer):
         """model:网络模型;traindataloader:训练数据集
         criterion:损失函数;optimizer:优化方法 """
```

```
        model.train()                              ## 设置模型为训练模式
        train_loss = 0.0, train_corrects = 0, train_num = 0, start
= time.time()
        for step,(b_x,b_y) in enumerate(tqdm(traindataloader)):
            b_x,b_y = b_x.to(device),b_y.to(device) # 设置数据的计算设备
            output = model(b_x)                    # 数据输入模型
            pre_lab = torch.argmax(output,1)       # 计算预测的类别
            loss = criterion(output, b_y)          # 计算损失值
            optimizer.zero_grad()                  # 模型优化
            loss.backward()
            optimizer.step()
            train_loss += loss.item() * b_x.size(0)
                                                   # 计算所有样本的总损失
            train_corrects += torch.sum(pre_lab == b_y.data)
                                                   # 计算预测正确的样本总数
            train_num += b_x.size(0)               # 计算参与训练的样本总数
        ## 计算在一个epoch训练集的平均损失和精度
        train_loss = train_loss / train_num
        train_acc = train_corrects.double().item()/train_num
        finish = time.time()
        print('Train times: {:.1f}s, Train Loss: {:.4f}  Train
Acc: {:.4f}'.format(
            finish-start, train_loss, train_acc))
        return train_loss,train_acc
In[6]:## 定义网络的对数据验证(测试)一个epoch的训练过程
    def val_model(model,testdataloader, criterion):
        """  model:网络模型;testdataloader:验证(测试)数据集,
criterion: 损失函数 """
        model.eval() ## 设置模型为验证模式（该模式不会更新模型的参数）
          val_loss = 0.0, val_corrects = 0,  val_num = 0, start =
time.time()
        for step,(b_x,b_y) in enumerate(tqdm(testdataloader)):
            b_x,b_y = b_x.to(device),b_y.to(device)
                                                   # 设置数据的计算设备
            output = model(b_x)                    # 数据输入模型
            pre_lab = torch.argmax(output,1)       # 计算预测的类别
            loss = criterion(output, b_y)          # 计算损失值
            val_loss += loss.item() * b_x.size(0)
                                                   # 计算所有样本的总损失
            val_corrects += torch.sum(pre_lab == b_y.data)
                                                   # 计算预测正确的样本总数
```

```
            val_num += b_x.size(0)      # 计算参与训练的样本总数
        ## 计算在一个epoch验证集的平均损失和精度
        val_loss = val_loss / val_num
        val_acc = val_corrects.double().item()/val_num
        finish = time.time()
        print('Val times: {:.1f}s, Val Loss: {:.4f}  Val Acc:
{:.4f}'.format(
            finish-start, val_loss, val_acc))
        return val_loss,val_acc
```

下面使用SGD优化器，交叉熵损失函数对ViT网络进行训练和验证，在训练的过程中会使用后StepLR()方法改变学习率，程序和训练过程输出如下所示。

```
In[7]:## 对模型进行训练与预测
     optimizer = SGD(ViTB16.parameters(), lr= 0.01, momentum=0.9,
                     weight_decay=1e-5, nesterov=True)
     criterion = nn.CrossEntropyLoss()# 交叉熵损失函数
     epoch_num = 50                    # 网络训练的总轮数
     train_loss_all = []               # 用于保存训练过程的相关结果
       train_acc_all = [], test_loss_all = [], test_acc_all = [],
best_acc = 0.0
     ## 设置等间隔调整学习率,每隔step_size个epoch学习率为原来的gamma倍
     scheduler = StepLR(optimizer, step_size=15, gamma=0.2)
     ## 训练epoch_num的总轮数
     for epoch in range(epoch_num):
         train_loss,train_acc=train_model(ViTB16,train_loader,
criterion,optimizer)
         test_loss,test_acc = val_model(ViTB16,test_loader, criterion)
         train_loss_all.append(train_loss)
         train_acc_all.append(train_acc)
         test_loss_all.append(test_loss)
         test_acc_all.append(test_acc)
         scheduler.step()                  ## 更新学习率
         STlr = scheduler.get_last_lr()
         ## 保存最优的模型参数
         if test_acc > best_acc:
             best_model_wts = copy.deepcopy(ViTB16.state_dict())
         best_acc = max(best_acc, test_acc)
         print("epoch   = {},   Lr =  {:.6f}   ,   test_acc   =
{:.4f},  best_acc   =  {:.4f}".format( epoch, STlr[0], test_
```

```
acc,best_acc))
    ## 保存整个模型
    ViTB16.load_state_dict(best_model_wts)
    torch.save(ViTB16,"data/chap6/ViTB16_CIFAR100_Pretrain.pkl")
Out[8]: Train times: 846.0s, Train Loss: 2.1087  Train Acc: 0.4435
        Val times: 58.6s, Val Loss: 1.2743  Val Acc: 0.6307
        epoch = 0, Lr = 0.010000 , test_acc = 0.6307, best_acc = 0.6307
        …
        Train times: 834.2s, Train Loss: 0.0019  Train Acc: 0.9995
        Val times: 57.2s, Val Loss: 0.8977  Val Acc: 0.8202
        epoch = 29, Lr = 0.002000 , test_acc = 0.8202, best_acc = 0.8204
```

针对训练过程中损失函数和预测精度的情况，可以使用下面的程序进行可视化，运行程序后可获得可视化图像6-10。

```
In[8]:## 可视化模型在训练过程中损失函数与精度的变化情况
    plt.figure(figsize=(14,5))
    plt.subplot(1,2,1)
    plt.plot(train_loss_all,"r-",linewidth=2.5,label = "Train loss")
    plt.plot(test_loss_all, "b-",linewidth=2.5,label = "Test loss")
    plt.legend(), plt.xlabel("epoch"), plt.ylabel("Loss")
    plt.subplot(1,2,2)
    plt.plot(train_acc_all,"r-",linewidth=2.5,label = "Train acc")
    plt.plot(test_acc_all, "b-",linewidth=2.5,label = "Test acc")
    plt.legend(), plt.xlabel("epoch"), plt.ylabel("Acc")
    plt.show()
```

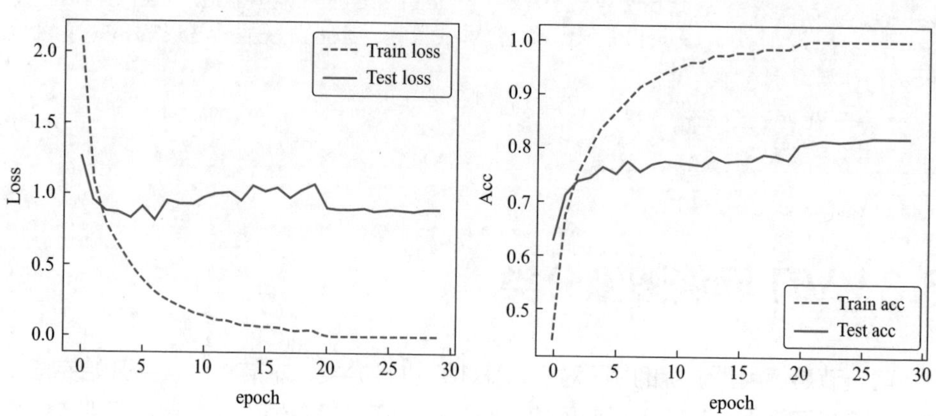


图6-10　训练过程损失函数和精度变化趋势

下面的程序则是计算最终获得的模型在测试数据集上的预测精度，从输出结果中可知预测精度为82%。

```
In[9]:## 对测试集进行预测并计算精度
    ViTB16.eval()                              ## 设置模型为评估(验证)模式
    test_y_all = torch.LongTensor()  # 用于保存真实类别
    pre_lab_all = torch.LongTensor() # 用于保存预测类别
    for step,(b_x,b_y) in enumerate(tqdm(test_loader)):
        b_x,b_y = b_x.to(device),b_y.to(device)
                                               # 设置数据的计算设备
        out = ViTB16(b_x)
        pre_lab = torch.argmax(out,1)
        test_y_all = torch.cat((test_y_all,b_y.cpu()))
                                               ##测试集的标签
        pre_lab_all = torch.cat((pre_lab_all,pre_lab.cpu()))
                                               ##测试集的预测标签
    ## 计算预测精度
    acc = torch.sum(pre_lab_all == test_y_all) / len(test_y_all)
    print("在测试集上的预测精度为:",acc)
Out[9]: 在测试集上的预测精度为: tensor(0.8204)
```

针对测试数据集上各类的预测效果，可以使用下面的程序获得交互的混淆矩阵热力图，得到结果如图6-11所示。

```
In[10]:## 计算混淆矩阵并可视化可交互图
    import plotly.express as px
    class_label = train_data.classes
    conf_mat = confusion_matrix(test_y_all,pre_lab_all)
    fig = px.imshow(conf_mat, width=900,height=800,aspect="auto",
                    labels=dict(x="True label", y="Predicted label"),
                    x=class_label, y=class_label,color_continuous_
scale="Viridis")
    fig.update_xaxes(side="top")
    fig.show()
```

# 6.3 ViT网络图像分类

前一节是使用预训练的ViT对CIFAR100进行分类，本节将会从头开始完成ViT网络，并继续使用CIFAR100对网络进行训练，查看没有经过大数据集预训练的ViT网络对数据集的预测效果。首先导入会使用到的库和模块，程序如下所示。

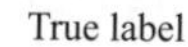


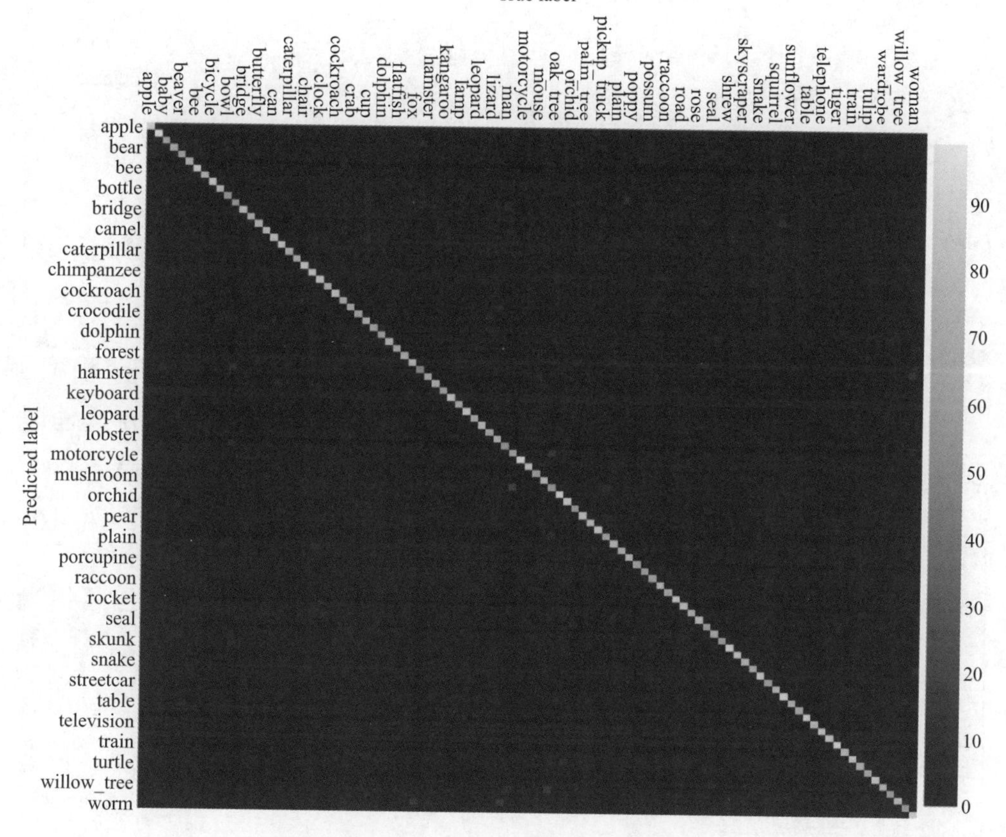


图6-11　交互的混淆矩阵热力图

```
In[1]:## 导入本节所需要的库和模块
      import numpy as np
      import pandas as pd
      from sklearn.metrics import confusion_matrix
      import matplotlib.pyplot as plt
      import seaborn as sns
      import copy
      import time
      import random
      import os
      import torch
      from torch import nn
      from einops import rearrange, repeat
      from einops.layers.torch import Rearrange
      from torch.optim import Adam,SGD
```

```
    import torch.utils.data as Data
    from torchvision import transforms
    from torchvision.datasets import CIFAR100
    from torch.optim.lr_scheduler import StepLR
    ## 定义计算设备,如果设备有GPU就获取GPU,否则获取CPU
    device = torch.device("cuda:0" if torch.cuda.is_available()
else "cpu")
```

## 6.3.1 ViT网络搭建

针对ViT的网络结构，首先定义归一化层+一层计算的函数类PreNorm()与全连接网络结构FeedForward()，使用的程序如下所示。

```
In[2]:## Layer归一化层+一层计算(多头注意力或者MLP)
    class PreNorm(nn.Module):
        def __init__(self, dim, fn):
            super().__init__()
            self.norm = nn.LayerNorm(dim)
            self.fn = fn
        def forward(self, x, **kwargs):
            return self.fn(self.norm(x), **kwargs)
    ## 全连接层
    class FeedForward(nn.Module):
        def __init__(self, dim, hidden_dim, dropout = 0.):
            super().__init__()
            self.net = nn.Sequential(
                nn.Linear(dim, hidden_dim),
                nn.GELU(),
                nn.Dropout(dropout),
                nn.Linear(hidden_dim, dim),
                nn.Dropout(dropout)
            )
        def forward(self, x):
            return self.net(x)
```

针对多头注意力机制模块，可以使用下面的程序定义。

```
In[3]:## 多头注意力机制
    class Attention(nn.Module):
        def __init__(self, dim, heads = 8, dim_head = 64, dropout = 0.):
```

```
            super().__init__()
            """ dim:子模块输入和输出的维度(经全连接层后);
            heads:多头注意力的数量; dim_head:每个头使用的维度;  """
            inner_dim = dim_head *  heads
            ## 判断是否是多头注意力
            project_out = not (heads == 1 and dim_head == dim)
            self.heads = heads
            self.scale = dim_head ** -0.5
            self.attend = nn.Softmax(dim = -1)
            self.dropout = nn.Dropout(dropout)
            self.to_qkv = nn.Linear(dim, inner_dim * 3, bias = False)
            ## 多头还有一个全连接层,单头直接输出
            self.to_out = nn.Sequential(
                nn.Linear(inner_dim, dim),
                nn.Dropout(dropout)
            ) if project_out else nn.Identity()
        def forward(self, x):
            qkv = self.to_qkv(x).chunk(3, dim = -1)  #  权重切块后进行
维度变换
            q,k,v = map(lambda t: rearrange(t, 'b n (h d) -> b h n
d', h = self.heads), qkv)
            ## q*(k^T) / sqrt(dim_head)
            dots = torch.matmul(q, k.transpose(-1, -2)) * self.scale
            ## softmax(q*(k^T) / sqrt(dim_head))
            attn = self.attend(dots)
            attn = self.dropout(attn)
            ## softmax(q*(k^T) / sqrt(dim_head)) * v
            out = torch.matmul(attn, v)
            out = rearrange(out, 'b h n d -> b n (h d)')
            return self.to_out(out)
```

定义好全连接模块、多头注意力机制模块后，使用下面的程序定义Transformer网络，网络会包括多个encoder模块。

```
In[4]:## 定义一个Transformer网络
    class Transformer(nn.Module):
        def __init__(self, dim, depth, heads, dim_head, mlp_dim,
dropout = 0.):
            super().__init__()
```

```
            """ dim:子模块输入和输出的维度(经全连接层后);
            depth:Transformer encoder模块的数量; heads:多头注意力的数量;
            dim_head:每个头使用的维度; mlp_dim:全连接层的中间维度;  """
            self.layers = nn.ModuleList([])
            for _ in range(depth):
                self.layers.append(nn.ModuleList([
                    PreNorm(dim, Attention(dim, heads = heads, dim_head = dim_head, dropout = dropout)),
                    PreNorm(dim, FeedForward(dim, mlp_dim, dropout = dropout))
                ]))
        def forward(self, x):
            for attn, ff in self.layers:
                x = attn(x) + x
                x = ff(x) + x
            return x
```

接下来定义整个ViT需要的网络结构，程序如下所示。

```
In[5]:## 将单个数值生成为数组
    def pair(t):
        return t if isinstance(t, tuple) else (t, t)
In[6]:## 定义ViT网络的结构
    class ViT(nn.Module):
        def __init__(self, *, image_size, patch_size, num_classes, dim, depth, heads,
                     mlp_dim, pool ="cls",channels = 3, dim_head = 64,dropout = 0.,
                     emb_dropout = 0.):
            super().__init__()
            """
            image_size:图像的输入尺寸;    patch_size:图像块的尺寸;
            num_classes:图像数据的类别;
            dim:子模块输入和输出的维度;   depth: Transformer enconder模块的数量;
            heads:多头注意力的数量;   mlp_dim:全连接层的中间维度;
            pool:池化的种类;   channels:输入图像的通道数;   dim_head:每个头使用的维度;
            """
            image_height, image_width = pair(image_size)
```

```
                                                    # 输入图像尺寸
        patch_height, patch_width = pair(patch_size)
                                                    # 图像块尺寸
        ## 图像的尺寸必须能够被图像块的尺寸整除
        assert image_height % patch_height==0 and image_width
% patch_width==0
        ## 计算图像块的数量
        num_patches = (image_height // patch_height) * (image_
width // patch_width)
        patch_dim = channels * patch_height * patch_width
        assert pool in  {"cls", "mean"},  "pool type must be
either cls  (cls token) (or mean (mean pooling)"
        ## 图像块
        self.to_patch_embedding = nn.Sequential(
            Rearrange('b c (h p1) (w p2) -> b (h w) (p1 p2 c)',
p1 = patch_height,
                      p2 = patch_width),
            nn.LayerNorm(patch_dim),
            nn.Linear(patch_dim, dim),
            nn.LayerNorm(dim),
        )
        self.pos_embedding = nn.Parameter(torch.randn(1, num_
patches + 1, dim))
        self.cls_token = nn.Parameter(torch.randn(1, 1, dim))
        self.dropout = nn.Dropout(emb_dropout)
        self.transformer=Transformer(dim,depth,heads,dim_head,
mlp_dim,dropout)
        self.pool = pool
        self.to_latent = nn.Identity()
        self.mlp_head = nn.Sequential(
            nn.LayerNorm(dim),
            nn.Linear(dim, num_classes)
        )
    def forward(self, img):
        x = self.to_patch_embedding(img)
        b, n, _ = x.shape
        cls_tokens = repeat(self.cls_token, '1 1 d -> b 1 d',
b = b)
        x = torch.cat((cls_tokens, x), dim=1)
        x += self.pos_embedding[:, :(n + 1)]
```

```
        x = self.dropout(x)
        x = self.transformer(x)
        x = x.mean(dim = 1) if self.pool == 'mean' else x[:, 0]
        x = self.to_latent(x)
        return self.mlp_head(x)
```

定义好ViT网络结构后，针对32×32的图像会使用4×4的图像块大小，初始化ViTB16的模型的程序如下所示。

```
In[7]:## 初始化一个ViT网络
      ViTB16 = ViT(image_size = 32, patch_size = 4, num_classes =
100,
                   dim = 768, depth = 6, heads = 12, mlp_dim = 1024,
                   dropout = 0.1, emb_dropout = 0.1 )
     ViTB16.to(device)
     ViTB16
Out[7]:ViT(
       (to_patch_embedding): Sequential(
         (0): Rearrange('b c (h p1) (w p2) -> b (h w) (p1 p2 c)',
p1=4, p2=4)
         (1): LayerNorm((48,), eps=1e-05, elementwise_affine=True)
         (2): Linear(in_features=48, out_features=768, bias=True)
         (3): LayerNorm((768,), eps=1e-05, elementwise_affine=True)
       )
       (dropout): Dropout(p=0.1, inplace=False)
       (transformer): Transformer(
         (layers): ModuleList(
           (0-5): 6 x ModuleList(
             (0): PreNorm(
               (norm): LayerNorm((768,), eps=1e-05, elementwise_
affine=True)
     …
       (mlp_head): Sequential(
         (0): LayerNorm((768,), eps=1e-05, elementwise_affine=True)
         (1): Linear(in_features=768, out_features=100, bias=True)
       ) )
```

## 6.3.2 CIFAR00数据准备

下面继续使用CIFAR100数据集对ViT网络进行训练与验证，首先对训练数据进行准备，程序如下所示。其中为了节省显存会使用32×32大小的图像，同时训练时一个batch包含256个样本，定义好数据加载后，会随机可视化其中的部分样本数据，部分样本图像的情况如图6-12所示。

```
In[8]:## 使用 CIFAR100数据
      mean = [0.4914, 0.4822, 0.4465]          # 训练数据的均值
      std = [0.2470, 0.2435, 0.2616]           # 训练数据的标准差
      ## 训练数据预处理过程
      transform_train = transforms.Compose([
          transforms.RandomCrop(32, padding=4),# 随机裁剪
          transforms.RandomHorizontalFlip(),transforms.
RandomVerticalFlip(),
          transforms.ToTensor(),transforms.Normalize(mean, std)
      ])
      ## 准备训练数据集
      train_data  = CIFAR100(root = "./data/CIFAR100",
                train = True, transform  = transform_train,download=
False)
      ## 定义一个数据加载器
       train_loader = Data.DataLoader(dataset = train_data, batch_
size=256,
            shuffle = True, num_workers = 2 )
      ## 计算train_loader有多少个batch
      ##  获得一个batch的数据
      for step, (b_x, b_y) in enumerate(train_loader):
          if step > 0:
             break
      ## 可视化查看数据中的图像内容
      batch_x = b_x.numpy()
      batch_y = b_y.numpy()
      class_label = train_data.classes
      plt.figure(figsize=(12,5))
      for ii in np.arange(60):
          plt.subplot(5,12,ii+1)
          ## 图像的像素值使用0-1标准化处理到0~1之间
            im = batch_x[ii,...], im = (im -im.min()) / (im.max() -
im.min())
          plt.imshow(im.transpose(1,2,0))
          plt.title(class_label[batch_y[ii]],size = 9), plt.axis("off")
      plt.subplots_adjust(wspace = 0.05,hspace=0.4)
      plt.show()
```

图6-12 部分样本可视化

下面准备待使用的测试数据，每个batch会包含128张图像，程序如下所示。

```
In[9]:## 准备测试数据集
      transform_test = transforms.Compose([
              transforms.ToTensor(), transforms.Normalize(mean, std) ])
      test_data = CIFAR100(root = "./data/CIFAR100", train = False,
                          transform = transform_test, download= False)
      ## 定义一个数据加载器
      test_loader = Data.DataLoader(dataset = test_data, batch_
size=128,
                                     shuffle = False, num_workers = 2 )
      ## 计算test_loader有多少个batch
      print("test_loader的batch数量为:",len(test_loader))
Out[9]:test_loader的batch数量为: 79
```

## 6.3.3 ViT网络训练与预测

因为在6.2.3小节已经定义好的train_model()和val_model()函数在这里仍然适用，所以下面的程序在训练模型时会继续使用前面定义好的函数。由于这里是从头开始训练ViT网络，因此会训练200个epoch，并且每隔50个epoch缩小训练的学习率。训练过程和结果如下所示。

```
In[10]:## 对模型进行训练与预测
      optimizer = SGD(ViTB16.parameters(), lr= 0.1, momentum=0.9,
```

```
                    weight_decay=1e-4, nesterov=True)
    criterion = nn.CrossEntropyLoss()# 交叉熵损失函数
    epoch_num = 200                  # 网络训练的总轮数
    train_loss_all = []              # 用于保存训练过程的相关结果
    train_acc_all = [], test_loss_all = [], test_acc_all = [],
best_acc = 0.0
    ## 设置等间隔调整学习率,每隔step_size个epoch学习率变为原来的gamma倍
    scheduler = StepLR(optimizer, step_size=50, gamma=0.2)
    ## 训练epoch_num的总轮数
    for epoch in range(epoch_num):
        train_loss,train_acc=train_model(ViTB16,train_loader,
criterion, optimizer)
        test_loss,test_acc = val_model(ViTB16,test_loader, criterion)
        train_loss_all.append(train_loss)
        train_acc_all.append(train_acc)
        test_loss_all.append(test_loss)
        test_acc_all.append(test_acc)
        scheduler.step()               ## 更新学习率
        STlr = scheduler.get_last_lr()
        ## 保存最优的模型参数
        if test_acc > best_acc:
            best_model_wts = copy.deepcopy(ViTB16.state_dict())
        best_acc = max(best_acc, test_acc)
        print("epoch = {}, Lr = {:.6f} , test_acc = {:.4f}, best_
acc = {:.4f}".format( epoch, STlr[0], test_acc,best_acc))
    ## 保存整个模型
    ViTB16.load_state_dict(best_model_wts)
    torch.save(ViTB16,"data/chap6/ViTB16_CIFAR100_patch_4_
20230325.pkl")
Out[10]:Train times: 69.9s, Train Loss: 5.9591  Train Acc: 0.0175
    Val times: 8.0s, Val Loss: 4.3917  Val Acc: 0.0308
    epoch = 0, Lr = 0.100000 , test_acc = 0.0308, best_acc = 0.0308
    Train times: 69.5s, Train Loss: 4.3203  Train Acc: 0.0368
    …
    Train times: 70.4s, Train Loss: 0.3094  Train Acc: 0.8996
    Val times: 7.8s, Val Loss: 2.4221  Val Acc: 0.5429
    epoch = 199, Lr = 0.000160 , test_acc = 0.5429, best_acc =
 0.5464
```

针对网络训练过程中，损失函数和预测精度的可视化程序如下所示，运行程序后

可获得图像6-13。

```
In[11]:## 可视化模型在训练过程中损失函数与精度的变化情况
     plt.figure(figsize=(14,5))
     plt.subplot(1,2,1)
     plt.plot(train_loss_all,"r-",linewidth=2.5,label = "Train
loss")
     plt.plot(test_loss_all, "b-",linewidth=2.5,label = "Test
loss")
     plt.legend(), plt.xlabel("epoch"), plt.ylabel("Loss")
     plt.subplot(1,2,2)
     plt.plot(train_acc_all,"r-",linewidth=2.5,label = "Train acc")
     plt.plot(test_acc_all, "b-",linewidth=2.5,label = "Test acc")
     plt.legend(), plt.xlabel("epoch"), plt.ylabel("Acc")
     plt.show()
```

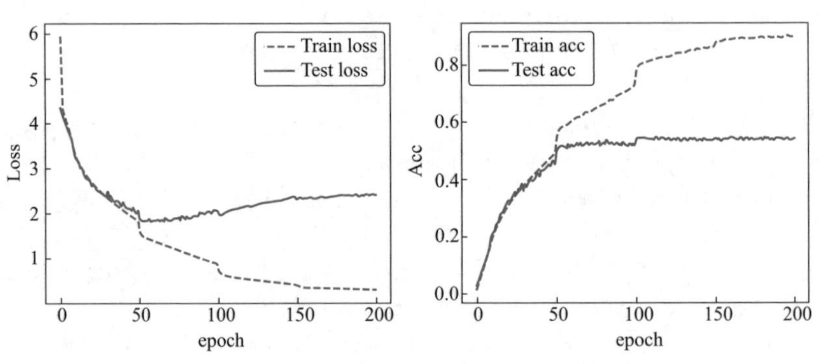


图6-13 损失函数和预测精度的变化情况

从图6-13可以发现从头开始训练的ViT网络，在测试集上的预测精度最终保持在54%左右，和预训练ViT网络相比预测精度相差30%左右，这也证明了ViT网络需要更多的训练数据。

## 6.4 本章小结

本章主要介绍了深度学习网络中注意力机制在计算机视觉中的应用。介绍了几种经典注意力机制网络的工作模式与网络结构，如SE-NET、SPANet、CBAM，自注意力机制Transformer、ViT、Swin Transformer等。并且介绍了如何使用PyTorch中预训练的ViT网络，以及自己从头搭建、训练与测试ViT网络在图像分类中的性能。

# 第7章

# 图像风格迁移

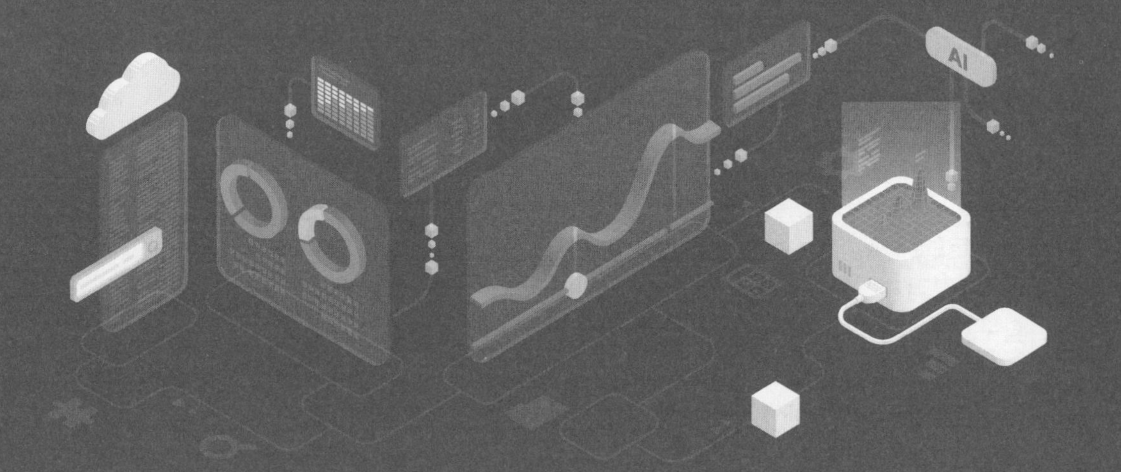

图像处理领域中，图像风格迁移是一个有趣的研究热点。图像风格迁移是图像纹理迁移研究的进一步拓展，可以理解为针对一张风格图像和一张内容图像，通过将风格图像的风格添加到内容图像上，从而对内容图像进行进一步的创作，获得具有不同风格的目标图像。传统的图像风格迁移（纹理合成）方法通常是在原始纹理图像上进行重采样来合成新纹理，在结构简单的图像上可以获得较好的生成效果，但在颜色和纹理复杂的图像上的处理效果较差。而随着深度学习的快速发展，基于深度学习网络的风格迁移展现出了非常出色的视觉效果，引起了学术界和工业界的大量关注。本章主要关注基于深度学习的图像风格迁移算法。风格迁移的过程示意图如图7-1所示。

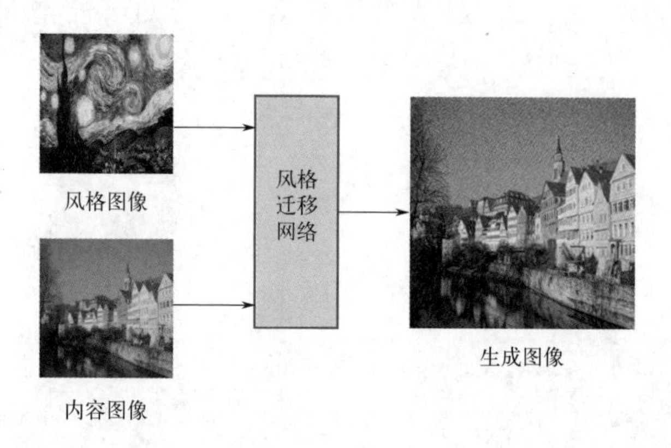


图7-1 风格迁移过程示意图

基于深度学习网络的图像风格迁移的算法有很多种，而且根据其输入与输出要求的差异、算法使用的场景的不同主要可以分为三种：固定风格固定内容的风格迁移、固定风格任意内容的快速风格迁移，以及任意风格任意内容的极速风格迁移。本章主要介绍不同场景下的经典风格迁移算法的网络结构，并介绍如何使用PyTorch来实现利用自己的图像实现图像的风格迁移应用。

## 7.1 经典的图像风格迁移方法

图像风格迁移主要任务是将图像的风格迁移到内容图像上，使得内容图像也具有一定的风格。其中风格图像通常可以是艺术家的一些作品，如画家梵高的《向日葵》《星月夜》、日本浮世绘的《神奈川冲浪里》等经典的画作，这些图像通常包含一些经典的艺术家风格。风格图像也可以是经典的具有特色的照片，如夕阳下的照片、城市的夜景等，图像具有鲜明色彩图像。而内容图像则通常来自现实世界，可以是自拍照、户外摄影等。利用图像风格迁移则可以将内容图像处理为想要的风格。

### 7.1.1 固定风格固定内容的风格迁移

固定风格固定内容的风格迁移方法，也可以称为普通图像风格迁移方法，是最早的基于深度卷积神经网络的图像风格迁移方法。针对每张固定内容图像和风格图像，普通图像风格迁移方法都需要重新经过长时间的训练，这是最慢的方法也是最经典的方法。

固定风格固定内容的风格迁移方法于2015年由来自德国图宾根大学的三位研究员提出。其思路很简单，就是把图片当作可以训练的变量，通过不断优化图片的像素值，降低其与内容图片的内容差异，并降低其与风格图片的风格差异，通过对卷积网络的多次迭代训练，能够生成一幅具有特定风格的图像，并且内容与内容图片的内容一致，生成图片风格与风格图片一致。他们的研究被整理为了两篇文章，分别是*A Neural Algorithm of Artistic Style*和*Image Style Transfer Using Convolutional Neural Networks*。引起了学术界和工业界的极大兴趣。

图7-2是在文章*Image Style Transfer Using Convolutional Neural Networks*中，提到的基于VGG网络中卷积层的图像风格迁移流程。在图中左边的图像 $\vec{a}$ 为输入的风格图像，右边的图像 $\vec{p}$ 为输入的内容图像。中间的图像 $\vec{x}$ 则是表示由随机噪声生成的图像风格迁移后的图像。$\mathcal{L}_{\text{content}}$ 表示图像的内容损失，$\mathcal{L}_{\text{style}}$ 表示图像的风格损失，$\alpha$ 和 $\beta$ 分别表示内容损失权重和风格损失权重。

针对深度卷积神经网络的研究发现，使用较深层次的卷积计算得到的特征映射，能够较好地表示图像的内容，而较浅层次的卷积计算得到的特征映射，能够较好地表示图像的风格。基于这样的思想就可以通过不同卷积层的特征映射来度量目标图像在风格上和风格图像的差异，在内容上和内容图像的差异。

两个图像的内容相似性度量主要是通过度量两张图像在通过VGG16的卷积计算后，在conv4_2层上特征映射的相似性，作为图像的内容损失，内容损失函数如下所示：

$$\mathcal{L}_{\text{content}} = \frac{1}{2}\sum_{i,j}\left(F_{ij}^{l} - P_{ij}^{l}\right)^{2}$$

式中，$l$表示特征映射的层数；$F$和$P$分别是目标图像和内容图像在对应卷积层输出的特征映射。

图像风格的损失并不是直接通过特征映射进行比较的，而是通过计算Gram矩阵先计算出图像的风格，再进行比较图像的风格损失。计算特征映射的Gram矩阵则是先将其特征映射变换为一个列向量，而Gram矩阵则使用这个列向量乘以其转置获得，Gram矩阵可以更好地表示图像的风格。所以输入风格图像 $\vec{a}$ 和目标图像 $\vec{x}$ ，使用$A^l$和$G^l$分别表示他们在$l$层特征映射的风格表示（计算得到的Gram矩阵），那么图像的风格损失可以通过下面的方式进行计算：

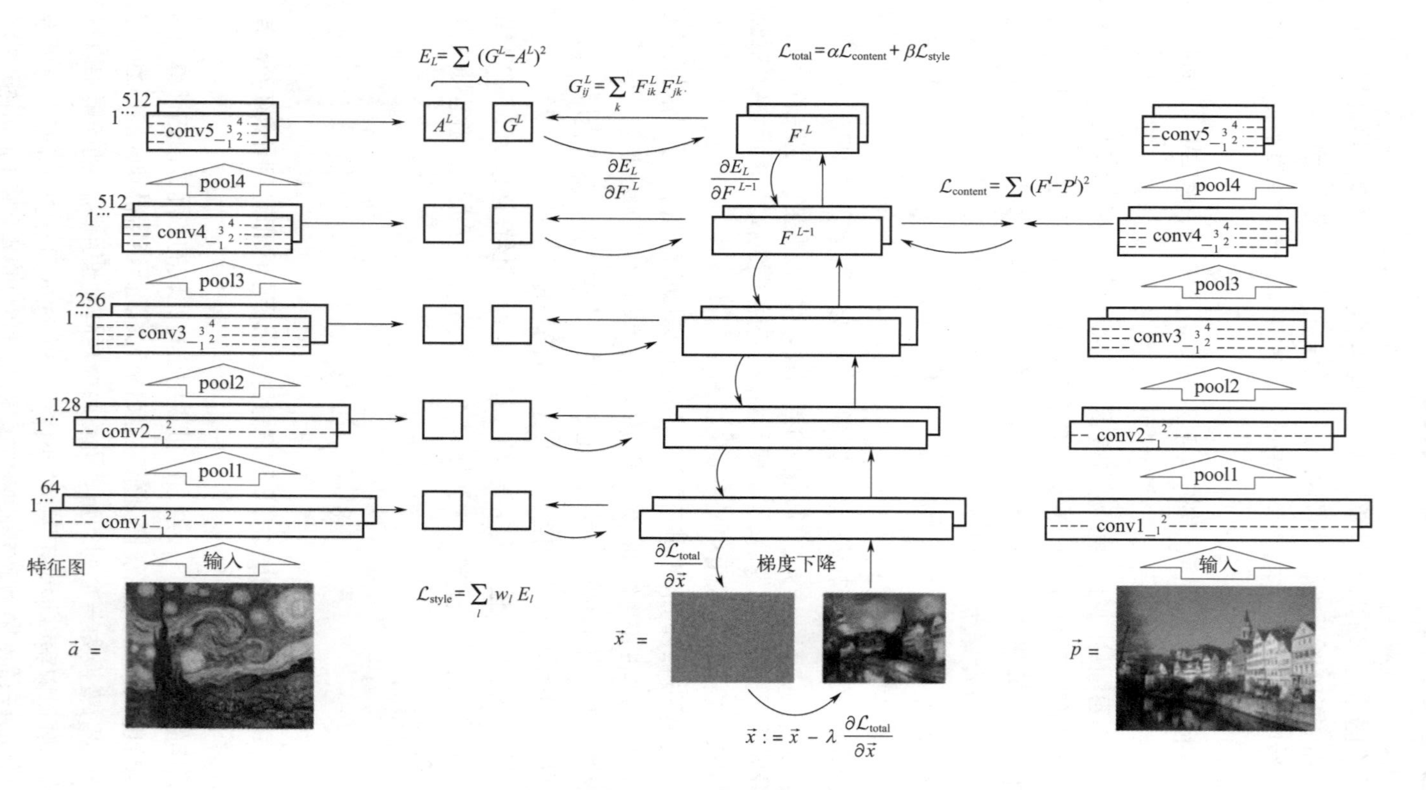


图7-2　固定风格固定内容的风格迁移方法

$$E_l = \frac{1}{4N_l^2 M_l^2} \sum_{i,j} \left(G_{ij}^l - A_{ij}^l\right)^2$$

$$\mathcal{L}_{\text{style}} = \sum_{l=0}^{L} w_l E_l$$

式中，$w_l$是每个层的风格损失的权重；$N_l$和$M_l$对应着特征映射的高和宽。针对固定图像固定风格的图像风格迁移，使用PyTorch很容易实现。后续将介绍如何使用PyTorch进行固定图像固定风格的图像风格迁移。

## 7.1.2　固定风格任意内容的风格迁移

固定风格任意内容的快速风格迁移，是在固定风格固定内容的图像风格迁移的基础上，做出的一些必要改进，即在普通图像风格迁移的基础上，添加一个可供训练的图像转换网络。针对一种风格图像进行训练后，可以将任意的输入图像非常迅速地进行图像迁移学习，让该图像具有学习好的图像风格，其深度网络的框架如图7-3所示。

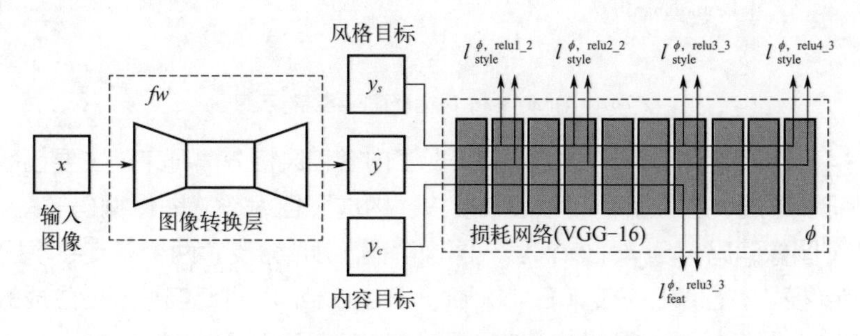


图7-3　固定风格任意内容的快速图像风格迁移框架

图像7-3来自文章*Perceptual losses for real-time style transfer and super-resolution*，图示可以看作两个部分：一部分是通过输出图像$x$经过图像转换网络$fw$，得到网络的输出$\hat{y}$，这部分是普通风格迁移图像框架中没有的部分，普通图像风格迁移的输入图像是随机噪声，而快速风格迁移的输入是一张图像经过转换网络$fw$的输出；另一部分是使用VGG16网络中的相关卷积层去度量一张图像的内容损失和风格损失。

在图像转换网络（image trainsform net）部分，可以分为3个阶段，分别是图像降维部分、残差连接部分和图像升维部分。

降维部分：主要通过3个卷积层来完成，将图像的尺寸从256×256逐渐缩小到原来的四分之一，即64×64，并且将通道数逐渐从3增加到128。

残差连接部分：该部分是通过连接5个残差块，对图像进行学习，该结构用于学习如何在原图上添加少量内容，改变原图的风格。

升维部分：该部分主要输出5个残差单元，通过三个卷积层的操作，逐渐将其通道数从128缩小到3，每个特征映射的尺寸从64×64放大到256×256，也可以使用转置卷积来完成网络的升维部分。

针对快速风格迁移，除了使用内容损失和风格损失之外，还可以使用全变分（total variation）损失，用于平滑图像。如何使用PyTorch进行任意图像固定风格的快速图像风格迁移在7.3节介绍。

针对快速图像风格迁移，StyleBank（an explicit representation for neural image style transfer）算法提出了一种同时支持很多的风格。StyleBank可以给风格提供了一个明显的表示，网络在训练好之后可以从内容中完全分离出样式。StyleBank不仅可以同时训练多个共享自编码的风格，还可以在不改变自编码的情况下增量学习一个新的风格。其网络结构示意图如图7-4所示。

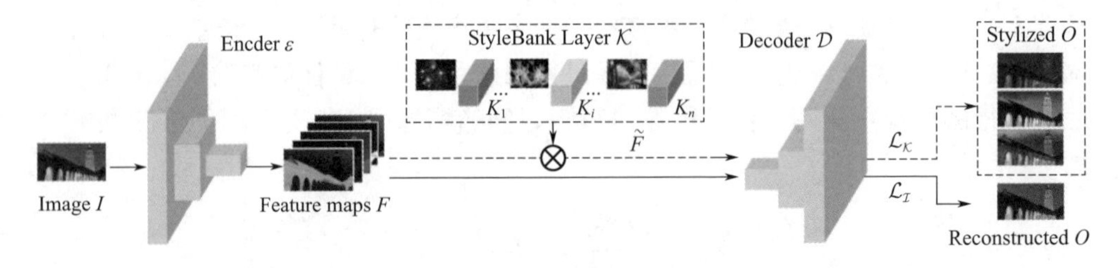


图7-4　StyleBank风格迁移网络结构示意图

图7-4展示了具体的网络结构，其实现了内容和风格分离开来。主要包括图像编码、StyleBank层、图像解码模块3个模块。构成了自编码（图像编码→图像解码）和风格化（图像编码→StyleBank层→图像解码）2个分支，两个分支共享Encoder和Decoder模块。自编码分支（Encoder→Decoder）：训练自编码使生成的图像尽可能地和输入图像相近。风格化分支（Encoder→StyleBank Layer→Decoder），在Encoder和Decoder中间加入一个中间的StyleBank层。在这个layer层中，StyleBank会分别和输入图像经过Encoder得到的特征maps进行卷积生成风格变换后的特征，最后再输入到Decoder中得到风格化结果。使用StyleBank来分类表示输入风格，每个filter bank代表一个风格。

## 7.1.3　任意风格任意内容的风格迁移

元网络风格迁移（meta networks for neural style transfer，MetaNet）是在固定风格任意内容的基础上更进一步，进行任意内容任意风格的图像风格迁移。其网络结构示意图如图7-5所示。其核心思想就是加入了MetaNet，即TransformNet的参数（图7-5中虚线框中部分网络的参数）是用MetaNet生成的。MetaNet的输入流是从左侧的Style图片，经过VGG16以及全连接隐藏层输入，也就是说风格图片决定了TransformNet的参数。当网络训练完成后，同时输入需要转换的内容图片和风格图片，风格图片会经过MetaNet生成TransformNet的权重，再使用相应权重的TransformNet生成迁移风格的图片。

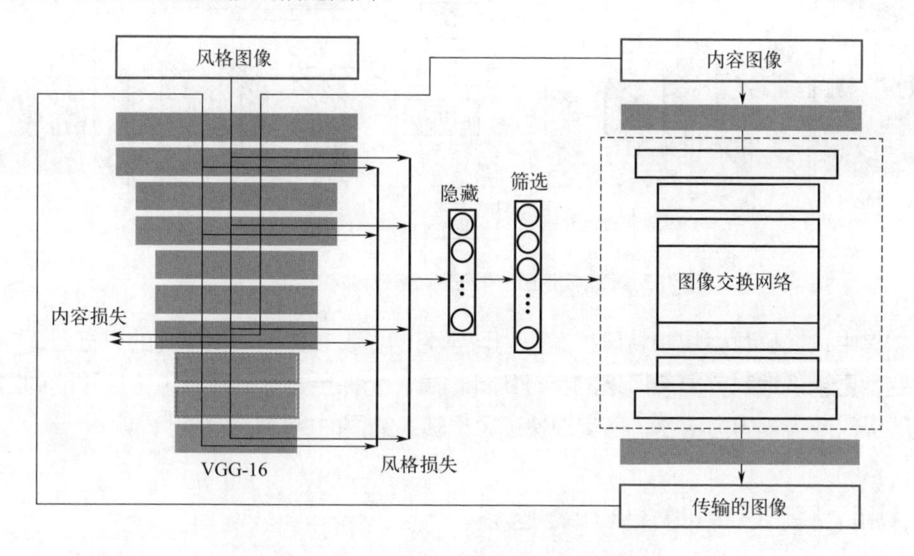


图7-5 元网络风格迁移网络结构示意图

动态实例归一化任意风格迁移算法（dynamic instance normalization for arbitrary style transfer）中的动态实例归一化层（DIN），包括一个实例归一化和一个动态卷积操作，如图7-6所示。

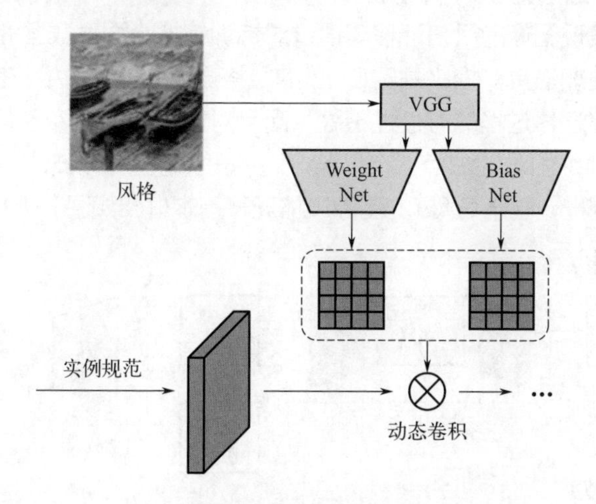


图7-6 动态实例归一化层

图7-6中Weight Net和Bias Net由简单的卷积层和自适应池化层构成。DIN操作可以学习到风格的标准差。在引入DIN模块的同时，基于MobileNet轻量级架构是作为编码器和解码器实现任意风格迁移的方法，整个风格迁移的网络结构如图7-7所示。

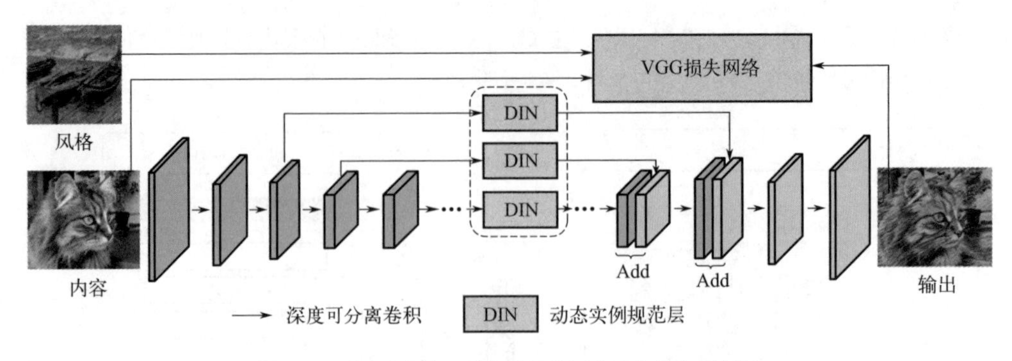


图7-7　动态实例归一化任意风格迁移网络结构示意图

其中，在DIN模块中将风格编码为可学习的卷积参数，根据不同的风格自适应地改变，更精确地对齐复杂风格的特征统计信息，允许更灵活的任意风格迁移的同时与轻量级的内容编码器结合，在实现快速风格转换的同时保持较低的计算成本。

### 7.1.4　基于Gan的图像风格迁移

基于CNN的图像风格迁移方法通过提取图像的抽象特征表达，利用特征的Gram矩阵等指标作为图像风格的描述，能灵活高效地实现图像风格迁移。而基于GAN（生成对抗网络）的图像风格迁移方法则是通过对抗学习的机制实现图像风格迁移。GAN不需要任何预先设计的描述计算风格，判别器能通过拟合图像数据分布隐式地计算风格，实现图像的风格迁移。通过对抗训练拟合图像数据的分布可以使图像的风格迁移效果更加逼真。相比基于CNN的风格迁移方法，GAN在生成图像上的质量更佳，但是风格迁移过程的可控性不高，而且对抗网络的训练容易出现梯度消失和模型崩溃，存在训练困难的缺点。在GAN中，图像风格迁移被认为是一类图像到另一类图像的转换过程。基于GAN的图像风格迁移基本框架如图7-8所示。

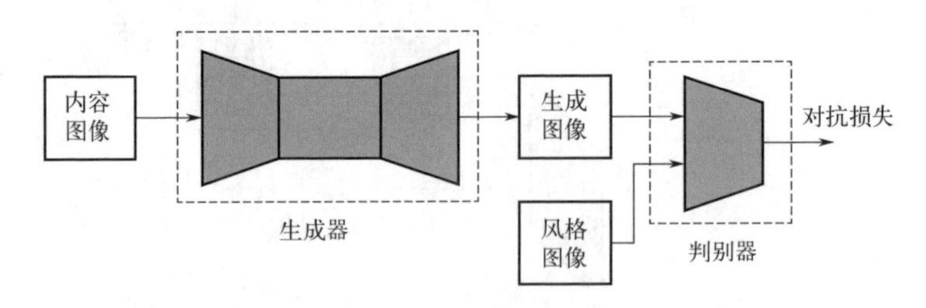


图7-8　基于GAN的图像风格迁移基本框架

CycleGan（unpaired image-to-image translation using cycle-consistent adversarial networks，循环生成对抗网络）是基于对抗学习的一种经典图像风格迁移方法，其经典的转换效果如图7-9所示。CycleGan的目的可以概述为：针对一个域X和另一个域Y，学习到一个模型可以将两个域的图像进行相互转换。比如：针对斑马和野马两个图像域，模型可以将输入图像在保持马可以保持姿势和体型等内容不变的情况下，将野马和斑马可以相互转换。

图7-9　CycleGan的图像转化效果

CycleGan和其他图图转化算法的一个最大的差异是其他相关算法利用生成对抗网络进行图图转换时，需要成对的数据进行训练，比如pix2pix算法。而CycleGan算法则是不需要成对的数据进行训练。同时获取严格意义上的成对数据是非常困难的，所以不依赖成对数据的算法具有非常重要的实际意义。图7-10展示了成对数据和非成对数据的情况。图中左边表示成对的数据，每一张素描鞋子都有对应的真实鞋子；右边表示非成对的数据，一张现实拍摄的照片不存在和它内容相同的油画。

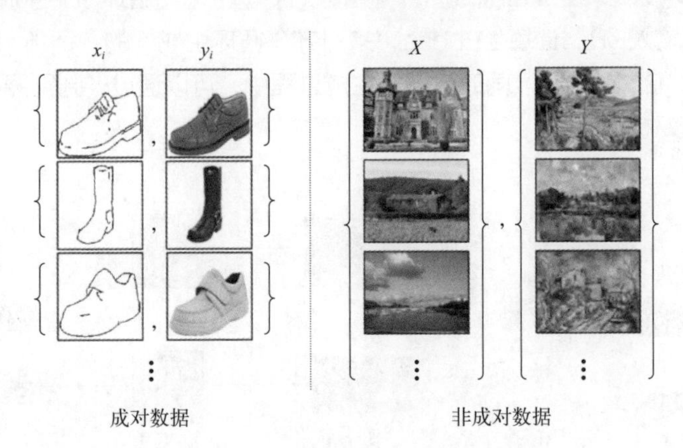


图7-10　成对数据和非成对数据

下面分析CycleGan网络的工作流程，首先CycleGan网络一共包含两个生成器（生成器A2B、生成器B2A）以及两个判别器（判别器A、判别器B）。针对从源域$X$到目标域$Y$的流程如图7-11所示。开始会将原域图片“输入_A”送入“生成器A2B”生成目标域图片“生成_B”，然后再将生成的目标域图片“生成_B”送入“生成器B2A”反过来生成源域图片“循环_A”。生成“循环_A”的目的是用它与输入的真图片“输入_A”来算L1 Loss。用L1 Loss来对齐“循环生成”的“循环_

A”与输入的原图片“输入_A”的内容，“输入_A”生成的“生成_B”的轮廓也是和“输入_A”对齐的了。针对野马变斑马的转换，就可以达到“马变斑马，花纹变，姿势不变”的目的。同时在上述的图像生成过程中，可以通过“判别器B”与“生成器A2B”进行对抗训练。

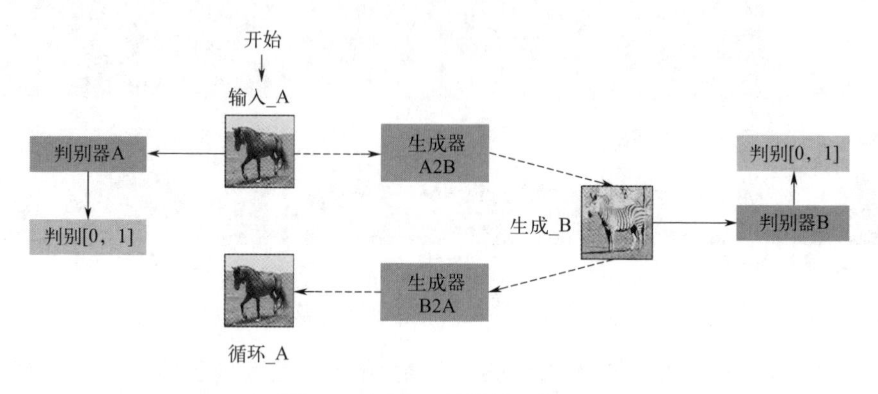


图7-11　源域X到目标域Y的流程

由于CycleGan具有域相互变换的能力，因此还会有从目标域$Y$到达源域$X$的变换路径，其训练流程图如图7-12所示。此时开始会将目标域图片“输入_B”送入“生成器B2A”生成源域图片“生成_A”，然后再将生成的源域图片“生成_A”送入“生成器A2B”反过来生成目标域图片“循环_B”。生成“循环_B”同样会用于与输入的真图片“输入_B”计算L1 Loss，来对齐“循环生成”的“循环_B”与输入的原图片“输入_B”的内容。同时在图像生成过程中，可以通过“判别器A”与“生成器B2A”进行对抗训练。

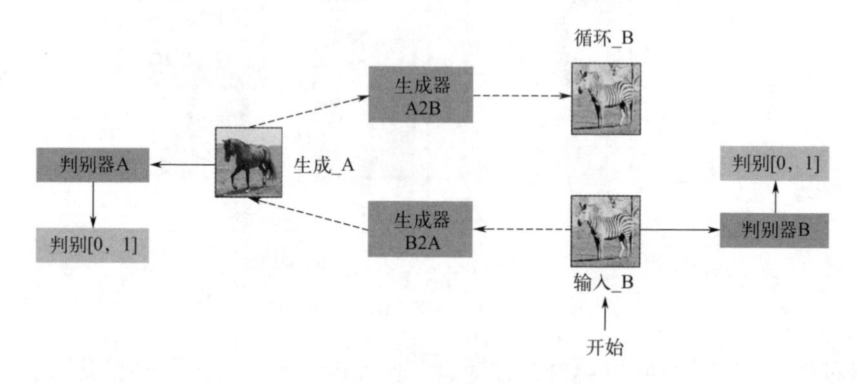


图7-12　目标域Y到源域X的流程

CycleGan的两个生成器、两个判别器也只能一个一个训练，形成CycleGan训练的两条“环路”。整个训练过程会有对抗损失、和循环一致性损失共同监督网络参数的训练。在7.4节会从头开始训练自己的CycleGan模型，完成图像风格迁移实战任务。

# 7.2 固定风格固定内容的风格迁移

本节会介绍如何使用PyTorch进行固定风格与固定内容的图像风格迁移，会以VGG19网络为基础，作为提取图像特征映射的网络。VGG19网络和VGG16网络一样，不同的是VGG19网络比VGG16多几个卷积层和一个池化层，所以使用VGG19也能作为图像风格迁移基础网络。首先导入本节需要的库和模块。

```
In[1]:## 导入会使用到的库和模块
      from PIL import Image
      from io import BytesIO
      import matplotlib.pyplot as plt
      import numpy as np
      import torch
      import torch.optim as optim
      import requests
      from torchvision.models import vgg19, VGG19_Weights
      from torchvision import transforms
      import time
      from skimage.io import imread
      ## 定义计算设备，如果设备有GPU就获取GPU，否则获取CPU
      device = torch.device("cuda:0" if torch.cuda.is_available()
else "cpu")
```

## 7.2.1 准备VGG19网络

在导入相关库和模块后，会使用ImageNet数据集上预训练好的VGG19网络。因为VGG19网络的作用是计算对应图像在网络中一些层输出的特征映射，在计算过程中不需要更新VGG19的参数权重，所以导入VGG19网络后，需要将其中的权重冻结，程序如下所示。

```
In[2]:## 导入VGG19网络并指定使用的权重
      weights = VGG19_Weights.IMAGENET1K_V1
      vgg = vgg19(weights=weights)
      vgg = vgg.features.to(device)
      # 将VGG19的特征提取网络权重冻结，在训练时不更新
      for param in vgg.parameters():
          param.requires_grad_(False)
```

上面的程序中导入VGG19后，因不需要网络中的分类器相关的层，所以使用vgg.features即可获取网络中由卷积和池化组成的特征提取层。在冻结网络的权重

时，通过一个循环来遍历网络中所有可以训练的权重，然后通过requires_grad_(False)方法，设置权重在接下来的计算中不更新。

### 7.2.2　图像数据准备

准备好特征提取使用的VGG19网络之后，需要对输入的图像进行相关的处理，因为网络可以接受任意尺寸的输入图像（图像的尺寸不宜过小，预防深层的卷积操作后没有特征映射输出，或特征映射尺寸太小），但是图像的尺寸越大，在进行风格迁移时需要进行的计算量就会越多，速度就会越慢，所以需要保持图像有合适的尺寸。虽然图像风格迁移时可以使用任意尺寸的图像，而且输入的风格图像的尺寸和内容图像的尺寸大小也可以不相同（在实际应用中为了方便，通常会将风格图像的尺寸和内容图像的尺寸设置为相同），但目标图像尺寸和内容图像的尺寸需要相同，这样才能计算和比较内容损失的大小。

下面定义load_image()函数用于读取图像，在读取图像的同时控制图像的尺寸大小，程序如下所示。

```
In[3]:## 定义一个读取风格图像或内容图像的函数,并且将图像进行表转化
     def load_image(img_path, max_size=400, shape=None):
         """ 读取图像并且保证图像的高和宽都小于400 """
         image = Image.open(img_path).convert('RGB')
         ## 如果图像尺寸过大,就对图像进行尺寸转换
         if max(image.size) > max_size:
            size = max_size
         else:
             size = max(image.size)
         ## 如果指定了图像的尺寸,就将图像转化为shape指定的尺寸
         if shape is not None:
             size = shape
         ## 使用transforms将图像转化为张量,并进行标准化
         in_transform = transforms.Compose(
             [transforms.Resize(size),# 图像尺寸变换,图像的短边匹配size
              transforms.ToTensor(),  # 数组转化为张量
              ## 图像进行标准化
              transforms.Normalize((0.485, 0.456, 0.406),
                                   (0.229, 0.224, 0.225))])
         # 使用图像的RGB通道,并且添加batch维度
         image = in_transform(image)[:3,:,:].unsqueeze(dim=0)
         return image
```

load_image()函数有三个参数，第一个参数是输入需要读取图像的路径img_

path。读取图像后，为了方便通过卷积网络计算相关的特征输出，使用transforms的相关转换操作，对图像进行预处理，最后将输出一个可以使用的4维张量image。

上述读取后的图像并不能通过matplotlib库直接进行可视化，需要定义一个im_convert()函数，该函数可以将一张图像的4维张量转化为一个可以使用matplotlib库可视化的3维数组，程序如下所示。

```
In[4]:# 定义一个将标准化后的图像转化为便于利用matplotlib可视化的函数
     def im_convert(tensor):
         """ 将[1, c, h, w]维度的张量转化为[ h, w,c]的数组
         因为张量进行了表转化,所以要进行标准化逆变换 """
         image = tensor.data.numpy().squeeze() # 去除batch维度数据
         image = image.transpose(1,2,0) ## 置换数组的维度[c,h,w]-
>[h,w,c]
         ## 进行标准化的逆操作
         image=image*np.array((0.229,0.224, 0.225))+np.array((0.485,
0.456, 0.406))
         image = image.clip(0, 1) ##  将图像的取值剪切到0～1之间
         return image
```

下面的程序将读取需要使用的风格图像和内容图像，并将它们可视化。运行程序后可得到如图7-13所示的图像，为了保证了两张图像具有相同的大小，在程序中通过内容图像的尺寸来定义风格图像的尺寸。

图7-13　内容图像和风格图像

```
In[5]:# 读取内容和风格图像
    content = load_image("data/chap7/content/Tuebingen_Neckarfront.
jpg",
                          shape=(imsize,imsize))
    # 根据内容图像的宽和高来设置风格图像的宽和高
    style = load_image("data/chap7/style/tar21.png",
```

```
shape=(imsize,imsize))
    # 可视化内容图像和风格图像
    fig, (ax1, ax2) = plt.subplots(1, 2, figsize=(10, 5))
    ax1.imshow(im_convert(content))
    ax1.set_title("content")
    ax1.set_axis_off()
    ax2.imshow(im_convert(style))
    ax2.set_title("style")
    ax2.set_axis_off()
    plt.show()
```

图像7-13中左边的图像为内容图像，右边的图像为风格图像，风格图像是油画《星月夜》。我们期望图像进行迁移学习后，内容图像具有风格图像的油画风格。

### 7.2.3　图像的输出特征和Gram矩阵的计算

为了更方便获取图像在VGG19网络指定层上的特征映射输出，定义一个get_features()函数，程序如下所示。

```
In[6]:## 定义一个函数，用于获取图像在网络上指定层的输出
    def get_features(image, model):
        """将一张图像image在一个网络model中进行前向传播计算，
           并获取指定层layers中的特征输出 """
        ## layers参数指定，需要用于图像的内容和样式表示的图层
        layers = {'0': 'conv1_1','5': 'conv2_1', '10': 'conv3_1',
                  '19': 'conv4_1','28': 'conv5_1','21': 'conv4_2'}
        ## 内容图层的表示
        features = {}## 获取的每层特征保存到字典中
        x = image    ## 需要获取特征的图像
        # model._modules是一个字典，保存着网络model每层的信息
        for name, layer in model._modules.items():
            ## 从第一层开始获取图像的特征
            x = layer(x)
            ## 如果是layers参数指定的特征，那就保存到feature中
            if name in layers:
                features[layers[name]] = x
        return features
```

get_features()函数通过输入参数图像（image）使用网络（model）和指定的层参数（layer），输出图像再指定网络层上的特征映射，并将输出的结果保存在一个字典中。

比较两个图像是否具有相同的风格时，可以使用Gram矩阵来评价。下面定义函数gram_matrix()对一张图像的特征映射输出计算Gram矩阵。

```
In[7]:## 定义计算Gram矩阵
    def gram_matrix(tensor):
        """  计算指定向量的Gram矩阵，该矩阵表示了图像的风格特征，
        Gram矩阵最终能够在保证内容的情况下，进行风格的传输，
    tensor:是一张图像前向计算后的一层特征映射  """
    # 获得tensor的batch_size, depth, height,  width
    _, d, h, w = tensor.size()
    # 改变矩阵的纬度为（深度，高*宽）
    tensor = tensor.view(d, h * w)
    # 计算gram 矩阵
    gram = torch.mm(tensor, tensor.t())
    return gram
```

上面定义的gram_matrix()函数是计算一张图像Gram矩阵，针对输入的4维特征映射，将其每一个特征映射设置为一个向量，得到一个行为d（特征映射数量），列为h×w（每个特征映射的像素数量）的矩阵，该矩阵乘以其转置即可得到需要的Gram矩阵。

为了方便输出训练过程中风格迁移的中间结果，下面定义一个辅助函数plot_target()函数，该函数会可视化出内容图像、风格图像以及风格迁移结果图像。

```
In[8]:## 定义一个可视化生成图像结果的函数
    def plot_target(target):
        newim = im_convert(target)
        fig, (ax1, ax2,ax3) = plt.subplots(1, 3, figsize=(15, 5))
        ax1.imshow(im_convert(content))
        ax1.set_title("content"), ax1.set_axis_off()
        ax2.imshow(im_convert(style))
        ax2.set_title("style"), ax2.set_axis_off()
        ax3.imshow(newim)
        ax3.set_title("result"), ax3.set_axis_off()
        plt.show()
        return newim
```

在定义好相关的辅助函数后，下面针对内容图像和风格图像计算特征输出，并且计算风格图像在每个特征输出上的Gram矩阵，程序如下所示。

```
In[9]:# 计算在第一次训练之前内容特征和风格特征，使用get_features函数
    content_features = get_features(content.to(device), vgg)
    ## 计算风格图像的风格表示
    style_features = get_features(style.to(device), vgg)
    # 为我们的风格表示计算每层的Gram矩阵，使用字典保存
    style_grams={layer: gram_matrix(style_features[layer]) for layer
in style_features}
```

```
## 使用内容图像的副本创建一个"目标"图像，训练时对目标图像进行调整
target = content.to(device).clone().requires_grad_(True)
```

上面的程序还定义了一个目标图像target，该目标图像最后需要生成带有风格的内容图像。在定义目标图像时，使用内容图像进行初始化能够提升图像的生成速度和最终生成效果，所以这里使用内容图像的一个副本作为目标图像的初始化，该目标图像的像素值是可更新的。

## 7.2.4 进行图像风格迁移

相关准备工作做好之后，下面使用相关图像和网络进行图像风格迁移的学习，为了训练效果，在计算风格时针对不同层的风格特征映射Gram矩阵定义不同大小的权重，此处使用style_weights字典完成，并且针对最终的损失，内容损失权重 $\alpha$ 和风格损失权重 $\beta$ 分别定义为1和$1\times10^6$，程序如下所示。

```
In[10]:# 定义每个样式层的权重
       # 需要注意conv4_2是内容图像的表示
       style_weights = {'conv1_1': 1., 'conv2_1': 0.75, 'conv3_1':
0.2,
                        'conv4_1': 0.2, 'conv5_1': 0.2}
       alpha = 1,  beta = 1e6,  content_weight = alpha,  style_
weight = beta
```

需要注意的是，在style_weights中没有定义conv4_2层的Gram权重，这是因为该层的特征映射用于度量图像内容的相似性。

定义好权重参数后，下面使用Adam优化器进行训练，其中学习率为0.0003，并且为了监督网络在训练过程中的结果，每间隔1000次迭代输出目标图像的可视化情况用于观察，并将迭代过程中每次相关损失值保存在列表中。用于优化目标图像的程序如下所示。

```
In[11]:# 训练并且对结果进行输出
       show_every = 1000 ## 每迭代1000次输出一个中间结果
       ## 将损失保存
        total_loss_all = [],  content_loss_all = [],  style_loss_all
= []
       # 使用Adam优化器
       optimizer = optim.Adam([target], lr=0.0003)
       steps = 5000       # 优化时迭代的次数
       t0 = time.time()  # 计算需要的时间
       for ii in range(1, steps+1):
           # 获取目标图像的特征
```

```
        target_features = get_features(target, vgg)
        # 计算内容损失
        content_loss = torch.mean( ( target_features['conv4_2'] -
content_features['conv4_2'] )**2)
        # 计算风格损失,并且初始化为0
        style_loss = 0
        # 将每个层的Gram 矩阵损失相加
        for layer in style_weights:
            ## 计算要生成的图像的风格表示
            target_feature = target_features[layer]
            target_gram = gram_matrix(target_feature)
            _, d, h, w = target_feature.shape
            ## 获取风格图像在每层的风格的Gram 矩阵
            style_gram = style_grams[layer]
            # 计算要生成图像的风格和参考风格图像的风格之间的差异,每层都有一
个权重
            layer_style_loss  =  style_weights[layer]   *   torch.
mean((target_gram   - style_gram)**2)
            # 累加计算风格差异损失
            style_loss += layer_style_loss / (d * h * w)
        # 计算一次迭代的总的损失、内容损失和风格损失的加权和
        total_loss = content_weight * content_loss + style_weight
* style_loss
        ##  保留三种损失大小
        content_loss_all.append(content_loss.item())
        style_loss_all.append(style_loss.item())
        total_loss_all.append(total_loss.item())
        ## 更新需要生成的目标图像
        optimizer.zero_grad()
        total_loss.backward(retain_graph=True)
        optimizer.step()
        # 输出每show_every次迭代后的生成的结果
        if  ii % show_every == 0:
            print("迭代次数:",str(ii),'Total loss: ', total_loss.
item())
            print('Use time: ', (time.time() - t0)/3600 , " hour")
            newim = plot_target(target.cpu())
            result = Image.fromarray((newim * 255).astype(np.
uint8))
            result.save("data/chap7/results/"+"tar21_to_
Tuebingen"+str(ii)+".bmp")
```

在上面的程序中还需要注意以下几点：

① 优化器的使用方式为optim.Adam([target], lr=0.0003)，表明在优化器中最终要优化的参数是目标图像的像素值，不会优化VGG网络中的权重等参数；

② 获取目标图像在相关层的特征输出时使用get_features(target, vgg)函数，并且因为内容图像的特征映射在conv4_2层，所以内容损失计算时需提取指定层的输出，即使用target_features['conv4_2']获得目标图像的内容表示，以及使用content_features['conv4_2']获得内容图像的内容表示；

③ 由于图像的风格表示的损失通过多个层来表示，所以需要通过for循环来逐层计算相关的Gram矩阵和风格损失；

④ 最终的损失是风格损失和内容损失的加权和；

⑤ 为了观察和保留图像风格在迁移过程中的结果，将图像每间隔1000次迭代计算后的结果进行可视化并保存到指定的文件中。

下面输出迭代5000次的图像，观察图像的风格在迁移后的效果，结果如图7-14所示。

图7-14　迭代5000次的目标图像

从输出的图像中可以发现：目标图像经过5000次迭代后，具有很明显的风格图像的风格，即原始的摄像机照片具有了油画《星月夜》的一些明显的绘画特点，如图像的纹理、配色、油画的特点等。图7-15则是展示了其他内容与风格图像的风格迁移效果。

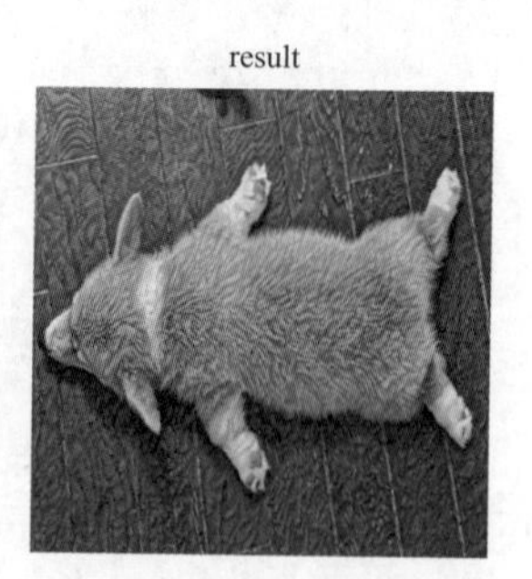


图7-15　其他图像风格迁移效果

# 7.3 固定风格任意内容的风格迁移

本节将介绍使用PyTorch对固定风格任意内容的风格迁移进行建模。该模型根据图7-3所示的网络及训练过程进行建模，但略有改动，主要对图像转换网络的上采样操作进行相应的调整。下面建立的网络中，将会使用转置卷积操作进行特征映射的上采样。下面首先导入本节需要的库和模块。

```
In[1]:## 导入本节所需要的库和模块
    import numpy as np
    import pandas as pd
    import seaborn as sns
    import matplotlib.pyplot as plt
    from PIL import Image
    import time
    import torch
    from torch import nn
    import torch.nn.functional as F
    import torch.utils.data as Data
    import torch.optim as optim
    from torchvision import transforms
    from torchvision.datasets import ImageFolder
    from torchvision.models import vgg16,VGG16_Weights
    ## 定义计算设备,如果设备有GPU就获取GPU,否则获取CPU
    device = torch.device("cuda:0" if torch.cuda.is_available()
else "cpu")
```

## 7.3.1 快速风格迁移网络准备

快速风格迁移的网络结构会通过3个卷积层对图像的特征映射进行降维操作，然后通过5个残差连接层学习图像的风格并添加到内容图像上，最后通过上采样操作与3个卷积操作，对特征映射进行升维，以重构风格迁移后的图像。图像转换网络的结构如表7-1所示。

表7-1　图像转换网络的结构

| 层 | 激活尺寸 |
| --- | --- |
| 输入层 | 3×256×256 |
| 32×9×9的卷积，stride=1，激活函数ReLU | 32×256×256 |
| 64×3×3的卷积，stride=2，激活函数ReLU | 64×128×128 |
| 128×3×3的卷积，stride=2，激活函数ReLU | 128×64×64 |

续表

| 层 | 激活尺寸 |
|---|---|
| 残差连接，128个特征映射，激活函数ReLU | 128×64×64 |
| 残差连接，128个特征映射，激活函数ReLU | 128×64×64 |
| 残差连接，128个特征映射，激活函数ReLU | 128×64×64 |
| 残差连接，128个特征映射，激活函数ReLU | 128×64×64 |
| 残差连接，128个特征映射，激活函数ReLU | 128×64×64 |
| 64×3×3的卷积，stride=1，激活函数ReLU | 64×128×128 |
| 32×3×3的卷积，stride=1，激活函数ReLU | 32×256×256 |
| 3×9×9的卷积，stride=1，无激活函数 | 3×256×256 |

需要注意的是，在转换网络的升维操作中，会使用转置卷积来代替原文章（7.1.2介绍的*Perceptual losses for real-time style transfer and super-resolution*）中的上采样和卷积层的结合，因为输入的是标准化后的图像，像素值范围会在−2.1 ~ 2.7之间，所以在网络最后的输出层中，不使用激活函数，网络的输出值会在−2.1 ~ 2.7，而且其他层的激活函数均为ReLU函数。在网络中，特征映射的数量逐渐从3增加到128，并且每个残差连接层有128个特征映射，在转置卷积层特征映射的数量会从128减小到3，对应着图像的三个通道。

网络中会适当地使用nn.ReflectionPad2d()层进行边界反射填充，以及使用nn.InstanceNorm2d()层在像素上对图像进行归一化处理。需要注意的是，该模型的作者开源的程序中，使用的图像输入和输出像素值均在0 ~ 255之间，本章节的输入和输出像素值均是标准化后的像素值，这里虽然和原始的程序不同，但并不会影响快速图像风格迁移的效果。

## （1）定义ResidualBlock残差块结构

针对网络中的残差连接，可以单独定义为一个残差连接类ResidualBlock，以便在搭建转换网络时，可以减少重复性代码，程序如下所示。

```
In[2]:## ResidualBlock残差块的网络结构
     class ResidualBlock(nn.Module):
         def __init__(self, channels):
             ## channels:b表示要输入的feature map 数量
             super(ResidualBlock, self).__init__()
             self.conv = nn.Sequential(
                 nn.Conv2d(channels,channels,kernel_
size=3,stride=1,padding=1),
                 nn.ReLU(),
                 nn.Conv2d(channels,channels,kernel_
```

```
size=3,stride=1,padding=1)
            )
        def forward(self, x):
            return F.relu(self.conv(x) + x)
    # 上采样卷积层
    class UpsampleConvLayer(nn.Module):
        def __init__(self, in_channels, out_channels, kernel_size,
                     stride, upsample=None):
            super(UpsampleConvLayer, self).__init__()
            self.upsample = upsample
            if upsample:
               self.upsample = nn.UpsamplingNearest2d(scale_
factor=upsample)
            reflection_padding = kernel_size // 2
            self.reflection_pad = nn.ReflectionPad2d(reflection_
padding)
            self.conv2d = nn.Conv2d(in_channels, out_channels,
kernel_size, stride)
        def forward(self, x):
            if self.upsample:
                x = self.upsample(x)
            out = self.reflection_pad(x)
            out = self.conv2d(out)
            return out
```

在定义残差连接时，其中conv模块包括2个卷积层和一个ReLU()激活函数层，并且在forward()函数中，要使用F.relu()表示ReLU激活函数输出self.conv(x)和输入x的和。

## (2) 定义图像转换网络

图像转换网络ImfwNet主要包括3个模块，分别是下采样模块downsample，5个残差连接模块res_blocks，以及上采样模块unsample，定义该网络的程序如下所示。

```
In[3]:## 定义图像转换网络
    class ImfwNet(nn.Module):
        def __init__(self):
            super(ImfwNet, self).__init__()
            self.downsample = nn.Sequential(
                nn.ReflectionPad2d(padding=4), ##使用边界反射填充
                nn.Conv2d(3,32,kernel_size=9,stride=1),
```

```
            nn.InstanceNorm2d(32,affine=True),## 在像素值上做归一化
            nn.ReLU(),       ## 3*256*256->32*256*256
            nn.ReflectionPad2d(padding=1),
            nn.Conv2d(32,64,kernel_size=3,stride=2),
            nn.InstanceNorm2d(64,affine=True),
            nn.ReLU(),       ## 32*256*256 -> 64*128*128
            nn.ReflectionPad2d(padding=1),
            nn.Conv2d(64,128,kernel_size=3,stride=2),
            nn.InstanceNorm2d(128,affine=True),
            nn.ReLU(),       ## 64*128*128 -> 128*64*64
        )
        self.res_blocks = nn.Sequential(
            ResidualBlock(128),
            ResidualBlock(128),
            ResidualBlock(128),
            ResidualBlock(128),
            ResidualBlock(128),
        )
        self.unsample = nn.Sequential(
            UpsampleConvLayer(128,64,kernel_
size=3,stride=1,upsample=2),
            nn.InstanceNorm2d(64,affine=True),
            nn.ReLU(),         ## 128*64*64->64*128*128
            UpsampleConvLayer(64,32,kernel_
size=3,stride=1,upsample=2),
            nn.InstanceNorm2d(32,affine=True),
            nn.ReLU(),         ## 64*128*128->32*256*256
            UpsampleConvLayer(32,3,kernel_size=9,stride=1),#
->3*256*256;
        )
    def forward(self,x):
        x = self.downsample(x) ## 输入像素值-2.1~2.7之间
        x = self.res_blocks(x)
        x = self.unsample(x)  ## 输出像素值-2.1~2.7之间
        return x
## 初始化网络并设置计算设备
fwnet = ImfwNet().to(device)
```

使用ImfwNet()类初始化训练网络时，需要使用.to(device)方法，将其设置到相应的计算设备上，即前面定义好的GPU。因为该网络的输出结果较长，为了节省篇幅，这里就不再展示了。

## 7.3.2　快速风格迁移数据准备

COCO数据集是由微软发布的大型图像数据集，专为目标检测、分割、人体关键点检测、语义分割和字幕生成而设计。为了加快训练速度，节省训练所需的时间和空间，此处只使用COCO val2014数据集，该数据集有超过40000多张图像。经过多轮实验训练后，可以达到较好的图像风格迁移效果。

因为转化网络fwnet需要接受标准化的数据，并且要求图像的尺寸为256×256，所以下面将定义对数据集进行转换的过程，下面的程序中在定义好图像预处理的转换操作后，通过ImageFolder()函数从文件夹中读取数据，然后通过Data.DataLoader()函数将数据处理为数据加载器。

```
In[4]:## 定义图像的操作过程
     data_transform = transforms.Compose([
         transforms.Resize(286),
         transforms.RandomCrop(256), # 每张图像的尺寸为256×256
         transforms.RandomHorizontalFlip(),
         transforms.ToTensor(),      ## 像素值转化到0～1
         ## 像素值标准化（转化到-2.1～2.7）
         transforms.Normalize(mean = [0.485, 0.456, 0.406],
                              std = [0.229, 0.224, 0.225]) ])
     ## 从文件夹中读取数据
     dataset = ImageFolder("data/COCO", transform=data_transform)
     # 每个batch使用4张图像,如果显存小于8G可适当改小batch_size
     data_loader = Data.DataLoader(dataset, batch_size=4,
shuffle=True,
                                   num_workers=8,pin_memory=True)
     dataset
Out[4]:Dataset ImageFolder
        Number of datapoints: 40504
        Root location: data/COCO
        StandardTransform  ...
```

准备好数据后，需要导入已经预训练的VGG16网络，针对该网络只需要使用其中的features包含的层，将其设置到已经定义好的GPU设备上。在计算时只需要使用VGG网络提取特定层的特征映射，不需要对其中的参数进行训练，将其格式设置为eval()格式即可，程序如下所示。

```
In[5]:## 导入VGG16网络并指定使用的权重
     weights = VGG16_Weights.IMAGENET1K_V1
     vgg = vgg16(weights=weights)
```

```
## 不需要网络的分类器，只需要卷积和池化层
vgg = vgg.features.to(device).eval()
```

为了读取一张用于读取风格图像的图像，并将其转化为VGG网络可使用的4维张量形式，需要定义一个load_image()函数，类似于7.2节定义的读取图像的函数。同样定义将张量数据转化为方便可视化的函数im_convert()，程序如下所示。

```
In[6]:## 定义一个读取风格图像或内容图像的函数，并且将图像进行必要转化
    def load_image(img_path,shape=None):
        image = Image.open(img_path)
        size = image.size
        ## 如果指定了图像的尺寸，就将图像转化为shape指定的尺寸
        if shape is not None:
            size = shape
        ## 使用transforms将图像转化为张量，并进行标准化
        in_transform = transforms.Compose(
            [transforms.Resize(size),          # 图像尺寸变换
             transforms.ToTensor(),            # 数组转化为张量
             ## 图像进行标准化
             transforms.Normalize((0.485, 0.456, 0.406),
                                  (0.229, 0.224, 0.225))])
        # 使用图像的RGB通道，并且添加batch维度
        image = in_transform(image).unsqueeze(dim=0)
        return image
In[7]:# 定义一个将标准化后的图像转化为便于利用matplotlib可视化的函数
    def im_convert(tensor):
        """  将[1, c, h, w]维度的张量转化为[ h, w,c]的数组
             因为张量进行了表转化，所以要进行标准化逆变换 """
        tensor = tensor ## 数据转换为CPU
        image = tensor.data.numpy().squeeze() # 去除batch维度数据
        image = image.transpose(1,2,0)        ## 置换数组的维度[c,h,w]-
                                                 >[h,w,c]
        ## 进行标准化的逆操作
        image=image*np.array((0.229,0.224, 0.225))+np.array((0.485,
0.456, 0.406))
        image = image.clip(0, 1) ##  将图像的取值剪切到0～1之间
        return image
```

在im_convert()函数中需要注意的是，因为其输入张量是基于GPU计算的，所以在将其转化为Numpy数组之前，需要使用tensor.cpu()方法将张量转化为基于CPU计算的张量（此操作在7.2节中的相似函数没有），然后再转化为数组。下面读取风格图像并将其可视化，风格图像如图7-16所示。

```
In[8]:# 读取风格图像
     style = load_image("data/chap7/style/style_1.png",shape =
(256,256)).to(device)
     print("style shape:",style.shape)
     ## 可视化图像
     plt.figure()
     plt.imshow(im_convert(style.cpu()))
     plt.title("Style Image")
     plt.axis("off"); plt.show()
```

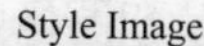

图7-16　用于快速风格迁移的风格图像

读取的风格图像设置为256×256。在理论上任意尺寸的风格图像都可以（如尺寸大于256×256），这里将风格图像设置为该尺寸，主要是为了便于理解和计算。

### 7.3.3　快速风格迁移网络训练和结果展示

训练快速风格迁移网络之前，需要先计算出风格图像经过VGG16网络的相应层后代表图像风格的Gram矩阵。这里定义gram_matrix()函数，用于计算输入张量的Gram矩阵，程序如下所示。

```
In[9]:## 定义计算Gram矩阵
     def gram_matrix(tensor):
         """  计算指定向量的Gram矩阵，该矩阵表示了图像的风格特征，
         Gram矩阵最终能够在保证内容的情况下，进行风格的传输。
         tensor:是一张图像前向计算后的一层特征映射 """
         # 获得tensor的batch_size, channel, height,  width
```

```
    b, c, h, w = tensor.size()
    # 该变矩阵的纬度为（深度，高*宽）
    tensor = tensor.view(b,c, h * w)
    tensor_t = tensor.transpose(1,2)
    # 计算gram matrix,针对多张图像进行计算
    gram = tensor.bmm(tensor_t) / (c*h*w)
    return gram
```

上述程序中需要注意的是，因输入的数据使用一个batch的特征映射，所以在张量乘以其转置时，需要计算每张图像的Gram矩阵，故使用tensor.bmm()方法完成相关的矩阵乘法计算。为了更方便地获取图像数据在指定网络指定层上的特征映射，同样定义get_features()函数。

```
In[10]:## 定义一个函数，用于获取图像在网络上指定层的输出
    def get_features(image, model, layers=None):
        ## TODO: 将PyTorch的VGGNet的完整映射层名称与论文中的名称相对应
        ## layers参数指定：需要用于图像的内容和样式表示的图层
        ## 如果layers没有指定，就使用默认的层
        if layers is None:
            layers = {"3": "relu1_2",
                      "8": "relu2_2",
                      "15": "relu3_3", ## 内容图层的表示
                      "22": "relu4_3"} #经过relu激活后的输出
        features = {}                    ## 获取的每层特征保存到字典中
        x = image                        ## 需要获取特征的图像
        # model._modules是一个字典，保存着网络model每层的信息
        for name, layer in model._modules.items():
            ## 从第一层开始获取图像的特征
            x = layer(x)
            ## 如果是layers参数指定的特征，那就保存到feature中
            if name in layers:
                features[layers[name]] = x
        return features
```

下面我们计算风格图像的4个指定多层上的Gram矩阵，并使用字典style_grams保存，并且风格图像的Gram矩阵只需计算一次即可。

```
In[11]:## 计算风格图像的风格表示
    style_layer = {"3":"relu1_2","8":"relu2_2","15":"relu3_3","22"
:"relu4_3"}
    content_layer = {"15": "relu3_3"}  ## 内容表示的图层，均使用经过
relu激活后的输出
```

```
    style_features = get_features(style, vgg,layers=style_layer)
    # 为我们的风格表示计算每层的Gram矩阵，使用字典保存
     style_grams    =    {layer: gram_matrix(style_features[layer])
for      layer    in style_features}
```

上述准备工作完毕后，开始使用数据对网络进行训练。在训练过程中定义了三种损失，分别为风格损失、内容损失和全变分（total variation）损失，它们的权重为$10^5$、1和$10^{-5}$，使用的优化器为Adam，且学习率为0.0003。针对4万多张图像数据，每4张图像为一个batch，共训练8个epoch，会有8万多次迭代，其网络的训练程序如下所示。

```
In[12]:## 网络训练,定义三种损失的权重
      style_weight = 1e5,  content_weight = 1,  tv_weight = 1e-6
      ## 定义优化器
      optimizer = optim.Adam(fwnet.parameters(), lr=1e-3)
      fwnet.train()
      since = time.time()
      ## 使用数据训练8个epoch
      for epoch in range(8):
          print("Epoch: {}".format(epoch+1))
          content_loss_all = []
          style_loss_all = []
          tv_loss_all = []
          all_loss = []
          for step,batch in enumerate(data_loader):
              optimizer.zero_grad()
              # 计算内容图像使用图像转换网络得到的输出
              content_images = batch[0].to(device)
              transformed_images = fwnet(content_images)
              # 使用 VGG16 计算特征
              content_features = get_features(content_
images,vgg,layers=content_layer)
              # 计算y_hat图像对应的VGG特征
              transformed_features = get_features(transformed_
images,vgg)
              # 内容损失
              content_loss = F.mse_loss(transformed_
features["relu3_3"],
                                        content_features["relu3_3"])
              content_loss = content_weight*content_loss
              #totalvariationloss图像水平和垂直平移一个像素,与原图相减然后
```

```
计算绝对值的和
            y = transformed_images
            tv_loss = (torch.sum(torch.abs(y[:, :, :, :-1] - y[:,
:, :, 1:])) +
                       torch.sum(torch.abs(y[:, :, :-1, :] - y[:,
:, 1:, :])))
            tv_loss = tv_weight*tv_loss
            # 风格损失
            style_loss = 0.
            transformed_grams = {layer: gram_matrix(transformed_
features[layer])
                                 for layer in transformed_features}
            for layer in style_grams:
                transformed_gram = transformed_grams[layer]
                                  # 一个batch图像的Gram
                style_gram = style_grams[layer]
                                  #针对一张图像的所以要扩充style_gram
                style_loss += F.mse_loss(transformed_gram,
                                        style_gram.expand_
as(transformed_gram))
            style_loss = style_weight*style_loss
            # 3个损失加起来
            loss = style_loss + content_loss + tv_loss
            loss.backward(retain_graph=True)
            optimizer.step()
            # 统计各个损失的变化情况
            content_loss_all.append(content_loss.item())
            style_loss_all.append(style_loss.item())
            tv_loss_all.append(tv_loss.item())
            all_loss.append(loss.item())
            if step % 5000 == 0:
                print("step:{};    content    loss:   {:.4f};
style    loss:{:.4f};tv loss:{:.4f};Total loss:{:.3f}".format(step,
content_loss.item(), style_loss.item(),
                                          tv_loss.item(), loss.item()))
                time_use = time.time() - since
                print("Train complete in {:.0f}m {:.0f}s".format(
                    time_use // 60, time_use % 60))
                ## 可视化一张图像
                plt.figure()
                im = transformed_images[1,...]
```

```
                plt.imshow(im_convert(im.cpu()))
                plt.show()
        if epoch > 3:
            torch.save(fwnet,"data/chap7/imfwnet_style1_
epoch"+str(epoch)+".pkl")
    ## 保存训练好的网络fwnet
    torch.save(fwnet,"data/chap7/imfwnet_style1_epoch_8end.pkl")
```

上面程序的训练过程中，每经过5000次迭代输出一次当前迭代的内容损失大小、风格损失大小、全变分损失大小以及总的损失大小，并输出当前batch的4张图像，索引为1图像的风格迁移后图像结果用于监督网络的训练效果，训练过程中输出的效果如下所示。

```
Out[12]:Epoch: 1
      step:0;content loss:9.226;style loss:432.379;tv
loss:0.239;Total loss:441.84
      Train complete in 0m 12s
```

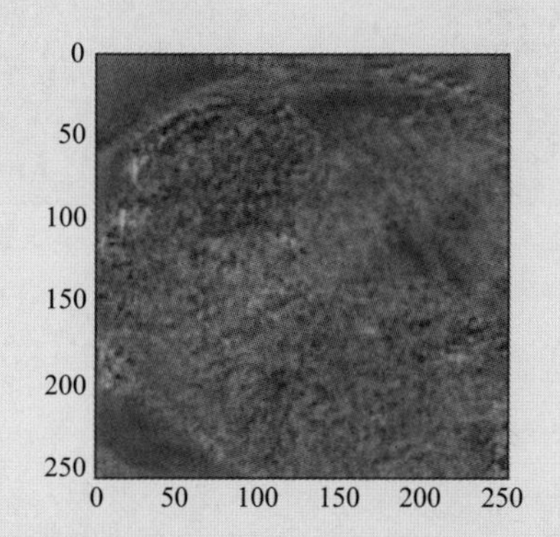


```
      ...
      step:10000; content loss: 28.47; style loss:5.71;tv
loss:0.54;Total loss:34.74
      Train complete in 227m 6s
```

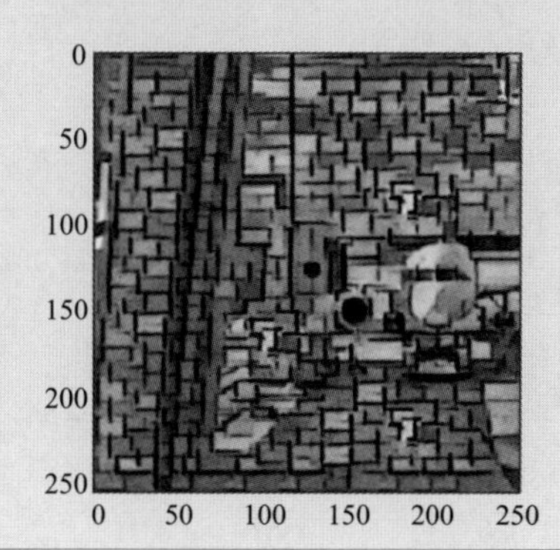

从输出结果中可以认为，我们的风格迁移网络的训练效果较好，且转换网络已经很好地学习了风格图像的风格。

为了测试训练得到的风格迁移网络fwnet，下面随机获取数据集中的一个batch的图像进行图像风格迁移，运行下面的程序可得到图7-17和图7-18所示的可视化结果。

图7-17　原始图像

图7-18　风格迁移后的图像

```
In[13]:fwnet.eval()
     ##  从数据中获取一个batch的图片
     for step,batch in enumerate(data_loader):
         content_images = batch[0].to(device)
         if step > 0:
             break
     ## 可视化一个batch图像
     plt.figure(figsize=(16,4))
     for ii in range(4):
         im = content_images[ii,...]
         plt.subplot(1,4,ii+1)
         plt.imshow(im_convert(im.cpu()))
         plt.axis("off")
     plt.show()
     ## 对图像进行风格迁移
     transformed_images = fwnet(content_images)
     transformed_images = transformed_images.clamp(-2.1, 2.7)
     ## 可视化图像风格迁移的结果
```

```
    plt.figure(figsize=(16,4))
    for ii in range(4):
        im = transformed_images[ii,...]
        plt.subplot(1,4,ii+1)
        plt.imshow(im_convert(im.cpu()))
        plt.axis("off")
    plt.show()
```

从图像的输出中可以发现，针对任意输入的图像，都能很好地继承风格图像的风格，并且能够尽可能地保留原始图像的内容。

下面测试一张网络没有见过的图像的风格迁移效果，运行下面的程序可获得可视化图像（图7-19）。

```
In[14]:## 测试其他图像
    style_transform = transforms.Compose([
            transforms.ToTensor(),
            transforms.Normalize(mean = [0.485, 0.456, 0.406],
                                 std = [0.229, 0.224, 0.225]) ])
    content = Image.open("data/chap7/content/Tuebingen_Neckarfront.
jpg")
    content = style_transform(content).unsqueeze(dim=0).to(device)
    transform_content = fwnet(content)
    transform_content = transform_content.clamp(-2.1, 2.7)
    ## 可视化图像
    plt.figure(figsize = (10,5))
    plt.subplot(1,2,1)
    plt.imshow(im_convert(tu .cpu()))
    plt.title("content"); plt.axis("off")
    plt.subplot(1,2,2)
    plt.imshow(im_convert(transform_content.cpu()))
    plt.title("results"); plt.axis("off")
    plt.show()
```

内容

结果

图7-19 其他任意尺寸图像的风格迁移效果

# 7.4 CycleGan风格迁移

本节会介绍如何使用PyTorch利用CycleGan完成图像风格迁移，首先导入本节需要的库和模块，程序如下所示。

```
In[1]:## 导入本节所需要的库和模块
     import numpy as np
     import pandas as pd
     import matplotlib.pyplot as plt
     from PIL import Image
     import time
     import glob
     import random
     import os
     import itertools
     from tqdm import tqdm
     import torch
     from torch import nn
     import torch.nn.functional as F
     from torch.utils.data import Dataset,DataLoader
     import torch.optim as optim
     from torchvision import transforms
     from torchvision.datasets import ImageFolder
     from torchvision.utils import save_image
     device = torch.device("cuda:0" if torch.cuda.is_available()
else "cpu")
```

## 7.4.1 CycleGan网络搭建

针对CycleGan网络一共包含两个生成器（生成器A2B、生成器B2A）和两个判别器（判别器A、判别器B），首先定义网络需要的基础残差连接模块，程序如下所示。

```
In[2]:## ResidualBlock残差块的网络结构
     class ResidualBlock(nn.Module):
         def __init__(self, channels):
             ## channels:表示要输入的feature map 数量
             super(ResidualBlock, self).__init__()
             self.conv = nn.Sequential(
                 nn.ReflectionPad2d(1),
                 nn.Conv2d(channels,channels,kernel_size=3),
```

```
                nn.InstanceNorm2d(channels),
                nn.ReLU(inplace=True),
                nn.ReflectionPad2d(1),
                nn.Conv2d(channels,channels,kernel_size=3),
                nn.InstanceNorm2d(channels)
            )
        def forward(self, x):
            return self.conv(x) + x
```

下面定义生成器的网络结构，其可以简单地分为下采样模块、残差连接模块、上采样模块以及输出层，其输出的内容和输入具有相同的尺寸。定义生成器的程序如下所示。

```
In[3]:## 定义生成器网络结构
    class Generator(nn.Module):
        def __init__(self, input_nc, output_nc, n_residual_
blocks=9):
            ## 为了节省显存默认设置n_residual_blocks=6
            super(Generator, self).__init__()
            # 初始化卷积块
            model = [nn.ReflectionPad2d(3),
                    nn.Conv2d(input_nc, 64, 7),
                    nn.InstanceNorm2d(64),
                    nn.ReLU(inplace=True) ]
            # 下采样模块
            in_features = 64
            out_features = in_features*2
            for _ in range(2):
                model += [nn.Conv2d(in_features, out_features, 3,
                                    stride=2, padding=1),
                        nn.InstanceNorm2d(out_features),
                        nn.ReLU(inplace=True) ]
                in_features = out_features
                out_features = in_features*2
            # 残差块模块
            for _ in range(n_residual_blocks):
                model += [ResidualBlock(in_features)]
            # 上采样模块
            out_features = in_features//2
            for _ in range(2):
                model += [nn.ConvTranspose2d(in_features, out_
features, 3,
```

```
                                                stride=2, padding=1,
output_padding=1),
                        nn.InstanceNorm2d(out_features),
                        nn.ReLU(inplace=True) ]
                in_features = out_features
                out_features = in_features//2
            # 输出层
            model += [nn.ReflectionPad2d(3),
                    nn.Conv2d(64, output_nc, 7),
                    nn.Tanh() ]
            self.model = nn.Sequential(*model)
        def forward(self, x):
            return self.model(x)
```

下面定义判别器的网络结构，判别器主要包含一些卷积模块，用于图像特征的提取，以及利用卷积操作完成的全连接层，用于特征的判别。其对应的程序如下所示。

```
In[4]:## 定义判别器网络结构
    class Discriminator(nn.Module):
        def __init__(self, input_nc):
            super(Discriminator, self).__init__()
            # 添加一些卷积层用于特征的提取
            model = [nn.Conv2d(input_nc, 64, 4, stride=2,
padding=1),
                    nn.LeakyReLU(0.2, inplace=True) ]
            model += [nn.Conv2d(64, 128, 4, stride=2, padding=1),
                    nn.InstanceNorm2d(128),
                    nn.LeakyReLU(0.2, inplace=True) ]
            model += [nn.Conv2d(128, 256, 4, stride=2, padding=1),
                    nn.InstanceNorm2d(256),
                    nn.LeakyReLU(0.2, inplace=True) ]
            model += [nn.Conv2d(256, 512, 4, padding=1),
                    nn.InstanceNorm2d(512),
                    nn.LeakyReLU(0.2, inplace=True) ]
            # 卷积式的全连接层用于分类
            model += [nn.Conv2d(512, 1, 4, padding=1)]
            self.model = nn.Sequential(*model)
        def forward(self, x):
            x = self.model(x)
            x = F.avg_pool2d(x, x.size()[2:])
            x = x.view(x.size()[0], -1)
            return x
```

同样针对定义好的相关网络模块，需要定义两个生成器网络域和两个判别器网络，程序如下所示，定义的生成器分别为netG_A2B、netG_B2A，定义的两个判别器分别为netD_A、netD_B。网络的具体层级结构可以通过提供的程序输出进行查看。

```
In[5]:# 定义网络并初始化
     input_nc, output_nc = 3, 3  # 输入输出图像颜色通道
     netG_A2B = Generator(input_nc, output_nc).to(device)
     netG_B2A = Generator(output_nc, input_nc).to(device)
     netD_A = Discriminator(input_nc).to(device)
     netD_B = Discriminator(output_nc).to(device)
```

## 7.4.2 非成对图像数据准备

定义好待使用的整个网络结构后，接下来准备用于训练网络的程序。这里我们会使用苹果和橘子的相互转换数据集，该数据集在提供的程序中已经准备好。为了更好地使用数据，首先定义一个用于从文件夹中读取两种图像数据的ImageDataset()类。该类可以通过指定数据文件所在的路径，自动读取里面用于训练（或测试）的两种数据，并且会将数据进行相关的数据预处理操作。

```
In[6]:## 定义从文件中读取数据的类,用于数据准备
     class ImageDataset(Dataset):
         def __init__(self, root, transform = None, unaligned=False,
mode="train"):
             """ root:指定数据的根文件夹,例如:"data/chap7/monet2photo/"
             transform:数据的预处理操作;unaligned:是否随机匹配数据
             mode:指定读取数据的模式,用于读取训练数据或者测试数据  """
             self.transform = transform
             self.unaligned = unaligned
             ## 分别从两个文件夹中读取数据
              self.files_A=sorted(glob.glob(os.path.join(root,'%sA' %
mode)+'/*.*'))
              self.files_B=sorted(glob.glob(os.path.join(root,'%sB' %
mode)+'/*.*'))
         def __getitem__(self, index):  # 获取图像
             item_A = self.transform(Image.open(
                    self.files_A[index % len(self.files_A)]))
             if self.unaligned:
                item_B = self.transform(Image.open(
                       self.files_B[random.randint(0,len(self.
```

```
files_B)-1)]))
            else:
                item_B = self.transform(Image.open(
                        self.files_B[index % len(self.files_B)]))
            return {'A': item_A, 'B': item_B}
        def __len__(self):       # 计算数据集数量
            return max(len(self.files_A), len(self.files_B))
```

下面使用ImageDataset()从指定的文件夹中读取数据，并且指定用于训练网络的数据尺寸为224×224。同时在定义数据加载器时，设置每个batch包含一组数据（一张苹果图片和一张橘子图片），最终可获得数据加载器data_loader。

```
In[7]:## 数据准备与定义数据加载器
     batchSize = 1,  resize_size = 256,  imsize = 224
                                                    # 用于训练的图像尺寸
     data_transforms = transforms.Compose(
         [transforms.Resize(resize_size), transforms.
RandomCrop(imsize),
          transforms.RandomHorizontalFlip(),transforms.ToTensor(),
          transforms.Normalize((0.5,0.5,0.5), (0.5,0.5,0.5))])
     ## 读取文件夹中的数据,并随机匹配两个文件夹中的数据
     data_set = ImageDataset(root = "data/chap7/apple2orange/",
                             transform = data_
transforms,unaligned=True)
     data_loader = DataLoader(data_set, batch_size=batchSize,
shuffle=True)
```

为了查看数据加载其中一个batch的数据，会先定义一个数据变换函数im_convert()，以便于将数据加载器data_loader中的张量转化为便于利用matplotlib可视化的数组形式。程序如下所示。

```
In[8]:## 定义一个将标准化后的图像转化为便于利用matplotlib可视化的函数
     def im_convert(tensor):
         image = tensor.data.numpy().squeeze() # 去除batch维度数据
         image = image.transpose(1,2,0)         ## 置换数组的维度[c,h,w]-
                                                   >[h,w,c]
         ## 进行标准化的逆操作
          image = image * np.array((0.5, 0.5, 0.5)) + np.array((0.5,
0.5, 0.5))
         image = image.clip(0, 1)               ## 将图像的取值剪切到
                                                   0~1之间
         return image
```

下面获取一个batch的数据，并可视化出里面的样式A（苹果）和样式B（橘子）图像，运行下面的程序可获得图像（图7-20）。

```
In[9]:##  从数据中获取一个batch的图片
      for step,batch in enumerate(data_loader):
          break
      ## 可视化两种风格的图像
      fig, (ax1, ax2) = plt.subplots(1, 2, figsize=(8, 4))
      ax1.imshow(im_convert(batch["A"]))
      ax1.set_title("Style A"), ax1.set_axis_off()
      ax2.imshow(im_convert(batch["B"]))
      ax2.set_title("Style B"), ax2.set_axis_off()
      plt.tight_layout(), plt.show()
```

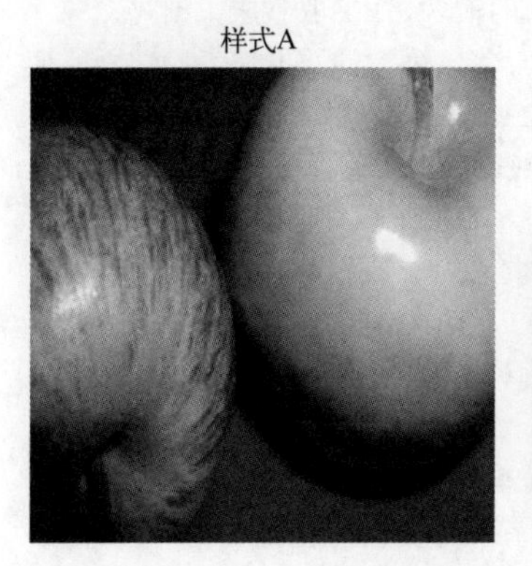

图7-20　不同域中的数据样本

## 7.4.3　网络训练

在所需要的网络和数据准备好后，就可以开始进行网络的训练，首先定义一个在训练过程中调整学习率的方法，程序如下所示。

```
In[10]:## 定义调整学习率的方法
      class LambdaLR():
          def __init__(self, n_epochs, offset, decay_start_epoch):
              #n_epochs:epochs数; offset:0初始epoch;decay_start_epoch:
开始衰减的epoch
              assert ((n_epochs - decay_start_epoch) > 0), "Decay
must start before the training session ends!"
              self.n_epochs = n_epochs
              self.offset = offset
```

```
            self.decay_start_epoch = decay_start_epoch
        def step(self, epoch):
            return  1.0  -  max(0,  epoch  +  self.offset  -  self.
decay_start_epoch)   / (self.n_epochs - self.decay_start_epoch)
```

为了训练的稳定，CycleGan会采用历史生成的虚假样本来更新判别器，而不是当前生成的虚假样本。因此会在下面定义一个ReplayBuffer对象，它会有一个数据存储表data，大小预设为50。其运行流程为当数据表未填满时，每次读取的会是当前生成的虚假图像。当数据表填满时会随机进行下面的方式：①从数据表中随机抽取一批数据更新判别器，返回，并且用当前数据补充进来；②或者采用当前数据更新判别器。定义ReplayBuffer的程序如下所示。

```
In[11]:class ReplayBuffer():
        ## Cycle将生成数据作为判别器的输入,在抽取生成数据时,
        ## 将已经生成好的数据放入队列,将队列中的数据作为判别器的输入
        def __init__(self, max_size=50):      #队列最大长度50
            assert (max_size > 0), 'Empty buffer or trying to create
a black hole. Be careful.'
            self.max_size = max_size
            self.data = []
        def push_and_pop(self, data):
            to_return = []
            for element in data.data:
                element = torch.unsqueeze(element, 0)
                if len(self.data) < self.max_size:
                self.data.append(element)
                to_return.append(element)
            else:
                if random.uniform(0,1) > 0.5:
                    i = random.randint(0, self.max_size-1)
                    to_return.append(self.data[i].clone())
                    self.data[i] = element
                else:
                    to_return.append(element)
        return torch.cat(to_return)
```

同时为了能够在训练过程中，实时地查看数据的生成效果，定义一个可视化函数，该函数可以可视化出当前两个域中的训练样本以及生成的两种样本，程序如下所示。

```
In[12]:## 定义一个可视化函数,可视化训练过程的中间结果
     def Visual(real_A, real_B, fake_A, fake_B,figsize=(10,10)):
        plt.figure(figsize=figsize)
```

```
        plt.subplot(2,2,1)
        plt.imshow(im_convert(real_A.cpu()))
        plt.axis("off"), plt.title("A")
        plt.subplot(2,2,2)
        plt.imshow(im_convert(real_B.cpu()))
        plt.axis("off"), plt.title("B")
        plt.subplot(2,2,3)
        plt.imshow(im_convert(fake_B.cpu()))
        plt.axis("off"),plt.title("StyleA->StyleB")
        plt.subplot(2,2,4)
        plt.imshow(im_convert(fake_A.cpu()))
        plt.axis("off"),plt.title("StyleB->StyleA")
        plt.tight_layout()
        plt.show()
        return
```

在相关的辅助函数定义好后，下面定义网络训练过程中会使用的相关参数，例如训练的总轮数、学习率开始调整的轮数、使用的损失函数、优化器等，程序如下所示。

```
In[13]:## 网络训练
    n_epochs = 200     # 训练所有的epochs数
    epoch = 0          # 初始epoch
    decay_epoch = 100 # 开始衰减的epoch
    ## 定义相关的损失函数
    criterion_GAN = torch.nn.MSELoss()
    criterion_cycle = torch.nn.L1Loss()
    criterion_identity = torch.nn.L1Loss()
    ## 定义网络优化方式
    lr = 0.0002
    optimizer_G = optim.Adam(
        itertools.chain(netG_A2B.parameters(), netG_B2A.
parameters()),
        lr=lr, betas=(0.5, 0.999))
     optimizer_D_A = optim.Adam(netD_A.parameters(), lr=lr,
betas=(0.5, 0.999))
     optimizer_D_B = optim.Adam(netD_B.parameters(), lr=lr,
betas=(0.5, 0.999))
    ## 定义学习率衰减
    lr_scheduler_G = optim.lr_scheduler.LambdaLR(optimizer_G,
        lr_lambda=LambdaLR(n_epochs, epoch, decay_epoch).step)
```

```
    lr_scheduler_D_A = optim.lr_scheduler.LambdaLR(optimizer_D_A,
           lr_lambda=LambdaLR(n_epochs, epoch, decay_epoch).step)
    lr_scheduler_D_B = optim.lr_scheduler.LambdaLR(optimizer_D_B,
           lr_lambda=LambdaLR(n_epochs, epoch, decay_epoch).step)
    # 先为输入和目标图像进行内存分配
     input_A = torch.Tensor(batchSize, input_nc, imsize, imsize).
to(device)
     input_B = torch.Tensor(batchSize, output_nc, imsize, imsize).
to(device)
    target_real = torch.Tensor(batchSize).fill_(1.0).to(device)
    target_fake = torch.Tensor(batchSize).fill_(0.0).to(device)
    fake_A_buffer = ReplayBuffer()
    fake_B_buffer = ReplayBuffer()
```

下面开始对整个CycleGan网络进行训练，训练时会依次对生成器netG_A2B、netG_B2A，判别器netD_A、netD_B进行权重更新，最后会将训练好的权重保存到指定的文件中，使用的程序和输出如下所示。

```
In[14]:###### 网络训练 ######
     for epo in range(epoch, n_epochs):
         for step, batch in enumerate(tqdm(data_loader)):
             # 设置网络输入
             real_A = batch['A'].to(device)
             real_B = batch['B'].to(device)
             ## Generators A2B and B2A 生成网络优化
             optimizer_G.zero_grad()
             # Identity loss
             # G_A2B(B) should equal B if real B is fed
             same_B = netG_A2B(real_B)
             loss_identity_B = criterion_identity(same_B, real_
B)*5.0
             # G_B2A(A) should equal A if real A is fed
             same_A = netG_B2A(real_A)
             loss_identity_A = criterion_identity(same_A, real_
A)*5.0
             # GAN loss
             fake_B = netG_A2B(real_A)
             pred_fake = netD_B(fake_B)
             loss_GAN_A2B = criterion_GAN(pred_fake, target_real)
             fake_A = netG_B2A(real_B)
             pred_fake = netD_A(fake_A)
```

```
            loss_GAN_B2A = criterion_GAN(pred_fake, target_real)
            # Cycle loss
            recovered_A = netG_B2A(fake_B)
            loss_cycle_ABA = criterion_cycle(recovered_A, real_
A)*10.0
            recovered_B = netG_A2B(fake_A)
            loss_cycle_BAB = criterion_cycle(recovered_B, real_
B)*10.0
            # Total loss
            loss_G  =  loss_identity_A  +  loss_identity_B + loss_
GAN_A2B + loss_GAN_B2A + loss_cycle_ABA + loss_cycle_BAB
            loss_G.backward()
            optimizer_G.step()
            ## Discriminator A 判别器A优化
            optimizer_D_A.zero_grad()
            # Real loss
            pred_real = netD_A(real_A)
            loss_D_real = criterion_GAN(pred_real, target_real)
            # Fake loss
            fake_A = fake_A_buffer.push_and_pop(fake_A)
            pred_fake = netD_A(fake_A.detach())
            loss_D_fake = criterion_GAN(pred_fake, target_fake)
            # Total loss
            loss_D_A = (loss_D_real + loss_D_fake)*0.5
            loss_D_A.backward()
            optimizer_D_A.step()
            ###### Discriminator B 判别器B优化
            optimizer_D_B.zero_grad()
            # Real loss
            pred_real = netD_B(real_B)
            loss_D_real = criterion_GAN(pred_real, target_real)
            # Fake loss
            fake_B = fake_B_buffer.push_and_pop(fake_B)
            pred_fake = netD_B(fake_B.detach())
            loss_D_fake = criterion_GAN(pred_fake, target_fake)
            # Total loss
            loss_D_B = (loss_D_real + loss_D_fake)*0.5
            loss_D_B.backward()
            optimizer_D_B.step()
        ## 输出训练过程的相关损失
        print("Epoch:",epo,"loss_G:",loss_G.item(),
```

```
                "loss_G_cycle:",(loss_cycle_ABA.item() + loss_cycle_
BAB.item()),
                "loss_D:", (loss_D_A.item() + loss_D_B.item()))
        ## 更新学习率
        lr_scheduler_G.step()
        lr_scheduler_D_A.step()
        lr_scheduler_D_B.step()
        ## 可视化训练过程中的训练效果
        Visual(real_A, real_B, fake_A, fake_B,figsize=(4,4))
        ## 保存模型
        torch.save(netG_A2B.state_dict(), "data/chap7/netG_A2B.
pth")
        torch.save(netG_B2A.state_dict(), "data/chap7/netG_B2A.
pth")
        torch.save(netD_A.state_dict(), "data/chap7/netD_A.pth")
        torch.save(netD_B.state_dict(), "data/chap7/netD_B.pth")
Out[14]:Epoch: 0 loss_G: 5.44431 loss_G_cycle: 3.265762 loss_D:
0.2958044
      Epoch: 1 loss_G: 6.371261 loss_G_cycle: 3.834956 loss_D:
0.3796973
      Epoch: 2 loss_G: 4.819951 loss_G_cycle: 3.094903 loss_D:
0.3603609
      ...
```

## 7.4.4 图像转换结果展示

在整个网络训练好后，可以使用测试集中的图像进行测试图像的转换效果，程序如下所示，会挑选出测试集中源域（苹果）和目标域（橘子）的一张图像，用于检验图像的转化效果。运行程序后可获得可视化图像（图7-21），从输出结果中可以发现，算法的图像转换效果很好。

```
In[15]:## 查看其中一个batch的图像变换效果
     netG_A2B.eval()
     netG_B2A.eval()
     transforms_test = transforms.Compose([transforms.ToTensor(),
            transforms.Normalize((0.5,0.5,0.5), (0.5,0.5,0.5))])
     data_root = "data/chap7/apple2orange"
    dataloader = DataLoader(ImageDataset(root = data_root,transform
= transforms_test, mode = "test"),
                          batch_size = 1, shuffle = False)
```

```
    for i, batch in enumerate(dataloader):
        real_A = batch["A"].to(device)
        real_B = batch["B"].to(device)
        fake_B = 0.5 * (netG_A2B(real_A).data + 1.0)
        fake_A = 0.5 * (netG_B2A(real_B).data + 1.0)
        Visual(real_A, real_B, fake_A, fake_B, figsize=(6,6))
        break
```

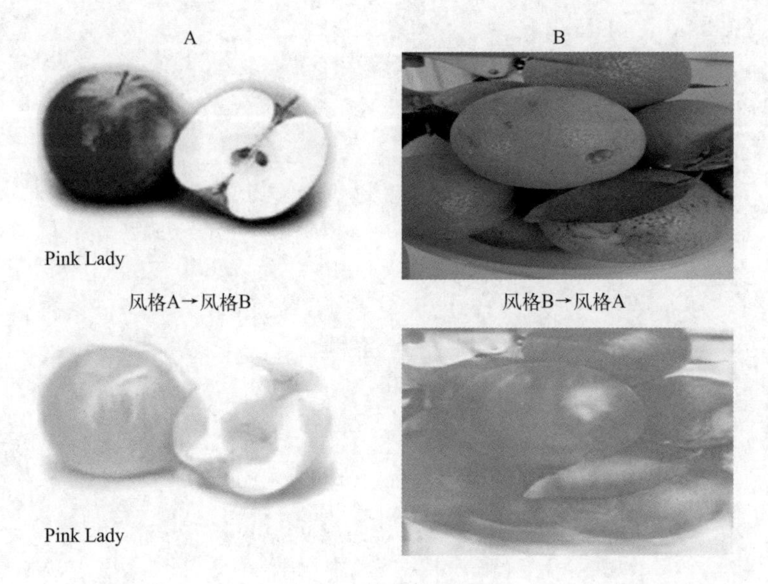


图7-21 图像转换效果

针对整个测试集图像相互转化的程序和结果，可以查看随书提供的程序，这里就不再一一展示了。

## 7.5 本章小结

本章主要介绍了计算机视觉中图像风格迁移任务，介绍多种深度风格迁移算法的同时，还通过实例使用PyTorch来实现图像风格迁移。针对普通图像风格迁移，利用VGG19网络提取图像的特征，在训练时通过GPU进行训练；针对快速图像风格迁移，在训练图像转化网络后，展示其风格迁移效果，最后训练了基于对抗学习的CycleGan模型，用于图像的风格迁移。

第8章

# 自编码器与扩散模型

自编码网络模型也称自编码器（autoencoder，AE），是一种基于无监督学习的数据维度压缩和特征表示方法，目的是对一组数据学习出一种表示。1986年Rumelhart提出自编码模型用于高维复杂数据的降维。由于自编码器通常应用于无监督学习，所以不需要对训练样本进行标记。自编码器在图像重构、聚类、降维、自然语言翻译等方面应用广泛。

扩散模型（diffusion model）是一种用于图像处理和计算机视觉任务的概率模型。它基于概率扩散的概念，通过在图像中不断传播信息来实现对图像的分析和处理。扩散模型的基本思想是将每个像素点的像素值视为一个概率分布，然后通过迭代传播和混合这些像素值，逐渐扩散和改变图像中的信息。这种扩散的过程可以进行多次迭代，直到达到预定的停止条件为止。在计算机视觉中，扩散模型的应用可以涉及多个领域，包括图像去噪、图像分割、图像增强、图像恢复等。

本章首先对自编码模型和扩散模型中经典的深度学习算法进行介绍，然后使用PyTorch构建自编码模型，用于分析实际的数据集。如利用自编码模型对手写字体数据集降维和重构；利用自编码的思想通过卷积操作，构建图像去噪器用于图像降噪；以及利用训练基于扩散模型的图像生成模型。

# 8.1　自编器模型与扩散模型介绍

自编码器与扩散模型是深度学习的研究热点，在计算机视觉的很多领域都有应用。其应用主要有多个方面，例如：①对数据降维，或者降维后对数据进行可视化；②对数据进行去噪，尤其是图像数据去噪；③用于图像生成。

## 8.1.1　自编码器原理

最初的自编码器是一个三层网络结构，即输入层、隐藏层和输出层，其中输入层和输出层的神经元个数相同，且中间隐藏层的神经元个数会较少，从而达到降维的目的。其网络结构如图8-1所示。

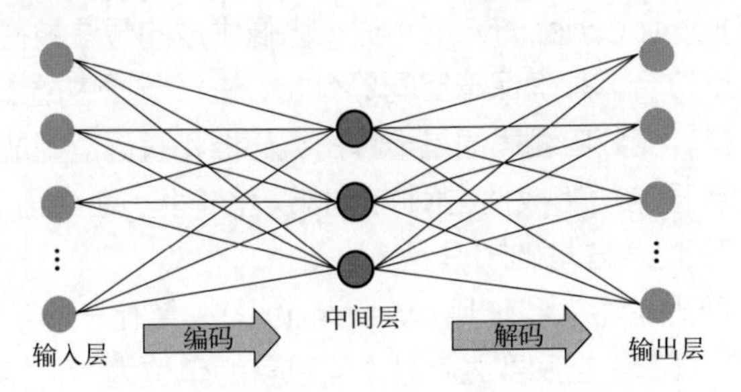


图8-1　自编码模型（三层结构）的网络结构

深度自编码器是将自编码器堆积起来，可以包含多个隐藏层。由于其可以有更多的隐藏层，所以对数据的表示和编码能力更强，而且在实际应用中也更加常用，其网络结构如图8-2所示。

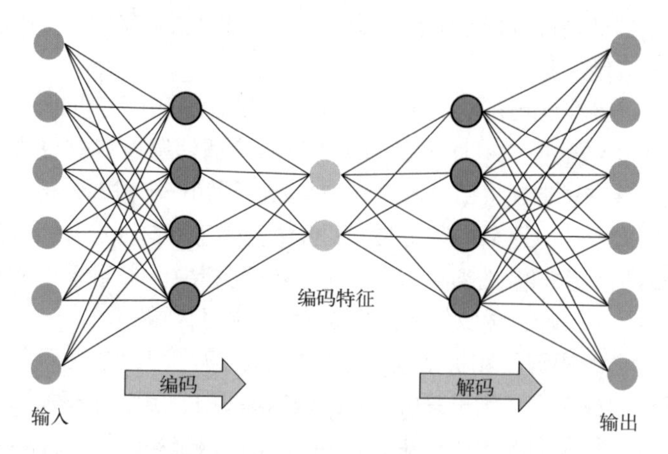


图8-2　深度自编码模型（具有多个隐藏层）的网络结构

稀疏自编码器，是在原有自编码器的基础上，对隐层单元施加稀疏性约束，这样会得到对输入数据更加紧凑的表示，在网络中仅有小部分神经元会被激活。常用的稀疏约束是使用$l_1$范数约束，目的是让不重要神经元的权重为0。

卷积自编码器是使用卷积层搭建获得的自编码网络。当输入数据为图像时，由于卷积操作可以从图像数据中获取更丰富的信息，所以使用卷积层作为自编码器隐藏层，通常可以对图像数据进行更好的表示。在实际应用中，用于处理图像的自动编码器的隐藏层几乎都是基于卷积的自动编码器。在卷积自编码器的编码器部分，通常可以通过池化层负责对数据进行下采样，卷积层负责对数据进行表示，而解码器则通常使用可以对特征映射进行上采样或者反卷积的操作来完成。

## 8.1.2　变分自编码器

由于自编码器在图像生成任务上不能确保隐空间足够规则，因此通过变分自编码器（variational auto-encoder，VAE）进行图像生成的想法被提出。其可以训练经过正则化以避免过度拟合，并确保隐空间具有能够进行数据生成过程的良好属性。就像标准自编码器一样，变分自编码器是一种由编码器和解码器组成的结构，经过训练以使编码解码后的数据与初始数据之间的重构误差最小。在介绍VAE前我们先介绍一些关于KL散度相关的一些基础知识。

信息量：在信息理论中，我们用$I(x)=-\log p(x)$来量化一个事件$x$的信息量$I(x)$，$p(x)$为事件$x$发生的概率。当底数为e时，信息量的单位为nat（奈特），当底数为2时，信息量的单位为bit（比特）。

信息熵（entropy）：信息熵可以看作是对信息量的期望，表示随机变量在离散情况下信息熵可表示为$H=\Sigma -\log p(x)\times p(x)$，在连续情况下可表示为$H=\int -\log p(x)\times p(x)$。

KL散度（kullback-leibler divergence）：又被称为相对熵（relative entropy），是对两个概率分布间差异的非对称性度量。假设$p(x)$，$q(x)$是随机变量$x$上的两个概率分布，则在离散和连续随机变量的情形下，相对熵的定义分别为

$$KL\left[p(x)\|q(x)\right]=\sum p(x)\times\log\frac{p(x)}{q(x)}$$

$$KL\left[p(x)\|q(x)\right]=\int p(x)\times\log\frac{p(x)}{q(x)}\mathrm{d}x$$

VAE和AE的不同点就在于，AE中间输出的是隐变量的具体取值，而VAE中间要输出的是隐变量的具体分布情况，然后可以从这个分布中另外取样送入decoder，就可以生成类似输入样本$x$的其他样本$x'$，并且这两个会十分近似。因此，VAE的总体架构如图8-3所示，其中学习到的定义隐空间分布通常要和标准正态分布$N(0,I)$对齐，而数据分布对齐可以使用前面介绍的KL散度进行约束，即最小化$KL[N(\mu,\sigma^2)\|N(0,I)]$为最小化的额外损失。

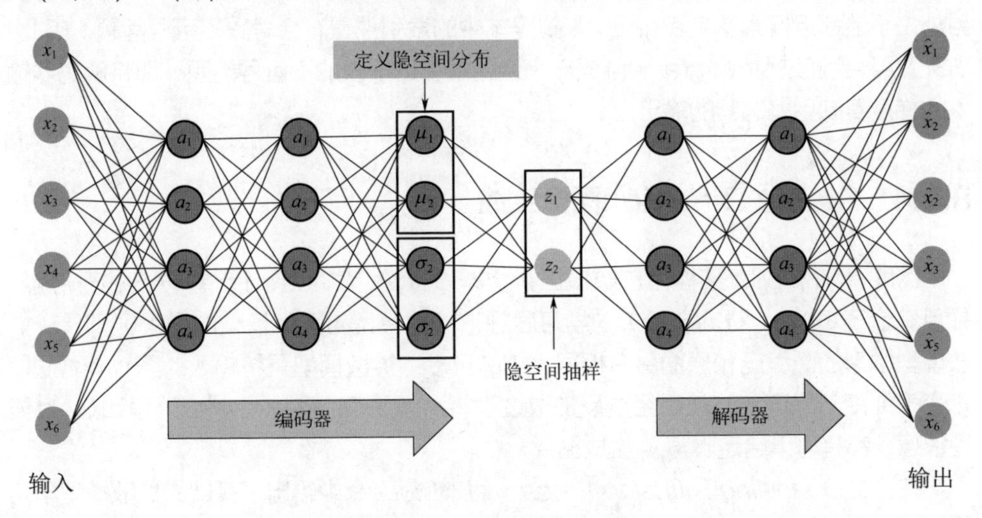


图8-3 变分自编码器的总体结构

在VAE中，它的Encoder有两个，一个用来计算均值，一个用来计算方差。

### 8.1.3 VQ-VAE图像生成

VQ-VAE（vector quantised variational autoencoder）仍然是通过编码器（encoder）学习出中间编码，通过解码器对隐编码进行重建。但是VQ-VAE

和VAE最大的不同在于隐编码的选择，其是通过最邻近搜索将中间编码映射为Codebook（码本）中K个向量之一，就是将从码本中选择的元素作为解码器重建的隐编码。在论文*Neural Discrete Representation Learning*中展示了VQ-VAE的学习框架示意图，如图8-4所示。

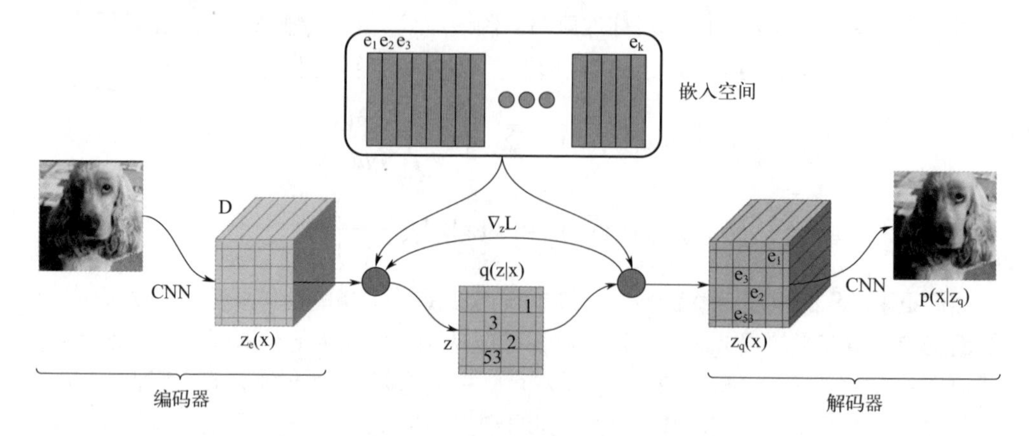


图8-4　VQ-VAE的学习框架示意图

在图8-4中，Codebook是一个包含K个元素的码本，作为一个离散的嵌入空间，另外由于最邻近搜索使用argmax来找码本中的索引位置，会导致不可导问题。因此，VQ-VAE会通过stop-gradient操作来避免最邻近搜索的不可导问题，即将解码器输入的梯度复制到编码器的输出上。

### 8.1.4　Stable Diffusion图像生成

Diffusion Model又称为扩散模型，从本质上说，Diffusion就是VAE的升级版，并且综合了GAN（对抗学习）的学习思想。扩散模型与其他模型的最大区别是：扩散模型学习的隐编码和原图具有相同大小的尺寸，扩散模型是将输入的图片$x_0$经过$T$轮变为纯高斯噪声$x_T$，然后经过反扩散过程将$x_T$复原回原图$x_0$。整个过程和GAN模型很像，都是可以给定噪声$x_T$生成图片$x_0$。

在论文*Denoising Diffusion Probabilistic Models*中给出了基础的扩散模型学习框架示意图，如图8-5所示。

图8-5展示的扩散模型可以分为前向过程和逆向过程，其中前向过程就是往

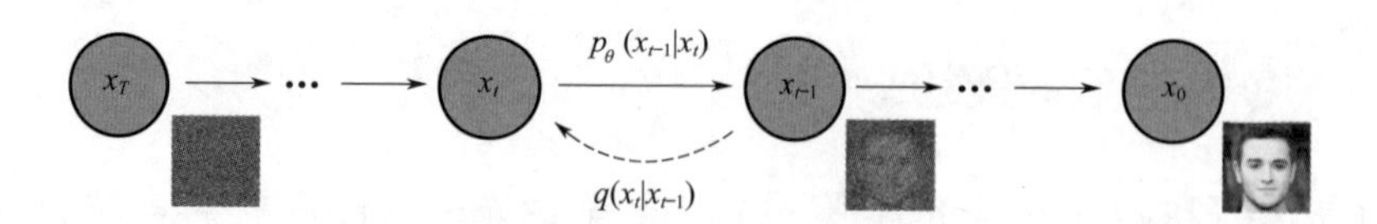


图8-5　扩散模型学习框架

图片上加噪声的过程。给定真实图片$x_0$，扩散前向过程通过$T$次累计对其添加高斯噪声，得到$x_1, x_2, \cdots, x_T$，这个步骤需要给定一系列的高斯分布方差的超参数，并且前向过程每个时刻$t$只与其前一时刻$t-1$有关。而且随着时刻$t$的增大，$x_t$会越来越接近纯噪声，并且随着时刻$t$的增加，添加的高斯噪声的方差超参数是递减的。$T$通常会有1000步左右。而逆向过程就是扩散的去噪推断过程。如果我们可以逐步得到逆转后的分布$q(x_{t-1} \mid x_t)$，那么就可以从标准的高斯分布$x_T \sim N(0,1)$还原为原始的图像分布$x_0$，因此每一个从高斯分布的随机数重新生成图片。扩散模型的理论推导过程在论文*Denoising Diffusion Probabilistic Models*中已经给出了详细的推导，这里就不再介绍了。此外，扩散模型整个过程都会基于U-Net网络用于图像生成。

Stable diffusion是一个基于Latent Diffusion Models（潜在扩散模型，LDMs）的文图生成（text-to-image）模型，而Latent Diffusion Models通过在一个潜在表示空间中迭代“去噪”数据来生成图像，然后将表示结果解码为完整的图像，让文图生成能够在消费级GPU上，在10秒级别时间生成图片，大大降低了应用门槛，也带来了文图生成领域的火热。图8-6是论文*High-Resolution Image Synthesis with Latent Diffusion Models*给出的潜在扩散模型框架示意图。

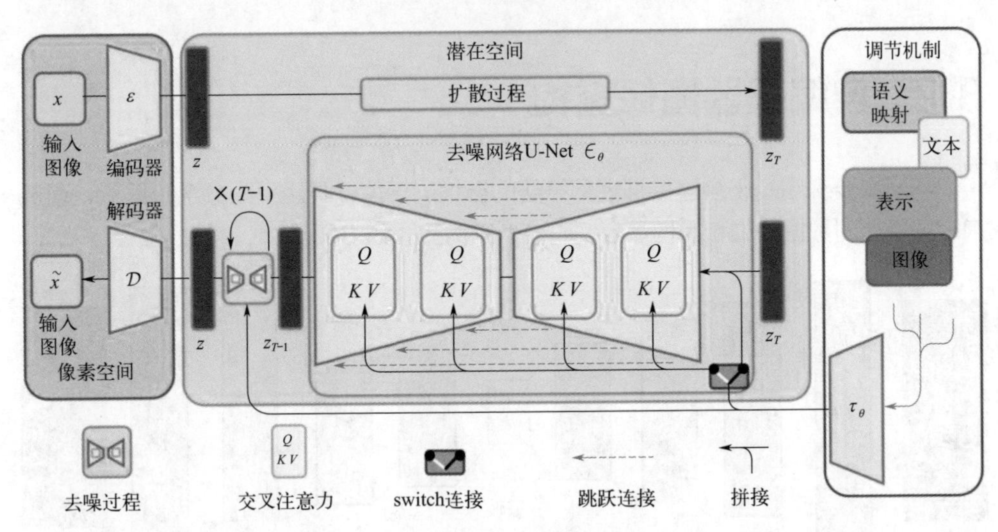


图8-6 潜在扩散模型框架

潜在扩散模型需要训练好一个自编码模型（AutoEncoder，包括一个编码器和一个解码器）。然后就可以利用编码器对图片进行压缩，然后在潜在表示空间上进行diffusion操作，最后再用解码器恢复到原始像素空间即可。

下面介绍可以在本地部署的基于扩散模型的图像生成应用——Stable diffusion webui，其已经完全开源在Github上，并且可以很方便地对其进行本地部署，然后用于图像生成等任务。成功部署后，其可以用于图像生成的界面如图8-7所示。

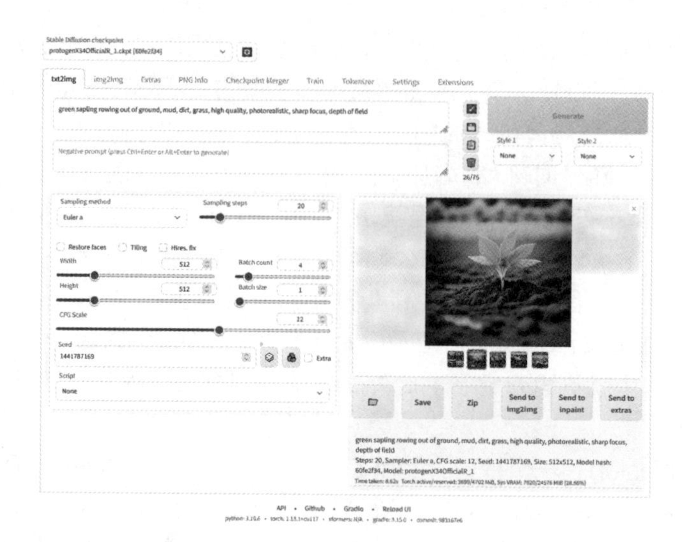


图8-7　Stable diffusion webui图像生成界面

基于自编码器和扩散模型思想的应用模型还有很多，这里就不再一一介绍了，后面的章节会以具体的计算机视觉任务为例，介绍如何使用PyTorch完成相关的任务。

# 8.2　自编码器图像重构

本节主要介绍基于全连接神经网络层的自编码模型，利用手写数字数据集，通过自编码模型对数据降维和重构。自编码模型结构如图8-8所示。

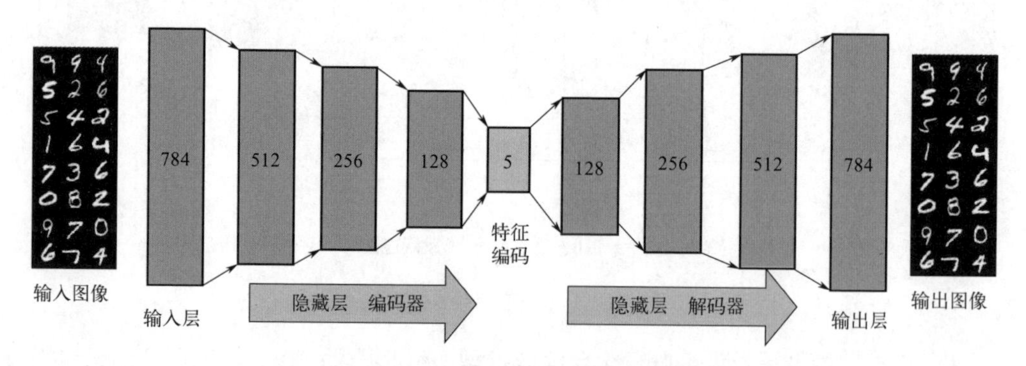


图8-8　手写数字重构的自编码模型

在图8-8所示的自编码模型中，输入层和输出层都有784个神经元，对应着一张手写数字图片的784个像素数。在使用图像时会将28×28的图像转化1×784的向量。进行编码的过程中，神经元的数量逐渐从512个减少到5个，主要是便于降维后数据分布情况的可视化，并分析手写数字经过编码后数字在空间中的分布规律。在解码器中神经元的数量逐渐增加，会从特征编码中重构原始图像。

针对自编码模型我们主要介绍两个相关的应用，分别为：

① 图像重构：使用自编码模型对手写数字图像进行重构；

② 数据降维：可视化测试样本通过网络得到的特征编码，将其进行数据可视化，观察数据的分布规律。

在进行分析之前，先导入需要的库和模块。

```
In[1]:## 导入本节所需要的库和模块
    import numpy as np
    import pandas as pd
    import matplotlib.pyplot as plt
    import seaborn as sns
    from tqdm import tqdm
    import torch
    from torch import nn
    import torch.nn.functional as F
    import torch.utils.data as Data
    from torch.optim import Adam,SGD
    from torchvision import transforms
    from torchvision.datasets import MNIST
    from torchvision.utils import make_grid
    ## 定义计算设备,如果设备有GPU就获取GPU,否则获取CPU
    device = torch.device("cuda:0" if torch.cuda.is_available()
else "cpu")
```

## 8.2.1　自编码网络数据准备

可以通过torchvision库中的MNIST()函数导入训练和测试所需要的数据集——手写字体数据集，并对数据进行预处理，程序如下。

```
In[2]:## 使用手写体数据, 准备训练数据集
    train_data  = MNIST(root = "./data/MNIST", train = True,
                        transform  = transforms.ToTensor(),
download= False )
    ## 将图像数据转化为向量数据
    train_data_x = train_data.data.type(torch.FloatTensor) / 255.0
    train_data_x = train_data_x.reshape(train_data_x.shape[0],-1)
    train_data_y = train_data.targets
    ## 定义一个数据加载器
    train_loader = Data.DataLoader(dataset = train_data_x, batch_
```

```
size=256,
                                                    shuffle = True, num_workers = 2 )
       ## 对测试数据集进行导入
       test_data = MNIST(root = "./data/MNIST", train = False,
                          transform  = transforms.ToTensor(), download=
False )
       ## 为测试数据添加一个通道纬度,并获取测试数据的X和Y
       test_data_x = test_data.data.type(torch.FloatTensor) / 255.0
       test_data_x = test_data_x.reshape(test_data_x.shape[0],-1)
       test_data_y = test_data.targets
       print("训练数据集:",train_data_x.shape)
       print("测试数据集:",test_data_x.shape)
Out[2]:训练数据集: torch.Size([60000, 784])
       测试数据集: torch.Size([10000, 784])
```

上述程序导入训练数据集后，将每张图像处理为长784的向量，通过Data.DataLoader()函数将训练数据train_data_x处理为数据加载器，此处并没有包含对应的类别标签，这是因为上述的自编码网络训练时不需要图像的类别标签数据，在数据加载器中每个batch包含256个样本。针对测试集将其图像和经过预处理后的图像分别保存为test_data_x和test_data_y变量。

下面的程序是获取训练集中一个batch的图像，然后对其进行可视化，以观察手写数字图像的情况，运行程序可获得可视化图像（图8-9）。

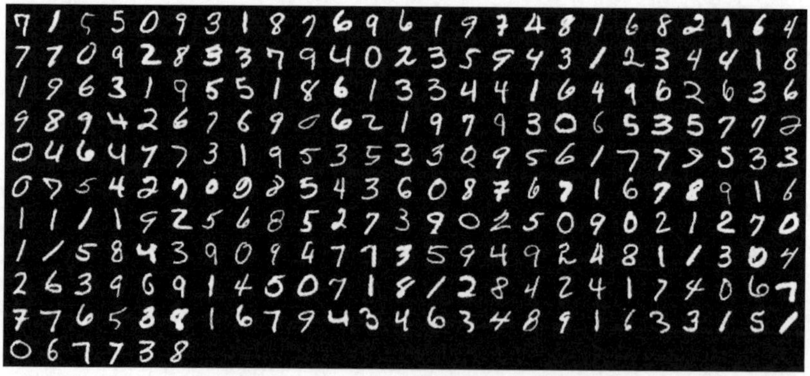

图8-9　一个batch的手写数字可视化图像

```
In[3]:## 可视化一个batch的图像内容
     for step, b_x in enumerate(train_loader):
         if step > 0:
             break
     ## 可视化一个batch的图像
```

```
im = make_grid(b_x.reshape((-1,1,28,28)),nrow = 25)
im = im.data.numpy().transpose((1,2,0))
plt.figure(figsize=(10,6))
plt.imshow(im); plt.axis("off"); plt.show()
```

## 8.2.2　自编码网络的构建

为了搭建如图8-8所示的自编码器网络，需要构建一个EnDecoder()类，程序如下。在程序中，将网络分为了编码器部分Encoder和解码器部分Decoder两个部分。编码部分将数据的维度从784维逐步减少到5维，每个隐藏层使用的激活函数为Tanh激活函数。解码器部分将特征编码从5维逐步增加到784维，除输出层使用Sigmoid激活函数外，其他隐藏层使用Tanh激活函数。在网络的前向传播函数forward()中，输出编码后的结果encoder和解码后的结果decoder。

```
In[4]:## 搭建自编码网络
      class EnDecoder(nn.Module):
          def __init__(self):
              super(EnDecoder,self).__init__()
              ## 定义Encoder
              self.Encoder = nn.Sequential(
                  nn.Linear(784,512),
                  nn.Tanh(),
                  nn.Linear(512,256),
                  nn.Tanh(),
                  nn.Linear(256,128),
                  nn.Tanh(),
                  nn.Linear(128,5),
                  nn.Tanh(),
              )
              ## 定义Decoder
              self.Decoder = nn.Sequential(
                  nn.Linear(5,128),
                  nn.Tanh(),
                  nn.Linear(128,256),
                  nn.Tanh(),
                  nn.Linear(256,512),
                  nn.Tanh(),
                  nn.Linear(512,784),
                  nn.Sigmoid(),
```

```
        )
    ## 定义网络的向前传播路径
    def forward(self, x):
        encoder = self.Encoder(x)
        decoder = self.Decoder(encoder)
        return encoder,decoder
## 输出我们的网络结构
edmodel = EnDecoder().to(device)
```

### 8.2.3 自编码网络的训练

下面的程序中，使用训练数据对网络中的参数进行训练，利用Adam()优化器对网络进行优化，并使用nn.SmoothL1Loss()函数定义损失函数，因为自编码网络需要重构出原始的手写体数据，所以看作回归问题，即与原始图像的误差越小越好。

```
In[5]:# 定义优化器,学习率指数衰减
    optimizer = Adam(edmodel.parameters(), lr=0.003)
    # loss_func = nn.MSELoss()              # 损失函数
    loss_func = nn.SmoothL1Loss()           # 损失函数
    train_num = 0; train_loss = []; STlr = []
    epoches = 20                            # 训练轮次
    ## 对模型进行迭代训练
    for epoch in tqdm(range(epoches)):
        ## 对训练数据的加载器进行迭代计算
        for step, b_x in enumerate(train_loader):
            ## 使用每个batch进行训练模型
            b_x = b_x.to(device)
            _,output = edmodel(b_x)         # 在训练batch上的输出
            loss = loss_func(output, b_x)# 计算误差
            optimizer.zero_grad()           # 每个迭代步的梯度初始化为0
            loss.backward()                 # 损失的后向传播,计算梯度
            optimizer.step()                # 使用梯度进行优化
            train_loss.append(loss.item())
```

为了观察网络的训练过程，下面程序将训练过程中的损失函数的大小使用折线图进行可视化。运行程序可获得可视化图像（图8-10）。从图像中可知：损失函数先迅速减小，然后在一个很小的值上趋于稳定。

```
In[6]:## 可视化损失函数的变化趋势
    plt.figure(figsize=(8,5))
```

```
    plt.plot(train_loss,"r-",linewidth=2,label = "Train loss")
    plt.xlabel("迭代次数"); plt.ylabel("Loss"); plt.title("损失函数变
化趋势")
    plt.show()
```

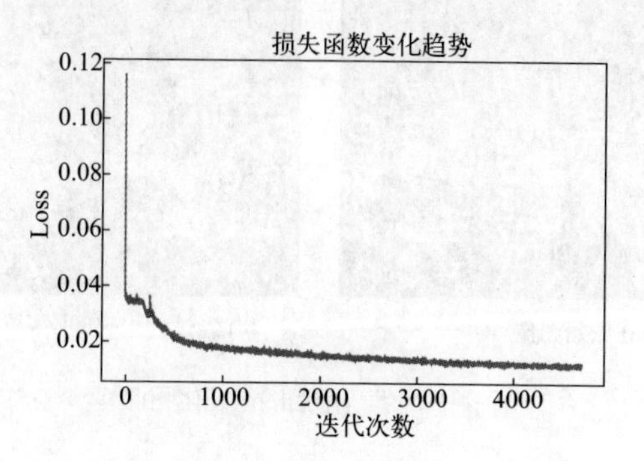


图8-10　自编码网络训练过程可视化图像

## 8.2.4　自编码网络的数据重构

为了展示自编码网络的数据重构的效果，可视化一部分测试集编码前后的图像，此处使用测试集的前100张图像，程序如下所示。运行程序可获得可视化图像（图8-11）。

```
In[7]:## 预测测试集前100张图像的输出
    test_data_batch = test_data_x[0:100,:]
    edmodel.eval()
    _,test_decoder = edmodel(test_data_batch.to(device))
    ## 可视化原始的图像
    plt.figure(figsize=(12,6))
    plt.subplot(1,2,1)
    im = make_grid(test_data_batch.reshape((-1,1,28,28)),nrow =
10)
    im = im.data.numpy().transpose((1,2,0))
    plt.imshow(im); plt.axis("off"); plt.title("原始数据")
    ## 可视化编码后的图像
    plt.subplot(1,2,2)
    test_decoder = test_decoder.cpu()
    im = make_grid(test_decoder.reshape((-1,1,28,28)),nrow = 10)
    im = im.data.numpy().transpose((1,2,0))
    plt.imshow(im); plt.axis("off"); plt.title("自编码重构数据")
    plt.tight_layout(); plt.show()
```

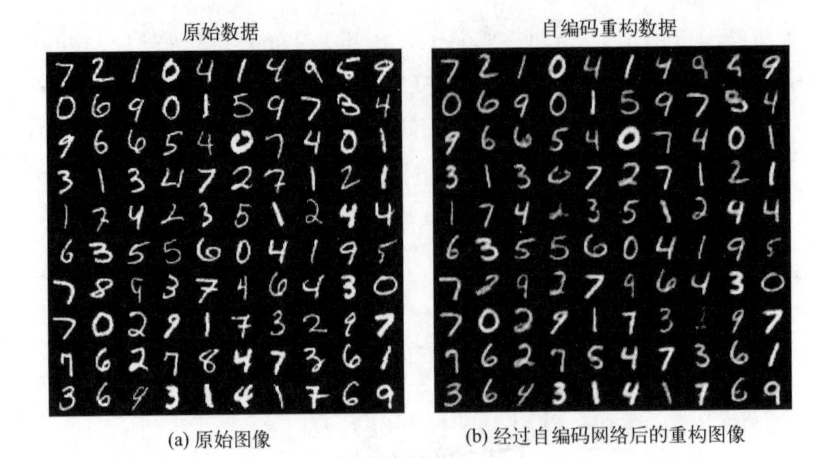

(a) 原始图像　　(b) 经过自编码网络后的重构图像

图8-11　编码前后的可视化图像

对比图8-11的（a）和（b），自编码网络很好地重构了原始图像的结构，但不足的是自编码网络得到的图像有些模糊，而且针对原始图像中的某些细节并不能很好地重构。

## 8.2.5　网络的编码特征可视化

自编码网络的一个重要功能就是对数据进行降维，如将数据降维到2维或者3维，之后可以很方便地通过数据可视化技术，观察数据在空间中的分布情况。下面使用测试数据集中的500个样本，获取网络对其自编码后的特征编码，并将这500张图像在编码特征空间的分布情况进行可视化。下面的程序是获取500张手写体图像的特征编码数据test_encoder并输出其维度，从输出结果可以发现test_encoder中每个图像的特征编码为5维数据。

```
In[7]:## 获取前500个样本的自编码后的特征,并对数据进行可视化
     test_num = 500
     edmodel.eval()
     test_encoder,_ = edmodel(test_data_x[0:test_num,:].to(device))
     print("test_encoder.shape:",test_encoder.shape)
Out[7]:test_encoder.shape: torch.Size([500, 5])
```

针对获得的数据降维特征，可以使用矩阵散点图对5个特征进行可视化，运行下面的程序可获得可视化图像（图8-12）。

```
In[8]:## 可视化5个特征的矩阵散点图观察数据的分布
     plotdf = pd.DataFrame(data=test_encoder_arr)
     plotdf["Y"] = [str(i) for i in test_data_y[0:test_num].numpy()]
```

```
    g = sns.pairplot(plotdf, hue="Y",aspect=1.5,
                hue_order = ["0","1","2","3","4","5","6","7","8","9
"])
    plt.show()
```

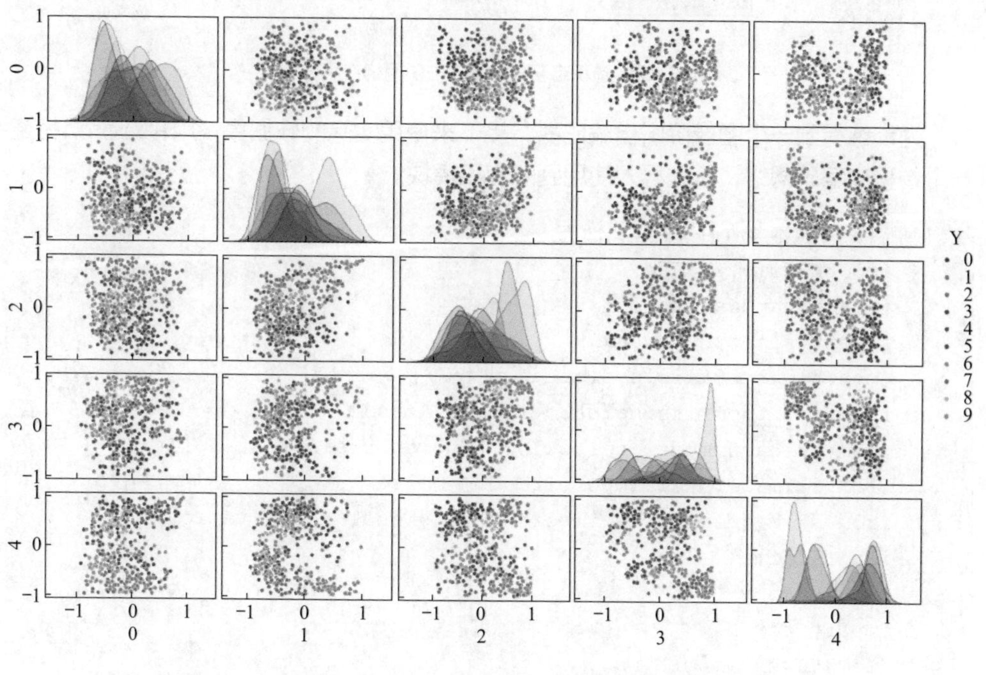


图8-12　图像在编码特征空间的矩阵散点图

# 8.3　自编码器图像去噪

在介绍了基于线性层的自编码网络后，接下来使用基于卷积层的自编码去噪网络。利用卷积层进行图像的编码和解码，是因为卷积操作在提取图像的信息上有较好的效果，而且可以对图像中隐藏的空间信息等内容进行较好的提取。该网络常用于图像去噪、分割等任务。

基于卷积的自编码图像去噪网络中，其作用过程如图8-13所示，在网络中输入图像带有噪声，而输出图像则为去噪的原始图像，在编码器阶段会经过多个卷积、池化、激活层和BatchNorm层等操作，逐渐降低每个特征映射的尺寸，如将每个特征映射编码的尺寸降低到24×24，即图像的大小缩为原来的1/16。而特征映射编码的解码阶段，则可以通过多个转置卷积、激活层和BatchNorm层等操作，逐渐将其解码为原始图像的大小并且包含3个通道的图像，即96×96的RGB图像。

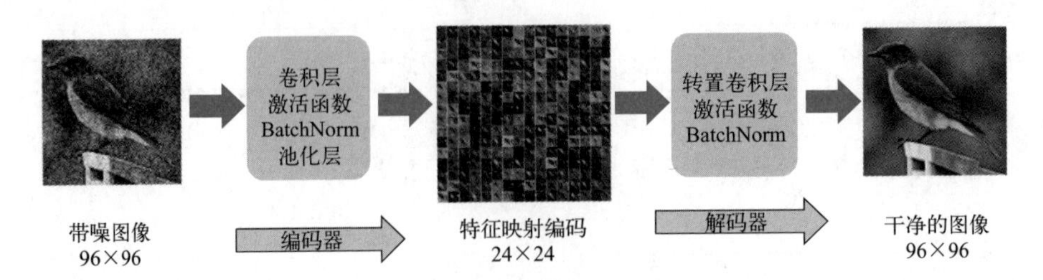


图8-13　卷积自编码的图像去噪网络作用过程

为训练得到一个图像降噪自编码器，接下来使用实际的数据集，用PyTorch搭建一个卷积自编码网络，首先导入使用到的库和模块。

```
In[1]:## 导入本节所需要的库和模块
      import numpy as np
      import pandas as pd
      import seaborn as sns
      import matplotlib.pyplot as plt
      from mpl_toolkits.mplot3d import Axes3D
      from sklearn.model_selection import  train_test_split
      from skimage.util import random_noise
      from skimage.metrics import peak_signal_noise_ratio
      import time
      import copy
      import torch
      from torch import nn
      import torch.nn.functional as F
      import torch.utils.data as Data
      from torch.optim import SGD,Adam
      from torchvision.datasets import STL10
      from torch.optim.lr_scheduler import StepLR
      ## 定义计算设备,如果设备有GPU就获取GPU,否则获取CPU
      device = torch.device("cuda:0" if torch.cuda.is_available()
else "cpu")
```

## 8.3.1　数据准备

先简单介绍一下训练网络使用到的图像数据集——STL10，该数据集可以通过torchvision.datasets模块中的STL10()函数进行下载，该数据集共包含三种类型数据，包含带有标签的训练集和验证集，分别包含5000张和8000张图像，共有10类数据，还有一个类型包含10万张的无标签图像，均是96×96的RGB图像，可用于无监督学习。

虽然使用STL10()函数可直接下载该数据集，但数据大小约2.5G，且下载的数据是二进制数据，故建议直接到数据网址下载，并保存到指定的文件夹，我们提供的资源中已经准备好了本小节需要使用的数据，读者无需再重新下载。

为了节省时间和增加模型的训练速度，在搭建的卷积自编码网络中只使用包含8000张图像的数据集，其中使用7000张图像用来训练模型，1000张图像作为模型的验证集。

在定义网络之前，首先准备数据，并对数据进行预处理。定义一个从.bin文件中读取数据的函数，并且将读取的数据进行预处理，便于后续的使用，程序如下所示。

```
In[2]:## 定义一个将bin文件处理为图像数据的函数
     def read_image(data_path):
         with open(data_path, 'rb') as f:
             data1 = np.fromfile(f, dtype=np.uint8)
             ## 图像[数量,通道,宽,高]
             images = np.reshape(data1, (-1, 3, 96, 96))
             ## 图像转化为RGB的形式,方便使用matplotlib进行可视化
             images = np.transpose(images, (0, 3, 2, 1))
         ## 输出的图像取值在0～1之间
         return images / 255.0
```

上面读取图像数据的函数read_image()中，只需要输入数据的路径即可，在读取数据后会将图像转化为[数量，通道，宽，高]的形式，为了方便图像可视化，使用np.transpose()函数将图像转化为RGB格式，最后输出的像素值在0 ~ 1之间的4维数组，第一维表示图像的数量，后面的三维表示图像的RGB像素值。

使用函数read_image()读取STL10数据的训练数据集rain_X.bin程序如下。从程序的输出中可发现，共包含8000张图像，每个图像为96×96的RGB图像。

```
In[3]:## 读取数据集,8000张96*96*3的图像
     data_path = "data/STL10/stl10_binary/test_X.bin"
     images = read_image(data_path)
     print("images.shape:",images.shape)
Out[3]:images.shape: (8000, 96, 96, 3)
```

下面定义一个为图像数据添加高斯噪声的函数，为每一张图像添加随机噪声，程序如下所示。

```
In[4]:## 为数据添加高斯噪声
      def gaussian_noise(images,sigma):
          """sigma:噪声标准差"""
          sigma2 = sigma**2 / (255**2)   ## 噪声方差
          images_noisy = np.zeros_like(images)
```

```
        for ii in range(images.shape[0]):
            image = images[ii]
            ## 使用skimage库中的random_noise函数添加噪声
            noise_im = random_noise(image,mode="gaussian",
var=sigma2,clip=True)
            images_noisy[ii] = noise_im
        return images_noisy
    images_noise = gaussian_noise(images,60)
    print("images_noise:",images_noise.min(),"~",images_noise.
max())
Out[4]:images_noise: 0.0 ~ 1.0
```

在gaussian_noise()函数中，通过random_noise()函数为每张图像添加指定方差为sigma2的噪声，并且将带噪图像的像素值范围处理在0 ~ 1之间，使用gaussian_noise()函数后，可得到带有噪声的数据集images_noise。并且从输出可知，所有像素值的最大值为1，最小值为0。针对其中部分图像，可以对比添加噪声前后的图像内容，对比结果如图8-14所示。

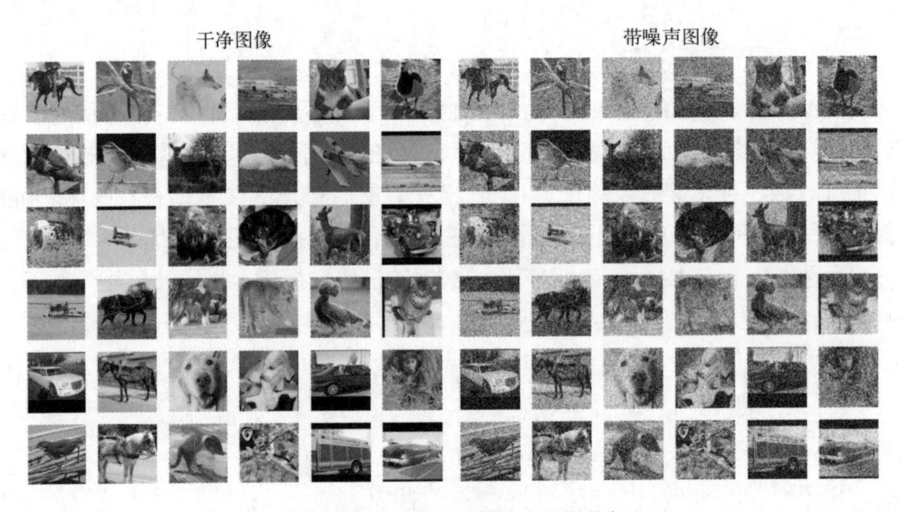


图8-14　干净图像和带噪声图像对比

接下来需要将图像数据集切分为训练集和验证集，并且处理为PyTorch网络可用的数据形式。

```
In[5]:## 数据准备为PyTorch可用的形式
    ## 转化为 [样本,通道,高, 宽] 的数据形式
    data_Y = np.transpose(images, (0, 3, 2, 1))
    data_X = np.transpose(images_noise, (0, 3, 2, 1))
    ## 将数据集切分为训练集和验证集
```

```
    X_train, X_val, y_train, y_val = train_test_split(
        data_X,data_Y,test_size = 0.125,random_state = 123)
    ## 将图像数据转化为向量数据
    X_train = torch.tensor(X_train, dtype=torch.float32)
    y_train = torch.tensor(y_train, dtype=torch.float32)
    X_val = torch.tensor(X_val, dtype=torch.float32)
    y_val = torch.tensor(y_val, dtype=torch.float32)
    ## 将X和Y转化为数据集合
    train_data = Data.TensorDataset(X_train,y_train)
    val_data = Data.TensorDataset(X_val,y_val)
    print("X_train.shape:",X_train.shape)
    print("y_train.shape:",y_train.shape)
    print("X_val.shape:",X_val.shape)
    print("y_val.shape:",y_val.shape)
Out[5]:X_train.shape: torch.Size([7000, 3, 96, 96])
    y_train.shape: torch.Size([7000, 3, 96, 96])
    X_val.shape: torch.Size([1000, 3, 96, 96])
    y_val.shape: torch.Size([1000, 3, 96, 96])
```

上述程序首先将两个数据集使用np.transpose()函数转化为［样本，通道，高，宽］的数据形式，然后使用train_test_split()函数将7000张图像数据用于训练集，1000张图像数据用于验证集，再使用Data.TensorDataset()函数将数据集中的X和Y数据进行处理，放置到统一的张量中。

接下来使用Data.DataLoader()函数将训练数据集和验证数据集处理为数据加载器train_loader和val_loader，并且每个batch包含32张图像。

```
In[6]:## 定义一个数据加载器
    batchsize = 32
    train_loader = Data.DataLoader(dataset = train_data, batch_
size=batchsize,
                                   shuffle = True, num_workers = 4)
    ## 定义一个数据加载器
    val_loader = Data.DataLoader(dataset = val_data, batch_
size=batchsize,
                                   shuffle = True, num_workers = 4)
```

## 8.3.2 网络搭建

在数据预处理完成之后，开始搭建图8-8所描述的卷积自编码网络。定义一个DenoiseAutoEncoder()类表示网络结果。

```
In[7]:## 搭建卷积自编码网络
    class DenoiseAutoEncoder(nn.Module):
        def __init__(self):
            super(DenoiseAutoEncoder,self).__init__()
            ## 定义Encoder
            self.Encoder = nn.Sequential(
                nn.Conv2d(in_channels=3,out_channels=64,
                          kernel_size = 3,stride=1,padding=1),
                                                      # [,64,96,96]
                nn.ReLU(),
                nn.BatchNorm2d(64),
                nn.Conv2d(64,64,3,1,1),               # [,64,96,96]
                nn.ReLU(),
                nn.BatchNorm2d(64),
                nn.Conv2d(64,64,3,1,1),               # [,64,96,96]
                nn.ReLU(),
                nn.MaxPool2d(2,2),                    # [,64,48,48]
                nn.BatchNorm2d(64),
                nn.Conv2d(64,128,3,1,1),              # [,128,48,48]
                nn.ReLU(),
                nn.BatchNorm2d(128),
                nn.Conv2d(128,128,3,1,1),             # [,128,48,48]
                nn.ReLU(),
                nn.BatchNorm2d(128),
                nn.Conv2d(128,256,3,1,1),             # [,256,48,48]
                nn.ReLU(),
                nn.MaxPool2d(2,2),                    # [,256,24,24]
                nn.BatchNorm2d(256),
            )
            ## 定义Decoder
            self.Decoder = nn.Sequential(
                nn.ConvTranspose2d(256,256,3,1,1),# [,256,48,48]
                nn.ReLU(),
                nn.BatchNorm2d(256),
                nn.ConvTranspose2d(256,128,3,2,1,1),
                                                      # [,128,48,48]
                nn.ReLU(),
                nn.BatchNorm2d(128),
                nn.ConvTranspose2d(128,64,3,1,1), # [,64,48,48]
                nn.ReLU(),
                nn.BatchNorm2d(64),
```

```
                nn.ConvTranspose2d(64,32,3,1,1),     # [,32,48,48]
                nn.ReLU(),
                nn.BatchNorm2d(32),
                nn.ConvTranspose2d(32,32,3,1,1),     # [,32,48,48]
                nn.ReLU(),
                nn.BatchNorm2d(32),
                nn.ConvTranspose2d(32,16,3,2,1,1),   # [,16,96,96]
                nn.ReLU(),
                nn.BatchNorm2d(16),
                nn.ConvTranspose2d(16,3,3,1,1),      # [,3,96,96]
                nn.Sigmoid(),
            )
        ## 定义网络的向前传播路径
        def forward(self, x):
            encoder = self.Encoder(x)
            decoder = self.Decoder(encoder)
            return encoder,decoder
    ## 输出我们的网络结构
    DAEmodel = DenoiseAutoEncoder().to(device)
    print(DAEmodel)
```

在上述定义的网络类中，主要包含自编码模块Encoder和解码模块Decoder，在Encoder模块中，卷积核均为3×3，并且激活函数为ReLU，池化层使用最大值池化，经过多个卷积、池化和BatchNorm等操作后，图像的尺寸从96×96缩小为24×24，并且通道数会逐渐从3增加到256，但在Decoder模块中，做相反的操作，通过nn.ConvTranspose2d()函数对特征映射进行转置卷积，从而对特征映射进行放大，激活函数除最后一层使用Sigmoid外，其余层则使用ReLU激活函数，经过Decoder后，特征映射会逐渐从24×24放大到96×96，并且通道数也会从256逐渐过渡到3，对应着原始的RGB图像。在网络的forward()函数中会分别输出encoder和decoder的结果。

同时使用定义的网络DenoiseAutoEncoder()类初始化基于卷积层的自编码去噪网络DAEmodel，由于其网络输出结果过长，这里就不再展示了，读者可以通过随书提供的程序资源查看。

### 8.3.3　网络训练与预测

（1）网络训练

网络定义好之后，可以针对训练过程和验证过程，分别定义对应的函数，用于分别对相应的数据训练和验证一个epoch，对应的函数分别为train_model()和val_ model()，它们会分别输出一个epoch后对应的损失函数大小。

```
In[8]:## 定义网络的对数据训练一个epoch的训练过程
    def train_model(model,traindataloader, criterion, optimizer):
        """ model:网络模型；traindataloader:训练数据集
            criterion：损失函数；optimizer：优化方法 """
        model.train()                          ## 设置模型为训练模式
        train_loss = 0.0
        train_num = 0
        start = time.time()
        for step,(b_x,b_y) in enumerate(traindataloader):
            b_x,b_y = b_x.to(device),b_y.to(device)
                                               # 设置数据的计算设备
            _, output = model(b_x)             # 数据输入模型
            loss = criterion(output, b_y)      # 计算损失值
            optimizer.zero_grad()              # 模型优化
            loss.backward()
            optimizer.step()
            train_loss += loss.item() * b_x.size(0)
                                               # 计算所有样本的总损失
            train_num += b_x.size(0)           # 计算参与训练的样本总数
        ## 计算在一个epoch训练集的平均损失和精度
        train_loss = train_loss / train_num
        finish = time.time()
        print('Train times: {:.1f}s, Train Loss: {:.6f}'.format(
             finish-start, train_loss))
        return train_loss
In[9]:## 定义网络的对数据验证(测试)一个epoch的训练过程
    def val_model(model,testdataloader, criterion):
        """model:网络模型；testdataloader:验证(测试)数据集；criterion:
损失函数"""
        model.eval()        ## 设置模型为验证模式（该模式不会更新模型的参数）
        val_loss = 0.0
        val_num = 0
        start = time.time()
        for step,(b_x,b_y) in enumerate(testdataloader):
            b_x,b_y = b_x.to(device),b_y.to(device)
                                               # 设置数据的计算设备
            _,output = model(b_x)              # 数据输入模型
            loss = criterion(output, b_y)      # 计算损失值
            val_loss += loss.item() * b_x.size(0)
                                               # 计算所有样本的总损失
```

```
        val_num += b_x.size(0)       # 计算参与训练的样本总数
    ## 计算在一个epoch验证集的平均损失
    val_loss = val_loss / val_num
    finish = time.time()
    print('Val times: {:.1f}s, Val Loss: {:.6f}'.format(
            finish-start, val_loss))
    return val_loss
```

定义好训练和验证需要的函数后，下面使用训练数据集来优化定义好的自编码网络，以便得到一个自编码降噪器，优化器使用torch.optim.Adam()，损失函数使用均方根nn.MSELoss()函数，训练过程中会使用StepLR来逐步减小学习率，训练过程中损失大小的变化过程可视化以及对应的程序如下所示。

```
In[10]:## 对模型进行训练与预测
       optimizer = torch.optim.Adam(DAEmodel.parameters(), lr=0.01)
       criterion = nn.MSELoss() # 损失函数
       epoch_num = 30           # 网络训练的总轮数
       train_loss_all = []      # 用于保存训练过程的相关结果
       val_loss_all = []; best_loss = 10
       ## 设置等间隔调整学习率,每隔step_size个epoch,学习率为原来的gamma倍
       scheduler = StepLR(optimizer, step_size=10, gamma=0.1)
       ## 训练epoch_num的总轮数
       for epoch in range(epoch_num):
           train_loss = train_model(DAEmodel,train_loader,
criterion, optimizer)
           val_loss = val_model(DAEmodel,val_loader, criterion)
           train_loss_all.append(train_loss)
           val_loss_all.append(val_loss)
           scheduler.step()     ## 更新学习率
           STlr = scheduler.get_last_lr()
           ## 保存最优的模型参数
           if val_loss < best_loss:
              best_model_wts = copy.deepcopy(DAEmodel.state_dict())
           best_loss = min(best_loss, val_loss)
           print("epoch = {}, Lr = {:.6f} , best_loss = {:.6f}".
format(
                 epoch, STlr[0], best_loss))
In[11]:## 可视化模型在训练过程中损失函数与精度的变化情况
       plt.figure(figsize=(10,6))
       plt.plot(train_loss_all,"r-",linewidth=2.5,label = "Train
```

```
loss")
        plt.plot(val_loss_all, "b--",linewidth=2.5,label = "Val
loss")
      trainlossstr = str(np.round(min(train_loss_all),decimals=6))
      vallossstr = str(np.round(min(val_loss_all),decimals=6))
      plt.title("Train loss:"+trainlossstr+"      Val
loss:"+vallossstr )
      plt.legend(); plt.xlabel("epoch"); plt.ylabel("Loss")
      plt.show()
```

运行上述程序得到图8-15所示网络损失函数的变化过程，从图中可以发现，在训练集上和测试集上的损失大小均快速下降，并且损失函数收敛到一个很小的数值。

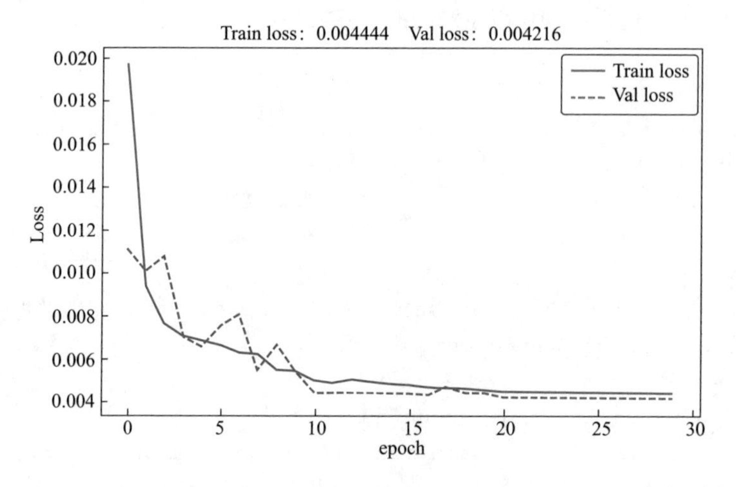


图8-15 自编码降噪器损失函数变化情况

## （2）评价网络去噪效果

下面针对验证集中的一张图像使用训练好的降噪器进行图像去噪，并与原始图像比较降噪效果，程序如下所示。

```
In[12]:## 输入
      imageindex = 15
      im = X_val[imageindex,...].to(device)
      im = im.unsqueeze(0)
      imnose = np.transpose(im.data.cpu().numpy(),(0,3,2,1))
      imnose = imnose[0,...]
      ## 去噪
      DAEmodel.eval()
      _,output = DAEmodel(im)
```

```
        imde = np.transpose(output.data.cpu().numpy(),(0,3,2,1))
        imde = imde[0,...]
        ## 输出
        im = y_val[imageindex,...]
        imor = im.unsqueeze(0)
        imor = np.transpose(imor.data.numpy(),(0,3,2,1))
        imor = imor[0,...]
        ## 计算去噪后的PSNR
        print("加噪后的PSNR:",peak_signal_noise_
ratio(imor,imnose),"dB")
        print("去噪后的PSNR:",peak_signal_noise_ratio(imor,imde),"dB")
Out[12]:加噪后的PSNR: 13.342763238099424 dB
         去噪后的PSNR: 25.500779594517443 dB
```

上面的程序是输入一张图像数据并使用DAEmodel降噪器对带噪声图像进行降噪，对降噪前后的图像分别计算出PSNR（峰值信噪比），值越大说明两个图像之间越相似，可用于表示图像的去噪效果。从输出结果中可以看出，带噪图像和原始图像的峰值信噪比为13.3427，而降噪后的图像和原始图像的峰值信噪比为25.5，说明去噪效果非常显著。为了更直观地观察图像的去噪效果，将原始图像、带噪图像和去噪后的图像分别进行可视化，得到的图像如图8-16所示。

Origin image

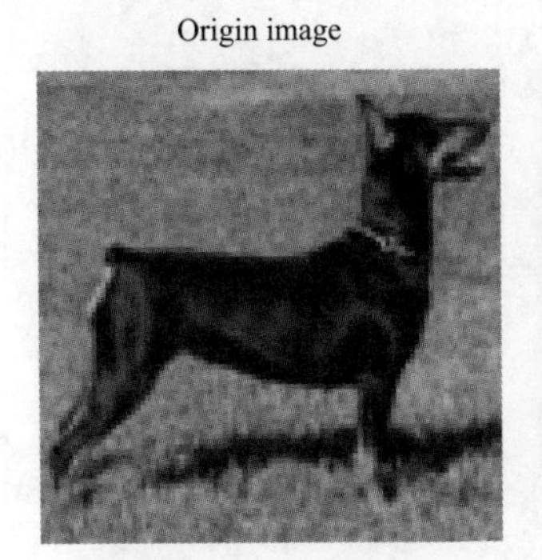

Noise image $\sigma$=60

Deoise image

图8-16　自编码码降噪器去噪前后的图像对比

```
In[13]:## 将图像可视化
        plt.figure(figsize=(12,4))
        plt.subplot(1,3,1)
        plt.imshow(imor); plt.axis("off"); plt.title("Origin image")
        plt.subplot(1,3,2)
          plt.imshow(imnose); plt.axis("off"); plt.title("Noise image
$\sigma$=60")
        plt.subplot(1,3,3)
```

```
    plt.imshow(imde); plt.axis("off"); plt.title("Deoise image")
    plt.tight_layout()
    plt.show()
```

从图8-16中可以发现，去噪后的图像和带噪图像相比，去噪效果显著，在去噪图像中已经看不到噪声点了，而且图像非常平滑，和原始图像非常接近，但是不足的地方是图像变得较模糊。

# 8.4　Stable Diffusion图像生成

本节会以使用手写数字数据集为例，介绍利用扩散模型进行图像生成的任务，首先导入会使用到的库和模块，程序如下所示。

```
In[1]:## 导入本节所需要的库和模块
    import math
    from abc import abstractmethod
    import numpy as np
    import pandas as pd
    import matplotlib.pyplot as plt
    from PIL import Image
    from tqdm import tqdm
    import torch
    from torch import nn
    import torch.nn.functional as F
    import torch.utils.data as Data
    from torch.optim import Adam
    from torchvision import transforms
    from torchvision.datasets import MNIST
    device = torch.device("cuda:0" if torch.cuda.is_available()
else "cpu")
```

## 8.4.1　数据准备

首先进行MNIST训练数据的准备工作，会使用MNIST的训练数据集来训练扩散模型，并且将每个像素的取值标准化到−1~1之间，每个batch使用200个样本（如果显存不足，训练时可以适当地减小每个batch的样本数量），数据准备的程序如下所示。

```
In[2]:## 定义数据变换和数据加载器
      batch_size = 200
      transform = transforms.Compose([transforms.ToTensor(),
                 transforms.Normalize(mean=[0.5], std=[0.5])])
      ## 读取数据并定义数据加载器
      dataset = MNIST("data/MNIST", train=True, download=True,transform
=transform)
       data_loader = Data.DataLoader(dataset, batch_size=batch_size,
shuffle=True)
      print(len(data_loader))
      ## 获取数据一个batch的图像
      for step, (b_x,_) in enumerate(data_loader):
          if step > 0:
             break
      ## 输出训练图像的尺寸和标签的尺寸
      print("b_x.shape:",b_x.shape)
      print(b_x.max(),b_x.min())
Out[2]:300
      b_x.shape: torch.Size([200, 1, 28, 28])
      tensor(1.) tensor(-1.)
```

数据准备好后可以针对其中一个batch的样本，可视化查看数据的情况，由于数据已经标准化到了−1~1，因此为了方便可视化使用inv_normalize_image()函数，将每张图像先进行逆标准化操作，转化到0~1之间，然后进行可视化。使用下面的程序可获得如图8-17所示的样本可视化结果。

```
In[3]:## 将标准化后的图像转化为0～1的区间
      def inv_normalize_image(data):
          ## 将标准化后的图像转化为0～1的区间便于可视化
          data = data.transpose(1,2,0)
          rgb_mean = 0.5
          rgb_std = 0.5
          data = data * rgb_std + rgb_mean
          return data.clip(0,1)
      ## 可视化其中的部分图像
      b_x_numpy = b_x.numpy()
      plt.figure(figsize=(8,3))
      for ii in np.arange(24):
          plt.subplot(3,8,ii+1)
          plt.imshow(inv_normalize_image(b_x_
numpy[ii,...]),cmap="gray")
```

```
        plt.axis("off")
    plt.suptitle("手写数字图片样本",y=0.95)
    plt.show()
```

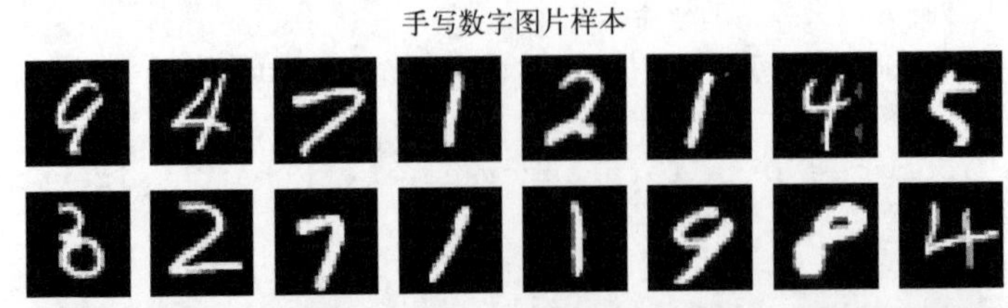


图8-17　部分样本可视化结果

## 8.4.2　网络搭建

数据准备好后，下面会为训练模型以及扩散过程进行准备。前面已经介绍过，扩散模型可以分为前向过程和逆向过程，其中前向过程就是往图片上加噪声的过程。而逆向过程就是扩散的去噪推断过程，会从每一个高斯分布的随机数生成图片。同时为了学习这个去噪的过程，会使用一个U-Net结构的深度网络进行图像的去噪过程生成图像。

### (1) 时间嵌入过程

下面首先定义将时间嵌入深度学习网络的过程，程序如下所示。

```
In[4]:## 定义时间嵌入相关的模块
    def timestep_embedding(timesteps, dim, max_period=1000):
        """创建正弦时间步嵌入
         timesteps (Tensor): 1维N个元素的时间步长张量;dim (int):输出的维
度
        max_period (int, optional):控制嵌入的最小频率，默认为1000.
        输出: [N x dim] 的位置嵌入     """
        half = dim // 2
        freqs = torch.exp(-math.log(max_period)
                    * torch.arange(start=0, end=half, dtype=torch.
float32) / half
                        ).to(device=device)
        args = timesteps[:, None].float() * freqs[None]
```

```
            embedding = torch.cat([torch.cos(args), torch.sin(args)],
dim=-1)
            if dim % 2:
                embedding = torch.cat([embedding, torch.zeros_
                                        like(embedding[:,:1])],
                                dim=-1)
        return embedding
In[5]:class TimestepBlock(nn.Module):
        ## 可以对任何模块,将时间步长作为第二个参数嵌入
        @abstractmethod
        def forward(self, x, t):
            pass
In[6]:class TimestepEmbedSequential(nn.Sequential, TimestepBlock):
        ## 一个序列模块,可以将TimestepBlock作为额外的输入
        def forward(self, x, t):
            for layer in self:
                if isinstance(layer, TimestepBlock):
                    x = layer(x, t)
                else:
                    x = layer(x)
            return x
```

## (2) U-Net网络建立

扩散过程中会使用U-Net网络来去除噪声，因此需要定义U-Net。在定义U-Net网络的程序前，首先定义需要的一些子模块，分别是组归一化模块norm_layer()、残差连接模块ResidualBlock()、多头注意力模块AttentionBlock()、上采样模块Upsample()、下采样模块Downsample()等。

```
In[7]:## 组归一化层
    def norm_layer(channels):
        return nn.GroupNorm(32, channels)
In[8]:## 定义残差连接模块
    class ResidualBlock(TimestepBlock):
        def __init__(self, in_channels, out_channels, time_
channels, dropout):
            super().__init__()
            self.conv1 = nn.Sequential(
                norm_layer(in_channels),
                nn.SiLU(),
                nn.Conv2d(in_channels, out_channels, kernel_size=3,
```

```
padding=1)
            )
            # 时间步长嵌入的投影
            self.time_emb = nn.Sequential(
                nn.SiLU(),
                nn.Linear(time_channels, out_channels)
            )
            self.conv2 = nn.Sequential(
                norm_layer(out_channels),
                nn.SiLU(),
                nn.Dropout(p=dropout),
                nn.Conv2d(out_channels, out_channels, kernel_
size=3, padding=1)
            )
            if in_channels != out_channels:
              self.shortcut = nn.Conv2d(in_channels, out_channels,
kernel_size=1)
        else:
            self.shortcut = nn.Identity()
    def forward(self, x, t):
        ## x: [batch_size, in_dim, height, width]
        ## t: [batch_size, time_dim]
        h = self.conv1(x)
        # 添加时间步长嵌入
        h += self.time_emb(t)[:, :, None, None]
        h = self.conv2(h)
        return h + self.shortcut(x)
In[9]:## 定义注意力模块
     class AttentionBlock(nn.Module):
        def __init__(self, channels, num_heads=1):
            ## 使用shortcut连接的注意力模块
            ## channels (int): 通道数; num_heads (int, optional): 注
意力头数量
            super().__init__()
            self.num_heads = num_heads
            assert channels % num_heads == 0
            self.norm = norm_layer(channels)
            self.qkv = nn.Conv2d(channels, channels * 3, kernel_
size=1, bias=False)
            self.proj = nn.Conv2d(channels, channels, kernel_size=1)
        def forward(self, x):
```

```
            B, C, H, W = x.shape
            qkv = self.qkv(self.norm(x))
            q, k, v = qkv.reshape(B*self.num_heads, -1, H*W).
chunk(3, dim=1)
            scale = 1. / math.sqrt(math.sqrt(C // self.num_heads))
            attn = torch.einsum("bct,bcs->bts", q * scale, k *
scale)
            attn = attn.softmax(dim=-1)
            h = torch.einsum("bts,bcs->bct", attn, v)
            h = h.reshape(B, -1, H, W)
            h = self.proj(h)
            return h + x
In[10]:## 定义通过最近邻的上采样模块
    class Upsample(nn.Module):
        def __init__(self, channels, use_conv):
            super().__init__()
            self.use_conv = use_conv
            if use_conv:
                self.conv = nn.Conv2d(channels, channels, kernel_
size=3, padding=1)
        def forward(self, x):
            x = F.interpolate(x, scale_factor=2, mode="nearest")
            if self.use_conv:
                x = self.conv(x)
            return x
In[11]:## 定义利用卷积的下采样模块
    class Downsample(nn.Module):
        def __init__(self, channels, use_conv):
            super().__init__()
            self.use_conv = use_conv
            if use_conv:
                self.op = nn.Conv2d(channels, channels, kernel_
size=3,
                                    stride=2, padding=1)
            else:
                self.op = nn.AvgPool2d(stride=2)
        def forward(self, x):
            return self.op(x)
```

定义好需要的一些子模块后，可以使用下面的程序定义U-Net网络，为了特征提取能力的提升，会在原有卷积网络的基础上，添加多头注意力模块。网络的前向过程

会经过时间嵌入、下采样、中间特征提取、上采样等步骤。

```
In[12]:## 定义利用注意力和时间步嵌入的U-Net结构网络
    class UNetModel(nn.Module):
        def __init__( self, in_channels=3, model_channels=128,
out_channels=3,
                  num_res_blocks=2,    attention_resolutions=(8, 16),
dropout=0,
                 channel_mult=(1, 2, 2, 2), conv_resample=True, num_
heads=4 ):
            super().__init__()
            self.in_channels = in_channels         # 输入通道数
            self.model_channels = model_channels # 模型通道数
            self.out_channels = out_channels       # 输出通道
            self.num_res_blocks = num_res_blocks # 残差连接块数目
            self.attention_resolutions = attention_resolutions
                                               # 控制注意力模块
            self.dropout = dropout
            self.channel_mult = channel_mult
                                               # 控制中间模块通道数量(通道倍数)
            self.conv_resample = conv_resample     # 是否进行重采样
            self.num_heads = num_heads # 多头注意力模块的头数量
            # 时间嵌入
            time_embed_dim = model_channels * 4
            self.time_embed = nn.Sequential(
                nn.Linear(model_channels, time_embed_dim),
                nn.SiLU(),
                nn.Linear(time_embed_dim, time_embed_dim),
            )
            # 下采样模块
            self.down_blocks = nn.ModuleList([
                TimestepEmbedSequential(nn.Conv2d(in_channels,
model_channels,
                   kernel_size=3, padding=1))
            ])
            down_block_chans = [model_channels]
            ch = model_channels
            ds = 1
            for level, mult in enumerate(channel_mult):
                for _ in range(num_res_blocks):
                    layers = [
                        ResidualBlock(ch, mult * model_channels,
```

```
 time_embed_dim,
                                    dropout)
                    ]
                    ch = mult * model_channels
                    if ds in attention_resolutions:
                        layers.append(AttentionBlock(ch, num_
heads=num_heads))
                    self.down_blocks.append(TimestepEmbedSequential
(*layers))
                    down_block_chans.append(ch)
                if level != len(channel_mult) - 1:  # 最后步骤不适用
                                                        下采样
              self.down_blocks.append(TimestepEmbedSequential(Down
sample(ch,conv_resample)))
                    down_block_chans.append(ch)
                    ds *= 2
            # 中间模块，主要是残差连接与多头注意力模块
            self.middle_block = TimestepEmbedSequential(
                ResidualBlock(ch, ch, time_embed_dim, dropout),
                AttentionBlock(ch, num_heads=num_heads),
                ResidualBlock(ch, ch, time_embed_dim, dropout)
            )
            # 上采样模块
            self.up_blocks = nn.ModuleList([])
            for level, mult in list(enumerate(channel_mult))[::-1]:
                for i in range(num_res_blocks + 1):
                    layers = [
                        ResidualBlock(
                            ch + down_block_chans.pop(),
                            model_channels * mult,
                            time_embed_dim,
                            dropout
                        )
                    ]
                    ch = model_channels * mult
                    if ds in attention_resolutions:
                        layers.append(AttentionBlock(ch, num_
heads=num_heads))
                    if level and i == num_res_blocks:
                        layers.append(Upsample(ch, conv_resample))
```

```
                    ds //= 2
                self.up_blocks.append(TimestepEmbedSequential(
*layers))
        self.out = nn.Sequential(
            norm_layer(ch),
            nn.SiLU(),
            nn.Conv2d(model_channels, out_channels, kernel_
size=3, padding=1),
        )
    def forward(self, x, timesteps):
        ## x (Tensor): [N x C x H x W]
        ## timesteps (Tensor): a 1-D batch of timesteps.
        hs = []
        # 时间嵌入步骤
        emb = self.time_embed(timestep_embedding(timesteps,
                                        self.model_channels))
        # 下采样步骤
        h = x
        for module in self.down_blocks:
            h = module(h, emb)
            hs.append(h)
        # 中间步骤
        h = self.middle_block(h, emb)
        # 上采样步骤
        for module in self.up_blocks:
            cat_in = torch.cat([h, hs.pop()], dim=1)
            h = module(cat_in, emb)
        return self.out(h)   # 输出 [N x C x ...]
```

## （3）高斯扩散过程定义

网络模型定义好后，下面定义高斯扩散过程，为每个步骤添加噪声和图像生成。先定义控制时间嵌入的线性变化时间表函数linear_beta_schedule()，程序如下所示。

```
In[13]:## 定义线性变化的时间表
    def linear_beta_schedule(timesteps):
        ## 定义线性变化的时间表,控制时间步的嵌入
        scale = 1000 / timesteps
        beta_start = scale * 0.0001
        beta_end = scale * 0.02
```

```
            return torch.linspace(beta_start, beta_end, timesteps,
dtype=torch.float64)
```

下面定义高斯扩散过程，该过程主要为每个步骤过程添加噪声，并且用于图像生成过程。程序如下所示。

```
In[14]:## 定义高斯扩散过程
     class GaussianDiffusion:
         def __init__(self,timesteps=1000, beta_schedule="linear"):
             self.timesteps = timesteps
             if beta_schedule == "linear":
                 betas = linear_beta_schedule(timesteps)
             elif beta_schedule == "cosine":
                 betas = cosine_beta_schedule(timesteps)
             else:
                 raise ValueError(f'unknown beta schedule {beta_
schedule}')
             self.betas = betas   # 参数beta
             self.alphas = 1. - self.betas
             self.alphas_cumprod = torch.cumprod(self.alphas,
axis=0)
             self.alphas_cumprod_prev = F.pad(self.alphas_
cumprod[:-1], (1, 0),
                                            value=1.)
             # 计算扩散需要的相关参数q(x_t | x_{t-1})
             self.sqrt_alphas_cumprod = torch.sqrt(self.alphas_
cumprod)
             self.sqrt_one_minus_alphas_cumprod=torch.sqrt(1.0-
self.alphas_cumprod)
             self.log_one_minus_alphas_cumprod = torch.log(1.0 -
self.alphas_cumprod)
             self.sqrt_recip_alphas_cumprod = torch.sqrt(1.0 /
self.alphas_cumprod)
             self.sqrt_recipm1_alphas_cumprod=torch.sqrt(1.0/self.
alphas_cumprod-1)
             # 后验计算q(x_{t-1} | x_t, x_0)
             self.posterior_variance = (self.betas * (1.0 - self.
alphas_cumprod_prev)
                                       / (1.0 - self.alphas_
cumprod))
             # 对log计算前使用clamp操作是因为方差都应该大于0
```

```
        self.posterior_log_variance_clipped = torch.log(
                self.posterior_variance.clamp( min =1e-20))
        self.posterior_mean_coef1 = (
            self.betas * torch.sqrt(self.alphas_cumprod_prev)
            / (1.0 - self.alphas_cumprod))
        self.posterior_mean_coef2 = (
            (1.0 - self.alphas_cumprod_prev) * torch.sqrt(self.
alphas)
            / (1.0 - self.alphas_cumprod) )

    def _extract(self, a, t, x_shape):
        # 获取给定时间步长 t 的参数
        batch_size = t.shape[0]
        out = a.to(t.device).gather(0, t).float()
        kout = out.reshape(batch_size, *((1,) * (len(x_shape) -
1)))
        return out

    def q_sample(self, x_start, t, noise=None):
        # 前向扩散：q(x_t | x_0)
        if noise is None:
            noise = torch.randn_like(x_start)
        sqrt_alphas_cumprod_t = self._extract(self.sqrt_alphas_
cumprod, t,
                                                x_start.shape)
        sqrt_one_minus_alphas_cumprod_t = self._extract(
                self.sqrt_one_minus_alphas_cumprod, t, x_
start.shape)
        return sqrt_alphas_cumprod_t * x_start
              + sqrt_one_minus_alphas_cumprod_t * noise

    def q_mean_variance(self, x_start, t):
        # 获取q(x_t | x_0)的均值和方差.
        mean = self._extract(self.sqrt_alphas_cumprod, t, x_
start.shape)
                * x_start
        variance = self._extract(1.0 - self.alphas_cumprod, t,
x_start.shape)
        log_variance = self._extract(self.log_one_minus_alphas_
cumprod,
                                        t, x_start.shape)
```

```
        return mean, variance, log_variance

    def q_posterior_mean_variance(self, x_start, x_t, t):
        # 计算后验扩散的均值和方差q(x_{t-1} | x_t, x_0)
        posterior_mean = (
            self._extract(self.posterior_mean_coef1, t, x_
t.shape) * x_start
            + self._extract(self.posterior_mean_coef2, t, x_
t.shape) * x_t )
        posterior_variance = self._extract(self.posterior_
variance, t, x_t.shape)
        posterior_log_variance_clipped = self._extract(
                self.posterior_log_variance_clipped, t, x_
t.shape)
        return posterior_mean,posterior_variance,posterior_
log_variance_clipped

    def predict_start_from_noise(self, x_t, t, noise):
        # 预测噪声从x_t计算x_0，q_sample的逆过程
        return (
            self._extract(self.sqrt_recip_alphas_cumprod, t,
x_t.shape)*x_t -
            self._extract(self.sqrt_recipm1_alphas_
cumprod,t,x_t.shape)*noise)

        def p_mean_variance(self, model, x_t, t, clip_
denoised=True):
        # 计算 p(x_{t-1} | x_t) 预测的均值和方差
        pred_noise = model(x_t, t) # 使用模型预测噪声
        # 获取预测的x_0
         x_recon = self.predict_start_from_noise(x_t, t, pred_
noise)
        if clip_denoised:
            x_recon = torch.clamp(x_recon, min=-1., max=1.)
       model_mean, posterior_variance, posterior_log_variance =
                self.q_posterior_mean_variance(x_recon, x_t, t)
         return model_mean, posterior_variance, posterior_log_
variance
    @torch.no_grad()
    def p_sample(self, model, x_t, t, clip_denoised=True):
```

```
            # 降噪步骤：从 x_t 到x_{t-1} 预测噪声均值和方差
            model_mean, _, model_log_variance = self.p_mean_
variance(model, x_t,
                            t, clip_denoised=clip_denoised)
            noise = torch.randn_like(x_t)
            # t == 0时没有噪声
            nonzero_mask = ((t != 0).float().view(-1, *([1] *
(len(x_t.shape) - 1))))
            # 计算x_{t-1}
            pred_img = model_mean + nonzero_mask
                       * (0.5 * model_log_variance).exp() * noise
            return pred_img

        @torch.no_grad()
        def p_sample_loop(self, model, shape):
            # 降噪：逆扩散过程
            batch_size = shape[0]
            device = next(model.parameters()).device
            # 从纯噪声开始（对于批次中的每个样本）
            img = torch.randn(shape, device=device)
            imgs = []
            for i in tqdm(reversed(range(0, timesteps)),
                          desc='sampling loop time step',
total=timesteps):
                img = self.p_sample(model, img, torch.full((batch_
size,), i,
                                            device=device, dtype=torch.
long))
                imgs.append(img.cpu().numpy())
            return imgs

        @torch.no_grad()
        def sample(self, model, image_size, batch_size=8,
channels=3):
            # 采样新的图片
               return self.p_sample_loop(model, shape=(batch_size,
channels,
                                          image_size, image_size))

        def train_losses(self, model, x_start, t):
            # 计算训练过程的损失
```

```
        noise = torch.randn_like(x_start) # 生成随机噪声
        # 获取 x_t
        x_noisy = self.q_sample(x_start, t, noise=noise)
        predicted_noise = model(x_noisy, t)
        loss = F.mse_loss(noise, predicted_noise)
        return loss
```

定义好高斯扩散过程后，可以通过下面的程序使用训练数据集中的一张图片查看噪声的生成过程。生成过程会使用GaussianDiffusion类中的q_sample()方法进行加噪过程。运行程序可获得如图8-18所示的图像。

```
In[15]:## 使用一张图片,查看噪声的生成过程
    x_start = b_x[0].unsqueeze(0)
    gaussian_diffusion = GaussianDiffusion(timesteps=500)
    ## 可视化图像的加噪过程
    plt.figure(figsize=(10, 4))
    times = [0,25,50, 100, 150, 200, 250,300,400, 499]
    for idx, t in enumerate(times):
        x_noisy = gaussian_diffusion.q_sample(x_start, t=torch.
tensor([t]))
        noisy_image = x_noisy[0].numpy()
        plt.subplot(2, 5, 1 + idx)
        plt.imshow(inv_normalize_image(noisy_image),cmap = "gray")
        plt.axis("off"), plt.title(f"t={t}")
    plt.show()
```

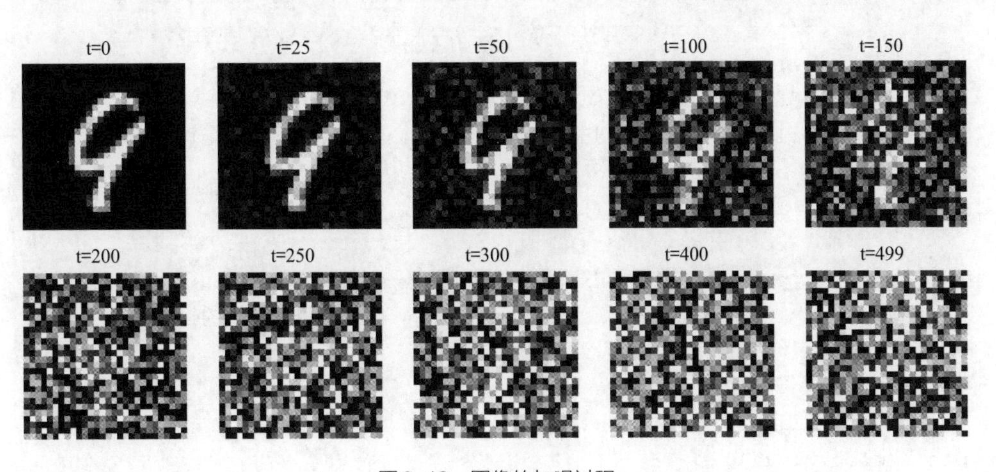


图8-18 图像的加噪过程

### 8.4.3 网络训练与预测

数据、网络以及高斯扩散过程的程序定义好后，下面开始初始化模型，并对网络进行训练，其中会通过timesteps参数控制噪声的添加步数，使用Adam优化器优化模型的参数，由于MNIST数据较简单，因此只训练10个Epoch，程序如下所示。

```
In[16]:## 准备网络
      timesteps = 500
      img_channel = 1                              # 输入图像通道数
      channels = 96 # U-Net网络基础通道数
      model = UNetModel(in_channels=img_channel,model_
channels=channels,
                          out_channels=img_channel, channel_mult=(1,2,2),
                          attention_resolutions=[]).to(device)
      gaussian_diffusion = GaussianDiffusion(timesteps=timesteps)
      ## 定义优化器
      optimizer = Adam(model.parameters(), lr=0.0005)
      ## 网络训练
      epochs = 10                                  # 训练轮次
      loss_all = []                                # 保存损失
      for epoch in range(epochs):
          pbar = tqdm(data_loader)
          for step, (b_x, _) in enumerate(pbar):
              batch_size = b_x.shape[0]
              b_x = b_x.to(device)
              ## 随机采样t时刻添加到每个batch的样本中
              t = torch.randint(0, timesteps, (batch_size,),
device=device).long()
              ## 计算损失
              loss = gaussian_diffusion.train_losses(model, b_x, t)
              optimizer.zero_grad()
              loss.backward()
              optimizer.step()
              pbar.set_postfix(MSE=loss.item())
              loss_all.append(loss.item()) # 保存每次迭代的损失
      ## 保存最终的模型
      torch.save(model.state_dict(),
                 os.path.join("data/chap8", 'Diffusion_Epoch%d.
pth'%(epoch + 1)))
```

```
Out[16]:100%|████████████████| 300/300 [02:35<00:00,  1.93it/s,
MSE=0.0345]
      100%|████████████████| 300/300 [02:35<00:00,  1.92it/s,
MSE=0.0237]
      …
      100%|████████████████| 300/300 [02:39<00:00,  1.88it/s,
MSE=0.0253]
```

训练好模型后，可以使用gaussian_diffusion的sample()方法利用模型，通过随机数生成手写数字图片。下面的程序中生成了16张图片，并将其中的部分生成结果进行了可视化，运行程序后可获得如图8-19所示的生成结果。

```
In[17]:## 使用随机噪声生成图像
     generated_images = gaussian_diffusion.sample(model, image_size
= 28,
                                              batch_size=16,
channels=1)
     plot_generated_images = generated_images[-1]
     ## 可视化生成的图像
     fig = plt.figure(figsize=(8, 4))
     for ii in np.arange(8):
         plt.subplot(2,4,ii+1)
         im = plot_generated_images[ii,...]
         plt.imshow(inv_normalize_image(im),cmap = "gray")
         plt.axis("off")
     plt.suptitle("生成的图像",y = 0.95)
     plt.show()
```

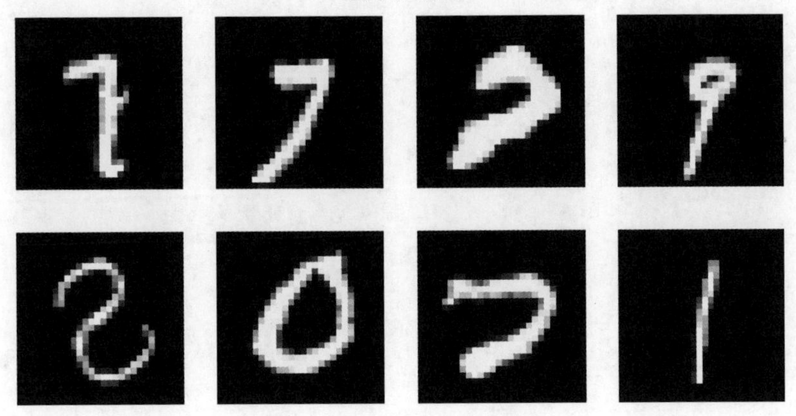

图8-19　生成的手写数字图像

从图8-19所示的生成结果中可以发现，图像的生成效果很好。此外还可以可视化出图像从随机数到最终结果的生成过程，生成过程的图像如图8-20所示。

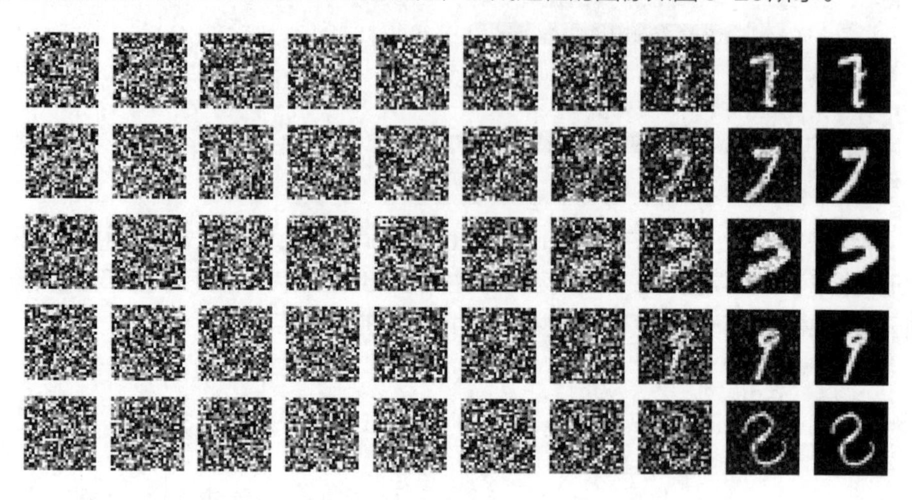

图8-20 图像去噪的生成过程

## 8.5 本章小结

本章首先介绍了自编码模型和扩散模型的思想与经典的方法，然后介绍了它们在图像处理方面的应用。针对基于线性层的自编码网络在使用PyTorch训练图像重构任务，以及对隐藏变量的空间可视化表示。基于卷积的自编码器则是介绍了如何利用编解码的思想训练自己的图像降噪器。最后介绍了基于扩散模型的图像生成任务，介绍如何使用PyTorch搭建深度学习网络，利用随机噪声进行图像生成。

第9章

# 迁移学习与域自适应

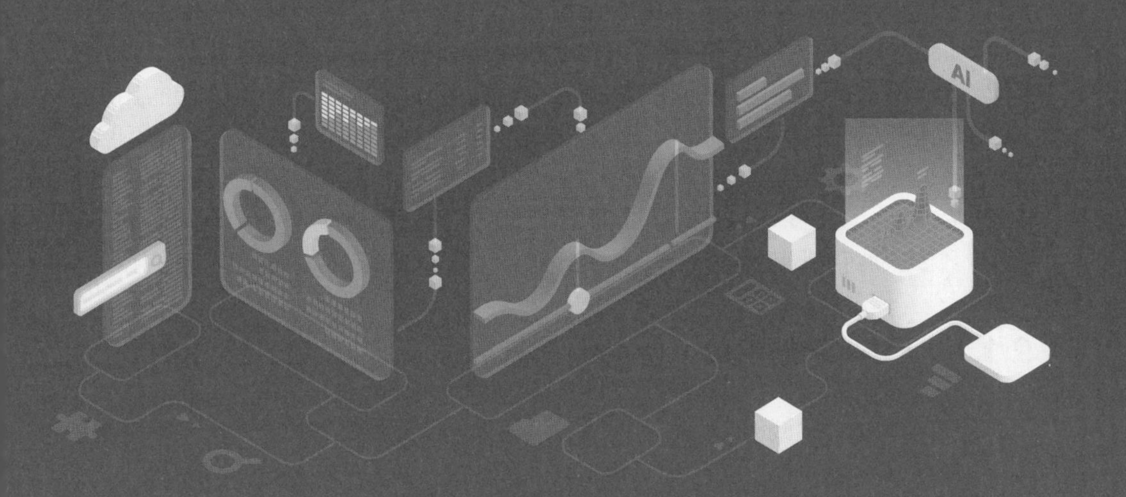

迁移学习是机器学习的一个重要分支，侧重于将已经学习过的知识迁移应用于新的问题中，是一种学习的思想和模式。其核心问题是找到新问题和原问题之间的相似性，从而利用相似性实现知识的迁移。迁移学习通俗来讲就是运用已有的知识来学习新的知识，也就是具有举一反三的能力。

这种举一反三的迁移学习能力，对人类来说是与生俱来的。例如：如果我们已经会打羽毛球，就可以类比着学习打网球；如果已经会下中国象棋，就可以类比着下国际象棋；如果已经学习过Java编程，就可以类比着来学习C#编程；等等（图9-1）。因为这些活动之间，往往有着极高的相似性。

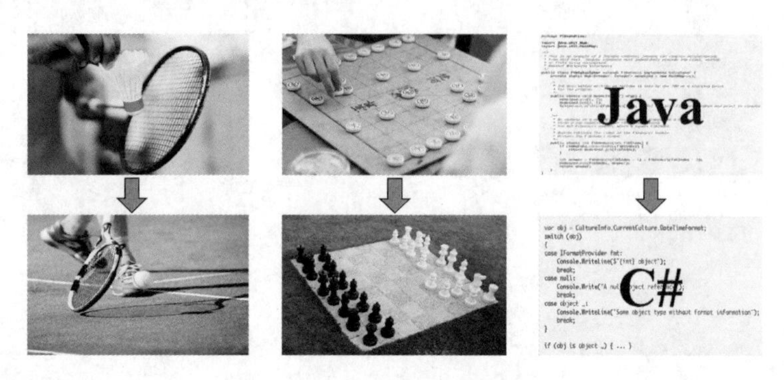


图9-1　生活中迁移学习的示例

# 9.1　迁移学习简介

机器学习与深度学习已经渗透到越来越多的领域，并且每天都会有很多相关的新应用和新产品产生。常见的机器学习和深度学习应用都是假定训练数据与测试数据有着同样的分布，但是在实际应用中该假设很难完全成立，这也在某些方面限制了相关应用的使用性能。而且常见的机器学习和深度学习通常需要大量的训练数据才能训练出一个良好的模型，但是在很多应用场景中可用的有标签数据很少，而且人工标注往往需要付出昂贵的成本。基于这样的背景，迁移学习技术被提出，用于将源域有标注的数据中学习到可用的知识迁移到无标签的目标域数据中，从而可以借助源域中丰富的标签资源增强目标域模型的性能，让更多的源域数据可以复用。迁移学习可以在源域与目标域之间架起连接桥梁，不要求训练数据与测试数据有同样的分布，拓宽了机器学习与深度学习的应用场景。

## 9.1.1　迁移学习的定义

迁移学习中，领域(domain)和任务(task)是两个最基本的概念。其中领域是进行学习的主体，任务是进行学习的目标。

迁移学习的领域$D$主要由数据与生成这些数据的概率分布两部分构成，分别是特征空间$X$及边缘概率分布$P(X)$，即$D=\{X,P(X)\}$。同时迁移学习的两个领域分别是：源领域(source domain，或称为源域)和目标领域(target domain，或称为目标域)。其中源域是有知识、包含大量数据标注的领域（数据集），是需要迁移知识的对象，目标域就是最终要赋予知识、赋予标注的对象（数据集）。

迁移学习的任务$T$也是由两部分构成的，分别是标签空间$Y$和条件概率分布$P(Y \mid X)$，即$T=\{Y,P(Y \mid X)\}$。迁移学习就是要通过学习到的函数预测未知目标域的标签。

综上所示，可以给出迁移学习的定义如下所述。

迁移学习(transfer learning)：给定一个有标记的源域$D_s=\{x_i,y_i\}_{i=1}^{n}$和一个无标记的目标域$D_t=\{x_i,y_i\}_{i=1}^{m}$。这两个领域的数据分布$P(X_s)$和$P(X_t)$不同，即$P(X_s)\neq P(X_t)$。迁移学习的目的就是要借助源域$D_s$的知识，来学习目标域$D_t$的知识(标签)。同时迁移学习还需要考虑以下的一些不同情况：

① 特征空间的异同，即$X_s$和$X_t$是否相等。

② 类别空间的异同，即$Y_s$和$Y_t$是否相等。

③ 条件概率分布的异同，即$P_S(y_s \mid X_s)$和$P_t(y_t \mid X_t)$是否相等。

其中领域自适应(domain adaptation，或简称为域自适应)是迁移学习的一个热门研究方向的，其定义如下所述。

领域自适应：给定一个有标记的源域$D_s=\{x_i,y_i\}_{i=1}^{n}$和一个无标记的目标域$D_t=\{x_i,y_i\}_{i=1}^{m}$，假定它们的特征空间相同，即$X_s=X_t$，并且它们的类别空间也相同，即$Y_s=Y_t$。但是这两个领域边缘分布不同，即$P(X_s)\neq P(X_t)$，条件概率分布也不同，即$P_s(y_s \mid X_s)\neq P_t(y_t \mid X_t)$。迁移学习的目的就是要借助有标记的源域$D_s$，去学习一个分类器$f$：$X_t \rightarrow y_t$来预测目标域$D_t$的标签$y_t \in Y_t$。

在实际的研究和应用中，可以针对自己的不同任务，进行合理化的表述。但是迁移学习的核心是不变的，那就是找到源域和目标域之间的相似性并加以合理利用。

### 9.1.2　为什么需要迁移学习

简单了解和定义迁移学习后，下面简单地介绍为什么需要迁移学习，以及迁移学习的应用场景等内容。

① 解决小数据问题。传统机器学习存在一个严重弊端：假设训练数据与测试数据服从相同的数据分布（但许多情况并不满足这种假设，通常需要众包来重新标注大量数据以满足训练要求，有时还会造成数据的浪费，而且数据标注是一个耗时且昂贵的操作）。当训练数据过少时，经典监督学习会出现严重过拟合问题，而迁移学习可从源域的小数据中抽取并迁移知识，用来完成新的学习任务。此外针对缺少数据标注的情况，可以利用迁移学习的思想，寻找一些与目标数据相近的有标注的数据，从而利

用这些数据来构建模型，增加目标数据的标注，进行数据标签的迁移。

② 解决计算能力不足的问题。大数据需要具有更强计算能力的设备来进行存储和计算。但是计算资源的花费是巨大的，大数据的大计算能力，是“有钱人”才能玩得起的游戏。如Google、Meta（Facebook）、Microsoft等公司，他们有着雄厚的计算能力才有资本去利用大数据训练模型。例如：对ImageNet使用ResNet、ViT等模型进行训练，需要大量设备进行很长时间的预训练；比GPU计算能力更强的Google TPU，也都是“有钱人”才用得起的设备。但是，绝大多数普通用户是不可能具有这些强计算能力的，计算资源较少的普通人想要利用这些海量的大数据去训练模型完成自己的任务，基本上不可能，而迁移学习在一定程度上可以缓解计算资源不足带来的问题。例如针对大公司在大数据上训练好的模型，根据自己的任务进行微调，从而也可以拥有在大数据上训练好的模型，或者可以将这些模型针对自己的任务进行自适应更新，从而取得更好的效果。

③ 解决个性化问题。由于机器学习已经被广泛应用于生活中的方方面面，但是在这些应用中，针对一些具体的需求也存在着一些特定的应用，它们面临着一些现实存在的问题。比如推荐系统的冷启动问题，一个新的推荐系统没有足够的用户数据，需要迁移学习辅助进行精准的推荐，或者当需要专注于某个目标领域时，源领域范围太广却不够具体。例如专注于农作物识别时，源领域ImageNet太广而不适用，利用迁移学习可以将ImageNet上的预训练模型特征迁移到目标域，实现个性化。

迁移学习目前在各个领域上都有相应的应用，其中最经典的应用则是跨域图像分类与跨域图像分割，如图9-2所示。在计算视觉任务中，由于图像中可能存在可变的光照、背景、朝向等复杂条件，导致标注数据与未标注数据具有不同的数据属性和统计分布，用传统机器学习与深度学习显然无法满足源域与目标域数据分布一致的要求。此时迁移学习算法则是能够将领域适配，从有标记的数据中学习到知识并迁移到无标记的数据中，进而达到训练效果，提升预测的准确率。

图9-2中，针对跨域图像分类任务，可以进行Art(艺术画)→Clipart(剪切画)、Art(艺术画)→Real World(真实视觉图像)等迁移学习任务的应用；针对跨域图像语义分割任务，可以进行GTA5(游戏画面)→Cityscapes(真实街景画面)、Cityscapes(真实街景画面)→GTA5(游戏画面)等迁移学习任务的应用。

### 9.1.3 迁移学习的分类

由于迁移学习算法众多，而且应用场景也复杂多变，所以根据不同的标准也有了多种不同的分类方式。

如果按照特征空间对迁移学习方法分类，可分为同构迁移学习与异构迁移学习。对于同构迁移学习，其源域和目标域的特征空间相同，即它的特征维度是相同的，但是它的特征分布是不同的。异构迁移学习则是源域与目标域的特征空间不同。例如图

(a) 跨域图像分类

(b) 跨域图像分割

图9-2 迁移学习在计算机视觉中的应用

像到图像的迁移学习为同构，图像到文本的迁移学习为异构。

按照目标域有无标签对迁移学习方法分类，可分为有监督迁移学习、半监督迁移学习以及无监督迁移学习。

根据在知识迁移的环节中迁移的内容，可以分基于实例的迁移学习、基于特征的迁移学习、基于模型的迁移学习及基于关系的迁移学习。这4种方法的特点可以总结为表9-1。

表9-1 基于实例、特征、模型、关系的迁移学习的特点

| 迁移学习方法 | 特点 |
|---|---|
| 基于实例 | 赋予源域实例一定的权重对其进行复用 |
| 基于特征 | 基于特征变换将源域和目标域的特征变得相似 |
| 基于模型 | 构建源域和目标域的参数共享模型 |
| 基于关系 | 挖掘和利用不同领域之间的关系相似性 |

本书主要关注于计算机视觉中图像识别的迁移学习，即图像到图像的同构迁移学习。并且会主要讨论基于深度学习网络的域自适应问题，即源域有标签，目标域无标签并且和源域标签空间相同的情况。

### 9.1.4 度量准则

度量不仅是机器学习和统计学等学科中使用的基础手段，也是迁移学习中的重要工具。它的核心就是衡量两个数据域的差异。衡量两个数据差异的方法有很多种，例如常见的距离度量有欧氏距离、闵可夫斯基距离、马氏距离、曼哈顿距离等。此外一些相似性度量也用于分析两个数据的差异，例如余弦相似性、互信息、皮尔逊相关系数等。下面会介绍一些在迁移学习中一些较常用的度量准则。

① 互信息：针对两个概率分布$X,Y$上，$x \in X, y \in Y$，他们的互信息为

$$I(X:Y)=\sum_{x\in X}\sum_{y\in Y}p(x,y)\log\frac{p(x,y)}{p(x)p(y)}$$

② KL散度：kullback-leibler divergence，又叫作相对熵，用于衡量两个概率分布$P(x)$、$Q(x)$的距离，其定义为

$$D_{KL}(P\parallel Q)=\sum_{i=1}p(x)\log\frac{P(x)}{Q(x)}$$

KL散度是非对称的，即$D_{KL}(P \parallel Q) \neq D_{KL}(Q \parallel P)$，因此，KL散度应用在迁移学习问题中存在的缺点为当两个分布无重叠时，KL散度所得到的结果可能无意义。

③ JS散度：jensen-shannon divergence，是基于KL散度发展而来，是对称的度量，其定义为

$$JSD(P\parallel Q)=\frac{1}{2}D_{KL}(P\parallel Q)+\frac{1}{2}D_{KL}(Q\parallel P)$$

④ 沃瑟斯坦距离（wasserstein distance）：又叫earth-mover距离(EM距离)，用于衡量两个分布之间的距离，其定义为

$$W(P_1,P_2)=\inf_{\gamma\sim\Pi(P_1,P_2)}E_{(x,y)}\left[\|x-y\|\right]$$

$\Pi(P_1,P_2)$是$P_1$和$P_2$分布组合起来所有可能的联合分布的集合。对于每一个可能的联合分布$\gamma$，可以从采样$(x,y)\sim\gamma$得到一个样本$x$和$y$，并计算出这对样本的距离$\left[\|x-y\|\right]$，所以可以计算该联合分布$\gamma$下，样本对距离的期望值$E_{(x,y)}\left[\|x-y\|\right]$。在所有可能的联合分布中能够对这个期望值取到的下界$\inf_{\gamma\sim\Pi(P_1,P_2)}E_{(x,y)}\left[\|x-y\|\right]$就是EM距离。

⑤ 最大均值差异（maximum mean discrepancy，MMD）：是迁移学习中使用频率最高的度量。它度量在再生希尔伯特空间中两个分布的距离，是一种核学习方法。两个随机变量的MMD距离为

$$MMD(X,Y)=\left\|\sum_{i=1}^{n}\phi(x_i)-\sum_{j=1}^{m}\phi(y_j)\right\|_{\mathcal{H}}^2$$

式中，$\phi(\cdot)$是映射，用于把原变量映射到再生核希尔伯特空间；$n$代表源域样本数量；$m$代表目标域样本数量。其中常用的核主要有线性核、高斯核等。

## 9.2　经典的迁移学习算法

迁移学习在应用时主要围绕下面三个基本问题进行展开。

① 何时迁移：何时迁移对应于迁移学习的可能性和使用迁移学习的原因。此步骤应该发生在迁移学习的第一步。对于给定待学习的目标，我们首先要做的便是判断当时的任务是否适合进行迁移学习。

② 何处迁移：判断当前的任务适合迁移学习之后，第二步要解决的是从何处进行迁移。这里的何处我们可以使用what和where来表达以便于理解。What指的是要迁移什么知识，这些知识可以是神经网络权值、特征变化矩阵某些参数等，而where指的是要从哪个地方进行迁移，这些地方可以是某个源域、某个神经元、某个随机森林的树等。

③ 如何迁移：这一步是绝大多数迁移学习方法的着力点。给定待学习的源域和目标域，这一步则是要学习最优的迁移学习方法以达到最好的性能。

迁移学习根据学习方式或者是否基于深度学习网络可以分为传统迁移学习和深度迁移学习。其中深度学习算法依托于深度神经网络的优异特征提取能力，其性能普遍强于传统迁移学习，因此本节将会主要介绍一些基于深度学习的经典迁移学习算法。

此外基于深度神经网络的迁移学习方法，根据它们学习思路以及应用网络结构的差异，主要可以分为以下几大类：基于对抗学习的迁移学习、基于对齐的迁移学习、基于伪标签的迁移学习等。此外，这些方法并不是完全独立的，有很多经典的算法可能是其中几种学习思路的综合体现。

### 9.2.1　基于深度迁移的finetune模型

深度学习finetune(微调)可以看作是最简单的迁移学习方法。finetune就是利用已经训练好的网络，针对自己的特定任务再进行调整，最常用的是对网络中的某些层的参数进行调整。

在实际的应用中，通常不会针对一个新任务从头开始训练一个神经网络。这样的操作显然是非常耗时的，而且很多时候由于新任务带标签样本量较少，从头训练深度神经网络往往很难收敛。尤其是我们的训练数据不可能像ImageNet一样可以训练出泛化能力足够强的深度神经网络。即使有这么多的训练样本，从头开始训练的耗时以及训练难度是巨大的。而迁移学习的思想则是告诉我们，直接利用已经训练好的模型迁移到自己的任务上即可。因此，可以直接在已经训练好的模型中利用finetune对自己的新任务进行个性化定制或者微调即可。

图9-3展示了基于大数据预训练模型的域自适应任务中基于微调的深度迁移学习示意图。其中针对初始基于大数据预训练的网络权重，可以通过带标签的源域数据进行网络权重的微调，同时在微调源域网络的过程中，会利用知识迁移的相关方法将源域的知识迁移到目标域中，从而可以增强对目标域数据的预测性能。其中最简单直观的一种方式，就是利用有标签的源域数据将整个预训练网络的所有权重参数进行微调，然后预测目标域的数据。

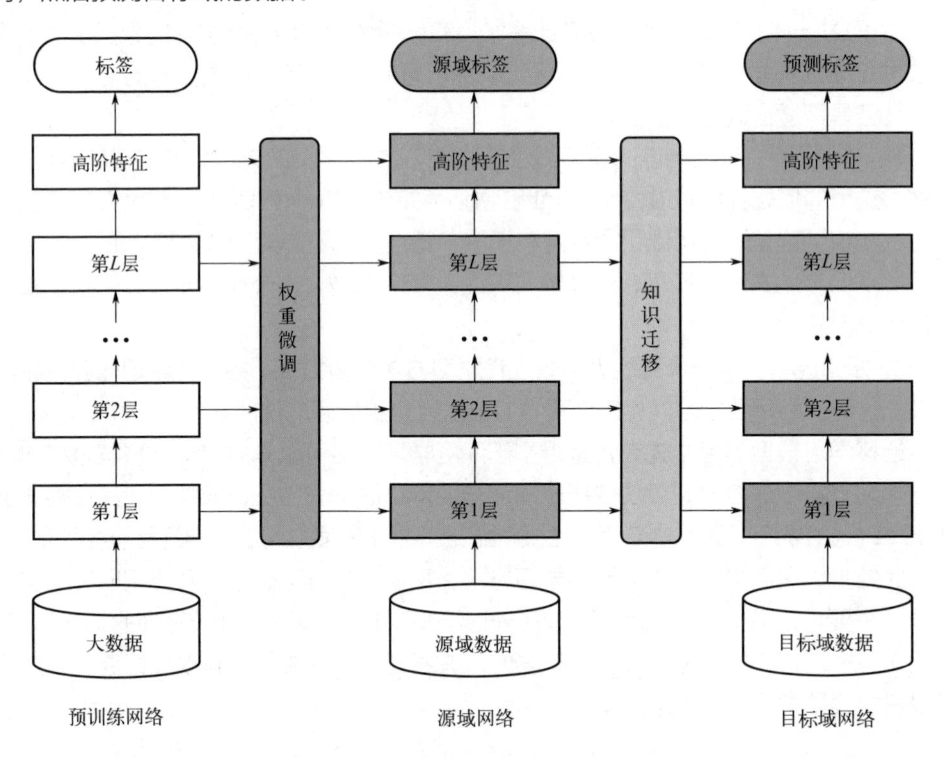


图9-3　基于微调的深度迁移学习示意图

虽然finetune在一定程度上利用了有标签的数据进行知识迁移，但是它的缺点是无法处理训练数据和测试数据分布不同的情况。而这一现象在迁移学习应用中非常常见，因此基于finetune的预测结果常常只作为与其他迁移学习方法性能对比的基准。

### 9.2.2　基于对抗学习的迁移学习

生成对抗网络（generative adversarial network，简称GAN）是非监督式学习的一种方法，通过两个神经网络相互博弈的方式进行学习。生成对抗网络由一个生成网络与一个判别网络组成。生成网络从潜在空间中随机取样作为输入，其输出结果需要尽量模仿训练集中的真实样本。判别网络的输入则为真实样本或生成网络的输出，其目的是将生成网络的输出从真实样本中尽可能地分辨出来。而生成网络则要尽可能地欺骗判别网络。两个网络相互对抗、不断调整参数，最终目的是使判别网络无法判断生成网络的输出结果是否真实。

对抗学习的思想已经被广泛应用到迁移学习中，在域自适应任务中通常会引入一个域判别网络，判断源域和目标域的特征，而特征提取网络则会与域判别网络对抗学习，尽可能学习无法被域判别网络正确判断的特征。

图9-4是域对抗迁移网络(domain-adversarial training of neural networks，DANN)的网络结构示意图。该方法首次将对抗学习的思想引入到迁移学习中。DANN结构主要包含以下3个部分。

特征提取器（feature extractor）：用来将数据映射到特定的特征空间，使标签预测器能够分辨出来自源域数据的类别的同时，域判别器无法区分数据来自哪个域。

标签预测器（label predictor）：对来自源域的数据进行分类，尽可能分出正确的标签。

域判别器（domain classifier）：对特征空间的数据进行分类，尽可能分出数据来自哪个域。

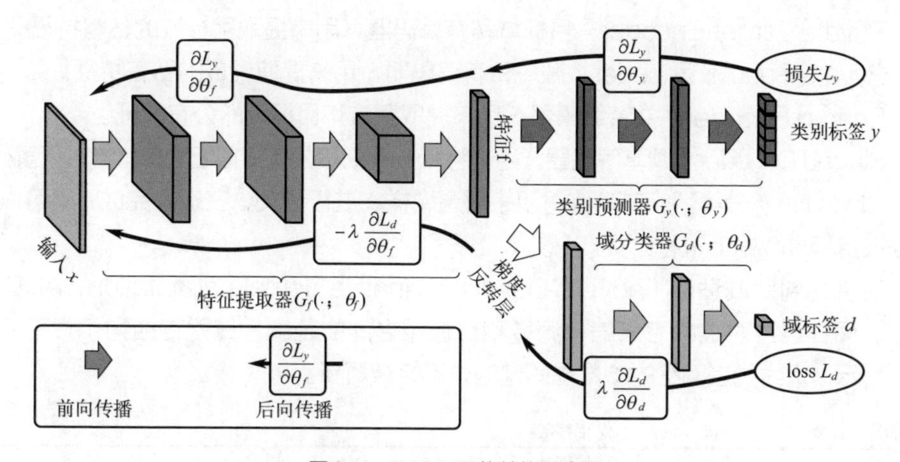


图9-4　DANN网络结构示意图

在DANN算法中，特征提取器和标签分类器构成了一个前馈神经网络。然后，在特征提取器后面会加上一个域判别器，通过一个梯度反转层(gradient reversal layer，GRL)连接。在训练的过程中，对来自源域和目标域的全部数据，网络不断最小化域判别器的损失，从而使域判别器无法分辨出属于源域或目标域的特征。对来自源域的带标签数据，网络不断最小化标签预测器的损失，保证对源域和目标域的分类性能。

DSN网络(domain separation networks)则是认为所有的域之间有着公有的特征(shared)和私有的特征(private)，如果将各个域的私有特征也进行迁移的话就会造成负迁移(negative transfer)。因此DSN的主要工作分为两部分：①提取不同域之间的公有特征；②利用公有特征进行迁移。基于此，DSN网络结构如图9-5所示。

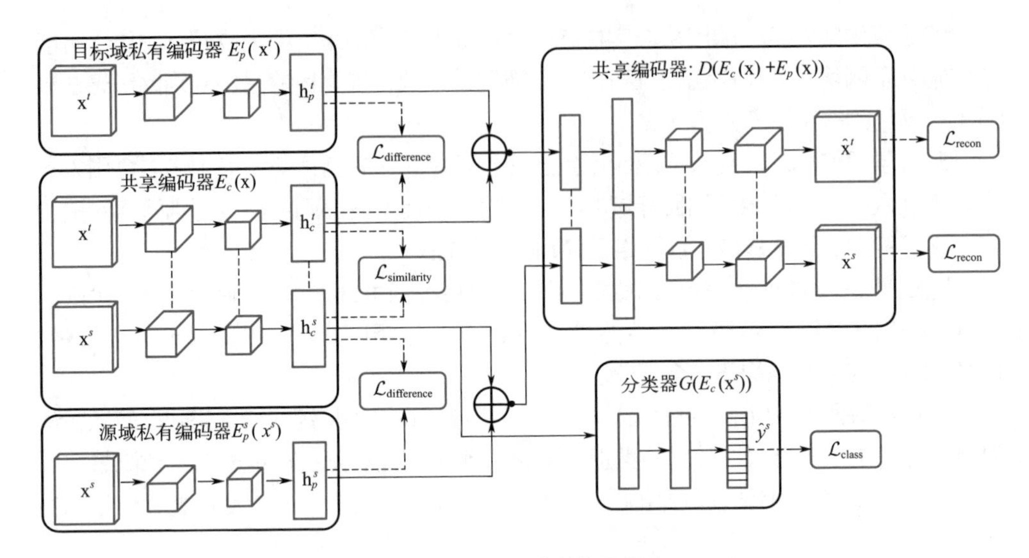


图9-5　DSN网络结构示意图

整个DSN的结构可以分为如下五部分。

Private Target Encoder：目标域私有编码器，用来提取目标域的私有特征。

Private Source Encoder：源域私有编码器，用来提取源域的私有特征。

Shared Encoder：共享编码器，用来提取源域和目标域的公有特征。

Shared Decoder：共享解码器，用来将私有特征和公有特征组成的样本进行解码。

Classifier：分类器，在训练时用来对源域样本进行分类，在训练完成时就可以直接用在目标域数据上进行分类。

对抗性判别域适应（adversarial discriminative domain adaptation，ADDA）方法，同样通过对抗学习来缩小源域和目标域之间的距离，其网络结构示意图如图9-6所示，虚线代表网络的参数是固定的，不会被更新。

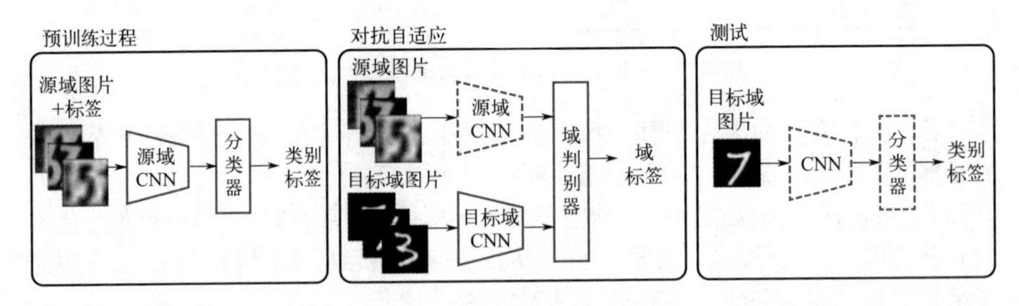


图9-6　ADDA网络结构示意图

ADDA的训练过程如下：

① 训练一个源域上的CNN和一个分类器。

② 通过对抗的方法训练一个用于目标域的CNN和一个判别器（判别输入来自源

域还是目标域，从而达到对抗的效果）。

③ 目标域上的CNN和一开始的分类器就可以用来对目标域上的图像进行分类。

相较于DANN方法，ADDA参数权重不共享，能够学习更多领域特有特征，从而更高效地缩减源域与目标域之间的差异。

最大分类器差异（maximum classifier discrepancy for unsupervised domain adaptation，MCD）则是借鉴了对抗的思想，合理地利用双分类器学习的过程进行迁移学习。MCD的主要思想为：用源域训练的网络如果用到目标域上，肯定会因为目标域与源域的不同，效果也会有所不同，有的样本会效果好，有的则会效果差。我们需要重点关注效果不好的，因为这才能体现出领域的差异性。为了找到这些效果差的样本，MCD引入了两个独立的分类器$F_1$和$F_2$，如果二者在两个分类器的预测结果不一致，则表示样本的置信度不高，需要重新训练。其训练的工作示意图如图9-7所示。

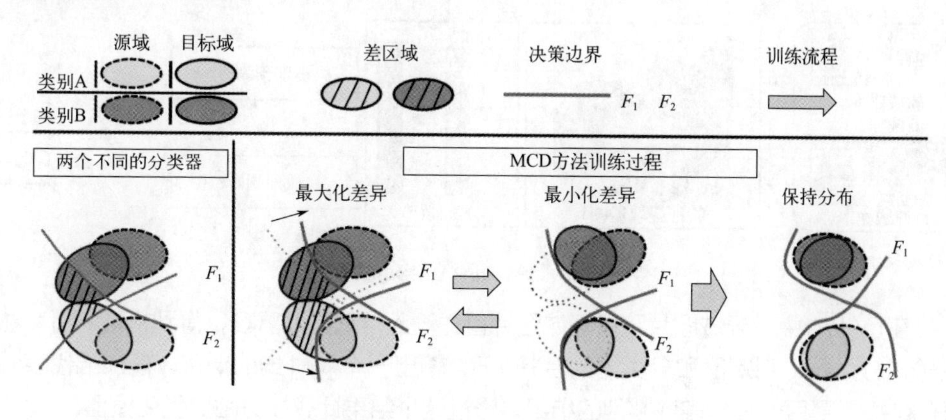


图9-7　两个分类器工作示意图

在图9-7中，斜线部分表示预测效果不好的样本。在MCD训练的第一阶段，会产生一些斜线区域（两分类器预测结果不一致的样本），MCD的目标是要最大化阴影区域(因为这样可以针对不同的分类器学习到不同的特征表示)，最大化两个分类器差异的结果是第二幅图像，此时斜线区域比较大。接着MCD的目标就是通过提取更好的特征来减少两个分类器的差异，即最小化差异的结果是第三幅图像，此时斜线几乎不存在了，但问题是决策边界还是有一些紧凑，可能特征不太鲁棒。最后则是需要最大化差异和最小化差异交替优化，交替优化的目标是第四幅图像，此时，斜线不存在，并且决策边界也比较鲁棒。

对应于图9-7所示的学习过程，网络的优化也可以分为A、B、C三个阶段。其中第一个阶段（A）的目标是首先训练出两个不同的分类器$F_1$和$F_2$，直接计算在源域上的分类误差即可。后两个阶段的训练过程则是如图9-8所示。在B阶段，固定特征提取器$G$，训练两个不同的分类器$F_1$和$F_2$，使得它们的差异最大。在C阶段则是与B阶段相反，固定两个分类器，优化特征生成器$G$，使得特征对两个分类器效果尽可能一样。

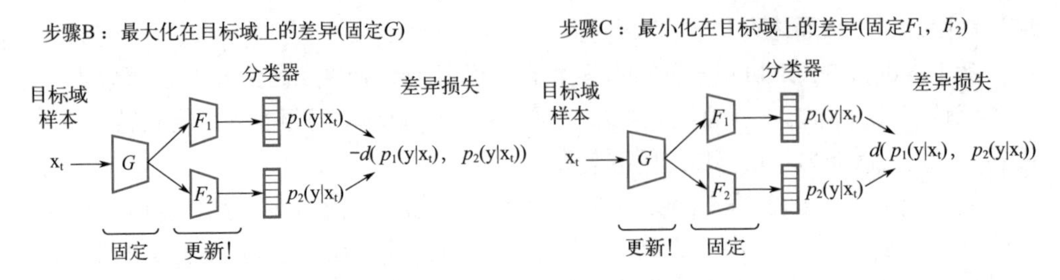


图9-8　MCD方法B、C阶段工作示意图

可判别对抗域适应(discriminative adversarial domain adaptation，DADA)鼓励对任何输入实例的分类器和域预测之间保持相互抑制关系。在实际条件下，定义了促进联合分布对齐的极大极小博弈。相比于传统的对抗学习方法，DADA将分类器和域判别器合并成同一个网络，其网络结构示意图如图9-9所示。

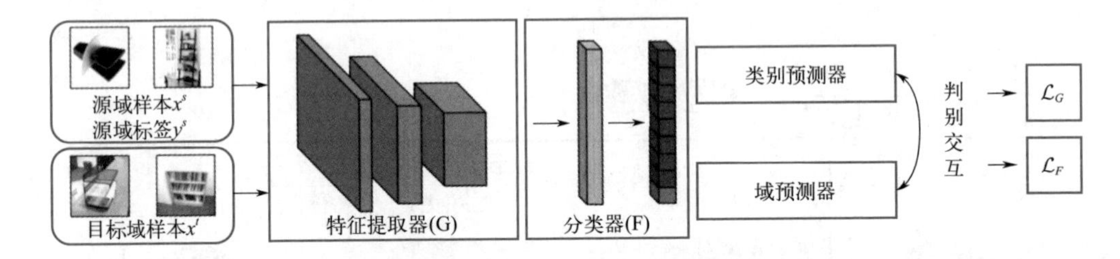


图9-9　DADA网络结构示意图

在DADA中，源域图片和目标域图片首先输入特征提取器G，得到特征向量，然后输入分类器（判别器和分类器的合并）F，输出一个$K$+1维的向量。前$K$维代表分类的结果，最后一维代表域判别的结果，通过这个结果计算损失函数优化模型。

基于对抗学习的方法还有很多，这里就不一一介绍了，读者可以通过搜索查看相关的论文。

### 9.2.3　基于对齐的迁移学习

深度域适配(deep domain confusion：maximizing for domain invariance，DDC)在预训练的AlexNet网络中添加自适应层（分类器前一层），一方面使自适应层输出表示最小化源领域和目标领域的分布差异，另一方面最小化源领域的分类损失。并且使用MMD距离来度量源域和目标域之间的差异。

在DDC的基础上，深度自适应网络(learning transferable features with deep adaptation networks，DAN)被提出。DAN相比DDC主要有下面几点改进，分别为：①多适配了几层特征；②采用多核MMD替换掉原有的单核MMD。其网络结构示意图如图9-10所示。DAN网络的迁移能力主要体现在最后三层，并且MK-MMD用多个核去构造一个总的核，这样效果比单核MMD更好。

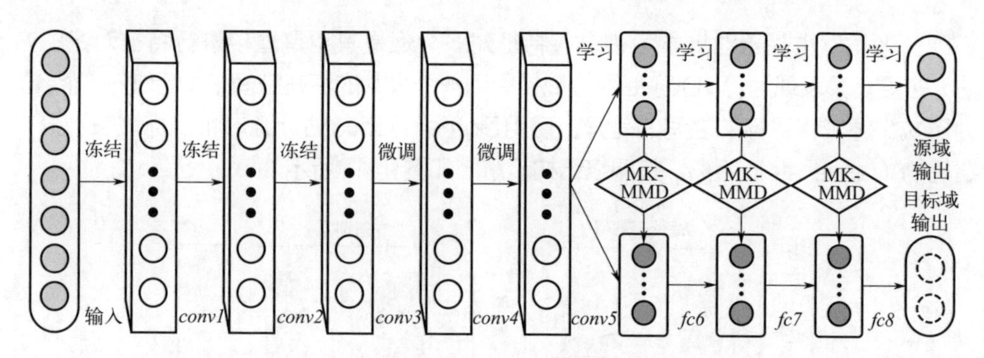


图9-10 DAN网络结构示意图

CORAL方法用线性变换将源域和目标域分布的二阶统计特征进行对齐，而Deep CORAL（correlation alignment for deep domain adaptation）方法则是将CORAL对齐方法作为神经网络的损失函数，与深度学习相结合用于迁移学习，其网络结构示意图如图9-11所示。CORAL损失被定义为源域和目标域的二阶统计特征距离，其定义为

$$L_{\text{CORAL}} = \frac{1}{4d^2}\left\|C_s - C_t\right\|_F^2$$

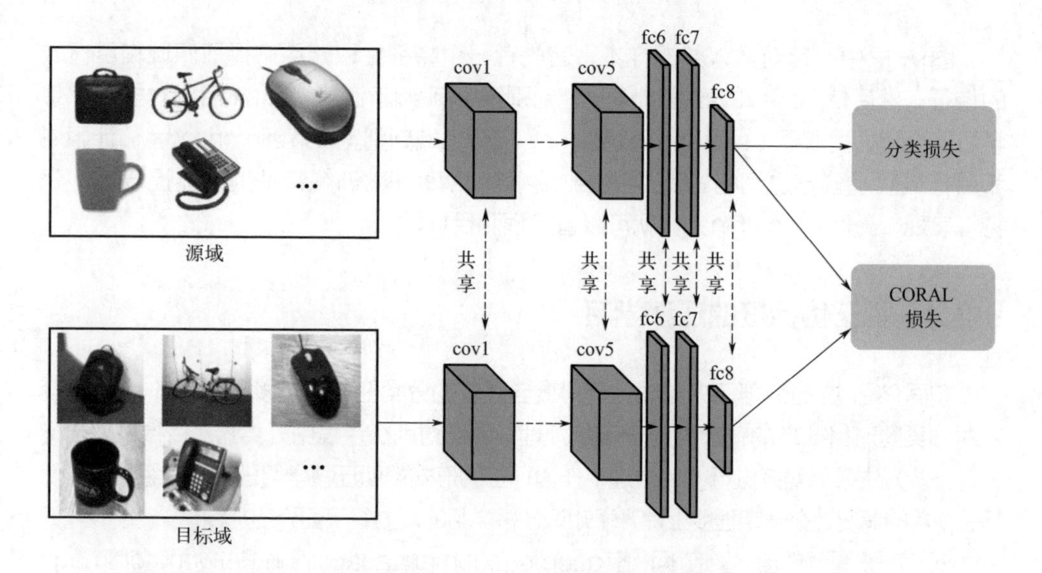


图9-11 Deep CORAL网络结构示意图

WDGRL（wasserstein distance guided reprensentation learning）受到Wasserstein GAN的启发，是一种学习领域不变特征表示的新方法。WDGRL利用由Domain Critic表示的神经网络来估计源样本和目标样本之间的经验Wasserstein距离，并优化特征提取器网络以对抗性方式最小化估计的Wasserstein距离。通过迭代对抗性训练，最终学习了对域之间的协变量移动不变的特征表示。

WDGRL虽然也基于对抗学习来进行特征对齐，但是其也是直接进行特征对齐的方法，主要差异表现为：WDGRL两个域投影到一个公共的潜在空间来学习域不变特征，为了减少源域和目标域之间的差异，使用Domain Critic估计源域和目标域表示分布之间的Wasserstein距离。其网络结构示意图如图9-12所示。

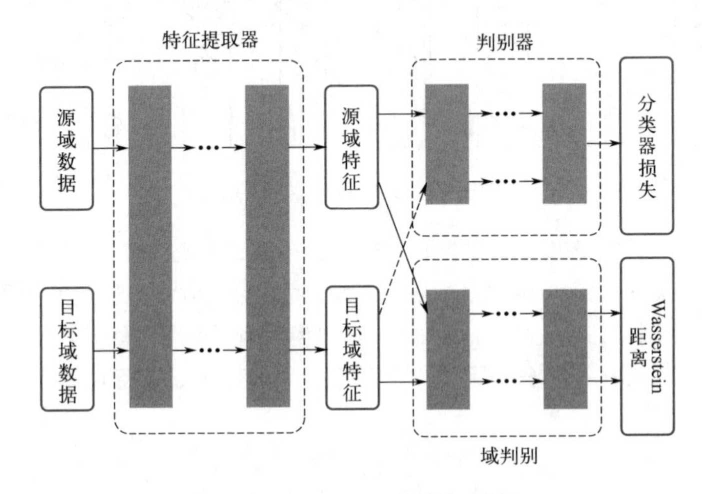


图9-12　WDGRL网络结构示意图

图9-12中，针对输入数据样本，首先有一个特征提取器用来提取源域和目标域的特征，然后使用源域的数据训练一个判别器（Discriminator），然后用对抗的思想学习一个特征提取器（feature extractor）和一个域判别（domain critic），估计源域和目标域表示分布之间的Wasserstein距离，WDGRL训练特征提取器提取域不变特征表现，最后Discriminator就可以直接预测目标域。

## 9.2.4　基于伪标签的迁移学习

前面介绍过的迁移学习方法中，针对域自适应的分类任务（迁移学习任务），都不会针对分类器对目标域的输出做进一步的处理。而针对训练过程中分类器对目标域输出标签，一些方法采用对齐进行简单处理，作为标签的形式帮助迁移学习任务的训练。针对伪标签使用的情况，在一定程度上提升了知识迁移学习的能力，下面介绍几种相关的算法。

深度子领域自适应网络(deep subdomain adaptation network for image classification, DSAN)，通过基于局部最大平均差异(LMMD)在不同域上对齐域特定层激活的相关子域分布来学习传输网络。通常同一个类别的样本可看作相似的样本，因此该方法使用类标签作为划分子领域的依据，同一类放到一个子领域。接着不再进行全局对齐，而是分别对相关的子领域进行对齐。DSAN网络结构示意图如图9-13所示，针对子领域对齐时，会采用分类器在目标域预测结果作为伪标签的方式，构建同类数据的子领域，然后结合基于最大均值差异MMD，获取子领域最大均值差异的对齐度量。

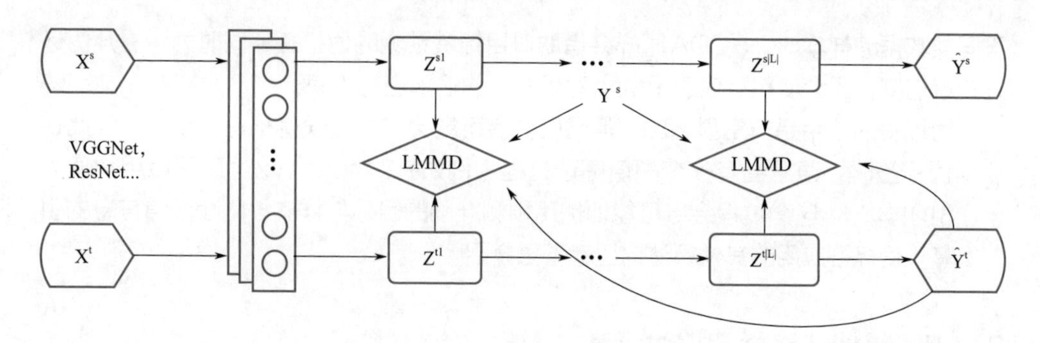


图9-13　DSAN网络结构示意图

基于对齐两个域的特征分布的域自适应方法，大多数关注于整个图像特征，其中不可避免地嵌入了不相关的语义信息，例如混乱的背景。在这种情况下强制执行特征对齐将对对象的正确匹配产生负面影响，从而由于不相关语义的混淆而导致语义上的负迁移。为了缓解域偏移问题，域自适应的常见做法是通过学习域不变的特征表示来减少跨域分布差异。一般来说，这些方法可以大致分为基于差异的方法，通过最小化设计良好的统计度量来对齐域分布以及基于对抗的方法，其中域鉴别器旨在区分源样本和目标样本，而特征提取器试图混淆鉴别器。而领域自适应的语义集中（semantic concentrationfor domain adaptation，SCDA）方法的动机来源于模型做出的类预测取决于它所关注的内容，并且每个类预测的集中区域可以通过特征图和相应的分类权重来定位。因此，SCDA希望找到错误预测的集中区域，并在将图像编码为特征时抑制这些区域的特征，SCDA会以对抗的方式逐类对齐成对预测分布。同时，SCDA鼓励模型通过预测分布的成对对抗对齐来专注于最主要的特征。其网络结构示意图如图9-14所示。

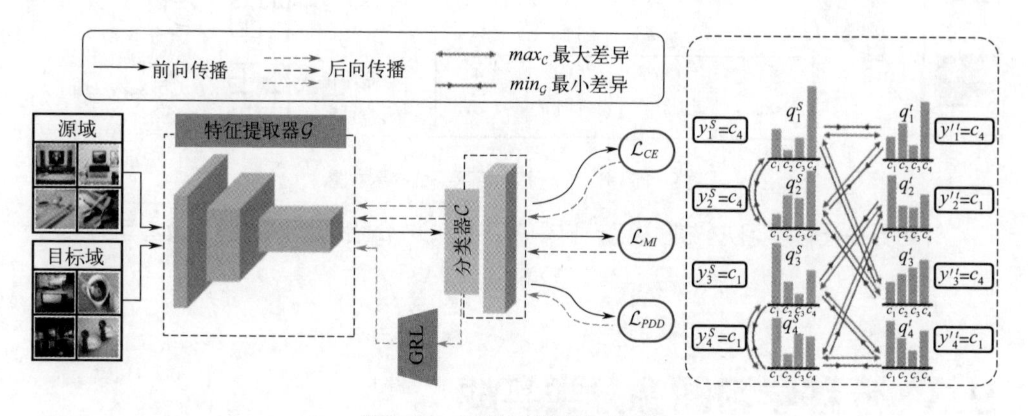


图9-14　SCDA网络结构示意图

SCDA会训练分类器以按类别最大化每个样本对的预测分布的JS散度，这使模型能够找到同一类样本中差异较大的区域。同时，特征提取器试图最小化这种差异，从而抑制同一类样本中不同区域的特征，突出主要部分的特征。为了构建同类数据和不同类数据的样本对，SCDA同样会借助对目标域预测的伪标签，同时为了提升伪标签的置信度，还会使用互信息（MI）对目标与的输出进行约束。

伪标签的使用是非常显著的，但是同样有可能会带来错误伪标签的使用，因此在使用伪标签时，通常会有一个阈值筛选过程（例如针对softmatx层后只使用阈值大于0.8的样本），这个过程会尽可能地使用预测准确的目标与样本，防止混淆信息的引入。基于伪标签应用的其他算法这里就不再介绍了。

### 9.2.5 其他迁移学习损失函数

针对迁移学习中的相关任务，越来越多的方法不再仅仅局限于一种知识迁移方式，而是逐渐将对抗学习、特征分布对齐、伪标签、多学习器等技术结合使用。此外还有与数据增强相结合、与主动学习相结合、直接对目标域的输出进行约束等方式的迁移学习方法。由于transformer网络在各个领域已经获得优秀的性能，因此和transformer相结合的迁移学习方法也被提出。MCC（minimum class confusion for versatile domain adaptation）方法只对目标域输出的预测类别计算最小化混淆矩阵，进行域自适应学习，MCC迁移学习网络结构示意图如图9-15所示。

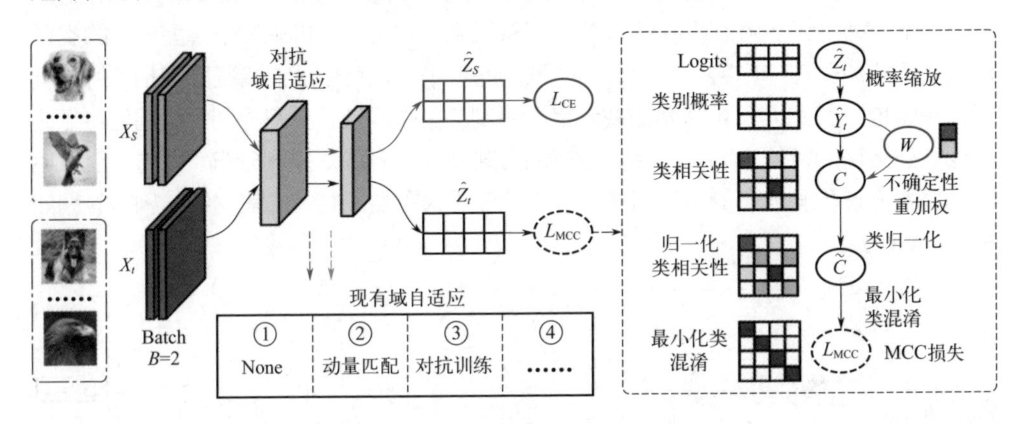


图9-15 MCC迁移学习网络结构示意图

针对更多迁移学习方法的内容，这里就不再一一介绍了，感兴趣的读者可以查看相关论文。

## 9.3 迁移学习图像分类实战

前面的内容介绍了迁移学习相关的基础知识，并且介绍了迁移学习中域自适应相关的经典算法，本节将会以一个实际数据集为例，介绍如何使用域自适应学习进行图像数据分类。首先导入会使用到的库和模块，程序如下所示。

```
In[1]:## 导入会使用到的库和模块
      import numpy as np
      import pandas as pd
      import matplotlib.pyplot as plt
      import copy
      from tqdm import tqdm
      import torch
      import torchvision
      import torch.nn as nn
      from torch.optim import SGD
      from torch.utils.data import DataLoader
      import torchvision.transforms as transforms
      from torchvision.datasets import ImageFolder
      import torch.nn.functional as F
      from torchvision.models import resnet50, ResNet50_Weights
      from torchsummary import summary
      ## 定义计算设备,如果设备有GPU就获取GPU,否则获取CPU
      device = torch.device("cuda:0" if torch.cuda.is_available()
else "cpu")
```

## 9.3.1 数据和网络准备工作

本书使用的迁移学习（域自适应）任务数据集为Office31数据集，该数据集有31个数据类别4个域，是经典的域自适应任务数据集。这里只使用其中的两个域为例，构建webcam数据（源域）知识迁移到amazon数据（目标域）的域自适应任务，源域和目标域使用相同的类别空间。

### （1）数据准备

首先进行的是数据准备工作，即将两个文件夹下的数据集，利用PyTorch读取到计算机中，然后转化为数据加载器和数据迭代器。在读取数据的同时，要为训练数据和验证数据设置相应的数据增强方式，数据读取的程序如下所示。

```
In[2]:## 指定源域数据和目标域数据的文件夹路径
      Source_path = "data/chap9/office31/webcam"
      Target_path = "data/chap9/office31/amazon"
      BatchSize = 32    # 训练时每个Batch的大小
      ## 定义数据变换操作
      normalize = transforms.Normalize(mean=[0.485, 0.456, 0.406],
                                       std=[0.229, 0.224, 0.225])
```

```
    ## 训练数据数据增强操作
    train_transform = transforms.Compose([transforms.Resize(256),
           transforms.RandomResizedCrop(224), transforms.
RandomHorizontalFlip(),
           transforms.RandomVerticalFlip(),transforms.ToTensor(),
normalize])
    ## 验证数据数据增强操作
    val_transform = transforms.Compose([transforms.Resize(256),
           transforms.CenterCrop(224),transforms.ToTensor(),
normalize])
    ## 定义数据加载器,源域和目标域
    train_source_dataset = ImageFolder(Source_path,
transform=train_transform)
     train_source_loader = DataLoader(train_source_dataset, batch_
size=BatchSize,
                                    shuffle=True, num_workers=4, drop_
last=True)
    train_target_dataset = ImageFolder(Target_path,
transform=train_transform)
     train_target_loader = DataLoader(train_target_dataset, batch_
size=BatchSize,
                                    shuffle=True, num_workers=4, drop_
last=True)
    ## 定义数据加载器,验证数据集
    val_dataset = ImageFolder(Target_path, transform=val_transform)
    val_loader = DataLoader(val_dataset, batch_size=BatchSize,
shuffle=False,
                             num_workers=4)
    print("源域数据batch数量:",len(train_source_loader))
    print("目标域数据batch数量:",len(train_target_loader))
Out[2]:源域数据batch数量: 24
      目标域数据batch数量: 88
```

在上面的程序中，针对源域数据和目标域数据，分别使用DataLoader()获得数据加载器train_source_dataset与train_target_dataset，并且它们有不同的batch数量。同时针对目标域数据作为验证集获得数据加载器val_loader，该数据加载器用于验证在目标域数据上最终的预测精度。

针对train_source_dataset与train_target_dataset，为了方便源域和目标域数据的循环训练，需要将数据加载器的数据获取过程处理为一个环，下面针对该操作，定义一个ContinuousDataloader类，然后针对train_source_dataset与train_target_dataset调用该类，获取两个数据迭代器train_source_iter与train_target_ iter便于模型的训练，程序如下所示。

```
In[3]:## 将数据加载器的数据获取过程处理为一个环
    class ContinuousDataloader:
        def __init__(self, data_loader: DataLoader):
            self.data_loader = data_loader
            self.iter = iter(self.data_loader)
        def __next__(self):
            try:
                data = next(self.iter)
            except StopIteration:
                self.iter = iter(self.data_loader)
                data = next(self.iter)
            return data
        def __len__(self):
            return len(self.data_loader)
In[4]:## 调用上面的类进行数据加载器处理,便于数据迭代
    train_source_iter = ContinuousDataloader(train_source_loader)
    train_target_iter = ContinuousDataloader(train_target_loader)
```

下面的程序则是将源域和目标域中的部分样本进行可视化展示，用于查看两个数据集中的图像情况，在可视化时会使用inv_normalize_image()函数将标准化后的图像进行逆变换，运行下面的程序可获得可视化图像（图9-16）。从图像中可以发现，两个数据集最大的不同是物体所处的环境（背景）不同，即不同的背景会影响两个域的特征分布，使数据分布存在偏移等问题。

```
In[5]:## 将标准化后的图像转化为0~1的区间
    def inv_normalize_image(data):
        ## 将标准化后的图像转化为0~1的区间以便于可视化
        rgb_mean = np.array([0.485, 0.456, 0.406])
        rgb_std = np.array([0.229, 0.224, 0.225])
        data = data.astype("float32") * rgb_std + rgb_mean
        return data.clip(0,1)
In[6]:## 可视化一个batch的图像，检查数据预处理是否正确
    source_x_numpy = source_x.data.numpy()
    source_x_numpy = source_x_numpy.transpose(0,2,3,1)
    plt.figure(figsize=(6,5))
    for ii in range(30):
        plt.subplot(5,6,ii+1)
        plt.imshow(inv_normalize_image(source_x_numpy[ii,...]))
        plt.axis("off")
    plt.suptitle("源域数据样本",y = 0.92), plt.show()
```

```
    target_x_numpy = target_x.data.numpy()
    target_x_numpy = target_x_numpy.transpose(0,2,3,1)
    plt.figure(figsize=(6,5))
    for ii in range(30):
        plt.subplot(5,6,ii+1)
        plt.imshow(inv_normalize_image(target_x_numpy[ii,...]))
        plt.axis("off")
    plt.suptitle("目标域数据样本",y = 0.92), plt.show()
```

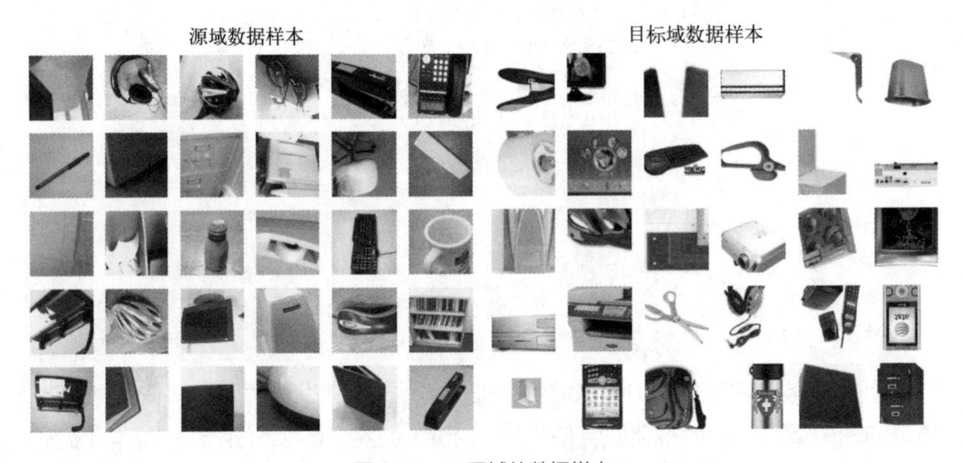


图9-16　不同域的数据样本

## （2）基础预训练网络准备

下面准备用于迁移学习使用的基础网络，会使用预训练的ResNet50为基础网络，并且会剔除网络中的最后全连接层，同时为网络添加新的瓶颈层（bottleneck）和分类层（head），最终可以获取新的分类网络ImageClassifier()，程序如下所示。

```
In[7]:## 导入剔除全连接层的预训练ResNet50网络
     weights = ResNet50_Weights.IMAGENET1K_V1
     ResNet50 = resnet50(weights=weights)
     ## 删除不需要的层
     ResNet50.fc = nn.Identity()
     ## 定义网络的基础结构
     class ImageClassifier(nn.Module):
         def __init__(self, num_classes, backbone_dim,bottleneck_
dim):
             ## num_classes: 数据集的类别; backbone_dim:骨干网络输出的特
征维度;
             ## bottleneck_dim:瓶颈层的特征维度
```

```
            super(ImageClassifier, self).__init__()
            self.backbone = ResNet50
            self.num_classes = num_classes
            ## 瓶颈层
            self.bottleneck = nn.Sequential(
                nn.Linear(backbone_dim, bottleneck_dim),
                nn.BatchNorm1d(bottleneck_dim),
                nn.ReLU()
            )
            ## 分类器层
            self.head = nn.Linear(bottleneck_dim, num_classes)
        def forward(self, x):
            f = self.backbone(x)
            f = f.view(f.size(0), -1)
            f = self.bottleneck(f)
            predictions = self.head(f)
            return predictions, f
```

分类网络ImageClassifier()会有两个输出，其中第一个输出为用于计算预测标签，第二个输出为瓶颈层的特征。

### （3）其他辅助函数

在定义好使用的数据和网络后，下面定义一些其他的辅助函数，主要用于计算最终的网络在目标域的预测精度，以及可视化两个域特征分布情况的函数。其中计算在验证集上预测精度的函数为validate()。可视化两个域特征分布时，会先使用collect_feature()函数获取两个域数据的特征，然后使用Visualize_tsne()函数，将两个域的特征通过TSNE算法降维到2维空间，然后可视化出散点图。这些函数的程序如下所示。

```
In[8]:## 定义一个对验证数据集进行验证的函数，计算数据的精度
    def validate(val_loader, model):
        # val_loader: 验证集数据加载器；model:训练好的数据分类器
        model.eval()
        start_test = True
        with torch.no_grad():
            for i, (images, target) in enumerate(val_loader):
                images = images.to(device)
                target = target.to(device)
                output, _ = model(images)
                if start_test:
```

```
                    all_output = output.float()
                    all_label = target.float()
                    start_test = False
                else:
                    all_output = torch.cat((all_output, output.
float()), 0)
                    all_label = torch.cat((all_label, target.
float()), 0)
            _, predict = torch.max(all_output, 1)
            ## 计算预测精度
        accuracy = torch.sum(torch.squeeze(predict).float()  ==
all_label).item()
/ float(all_label.size()[0])
            accuracy = accuracy * 100.0
            print("Target Domain val accuracy:{:.3f}".
format(accuracy))
        return accuracy
In[9]:## 定义一个训练好的网络获取数据特征的函数
     def collect_feature(data_load, model, max_num_feature = None):
        ## data_load:待获取特征的数据加载器; model:训练好的分类器模型
        ## max_num_feature:用于控制输出的特征数量
        model.eval()
        all_features = []
        with torch.no_grad():
            for ii, data in enumerate(data_load):
                if max_num_feature is not None and ii > max_num_
feature:
                    break
                inputs = data[0].to(device)         # 一个batch的图像
                _, feature = model(inputs)
                all_features.append(feature.cpu())# 数据转化为cpu
        return torch.cat(all_features, dim = 0)
In[10]:## 定义一个函数用于可视化源域和目标域特征的TSNE散点图
     def Visualize_tsne(source_feature,target_feature,
                      source_color = "r", target_color = "b",
                      source_shape = "s", target_shape = "o",
                      size = 20,figname = "源域域目标域特征分布"):
        from sklearn.manifold import TSNE
        ## source_feature,target_feature:源域和目标域特征
        ## source_color, target_color:源域和目标域颜色
        ## source_shape, target_shape :源域和目标域形状
```

```
        ## size : 点的大小; figname: 图像名称
        source_feature = source_feature.numpy()
        target_feature = target_feature.numpy()
         features = np.concatenate([source_feature,target_feature],
axis = 0)
        ## 获取TSNE降维后特征
        X_tsne = TSNE(n_components=2, random_state=123).fit_
transform(features)
        source_num = len(source_feature)
        ## 可视化散点图
        plt.figure(figsize=(10,6))
        plt.scatter(X_tsne[:source_num,0],X_tsne[:source_
num,1],c=source_color,
                    marker=source_shape,s = size,label = "源域")
        plt.scatter(X_tsne[source_num:,0],X_tsne[source_
num:,1],c=target_color,
                    marker=target_shape,s = size,label = "目标域")
        plt.legend()
        plt.title(figname)
        plt.show()
```

## 9.3.2 基于微调的迁移学习

首先训练一个基于微调进行知识迁移学习的模型，并且微调会基于预训练的模型，只用有标签的源域数据进行训练，然后使用训练好的模型对未标记的目标域数据进行预测。首先定义针对源域数据，使用模型和优化器对数据优化一个epoch的函数Fine_train()，并且指定一个epoch迭代的次数，使用的程序如下所示。

```
In[11]:## 定义微调的迁移学习模型使用的训练过程
     def Fine_train(train_source_iter, model, optimizer, iters_per_
epoch = 200):
        # train_source_iter:源域数据迭代器; model:数据分类器;
        # optimizer:优化器; iters_per_epoch:每轮迭代的次数
        model.train()
        train_loss = 0.0, train_num = 0
        for i in tqdm(range(iters_per_epoch)):
            ## 数据获取
            x_s, labels_s = next(train_source_iter)
            x_s = x_s.to(device)
            labels_s = labels_s.to(device)
```

```
            y_s, _ = model(x_s)       # 获得模型对数据的输出
            # 计算源域数据的交叉熵损失
            cls_loss = F.cross_entropy(y_s, labels_s)
            optimizer.zero_grad()    # 模型优化
            cls_loss.backward()
            optimizer.step()
            train_loss += cls_loss.item()*x_s.size(0)
                                          # 计算所有样本的总损失
            train_num += x_s.size(0)# 计算参与训练的样本总数
        ## 计算在一个epoch训练集的平均损失
        train_loss = train_loss / train_num
        print("Train cls_loss:{:.3f}".format(train_loss))
        return train_loss
```

定义好使用的函数后，下面的程序针对定义好的分类网络ImageClassifier()，初始化可以预测31个类，并且针对瓶颈层会输出维度为1024的分类器classifier，使用SGD作为优化器，为网络中不同的部分设置不同大小的学习率，使模型迭代20个epoch，每个epoch迭代100次，针对网络使用源域数据微调过程的损失函数变化情况，以及目标域数据的预测精度，均使用曲线进行可视化，运行下面的程序后可获得如图9-17所示的结果。

```
In[12]:## 使用数据训练网络,定义分类器
     classifier = ImageClassifier(num_classes = 31,backbone_dim =
2048,
                                bottleneck_dim = 1024)
    classifier = classifier.to(device)
    ## 网络中不同的模块使用不同的学习率
      optimizer  =  SGD([{'params':  classifier.backbone.
parameters(),'lr': 0.0001},
                     {'params': classifier.bottleneck.parameters(),
'lr': 0.01},
                     {'params': classifier.head.parameters(), 'lr':
0.01}], lr=0.001)
    epoch_num = 20        # 网络训练的总轮数
    iters_per_epoch = 100# 每轮迭代的次数
    train_loss_all = []   # 用于保存训练过程的相关结果
    val_acc_all = [], best_acc = 0.0
    ## 网络训练
    for epoch in range(epoch_num):
        ## 训练一个epoch
        train_loss = Fine_train(train_source_iter, classifier,
```

```
optimizer,
                    iters_per_epoch = iters_per_epoch)
        ## 在验证集上验证训练效果
        val_acc = validate(val_loader, classifier)
        train_loss_all.append(train_loss)
        val_acc_all.append(val_acc)
        if val_acc > best_acc:
           best_acc = max(val_acc, best_acc)
           best_model_wts = copy.deepcopy(classifier.state_dict())
    ## 可视化训练过程的损失函数以及验证集上的预测精度
    plt.figure(figsize=(12,5))
    plt.subplot(1,2,1)
    plt.plot(train_loss_all,"r-",linewidth=2,label = "Train loss")
    plt.legend(), plt.xlabel("epoch"), plt.ylabel("Loss")
    plt.subplot(1,2,2)
    plt.plot(val_acc_all,"r-",linewidth=2,label = "Val acc")
    plt.legend(), plt.xlabel("epoch"), plt.ylabel("Acc")
    plt.suptitle("基于源域微调的迁移学习")
    plt.show()
```

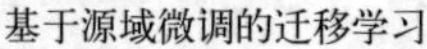


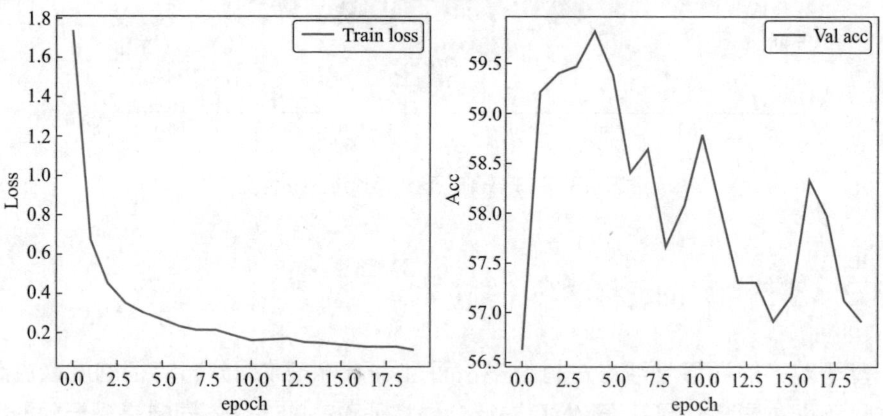


图9-17　基于微调的迁移学习过程

从图9-17中可以发现，在网络的训练过程中损失函数持续下降（左图），但是在目标域上的精度在达到59.5左右时，开始有轻微的振荡情况（右图），说明针对该域自适应任务，基于微调的迁移学习，最好的预测精度在59.5左右。

下面则是针对训练好的最优模型，可视化出源域数据和目标域数据的特征在空间中的分布情况，运行程序可获得如图9-18所示图像。从图9-18中可以发现，两个域的数据分布有一定的偏移情况。

```
In[13]:## 可视化不同域数据在训练好模型下的特征分布情况
     classifier.load_state_dict(best_model_wts)
     ## 获取不同域的特征
     source_feature = collect_feature(train_source_loader,
classifier)
     target_feature = collect_feature(train_target_loader,
classifier)
     ## 散点图可视化数据特征分布
     Visualize_tsne(source_feature,target_feature,
                    figname = "源域与目标域特征分布（基于源域微调）")
```

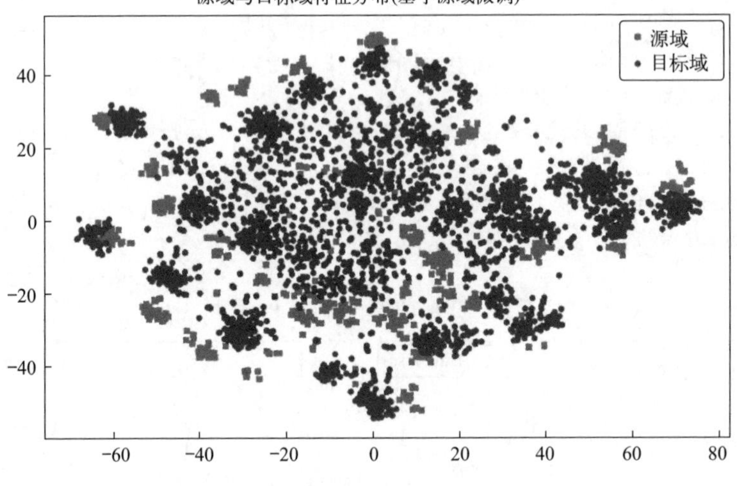


图9-18　基于微调的迁移学习特征分布情况

### 9.3.3 基于对齐的迁移学习

基于对齐的迁移学习方法有很多，而且用于对齐数据分布特征的度量也有很多种，下面主要会介绍基于MMD进行全局特征对齐的方法，同样是基于预训练的ResNet50网络进行知识的迁移。

首先定义计算高斯核MMD距离的函数，下面的程序中guassian_kernel()则是定义高斯核函数，MMD_guassian()则是用于计算源域和目标域特征基于高斯核函数的MMD损失。

```
In[14]:## 定义计算高斯核MMD距离的函数
     def guassian_kernel(source, target, kernel_mul=2.0, kernel_
num=20,
```

```
                       fix_sigma=None):
        n_samples = int(source.size()[0])+int(target.size()[0])
        total = torch.cat([source, target], dim=0)
        total0 = total.unsqueeze(0).expand(int(total.size(0)),
int(total.size(0)), int(total.size(1)))
        total1 = total.unsqueeze(1).expand(int(total.size(0)),
int(total.size(0)), int(total.size(1)))
        L2_distance = ((total0-total1)**2).sum(2)
        if fix_sigma:
            bandwidth = fix_sigma
        else:
            bandwidth = torch.sum(L2_distance.data) / (n_
samples**2-n_samples)
        bandwidth /= kernel_mul ** (kernel_num // 2)
        bandwidth_list = [bandwidth * (kernel_mul**i) for i in
range(kernel_num)]
       kernel_val  =  [torch.exp(-L2_distance / bandwidth_temp) for
bandwidth_temp in bandwidth_list]
        return sum(kernel_val)
In[15]:def MMD_guassian(source, target, kernel_mul=1.5, kernel_
num=100,
                       fix_sigma=None):
        batch_size = int(source.size()[0])
        kernels = guassian_kernel(source, target, kernel_
mul=kernel_mul,
                                 kernel_num=kernel_num, fix_sigma=fix_
sigma)
        XX = kernels[:batch_size, :batch_size]
        YY = kernels[batch_size:, batch_size:]
        XY = kernels[:batch_size, batch_size:]
        YX = kernels[batch_size:, :batch_size]
        loss = torch.mean(XX + YY - XY -YX)
        return loss
```

定义好核函数后，同样可以定义一个利用MMD损失进行知识迁移的函数MMD_train()，该函数会根据给定的数据训练一个epoch，用于更新模型的参数，程序如下所示。

```
In[16]:## 定义使用了MMD损失的迁移学习模型并训练一个epoch的过程
      def MMD_train(train_source_iter, train_target_iter, model,
optimizer,
```

```
                    iters_per_epoch = 200,MMD_alpha = 0.25):
        # train_source_iter:源域数据迭代器; train_target_iter:目标域数
据迭代器
        # model:数据分类器; optimizer:优化器; iters_per_epoch:每轮迭代
的次数
        # MMD_alpha: MMD损失的权重
        model.train()
        train_loss = 0.0
        for i in tqdm(range(iters_per_epoch)):
            ## 数据获取
            x_s, labels_s = next(train_source_iter)
            x_t, _ = next(train_target_iter)
            x_s = x_s.to(device)
            x_t = x_t.to(device)
            labels_s = labels_s.to(device)
            x = torch.cat((x_s, x_t), dim=0)  # 获得模型对数据的输出
            y, f = model(x)
            y_s, y_t = y.chunk(2, dim=0)
            # 计算源域数据的交叉熵损失
            cls_loss = F.cross_entropy(y_s, labels_s)
            ## 计算MMD损失
            f_s, f_t = f.chunk(2, dim=0)
            MMD_loss = MMD_alpha * MMD_guassian(f_s, f_t)
            ## 计算总的损失
            loss = cls_loss + MMD_loss
            optimizer.zero_grad()             # 模型优化
            loss.backward()
            optimizer.step()
            train_loss += loss.item()         # 计算所有样本的总损失
        ## 计算在一个epoch训练集的平均损失
        train_loss = train_loss / iters_per_epoch
        print("Train loss:{:.3f};   Train   cls_loss:{:.3f};
Train MDD_loss:{:.3f} ".format( train_loss, cls_loss, MMD_loss))
        return train_loss
```

定义好相关损失函数、训练一个epoch的程序后，可以使用下面的程序，对分类器使用源域数据和目标域数据对网络训练20个epoch，同时会输出模型训练过程中损失函数的变化情况以及在目标域上的预测精度。运行程序后可获得可视化图像（图9-19）。从输出结果中可知基于MMD对齐的迁移学习，识别精度效果高于基于微调的方法。

```
In[17]:## 模型的训练，定义分类器
    classifier = ImageClassifier(num_classes = 31,backbone_dim =
2048,
                                bottleneck_dim = 1024)
    classifier = classifier.to(device)
    ## 网络中不同的模块使用不同的学习率
    optimizer = SGD([{'params': classifier.backbone.
parameters(),'lr': 0.001},
                      {'params': classifier.bottleneck.parameters(),
'lr': 0.01},
                      {'params': classifier.head.parameters(), 'lr':
0.01}], lr=0.001)
    epoch_num = 20         # 网络训练的总轮数
    iters_per_epoch = 100 # 每轮迭代的次数
    train_loss_all = []    # 用于保存训练过程的相关结果
    val_acc_all = [], best_acc = 0.0, MMD_alpha = 0.1
    ## 网络训练
    for epoch in range(epoch_num):
        ## 训练一个epoch
        train_loss = MMD_train(train_source_iter,train_target_
iter,classifier,
                              optimizer, iters_per_epoch = iters_
per_epoch,
                              MMD_alpha = MMD_alpha)
        ## 在验证集上验证训练效果
        val_acc = validate(val_loader, classifier)
        train_loss_all.append(train_loss)
        val_acc_all.append(val_acc)
        if val_acc > best_acc:
            best_acc = max(val_acc, best_acc)
            best_model_wts = copy.deepcopy(classifier.state_dict())
    ## 可视化训练过程的损失函数以及验证集上的预测精度
    plt.figure(figsize=(12,5))
    plt.subplot(1,2,1)
    plt.plot(train_loss_all,"r-",linewidth=2,label = "Train loss")
    plt.legend(), plt.xlabel("epoch"), plt.ylabel("Loss")
    plt.subplot(1,2,2)
    plt.plot(val_acc_all,"r-",linewidth=2,label = "Val acc")
    plt.legend(), plt.xlabel("epoch"), plt.ylabel("Acc")
    plt.suptitle("基于MMD对齐损失的迁移学习")
    plt.show()
```

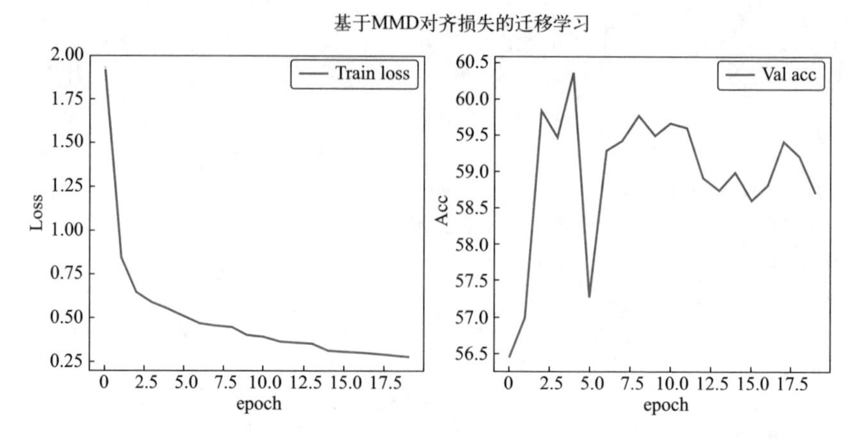


图9-19 基于MMD对齐损失的迁移学习过程

同样，针对最优的训练模型，使用下面的程序可视化源域和目标域的特征在2维空间中的分布情况，运行程序可获得可视化图像（图9-20）。

```
In[18]:## 可视化不同域数据在训练好模型下的特征分布情况
       classifier.load_state_dict(best_model_wts)
       ## 获取不同域的特征
       source_feature = collect_feature(train_source_loader,
classifier)
       target_feature = collect_feature(train_target_loader,
classifier)
       ## 散点图可视化数据特征分布
       Visualize_tsne(source_feature,target_feature,
                      figname = "源域与目标域特征分布（基于MMD对齐损失）")
```

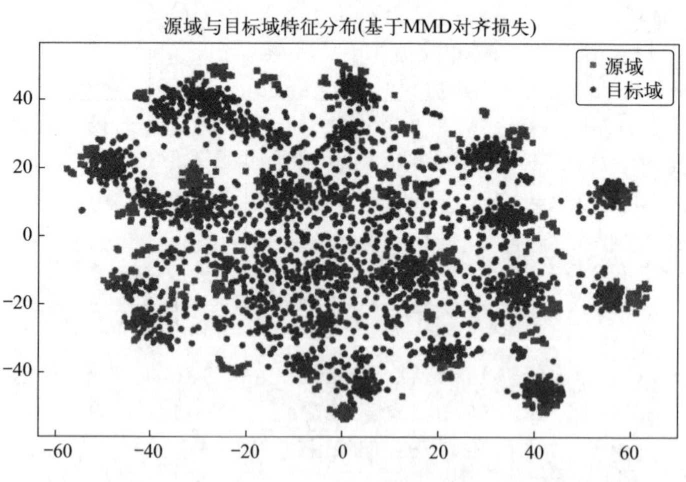


图9-20 基于MMD对齐损失的特征分布情况

## 9.3.4 基于对抗的迁移学习

本小节介绍基于对抗学习的知识迁移，首先需要对提取的特征构建一个域判别器，用于判断源域与目标域的特征，定义的判别器Discriminator程序如下，会使用两个全连接层用于判别。

```
In[19]:## 定义领域判别器
    class Discriminator(nn.Module):
        def __init__(self, input_dim=1024, hidden_dim=256):
            super(Discriminator, self).__init__()
            self.input_dim = input_dim
            self.hidden_dim = hidden_dim
            self.layers = nn.Sequential(
                nn.Linear(input_dim, hidden_dim),
                nn.BatchNorm1d(hidden_dim),
                nn.ReLU(),
                nn.Linear(hidden_dim, hidden_dim),
                nn.BatchNorm1d(hidden_dim),
                nn.ReLU(),
                nn.Linear(hidden_dim, 1),
                nn.Sigmoid()   )
        def forward(self, x):
            return self.layers(x)
```

域判别器获得的域判别损失，需要进行梯度反转后才能向前传播，用于更新整个特征提取网络的权重，因此使用下面的程序定义梯度翻转模块。

```
In[20]:## 定义梯段翻转层
    from torch.autograd import Function
    class ReverseLayerF(Function):
        @staticmethod
        def forward(ctx, x, alpha):
            ctx.alpha = alpha
            return x.view_as(x)
        @staticmethod
        def backward(ctx, grad_output):
            output = grad_output.neg() * ctx.alpha
            return output, None
```

定义了域判别器和梯度翻转模块后，下面定义计算对抗损失的函数AdversarialLoss()，该函数需要输入特征提取器获取的源域和目标域的特征，以及用于判断属于哪种类别的域判别器。使用的程序如下所示。

```
In[21]:## 计算对抗学习损失
     def AdversarialLoss(source, target, discriminator):
         ## source, target:源域和目标域特征;discriminator:领域判别器
         domain_loss = nn.BCELoss()
         domain_src = torch.ones(len(source), 1).to(device)
         domain_tar = torch.zeros(len(target), 1).to(device)
         reverse_src = ReverseLayerF.apply(source, 1)
         reverse_tar = ReverseLayerF.apply(target, 1)
         pre_src = discriminator(reverse_src)
         pre_tar = discriminator(reverse_tar)
         loss_s = domain_loss(pre_src, domain_src)
         loss_t = domain_loss(pre_tar, domain_tar)
         return loss_s + loss_t
```

定义好前面的相关辅助函数后，下面定义针对数据训练一个epoch的函数Adver_train()，使用的程序如下所示。

```
In[22]:## 定义使用了对抗学习的迁移学习模型，训练一个epoch的过程
     def Adver_train(train_source_iter, train_target_iter, model,
discriminator,
                     optimizer, iters_per_epoch = 200,Adver_alpha =
0.25):
         # train_source_iter:源域数据迭代器; train_target_iter:目标域数
据迭代器
         # model:数据分类器; discriminator:领域判别器; optimizer:优化器;
         # iters_per_epoch: 每轮迭代的次数; Adver_alpha: 域判别器损失的权重
         model.train()
         discriminator.train()
         train_loss = 0.0
         for i in tqdm(range(iters_per_epoch)):
             ## 数据获取
             x_s, labels_s = next(train_source_iter)
             x_t, _ = next(train_target_iter)
             x_s = x_s.to(device)
             x_t = x_t.to(device)
             labels_s = labels_s.to(device)
             x = torch.cat((x_s, x_t), dim=0)  # 获得模型对数据的输出
             y, f = model(x)
             y_s, y_t = y.chunk(2, dim=0)
             # 计算源域数据的交叉熵损失
             cls_loss = F.cross_entropy(y_s, labels_s)
             ## 计算对抗学习损失
```

```
            f_s, f_t = f.chunk(2, dim=0)
            Adver_loss = Adver_alpha * AdversarialLoss(f_s, f_
t,discriminator)
            ## 计算总的损失
            loss = cls_loss + Adver_loss
            optimizer.zero_grad()      # 模型优化
            loss.backward()
            optimizer.step()
            train_loss += loss.item()  # 计算所有样本的总损失
        ## 计算在一个epoch训练集的平均损失
        train_loss = train_loss / iters_per_epoch
        print("Train   loss:{:.3f};   Train    cls_loss:{:.3f};
TrainAdver_loss:{:.3f}".format(train_loss, cls_loss, Adver_loss))
        return train_loss
```

下面仍然继续使用ResNet网络用于特征的提取，然后针对源域和目标域的数据训练20个epoch，训练时需要先定义分类器classifier域判别器discriminator。同时将训练过程中的损失函数，以及目标域的识别精度进行可视化，运行下面的程序可获得可视化结果如图9-21所示。从输出结果中可知，基于对抗学习的知识迁移是有用的。

```
In[23]:## 模型的训练,定义分类器和域判别器
      classifier = ImageClassifier(num_classes = 31,backbone_dim =
2048,
                                   bottleneck_dim = 1024)
     classifier = classifier.to(device)
     discriminator = Discriminator(input_dim=1024, hidden_dim=256).
to(device)
     ## 网络中不同的模块使用不同的学习率
     optimizer = SGD([{'params': classifier.backbone.
parameters(),'lr': 0.0001},
                      {'params': classifier.bottleneck.parameters(),
'lr': 0.01},
                      {'params': classifier.head.parameters(), 'lr':
0.01},
                      {'params': discriminator.parameters(), 'lr':
0.1}], lr=0.01)
     epoch_num = 20          # 网络训练的总轮数
     iters_per_epoch = 100 # 每轮迭代的次数
     train_loss_all = []   # 用于保存训练过程的相关结果
```

```
    val_acc_all = [], best_acc = 0.0
    ## 网络训练
    for epoch in range(epoch_num):
        ## 训练一个epoch
        Adver_alpha = 0.5 * (2 / (1 + np.exp(-10 * (np.e) /
(epoch+1))) - 1)
        train_loss = Adver_train(train_source_iter,train_target_
iter,classifier,
                                discriminator,optimizer, iters_per_
epoch,
                                Adver_alpha = Adver_alpha)
        ## 在验证集上验证训练效果
        val_acc = validate(val_loader, classifier)
        train_loss_all.append(train_loss)
        val_acc_all.append(val_acc)
        if val_acc > best_acc:
            best_acc = max(val_acc, best_acc)
            best_model_wts = copy.deepcopy(classifier.state_dict())
    ## 可视化训练过程的损失函数以及验证集上的预测精度
    plt.figure(figsize=(12,5))
    plt.subplot(1,2,1)
    plt.plot(train_loss_all,"r-",linewidth=2,label = "Train loss")
    plt.legend(), plt.xlabel("epoch"), plt.ylabel("Loss")
    plt.subplot(1,2,2)
    plt.plot(val_acc_all,"r-",linewidth=2,label = "Val acc")
    plt.legend(), plt.xlabel("epoch"), plt.ylabel("Acc")
    plt.suptitle("基于对抗学习的迁移学习")
    plt.show()
```

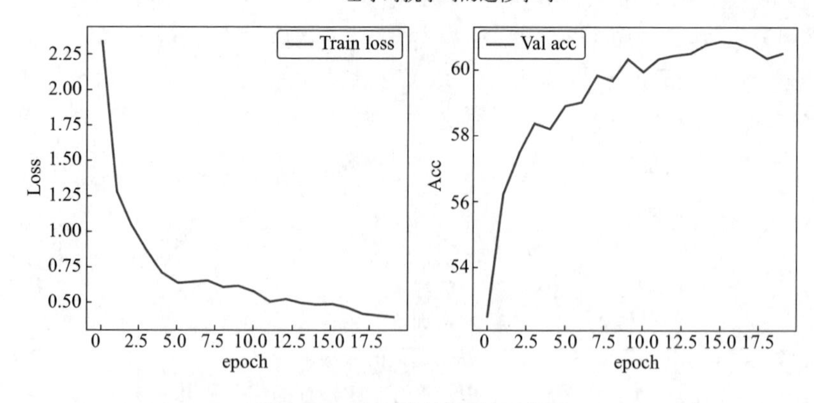


图9-21　基于对抗迁移学习过程

同样针对基于对抗学习的结果，使用下面的程序可视化出特征在空间中的分布情况，运行下面的程序可获得图9-22。

```
In[24]:## 可视化不同域数据在训练好模型下的特征分布情况
    classifier.load_state_dict(best_model_wts)
    ## 获取不同域的特征
    source_feature = collect_feature(train_source_loader,
classifier)
    target_feature = collect_feature(train_target_loader,
classifier)
    ## 散点图可视化数据特征分布
    Visualize_tsne(source_feature,target_feature,
                   figname = "源域与目标域特征分布（基于对抗学习）")
```

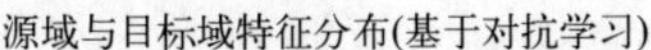


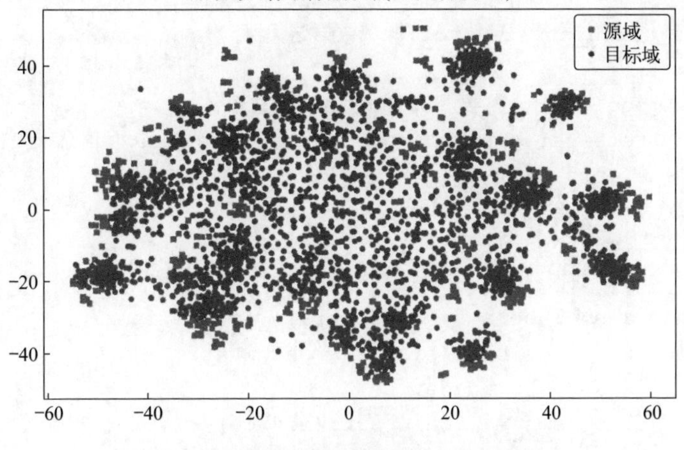


图9-22　基于对抗迁移学习的特征分布情况

## 9.3.5 基于目标域标签互信息的迁移学习

还有一些迁移学习方法，只对目标域的输出进行相应的处理就可以获取较高的预测精度，例如基于目标域标签互信息损失的知识迁移方式。

下面的程序则是首先定义出计算目标域互信息损失的函数MI()，然后定义使用互信息损失对模型进行优化时，对源域和目标域训练一个epoch的函数MI_train()，程序如下所示。

```
In[25]:## 定义计算目标标签互信息的函数
    def MI(outputs_target,MI_alpha):
        ## outputs_target: 目标域的输出; MI_alpha:损失函数的系数权重
```

```
        batch_size = outputs_target.size(0)
        softmax_outs_t = nn.Softmax(dim=1)(outputs_target)
        avg_softmax_outs_t = torch.sum(softmax_outs_t, dim=0) / 
float(batch_size)
        log_avg_softmax_outs_t = torch.log(avg_softmax_outs_t + 
1e-8)
        item1 = -torch.sum(avg_softmax_outs_t * log_avg_softmax_
outs_t)
        item2 = -torch.sum(softmax_outs_t   *   torch.log(softmax_
outs_t  +  1e-8))  / float(batch_size)
        return MI_alpha * (item1 - item2)
In[26]:## 定义利用目标标签互信息的迁移学习模型使用的训练过程
      def MI_train(train_source_iter, train_target_iter, model, 
optimizer,
                  iters_per_epoch = 200,MI_alpha=1):
         # train_source_iter:源域数据迭代器; train_target_iter:目标域数
据迭代器;
        # model:数据分类器; optimizer:优化器;
        # iters_per_epoch: 每轮迭代的次数;MI_alpha:互信息损失权重
        model.train()
        train_loss_all = 0.0
        for i in tqdm(range(iters_per_epoch)):
            ## 数据获取
            x_s, labels_s = next(train_source_iter)
            x_t, _ = next(train_target_iter)
            x_s = x_s.to(device)
            labels_s = labels_s.to(device)
            x_t = x_t.to(device)
            x = torch.cat((x_s, x_t), dim=0)  # 获得模型对数据的输入
            y, f = model(x)                   # 获得模型对数据的输出
            y_s, y_t = y.chunk(2, dim=0)
            # 计算源域数据的交叉熵损失
            cls_loss = F.cross_entropy(y_s, labels_s)
            ## 计算互信息损失
            MI_loss =  MI(y_t, MI_alpha = MI_alpha)
            train_loss = cls_loss - MI_loss
            optimizer.zero_grad()             # 模型优化
            train_loss.backward()
            optimizer.step()
            train_loss_all += train_loss.item()
                                              # 计算所有迭代的总损失
        ## 计算在一个epoch训练集的平均损失
```

```
        train_loss_all = train_loss_all / iters_per_epoch
        print("Train      loss:{:.3f};      Train     cls_
loss:{:.3f};      Train
MI_loss:{:.3f}".format(train_loss_all, cls_loss, MI_loss))
        return train_loss_all
```

下面则是使用源域和目标域数据，将分类器在互信息损失作用下训练40个epoch并输出训练过程，运行程序后可获得图9-23所示图像。从图像中可以发现，基于互信息约束目标域输出的模型对目标域的预测精度较高，接近68%，知识迁移效果较好。

```
In[27]:## 定义分类器
      classifier = ImageClassifier(num_classes = 31,backbone_dim =
2048,
                               bottleneck_dim = 1024)
     classifier = classifier.to(device)
     ## 网络中不同的模块使用不同的学习率
     optimizer = SGD([{'params': classifier.backbone.
parameters(),'lr': 0.0001},
                     {'params': classifier.bottleneck.parameters(),
'lr': 0.01},
                     {'params': classifier.head.parameters(), 'lr':
0.01}], lr=0.001)
     # ## 设置等间隔调整学习率,每隔step_size个epoch学习率为原来的gamma倍
     # scheduler = StepLR(optimizer, step_size=5, gamma=0.2)
     epoch_num = 40  # 网络训练的总轮数
     iters_per_epoch = 100 # 每轮迭代的次数
     train_loss_all = []  # 用于保存训练过程的相关结果
     val_acc_all = [], best_acc = 0.0
     ## 网络训练
     for epoch in range(epoch_num):
         ## 训练一个epoch
         train_loss = MI_train(train_source_iter, train_target_
iter,classifier,
               optimizer, iters_per_epoch = iters_per_epoch,MI_
alpha = 0.1)
         ## 在验证集上验证训练效果
         val_acc = validate(val_loader, classifier)
         train_loss_all.append(train_loss)
         val_acc_all.append(val_acc)
         if val_acc > best_acc:
```

```
        best_acc = max(val_acc, best_acc)
        best_model_wts = copy.deepcopy(classifier.state_dict())
## 可视化训练过程的损失函数以及验证集上的预测精度
plt.figure(figsize=(14,5))
plt.subplot(1,2,1)
plt.plot(train_loss_all,"r-",linewidth=3,label = "Train loss")
plt.legend(), plt.xlabel("epoch"), plt.ylabel("Loss")
plt.subplot(1,2,2)
plt.plot(val_acc_all,"r-",linewidth=2.5,label = "Val acc")
plt.legend(), plt.xlabel("epoch"), plt.ylabel("Acc")
plt.suptitle("利用目标标签互信息的迁移学习")
plt.show()
```

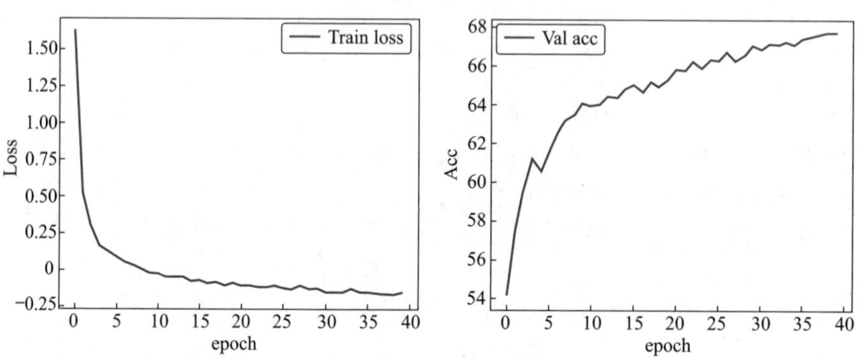


图9-23　利用互信息迁移学习时的训练过程

下面的程序则是可视化不同域数据在训练好模型下的特征分布情况，运行程序后可获得可视化图9-24所示图像。

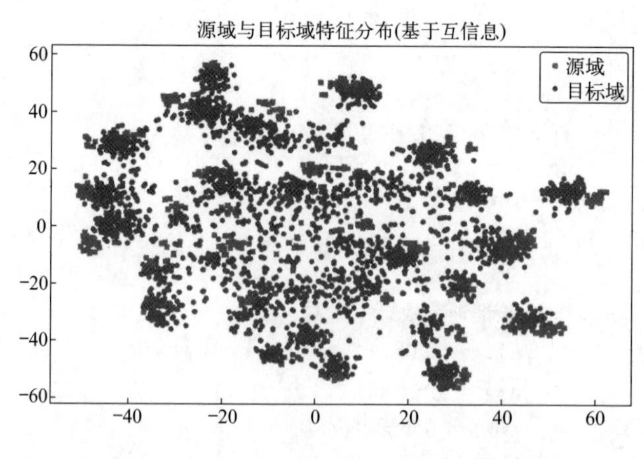


图9-24　基于互信息迁移学习的特征分布情况

```
In[28]:## 获取不同域的特征
     source_feature = collect_feature(train_source_loader,
classifier)
     target_feature = collect_feature(train_target_loader,
classifier)
     ## 散点图可视化数据特征分布
     Visualize_tsne(source_feature,target_feature,
                    figname = "源域与目标域特征分布（基于互信息）")
```

## 9.4 本章小结

本章主要介绍了基于深度学习的迁移学习与域自适应任务在计算机视觉中图像分类任务上的应用。首先介绍了迁移学习的应用场景、定义以及一些常用的度量准则等，然后介绍了一些经典的迁移学习深度神经网络算法模型，例如基于对抗学习、基于伪标签等方法的迁移学习算法。最后以一个具体的域自适应图像分类任务为例，介绍了几种迁移学习算法的具体应用。

PyTorch

# 参考文献


[1] 孙玉林，余本国. PyTorch深度学习入门与实战（案例视频精讲）[M]. 北京：水利水电出版社，2020.

[2] 余本国，孙玉林. Python在机器学习中的应用 [M]. 北京：水利水电出版社，2019.

[3] 孙玉林，余本国. Python机器学习算法与实战 [M]. 北京：电子工业出版社，2021.

[4] 古德费洛，本吉奥，库维尔. 深度学习 [M]. 北京：人民邮电出版社出版，2017.

[5] 肖莱. Python深度学习 [M]. 北京：人民邮电出版社，2018.

[6] 阿斯顿 · 张，李沐，扎卡里 · C，等. 动手学深度学习 [M]. 北京：人民邮电出版社，2019.

[7] 周志华. 机器学习 [M]. 北京：清华大学出版社，2016.

[8] 李航. 统计学习方法 [M]. 2版. 北京：清华大学出版社，2019.

[9] 普林斯. 计算机视觉：模型、学习和推理 [M]. 苗启广，刘凯，孔韦韦，等，译. 北京：机械工业出版社，2017.

[10] 李立宗. 计算机视觉40例从入门到深度学习（OpenCV-Python）[M]. 北京：电子工业出版社，2022.

[11] 王晋东，陈益强. 迁移学习导论 [M]. 2版. 北京：电子工业出版社，2022.

[12] 吴茂贵，郁明敏，杨本法，等. Python深度学习：基于PyTorch 第2版 [M]. 北京：机械工业出版社，2023.

[13] Gonzalez ≠ R ≠ C, Woods ≠ R ≠ E. 数字图像处理 [M]. 阮秋琦，阮宇智，译. 北京：电子工业出版社, 2020.

[14] 埃尔根迪. 深度学习计算机视觉 [M]. 刘升容，安丹，郭平平，译. 北京：清华大学出版社，2022.